中等专业学校试用教材

建 筑 结 构

下 册

龚 伟 郭继武 编

中国建筑工业出版社

出 版 说 明

　　1991 年由建设部中等专业学校工业与民用建筑及村镇建设专业指导委员会组织编写、评选、推荐出版了"中专工业与民用建筑专业教学丛书"一套 8 门课程共 11 册。在各有关学校及社会读者的使用中受到了欢迎和好评。为了适应教育教学改革的深入开展和满足建筑技术进步的要求，经我司与中国建筑工业出版社商议，本着精益求精的原则，在广泛征求各有关中专学校意见的基础上，对这套教学丛书进行了修订，现作为全国建设类中等专业学校工业与民用建筑专业试用教材出版。

　　这套教材采用了国家颁发的现行规范、标准和规定，内容符合建设部颁发的普通中等专业学校工业与民用建筑专业毕业生业务规格、专业教学计划和课程教学大纲的要求，并且理论联系实际，取材适当，反映了目前建筑科学技术的先进水平。

　　这套教材适用于普通中等专业学校工业与民用建筑专业和村镇建设专业相应课程的教学，也能满足职工中专、电视函授中专、中专自学考试、专业证书和技术培训等各类中专层次相应专业的使用要求。为使这套教材日臻完善，望各校师生和广大读者在教学过程中提出宝贵意见，并告我司职业技术教育处或专业教学指导委员会，以便进一步修订。

建设部人事教育劳动司

1995 年 2 月

前　言

　　《建筑结构》下册为中专工业与民用建筑专业教材，是在 1991 年出版的教学丛书的基础上，根据建设部颁发的普通中等专业学校工民建专业毕业生业务规格、专业教学计划和《建筑结构》教学大纲的要求按有关建筑结构设计新规范重新修订的。主要内容包括砌体结构、钢结构及建筑结构抗震设计共三篇。

　　本书下册修订的主要内容如下：

　　1.删去了《木结构》一篇；

　　2.《砌体结构》部分增加了"雨篷"及例题；

　　3.《钢结构》部分增加了"网架结构"一节；

　　4.按国家标准《碳素结构钢》（GB700-88）介绍了碳素结构钢牌号的表示方法及与原标准《普通碳素钢技术条件》（GB700—79）的对照；

　　5.热轧普通型钢采用了新标准，即 GB9787—88、GB9788—88、GB706—88 及 GB707—88。

　　本书第五篇建筑结构抗震设计供抗震设防地区选修，其所需时数不在建筑结构课程时数之内。

　　本书下册第三、四篇由龚伟编写，第五篇由郭继武编写。全书经清华大学江见鲸教授细致审阅，提出了许多宝贵意见，编者表示衷心的感谢。限于编者水平，书中可能存在缺点和疏漏之处，恳请读者批评指正。

目　录

第三篇 砌 体 结 构

第十四章 砌体材料和砌体的力学性能

砌体结构系指用各种块材通过砂浆铺缝砌筑而成的结构，包括砖砌体、石砌体、砌块砌体等。构成砌体的材料是块材（砖、石、砌块）与砂浆，块材强度等级的符号为MU，砂浆强度等级的符号为 M。材料强度等级即采用上述符号与按标准试验方法所得到的材料抗压极限强度的平均值来表示，例如强度等级为 MU10 的砖，强度等级为 M5 的砂浆等。

第一节 砌 体 材 料

一、块材

（一）烧结普通砖

烧结普通砖分烧结粘土砖和其他烧结普通砖，即以粘土、页岩、煤矸石、粉煤灰为主要原料，经焙烧而成的、尺寸为240mm×115mm×53mm、无孔洞或孔洞率小于15%的砖，通称实心砖，因其尺寸全国统一，故也称标准砖。

1. 烧结粘土砖

烧结粘土砖是以砂质粘土为原料，经配料调制、制坯、干燥、焙烧而成，保温、隔热及耐久性能良好，强度能满足一般要求，主要用于砌筑墙体，也常用来砌筑柱、拱、烟囱以及沟道和基础等。

烧结粘土砖的强度等级，按《砌体结构设计规范》（GBJ3—88）的规定，有MU30、MU25、MU20、MU15、MU10 和 MU7.5 六级，它相当于原《砖石结构设计规范》（GBJ3—73）中的 300、250、200、150、100 和 75 六个标号。

2. 其他烧结普通砖

其他烧结普通砖包括烧结煤矸石砖和烧结粉煤灰砖等。烧结煤矸石砖是以煤矸石为原料；烧结粉煤灰砖的原料是粉煤灰加部分粘土。在生产工艺上，除烧结煤矸石砖的煤矸石须经破碎外，其余均与烧结粘土砖基本相同。

其他烧结普通砖的强度等级与烧结粘土砖相同。

（二）硅酸盐砖

由硅酸盐材料压制成型并经高压釜蒸养而成。常用的有：以石英砂、石灰为原料的灰砂砖；以粉煤灰、石灰及少量石膏为原料的粉煤灰砖；以矿渣、石英砂及石灰为原料的矿渣硅酸盐砖等，其尺寸及强度等级的划分均与烧结普通砖相同。

与烧结粘土砖相比，硅酸盐砖的耐久性较差，因此，当长期受热高于 200℃ 以及受冷热交替作用或有酸性侵蚀时均应避免采用。在一般情况下采用时，也宜采取适当构造措施（如用水泥砂浆抹面或增设圈梁）或提高其强度等级，以提高其耐久性。

（三）粘土空心砖

粘土空心砖简称空心砖，在我国，即指孔洞率等于或大于 15% 的砖。采用空心砖对减轻建筑物自重、提高砌筑效率、节省能源、改善隔音隔热效能及降低造价等方面均有重要作用。

粘土空心砖有竖孔空心砖和水平孔空心砖两种。

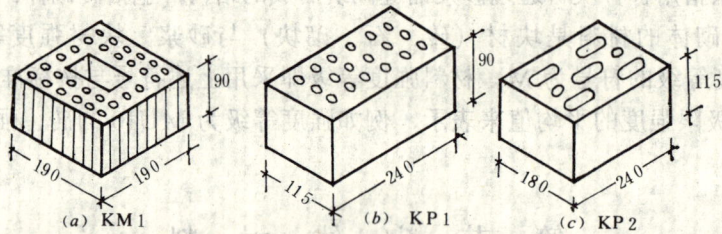

图 14-1　竖孔空心砖(单位：mm)

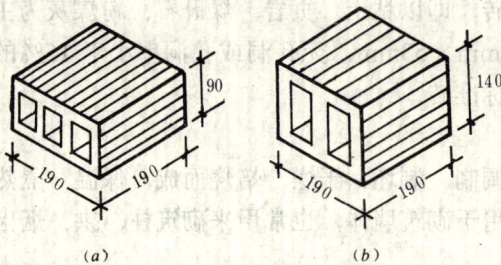

图 14-2　水平孔空心砖(单位：mm)

图 14-1 为竖孔空心砖的三种型号。使用时孔洞垂直于受压面，强度较高，通常用于砌筑承重墙，又称承重空心砖。其强度等级是按抗压极限强度，根据规定的试验方法得到的破坏压力折算到受压毛面积上划分的，在设计计算中不必考虑孔洞率的影响。空心砖的强度等级的划分与实心砖相同。

水平孔空心砖（图 14-2）为水平方向有孔的矩形体，孔大而少，孔洞率一般在 30% 以上，自重较轻，使用时因孔洞平行于承压面，故其强度较低，一般多用于非承重墙，也可用作预制空心砖墙板或作预应力空心楼板等。

（四）砌块

实心砖、空心砖和石材以外的块体都可称为砌块。我国采用的有粉煤灰硅酸盐砌块、普通混凝土空心砌块、加气混凝土砌块等。目前砌块规格、尺寸尚不统一，通常把高度在 350mm 以下的称为小型砌块，高度在 350～900mm 的称为中型砌块。

砌块的强度等级分 MU15、MU10、MU7.5、MU5 和 MU3.5 五级，是由单个砌块的破坏荷载按毛截面折算的抗压极限强度确定的。我国目前常用的砌块强度不高，一般用于层数较少的建筑中。

（五）石材

石材的抗压强度高，耐久性好，多用于房屋的基础和勒脚部位。石砌体中的石材应选用无明显风化的天然石材。石材的强度等级共分九级，即 MU100、MU80、MU60、MU50、MU40、MU30、MU20、MU15、MU10。

石材按其加工后的外形规则程度可分为料石和毛石：

1. 料石

（1）细料石：通过细加工，外形规则，叠砌面凹入深度不应大于 10mm，截面的宽度、高度不应小于 200mm，且不应小于长度的 1/4。

（2）半细料石：规格尺寸同上，但叠砌面凹入深度不应大于 15mm。

（3）粗料石：规格尺寸同上，但叠砌面凹入深度不应大于 20mm。

（4）毛料石：外形大致方正，一般不加工或仅稍加修整，高度不应小于 200mm，叠砌面凹入深度不应大于 25mm。

2. 毛石

形状不规则，中部厚度不应小于 200mm。

二、砂浆

砌体中砂浆的作用是将块材连成整体并使应力均匀分布，同时因砂浆填满了块材间的缝隙，也减少了透气性，提高了砌体的隔热性能以及抗冻性等。

砂浆按其组成可分为以下三类：

（一）水泥砂浆

即由水泥与砂加水拌和而成的不掺任何塑性掺合料的纯水泥砂浆。水泥砂浆强度高、耐久性好，但其拌和后保水性较差，砌筑前会游离出较多的水分，砂浆摊铺在砖面上后这部分水分将很快被砖吸走，使铺砌发生困难，因而会降低砌筑质量。此外，失去一定水分的砂浆必将影响其正常硬化，减少砖与砖之间的粘结，而使强度降低。因此，在强度等级相同的条件下，采用水泥砂浆砌筑的砌体强度要比用其他砂浆时低。砌体规范规定，当用水泥砂浆砌筑时，各类砌体的强度设计值应按保水性能好的砂浆砌筑的砌体强度乘以小于1的调整系数。

（二）混合砂浆

混合砂浆包括水泥石灰砂浆、水泥粘土砂浆等。这类砂浆具有一定的强度和耐久性，且保水性、和易性均较好，便于施工，质量容易保证，是一般墙体中常用的砂浆。

（三）石灰砂浆、粘土砂浆

这类砂浆强度不高，耐久性也差，不能用于地面以下或防潮层以下的砌体，一般只能用在受力不大的简易建筑或临时建筑中。

砂浆的强度等级按龄期为 28d 的立方体试块（70.7mm×70.7mm×70.7mm）所测得的抗压极限强度来划分，共有 M15、M10、M7.5、M5、M2.5、M1 和 M0.4 七级。

当验算施工阶段尚未硬化的新砌砌体时，可按砂浆强度为零确定其砌体强度。

三、砌体材料的选择

砌体所用块材和砂浆，主要应依据承载能力、耐久性以及隔热、保温等要求选择。要根据各地可能提供的块材和砂浆材料，按技术经济指标较好、符合施工条件的原则确定。

对于一般房屋，承重砌体用的砖，强度等级常采用 MU10、MU7.5；石材的强度等级常采用 MU40、MU30、MU20、MU15；承重砌体的砂浆一般采用 M1、M2.5、M5、M7.5，对受力较大的重要部位可采用 M10。

六层及六层以上房屋的外墙、潮湿房间的墙，以及受振动或层高大于 6m 的墙、柱所用材料的最低强度等级，砖为 MU10、砌块为 MU5、石材为 MU20、砂浆为 M2.5。

地面以下或防潮层以下的砌体，所用材料的最低强度等级应符合表 14-1 的规定。

地面以下或防潮层以下的砌体所用材料的最低强度等级 表 14-1

基土的潮湿程度	粘 土 砖		混凝土砌块	石 材	混合砂浆	水泥砂浆
	严寒地区	一般地区				
稍潮湿的	MU10	MU10	MU5	MU20	M5	M5
很潮湿的	MU15	MU10	MU7.5	MU20	—	M5
含水饱和的	MU20	MU15	MU7.5	MU30	—	M7.5

注：1. 石材的重力密度，不应低于 $18kN/m^3$。
　　2. 地面以下或防潮层以下的砌体，不宜采用空心砖。当采用混凝土中、小型空心砌块砌体时，其孔洞应采用强度等级不低于 C15 的混凝土灌实。
　　3. 各种硅酸盐材料及其他材料制作的块体，应根据相应材料标准的规定选择采用。

第二节　砌体的种类及力学性能

一、砌体的种类

（一）无筋砖砌体

不配置钢筋，仅由砖和砂浆砌成的整体为无筋砖砌体。在房屋建筑中，无筋砖砌体用作内外承重墙或围护墙及隔墙，包括实砌砖砌体和空斗墙。

实砌砖砌体的厚度有 240mm（1 砖）、370mm $\left(1\frac{1}{2}砖\right)$、490mm（2 砖）、620mm $\left(2\frac{1}{2}砖\right)$ 等，也可以把一侧的砖侧砌而构成 180mm、300mm、420mm 等厚度。

空斗墙是把部分或全部砖立砌，并留有空斗（洞），其厚度一般为 240mm，分为一眠一斗、一眠二斗、一眠多斗和无眠斗墙（图 14-3）。

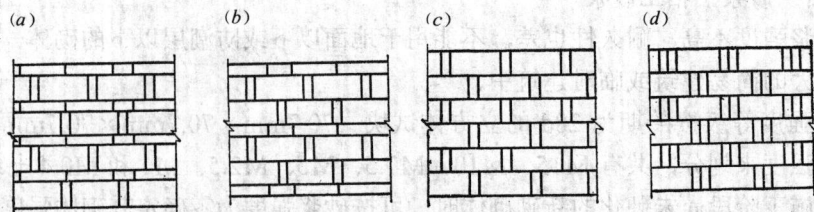

图 14-3　空斗墙
(a)一眠一斗；(b) 一眠二斗；(c)、(d) 无眠斗墙

（二）配筋砖砌体

为提高砌体强度，减小构件的截面尺寸，可在砌体的水平灰缝中每隔几皮砖放置一层钢筋网，称为网状配筋砌体（也称横向配筋砌体），如图14-4（a）；当钢筋直径较大时，可采用连弯式钢筋网，即由两个连弯钢筋网交错置于两相邻灰缝内，合并相当于一个网状配筋，如图14-4（b）所示。

当构件偏心较大时，可采用组合砖砌体，即在垂直于弯矩作用方向的两个侧面上预留凹槽，并在其中配置纵向钢筋和浇注混凝土，如图14-4（c）、（d）所示。

以上两类砌体总称为配筋砖砌体。

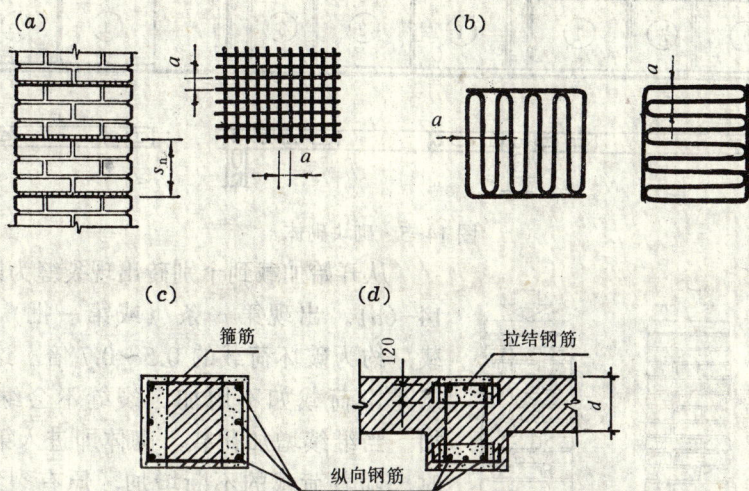

图14-4　配筋砖砌体

(a)网状配筋砌体；(b)连弯网；(c)、(d)组合砖砌体

（三）砌块砌体

砌块砌体的采用是墙体改革的一项重要措施，它为建筑工业化和减轻体力劳动，加快建设速度，减轻结构自重等开辟了途径。由于砌块重量大，故必须采用吊装机具。砌块的选择要考虑起重能力，并应尽量减少砌块的类型。常用的砌块有实心硅酸盐砌块、空心硅酸盐砌块及空心混凝土砌块等。采用砌块砌筑时，每皮均应搭缝。图14-5为混凝土空心砌块砌体的示意，图中数字为不同砌块类型的编号，门洞旁小立柱为圈梁兼过梁的支承。

（四）石砌体

石砌体的类型有料石砌体、毛石砌体及毛石混凝土砌体。料石砌体一般用于建造房屋以及石拱桥、石坝等构筑物。由于料石加工困难，需熟练石工，故采用不多。一般在产石地区多用毛石砌体，毛石砌体常用于基础。毛石混凝土砌体是在模板内交替铺置混凝土层及形状不规则的毛石层而成。毛石混凝土除采用毛石外，也可填置旧墙块或碎砖等。

二、砌体的抗压性能

（一）砌体轴心受压时的破坏过程

现以砖砌体为例，研究砌体的抗压性能。如图14-6所示，砌体自加载受力起到破坏为止大致经历三个阶段。

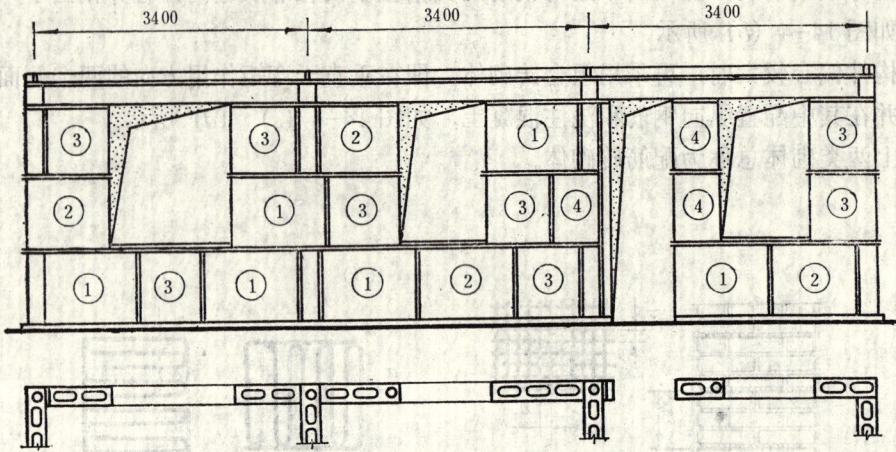

图 14-5　砌块砌体

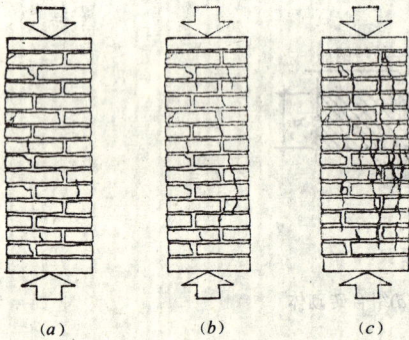

(a)　　　　(b)　　　　(c)

图 14-6　砌体轴心受压的破坏过程

从开始加载到个别砖出现裂缝为第 I 阶段（图
14-6a）。出现第一条（或第一批）裂缝时的荷
载，约为破坏荷载的 0.5～0.7 倍。这一阶段的特
点是，荷载如不增加，裂缝不会继续扩展或增
加。当继续增加荷载，砌体即进入第 II 阶段，此
时，随着荷载的不断增加，原有裂缝不断扩展，
同时产生新的裂缝，这些裂缝彼此相连并和垂直
灰缝连起来形成条缝，逐渐将砌体分裂成一个个
单独的半砖小柱（图 14-6b）。当荷载达到破坏荷
载的 0.8～0.9 倍时，如再增加荷载，裂缝将迅速
开展，单独的半砖小柱朝侧向鼓出，砌体发生明显的横向变形而处于松散状态，以致最终
丧失承载能力而破坏（图 14-6c），这一阶段为第 III 阶段。

　　试验表明，砌体的抗压强度远小于砖的抗压强度，且砌体中的砖块在荷载尚不大时即
已出现竖向裂缝。通过观察研究发现，轴心受压砌体在总体上虽然是均匀受压状态，但砖
在砌体内不仅受压，同时还受弯、受剪和受拉，处于复杂的受力状态。产生这种现象的原
因是：砂浆铺砌不匀，有薄有厚，砖不能均匀地压在砂浆层上；砂浆层本身不均匀，砂子
较多的部位收缩小，凝固后的砂浆层就会出现突起点；砖表面不平整，砖与砂浆层不能全
面接触；因此，砖在砌体中实际上是处于受弯、受剪和局部受压的状态。此外，因砂浆的
横向变形比砖大，由于粘结力和摩擦力的影响，所以砌体内的砖还同时受拉。

　　由以上分析可知，砌体中的块材（砖）处于压缩、弯曲、剪切、局部受压、横向拉伸
等复杂受力状态，而块材的抗弯、抗剪、抗拉强度很低，所以砌体在远小于块材的抗压强
度时就出现了裂缝，随着荷载的增加，裂缝不断扩展，使砌体形成半砖小柱，最后丧失承
载能力。

6

（二）影响砌体抗压强度的因素

1. 块材和砂浆的强度　块材和砂浆的强度是影响砌体强度的重要因素，其中块材的强度又是最主要的因素。应当指出，砂浆强度过低将加大块材与砂浆横向变形的差异，对砌体抗压强度不利，但是单纯提高砂浆强度并不能使砌体抗压强度有很大提高，因为影响砌体抗压强度的主要因素是块材的强度等级，块材与砂浆横向变形的差异还不是主要的因素，所以采用提高砂浆强度等级来提高砌体强度的做法，不如用提高块材的强度等级更有效。

2. 块材的尺寸和形状　增加块材的厚度可提高砌体强度，因为块材厚度的提高可以增大其抗弯、抗剪能力。当采用砌块砌体时，可考虑以适当增大砌块厚度的办法来提高砌体的抗压强度。块材形状的规则与否也直接影响砌体的抗压强度。块材表面不平，形状不整，在压力作用下其弯、剪应力都将增大，会使砌体的抗压强度降低。

3. 砂浆铺砌时的流动性　砂浆的流动性大，容易铺成均匀、密实的灰缝，可减小块材的弯、剪应力，因而可以提高砌体强度。例如，水泥砂浆就比混合砂浆的流动性差，所以其砌体强度就要降低采用。但当砂浆的流动性过大时，因其硬化受力后的横向变形也大，砌体强度反而要降低。所以砂浆除应具有符合要求的流动性外，也要有较高的密实性。

4. 砌筑质量　砌筑质量也是影响砌体抗压强度的重要因素。在砌筑质量中，水平灰缝是否均匀饱满对砌体强度的影响较大。一般要求水平灰缝的砂浆饱满度不得小于80%。除此之外，在保证质量的前提下，快速砌筑对砌体强度也起着有利的作用。

三、砌体的轴心抗拉、弯曲抗拉及抗剪性能

砌体除受压外，实际工程中有时也会遇到承受轴向拉力以及受弯、受剪的情况。

图 14-7a 所示砖砌圆形水池为砌体的轴心受拉。由于内部液体压力在池壁中产生环向水平拉力（图 14-7b），而使砌体垂直截面处于轴向受拉状态。砌体的轴心受拉破坏可能有两种形式（图 14-7a），当块材强度较高，砂浆强度较低时，砌体将沿齿缝破坏（图中 I—I 或 I′—I′ 均为齿缝破坏）；当块材强度较低，而砂浆强度较高时，则砌体将沿砌体截面即块材和竖直灰缝形成的直缝 II—II 破坏。

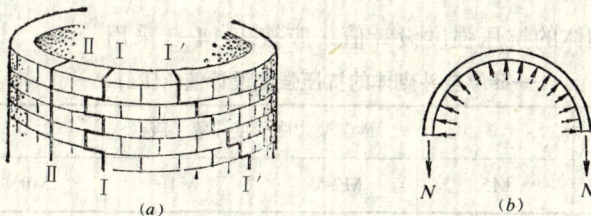

图 14-7　砌体的轴心受拉

图 14-8 为砖砌挡土墙。在土压力的作用下砌体为弯曲受拉，此时挡土墙将在水平和竖直两个方向发生弯曲受拉。由于块材和砂浆强度的高低和破坏部位的不同，弯曲受拉有三种形式：图 14-8(a) 中的 I—I 为沿齿缝破坏；II—II 为沿砌体截面即沿直缝破坏；图 14-8 (b) 中的 III—III 为沿通缝破坏。

砌体的受剪状态如图 14-9 所示。图 12-8 (b) 的 III—III 截面也可能受剪破坏。

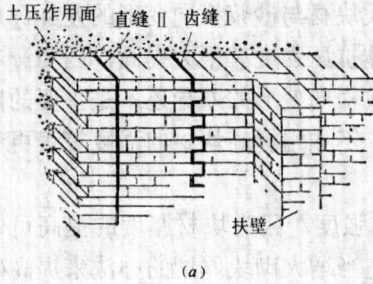

图 14-8 砌体的弯曲受拉   图 14-9 砌体的受剪

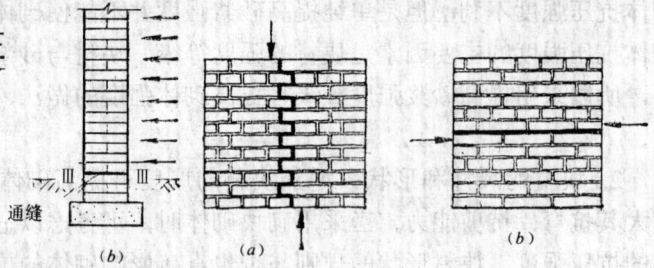

四、砌体的计算指标

(一) 砌体的抗压强度设计值 f

龄期为 28 天的以毛截面计算的各类砌体抗压强度设计值,根据块体和砂浆的强度等级应分别按下列规定采用施工阶段砂浆尚未硬化的新砌砌体,可按砂浆强度为零确定):

(1) 烧结普通砖、非烧结硅酸盐砖和承重粘土空心砖砌体的抗压强度设计值,应按表 14-2 采用 (括号内为相应材料原标准规定的标号,下同)。

砖砌体的抗压强度设计值(MPa)   表 14-2

砖强度等级	砂 浆 强 度 等 级							砂浆强度
	M15	M10	M7.5	M5	M2.5	M1	M0.4	0
MU30 (300)	4.16	3.45	3.10	2.74	2.39	2.17	1.58	1.22
MU25 (250)	3.80	3.15	2.83	2.50	2.18	1.98	1.45	1.11
MU20 (200)	3.40	2.82	2.53	2.24	1.95	1.77	1.29	1.00
MU15 (150)	2.94	2.44	2.19	1.94	1.69	1.54	1.12	0.86
MU10 (100)	2.40	1.99	1.79	1.58	1.38	1.26	0.91	0.70
MU7.5 (75)	—	1.73	1.55	1.37	1.19	1.09	0.79	0.61

注: 灰砂砖砌体的抗压强度设计值,应根据试验确定。

(2) 一砖厚空斗砌体的抗压强度设计值,应按表 14-3 采用。

一砖厚空斗砌体的抗压强度设计值(MPa)   表 14-3

砖强度等级	砂 浆 强 度 等 级				砂浆强度
	M5	M2.5	M1	M0.4	0
MU20 (200)	1.65	1.44	1.31	1.26	0.98
MU15 (150)	1.24	1.08	0.98	0.94	0.73
MU10 (100)	0.83	0.72	0.65	0.63	0.49
MU7.5 (75)	0.62	0.54	0.49	0.47	0.37

注: 一砖厚空斗砌体包括无眠空斗,一眠一斗,一眠二斗和一眠多斗数种。

(3) 块体高度为 180~350mm 的混凝土小型空心砌块砌体的抗压强度设计值,应按表 14-4 采用。

混凝土小型空心砌块砌体的抗压强度设计值(MPa)　　　　　　表 14-4

砌块强度等级	砂 浆 强 度 等 级				砂浆强度
	M10	M7.5	M5	M2.5	0
MU15	4.29	3.85	3.41	2.97	2.02
MU10	2.98	2.67	2.37	2.06	1.40
MU7.5	2.30	2.06	1.83	1.59	1.08
M5	—	1.43	1.27	1.10	0.75
M3.5			0.92	0.80	0.54

注: 1. 对错孔砌筑的砌体,应按表中数值乘以 0.8。
　　2. 对独立柱或厚度为双排砌块的砌体,应按表中数值乘以 0.7。
　　3. 对 T 形截面砌体,应按表中数值乘以 0.85。
　　4. 对用不低于砌块材料强度的混凝土灌实的砌体,可按表中数值乘以系数, ϕ_1, $\phi_1 = [0.8/(1-\delta)] <$
　　　1.5, δ 为砌块空心率。

(4) 块体高度为 360~900mm 的混凝土中型空心砌块砌体和粉煤灰中型实心砌块砌体的抗压强度设计值,应按表 14-5 采用。

中型砌块砌体的抗压强度设计值(MPa)　　　　　　表 14-5

砌块强度等级	砂 浆 强 度 等 级				砂浆强度
	M10	M7.5	M5	M2.5	0
MU15	4.89	4.77	4.57	3.98	3.38
MU10	3.26	3.18	3.04	2.65	2.26
MU7.5	2.44	2.39	2.28	1.99	1.69
MU5	—	1.59	1.52	1.32	1.13
MU3.5	—	—	1.06	0.93	0.79

注: 1. 对错孔砌筑的单排方孔空心砌块砌体,当空心率 $\delta > 0.4$ 时,应按表中数值乘以系数 ϕ_2,
　　　$\phi_2 = 1-1.25(\delta-0.4)$。
　　2. 对用不低于砌块材料强度的混凝土灌实的砌体,可按表中数值乘以系数 ϕ_1, ϕ_1 应按表 14-4 注①采用。

(5) 块体高度为 180~350mm 的毛料石砌体的抗压强度设计值,应按表 14-6 采用。

毛料石砌体的抗压强度设计值(MPa)　　　　　　表 14-6

石材强度等级	砂 浆 强 度 等 级				砂浆强度
	M7.5	M5	M2.5	M1	0
MU100	5.78	5.12	4.46	4.06	2.28
MU80	5.17	4.58	3.98	3.63	2.04
MU60	4.48	3.96	3.45	3.14	1.76
MU50	4.09	3.62	3.15	2.87	1.61
MU40	3.66	3.24	2.82	2.57	1.44
MU30	3.17	2.80	2.44	2.22	1.25
MU20	2.59	2.29	1.99	1.81	1.02
MU15	2.24	1.98	1.72	1.57	0.88
MU10	1.83	1.62	1.41	1.28	0.72

注: 对下列各类料石砌体,应按表中数值分别乘以系数:
　　细料石砌体　　　　　1.5;
　　半细料石砌体　　　　1.3;
　　粗料石砌体　　　　　1.2;
　　周边密缝石砌体　　　0.8。

(6) 毛石砌体的抗压强度设计值，应按表14-7采用。

毛石砌体的抗压强度设计值(MPa) 表14-7

石材强度等级	砂浆强度等级					砂浆强度
	M7.5	M5	M2.5	M1	M0.4	0
MU100	1.35	1.20	1.04	0.61	0.45	0.36
MU80	1.21	1.07	0.93	0.54	0.40	0.32
MU60	1.05	0.93	0.81	0.47	0.35	0.28
MU50	0.96	0.85	0.74	0.43	0.32	0.25
MU40	0.86	0.76	0.66	0.38	0.29	0.22
MU30	0.74	0.66	0.57	0.33	0.25	0.19
MU20	0.60	0.54	0.47	0.27	0.20	0.16
MU15	0.52	0.46	0.40	0.24	0.18	0.14
MU10	0.43	0.38	0.33	0.19	0.14	0.11

沿砌体灰缝截面破坏时的轴心抗拉强度设计值、弯曲抗拉强度设计值和抗剪强度设计值(MPa) 表14-8

序号	强度类别	破坏特征及砌体种类		砂浆强度等级					
				M10	M7.5	M5	M2.5	M1	M0.4
1	轴心抗拉	沿齿缝	粘土砖、空心砖	0.20	0.17	0.14	0.10	0.06	0.04
			混凝土小型空心砌块	0.10	0.08	0.07	0.05	—	—
			混凝土中型空心砌块	0.08	0.06	0.05	0.04	—	—
			粉煤灰中型实心砌块	0.05	0.04	0.03	0.02	—	—
			毛石	0.09	0.08	0.06	0.04	0.03	0.02
2	弯曲抗拉	沿齿缝	粘土砖、空心砖	0.36	0.31	0.25	0.18	0.11	0.07
			混凝土小型空心砌块	0.12	0.10	0.08	0.06	—	—
			混凝土中型空心砌块	0.09	0.08	0.06	0.04	—	—
			粉煤灰中型实心砌块	0.06	0.05	0.04	0.03	—	—
			毛石	0.14	0.12	0.10	0.08	0.04	0.03
		沿通缝	粘土砖、空心砖	0.18	0.15	0.12	0.09	0.06	0.04
			混凝土小型空心砌块	0.08	0.07	0.06	0.04	—	—
			混凝土中型空心砌块	0.06	0.05	0.04	0.03	—	—
			粉煤灰中型实心砌块	0.04	0.03	0.03	0.02	—	—
3	抗剪		粘土砖、空心砖	0.18	0.15	0.12	0.09	0.06	0.04
			混凝土小型空心砌块	0.10	0.08	0.07	0.05	—	—
			混凝土中型空心砌块	0.08	0.06	0.05	0.04	—	—
			粉煤灰中型实心砌块	0.05	0.04	0.03	0.02	—	—
			毛石	0.22	0.20	0.16	0.11	0.07	0.04

注：1. 硅酸盐砖（包括烧结与非烧结）砌体的 f_t、f_{tm} 和 f_v 值，应根据试验确定。
　　2. 对于用形状规则的块体砌筑的砌体，当搭接长度与块体高度的比值小于1时，其 f_t 和 f_{tm} 应按表中数值乘以比值后采用。

（二）砌体的轴心抗拉强度设计值 f_t、弯曲抗拉强度设计值 f_{tm}、抗剪强度设计值 f_v

龄期为 28 天的以毛截面计算的各类砌体的轴心抗拉强度设计值、弯曲抗拉强度设计值和抗剪强度设计值，应按表 14-8、表 14-9 采用。

当砌体为轴心受拉时（图 14-7a），砌体沿齿缝（即灰缝）破坏时的轴心抗拉强度设计值由表 14-8 查得。砌体沿直缝（即块体截面）破坏时的轴心抗拉强度设计值由表 14-9 查得。设计计算时应根据选用的块材和砂浆的强度等级，取用表 14-8 及表 14-9 中的较小值。

当砌体受弯时，砌体沿灰缝（齿缝和通缝）破坏时的弯曲抗拉强度设计值由表 14-8 查得。砌体沿直缝（即块体截面）破坏的弯曲抗拉强度设计值由表 14-9 查得。对图 14-8a 的受力状态，设计计算时应取表 14-8 及表 14-9 中的较小值。

沿块体截面破坏时的烧结普通砖砌体的轴心抗拉强度设计值

和弯曲抗拉强度设计值(MPa)　　　　　　　表 14-9

序　号	强 度 类 别	砖 强 度 等 级					
		MU30 (300)	MU25 (250)	MU20 (200)	MU15 (150)	MU10 (100)	MU7.5 (75)
1	轴心抗拉	0.29	0.28	0.26	0.23	0.20	0.18
2	弯曲抗拉	0.44	0.42	0.38	0.35	0.31	0.28

（三）强度设计值的调整系数

下列情况的各类砌体，其强度设计值应乘以调整系数 γ_a：

(1) 有吊车房屋和跨度不小于 9m 的多层房屋，γ_a 为 0.9。

(2) 构件截面面积 A 小于 $0.3m^2$ 时，γ_a 为其截面面积（按 m^2 计）加 0.7。

(3) 各类砌休，当用水泥砂浆砌筑时，对表 14-2～表 14-7 各表中数值，γ_a 为 0.85；对表 14-8 中的数值，γ_a 为 0.75，但对粉煤灰中型实心砌块砌体，γ_a 为 0.5。

(4) 当验算施工中房屋的构件时，$r_a = 1.10$。

（四）砌体的弹性模量

计算砌体结构的变形或进行超静定结构计算时，需要知道砌体的弹性模量。砌休在轴心压力作用下的应力-应变关系曲线如图 14-10 所示。由图中可以看出，它类似混凝土的应力-应变曲线，即当应力较小时，应力-应变关系接近直线，随着应力的增加，其应变增加速度逐渐加快，表现出愈来愈明显的非线性性质，因此，砌体的弹性模量不是常数。《砌体结构设计规范》规定的砌体弹性模量见表 14-10。

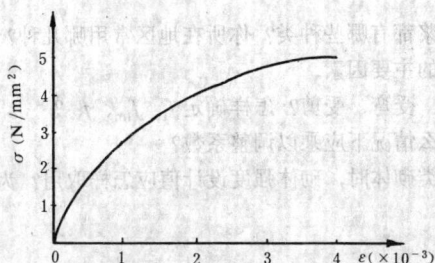

图 14-10　砌体的应力-应变曲线

序号	砌 体 种 类	砂 浆 强 度 等 级					
		M10	M7.5	M5	M2.5	M1	M0.4
1	粘土砖、空心砖、空斗砌体	1500f	1500f	1500f	1300f	1100f	700f
2	硅酸盐砖	1000f	1000f	1000f	900f	700f	500f
3	混凝土小型空心砌块	1600f	1500f	1400f	1200f	—	—
4	混凝土中型空心砌块	2300f	2100f	1900f	1700f	—	—
5	粉煤灰中型实心砌块	1100f	1100f	950f	850f	—	—
6	粗、毛料石、毛石	7300	5650	4000	2250	1200	850
7	细料石、半细料石	22×10^3	17×10^3	12×10^3	6750	3750	2550

小 结

(1) 砌体结构系指用各种块材通过砂浆铺缝砌成的结构。块材的符号用 MU，砂浆的符号用 M。材料的强度等级用上述符号与按标准试验方法得到的材料抗压极限强度的平均值来表示。

(2) 砌体材料中的块材主要有烧结普通砖、硅酸盐砖、粘土空心砖、砌块以及石材；砂浆按其成分分为无塑性掺合料的水泥砂浆、有塑性掺合料的混合砂浆以及不含水泥的石灰砂浆、粘土砂浆等非水泥砂浆。为节约水泥和增加砂浆的可塑性，如无特殊要求，一般砌体宜采用有塑性掺合料的混合砂浆。

(3) 砌体可分为无筋砖砌体（包括实砌砖砌体和空斗墙）、配筋砖砌体、砌块砌体和石砌体。为使砌体中的块材能均匀地承受外力，使砌体构成一个整体，砌体中的竖向灰缝必须错缝。

(4) 砌体主要用于抗压。影响砌体抗压强度的因素主要有块材和砂浆的强度、块材的尺寸与形状、砂浆铺砌时的流动性和砌筑质量等。砌体抗压强度设计值可根据块材和砂浆的强度等级由表 14-2～表 14-7 中查得，同时还要考虑构件截面大小以及是否采用水泥砂浆等因素乘以调整系数。

(5) 砌体的抗拉强度和抗剪强度大大低于其抗压强度。在大多数情况下，砌体的受拉、受弯和受剪破坏一般均发生于砂浆和块体的连接面上，因此抗拉、抗弯、抗剪常决定于灰缝强度。砌体的轴心抗拉强度设计值、弯曲抗拉强度设计值和抗剪强度设计值可通过表 14-8、表 14-9 查得。

思 考 题

1. 砌体材料中的块材和砂浆都有哪些种类？你所在地区常用哪几种？是什么规格？
2. 试述影响砌体抗压强度的主要因素。
3. 砌体在何种情况下受拉、受弯、受剪？怎样确定 f_t、f_{tm}、f_v？
4. 砌体的强度设计值在什么情况下应乘以调整系数？
5. 当采用水泥砂浆砌筑各类砌体时，砌体强度设计值应怎样取用？为什么？

第十五章　砌体结构构件承载力的计算

第一节　砌体结构的计算原理

一、按承载能力计算的基本表达式●

砌体结构与混凝土结构相同，也采用以概率理论为基础的极限状态设计法设计，其按承载能力极限状态设计的基本表达式为：

$$\gamma_0 S \leqslant R(f_d, \ \alpha_k \cdots \cdots) \tag{15-1}$$

式中　γ_0——结构重要性系数。对安全等级为一级、二级、三级的砌体结构构件，可分别取 1.1、1.0、0.9;

S——内力设计值，分别表示为轴向力设计值 N、弯矩设计值 M 和剪力设计值 V 等;

$R(\cdot)$——结构构件的承载力设计值函数;

f_d——砌体的强度设计值，$f_d = \dfrac{f_k}{\gamma_f}$;

f_k——砌体的强度标准值,

γ_f——砌体结构的材料性能分项系数，$\gamma_f = 1.5$;

α_k——几何参数标准值。

二、砌体的强度标准值

砌体强度是随机变量，并具有较大的离散性。规范对各类砌体统一取其强度概率分布的 0.05 分位值作为它的强度标准值，亦即砌体强度可能低于强度标准值的概率为 5%。

试验表明，各类砌体强度的概率分布为正态分布。各类砌体（毛石砌体除外）的抗压强度标准差为其平均值的 0.17，毛石砌体的强度标准差为其平均值的 0.24。

砌体强度标准值的计算表达式为

$$f_k = f_m - 1.645\sigma_f \tag{15-2}$$

式中　f_m——砌体的强度平均值;

σ_f——砌体强度的标准差。

各类砌体（毛石砌体除外）抗压强度标准差：

$$\sigma_f = 0.17 f_m$$

● 砌体均应按承载力极限状态设计，同时要满足正常使用极限状态的要求，在一般情况下，后者由相应的构造措施来保证。

毛石砌体 $\qquad\qquad\qquad\sigma_f = 0.24f_m$

将 σ_f 之值分别代入公式（15-2），则得砌体抗压强度标准值的最后计算公式。

对于各类砌体（毛石砌体除外）：

$$f_k = f_m - 1.645 \times 0.17f_m = 0.72f_m \qquad\qquad (15-3)$$

毛石砌体

$$f_k = f_m - 1.645 \times 0.24f_m = 0.61f_m \qquad\qquad (15-4)$$

将不同强度等级的块材和砂浆的各类砌体抗压强度的统计平均值 f_m 代入上式，即得各种砌体的抗压强度标准值。同理，可得砌体其他受力状态的强度标准值。

三、砌体的强度设计值

砌体的强度设计值为砌体的强度标准值 f_k 除以砌体的材料性能分项系数 γ_f。砌体材料性能的分项系数是根据对可靠度的分析确定的。规范规定 $\gamma_f = 1.5$，则

各类砌体（毛石砌体除外）的抗压强度设计值：

$$f = \frac{f_k}{\gamma_f} = \frac{0.72f_m}{1.5} = 0.48f_m \qquad\qquad (15-5)$$

毛石砌体抗压强度设计值

$$f = \frac{f_k}{\gamma_f} = \frac{0.61f_m}{1.5} = 0.40f_m \qquad\qquad (15-6)$$

各类砌体的抗压强度设计值已如表 14-2～表 14-7 所列；其他受力状态的强度设计值已见表 14-8、表 14-9。

第二节　受压构件的计算

一、受压构件的受力状态及计算公式

无筋砌体在轴心压力作用下，砌体在破坏阶段截面的应力是均匀分布的，如图 15-1a 所示。当轴向压力偏心距较小时（图 15-1b），截面虽全部受压，但应力分布不均匀，破坏将发生在压应力较大的一侧，且破坏时该侧边缘压应力较轴心受压破坏时的应力稍大。当轴向力的偏心距进一步增大时，受力较小边将出现拉应力（图 15-1c），此时如应力未达到砌体的通缝抗拉强度，受拉边即不会开裂。如偏心距再增大（图 15-1d），受拉侧将较早开裂，此时只有砌体局部的受压区压应力与轴向力平衡。

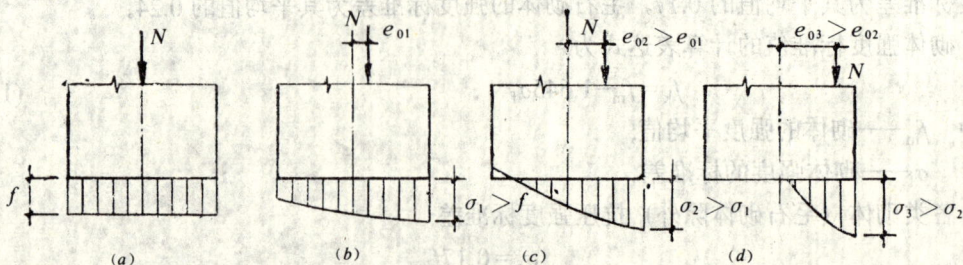

图 15-1　无筋砌体的受压

砌体虽然是一个整体，但由于有水平砂浆层且灰缝数量较多，使砌体的整体性受到影响，因而砖砌体构件受压时，纵向弯曲对构件承载力的影响较其他整体构件（如素混凝土

构件）显著。此外，对于偏心受压构件，还必须考虑在偏心压力作用下附加偏心距的增大和截面塑性变形等因素的影响。规范在试验研究的基础上，确定把轴向力偏心距和构件的高厚比对受压构件承载力的影响采用同一系数 φ 来考虑；同时，轴心受压构件可视为偏心受压构件的特例，即视轴心受压构件为偏心距 $e=0$ 的偏心受压构件，因此砌体受压构件的承载力（包括轴心受压与偏心受压）即可按下式计算：

$$N < \varphi f A \qquad (15-7)$$

式中　　N——荷载设计值产生的轴向力；

φ——高厚比 β 和轴向力的偏心距 e 对受压构件承载力的影响系数，见表 15-1；

e——按荷载标准值计算的轴向力偏心距；

f——砌体抗压强度设计值；

A——截面面积，对各类砌体均可按毛截面计算；对带壁柱墙（图 15-2），其翼缘宽度 b_f 按如下规定采用：

对多层房屋，当有门窗洞口时可取窗间墙宽度，当无门窗洞口时可取相邻壁柱间距离；

对单层房屋，取 $b_f = b + \dfrac{2}{3}H$（b 为壁柱宽度，H 为墙高），但不大于窗间墙宽度和相邻壁柱间距离；

计算带壁柱墙的条形基础时，可取相邻壁柱间距离。

墙、柱的高厚比 β 是衡量砌体长细程度的指标，它等于墙、柱计算高度 H_0 与其厚度之比，即：

对矩形截面　　$\beta = \dfrac{H_0}{h}$

对 T 形截面　　$\beta = \dfrac{H_0}{h_T}$

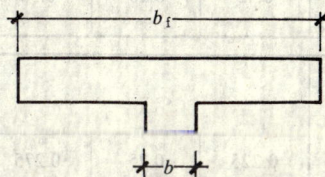

图 15-2　带壁柱墙的截面

式中　　H_0——受压构件的计算高度，按表 16-2 确定；

h——矩形截面轴向力偏心方向的边长，当轴心受压时为截面较小边边长；

h_T——T 形截面的折算厚度，可近似取 $3.5i$ 计算；

i——T 形截面的回转半径，$i = \sqrt{\dfrac{I}{A}}$；

I——T 形截面的惯性矩。

当查影响系数 φ 表时，应先对构件高厚比 β 乘以与砌体类型有关的下列系数：

(1) 粘土砖、空心砖、空斗砌体和混凝土中型空心砌块砌体　1.0。

(2) 混凝土小型空心砌块砌体　1.1。

(3) 粉煤灰中型实心砌块、硅酸盐砖、细料石和半细料石砌体　1.2。

(4) 粗料石和毛石砌体　1.5。

对矩形截面构件，当轴向力偏心方向的截面边长大于另一方向的边长时，除按偏心受压计算外，还应对较小边长方向，按轴心受压验算。

高厚比 β 和轴向力的偏心距 e 对受压构件承载力的影响系数

影响系数 φ(砂浆强度等级≥M5) 表 15-1a

β	$\frac{e}{h}$ 或 $\frac{e}{h_T}$								
	0	0.025	0.05	0.075	0.1	0.125	0.15	0.175	0.2
<3	1	0.99	0.97	0.94	0.89	0.84	0.79	0.73	0.68
4	0.98	0.95	0.91	0.86	0.80	0.75	0.69	0.64	0.58
6	0.95	0.91	0.86	0.81	0.76	0.70	0.64	0.59	0.54
8	0.91	0.87	0.82	0.77	0.71	0.66	0.60	0.55	0.50
10	0.87	0.82	0.77	0.72	0.66	0.61	0.56	0.51	0.46
12	0.82	0.77	0.72	0.67	0.62	0.57	0.52	0.47	0.43
14	0.77	0.72	0.68	0.63	0.58	0.53	0.48	0.44	0.40
16	0.72	0.68	0.63	0.58	0.54	0.49	0.45	0.40	0.37
18	0.67	0.63	0.59	0.54	0.50	0.46	0.42	0.38	0.34
20	0.62	0.58	0.54	0.50	0.46	0.42	0.39	0.35	0.32
22	0.58	0.54	0.51	0.47	0.43	0.40	0.36	0.33	0.30
24	0.54	0.50	0.47	0.44	0.40	0.37	0.34	0.30	0.28
26	0.50	0.47	0.44	0.40	0.37	0.34	0.31	0.28	0.26
28	0.46	0.43	0.41	0.38	0.35	0.32	0.29	0.26	0.24
30	0.42	0.40	0.38	0.35	0.32	0.30	0.27	0.25	0.22

β	$\frac{e}{h}$ 或 $\frac{e}{h_T}$								
	0.225	0.25	0.275	0.3	0.325	0.35	0.4	0.45	0.5
<3	0.62	0.57	0.52	0.48	0.44	0.40	0.34	0.29	0.25
4	0.53	0.48	0.44	0.40	0.36	0.33	0.28	0.23	0.20
6	0.49	0.44	0.40	0.37	0.33	0.30	0.25	0.21	0.17
8	0.45	0.41	0.37	0.34	0.30	0.28	0.23	0.19	0.16
10	0.42	0.38	0.34	0.31	0.28	0.25	0.21	0.17	0.14
12	0.39	0.35	0.31	0.28	0.26	0.23	0.19	0.15	0.13
14	0.36	0.32	0.29	0.26	0.24	0.21	0.17	0.14	0.12
16	0.33	0.30	0.27	0.24	0.22	0.20	0.16	0.13	0.10
18	0.31	0.28	0.25	0.22	0.20	0.18	0.15	0.12	0.10
20	0.28	0.26	0.23	0.21	0.19	0.17	0.13	0.11	0.09
22	0.27	0.24	0.22	0.19	0.17	0.16	0.12	0.10	0.08
24	0.25	0.22	0.20	0.18	0.16	0.14	0.12	0.09	0.08
26	0.23	0.21	0.19	0.17	0.15	0.13	0.11	0.09	0.07
28	0.22	0.20	0.17	0.16	0.14	0.12	0.10	0.08	0.06
30	0.20	0.18	0.16	0.15	0.13	0.12	0.09	0.08	0.06

β	$\dfrac{e}{h}$或$\dfrac{e}{h_T}$								
	0	0.025	0.05	0.075	0.1	0.125	0.15	0.175	0.2
<3	1	0.99	0.97	0.94	0.89	0.84	0.79	0.73	0.68
4	0.97	0.94	0.89	0.84	0.79	0.73	0.68	0.62	0.57
6	0.93	0.89	0.84	0.79	0.74	0.68	0.62	0.57	0.52
8	0.89	0.84	0.79	0.74	0.68	0.63	0.57	0.52	0.48
10	0.83	0.78	0.74	0.68	0.63	0.58	0.53	0.48	0.43
12	0.78	0.73	0.68	0.63	0.58	0.53	0.48	0.44	0.40
14	0.72	0.67	0.63	0.58	0.53	0.49	0.44	0.40	0.36
16	0.66	0.62	0.58	0.53	0.49	0.45	0.41	0.37	0.34
18	0.61	0.57	0.53	0.49	0.45	0.41	0.38	0.34	0.31
20	0.56	0.52	0.49	0.45	0.42	0.38	0.35	0.31	0.28
22	0.51	0.48	0.45	0.41	0.38	0.35	0.32	0.29	0.26
24	0.46	0.44	0.41	0.38	0.35	0.32	0.30	0.27	0.24
26	0.42	0.40	0.38	0.35	0.32	0.30	0.27	0.25	0.22
28	0.40	0.37	0.35	0.32	0.30	0.28	0.25	0.23	0.21
30	0.36	0.34	0.32	0.30	0.28	0.26	0.24	0.21	0.19

β	$\dfrac{e}{h}$或$\dfrac{e}{h_T}$								
	0.225	0.25	0.275	0.3	0.325	0.35	0.4	0.45	0.5
<3	0.62	0.57	0.52	0.48	0.44	0.40	0.34	0.29	0.25
4	0.52	0.47	0.43	0.39	0.35	0.32	0.27	0.22	0.19
6	0.47	0.43	0.39	0.35	0.32	0.29	0.24	0.20	0.16
8	0.43	0.39	0.35	0.32	0.29	0.26	0.21	0.18	0.15
10	0.39	0.36	0.32	0.29	0.26	0.24	0.19	0.16	0.13
12	0.36	0.32	0.29	0.26	0.24	0.21	0.17	0.14	0.12
14	0.33	0.30	0.27	0.24	0.22	0.19	0.16	0.13	0.10
16	0.30	0.27	0.24	0.22	0.20	0.18	0.14	0.12	0.09
18	0.28	0.25	0.22	0.20	0.18	0.16	0.13	0.10	0.08
20	0.26	0.23	0.21	0.18	0.17	0.15	0.12	0.10	0.08
22	0.24	0.21	0.19	0.17	0.15	0.14	0.11	0.09	0.07
24	0.22	0.20	0.18	0.16	0.14	0.13	0.10	0.08	0.06
26	0.20	0.18	0.16	0.15	0.13	0.12	0.09	0.08	0.06
28	0.19	0.17	0.15	0.14	0.12	0.11	0.09	0.07	0.06
30	0.18	0.16	0.14	0.13	0.11	0.10	0.08	0.06	0.05

β	$\dfrac{e}{h}$ 或 $\dfrac{e}{n}$								
	0	0.025	0.05	0.075	0.1	0.125	0.15	0.175	0.2
<3	1	0.99	0.97	0.94	0.89	0.84	0.79	0.73	0.68
4	0.95	0.92	0.87	0.82	0.77	0.71	0.65	0.60	0.54
6	0.90	0.86	0.81	0.75	0.70	0.64	0.59	0.54	0.49
8	0.84	0.79	0.74	0.69	0.63	0.58	0.53	0.48	0.44
10	0.77	0.72	0.67	0.62	0.57	0.52	0.48	0.44	0.40
12	0.70	0.65	0.61	0.56	0.52	0.47	0.43	0.39	0.35
14	0.63	0.59	0.55	0.51	0.47	0.43	0.39	0.35	0.32
16	0.56	0.53	0.49	0.46	0.42	0.39	0.35	0.32	0.29
18	0.51	0.48	0.44	0.41	0.38	0.35	0.32	0.29	0.26
20	0.45	0.43	0.40	0.37	0.34	0.32	0.29	0.26	0.24
22	0.41	0.39	0.36	0.34	0.31	0.29	0.26	0.24	0.22
24	0.37	0.35	0.33	0.31	0.28	0.26	0.24	0.22	0.20
26	0.33	0.32	0.30	0.28	0.26	0.24	0.22	0.20	0.18
28	0.30	0.29	0.27	0.26	0.24	0.22	0.20	0.18	0.17
30	0.27	0.26	0.25	0.23	0.22	0.20	0.19	0.17	0.15

β	$\dfrac{e}{h}$ 或 $\dfrac{e}{n}$								
	0.225	0.25	0.275	0.3	0.325	0.35	0.4	0.45	0.5
<3	0.62	0.57	0.52	0.48	0.44	0.40	0.34	0.30	0.25
4	0.50	0.45	0.41	0.37	0.34	0.31	0.25	0.21	0.18
6	0.44	0.40	0.36	0.33	0.30	0.27	0.22	0.18	0.15
8	0.40	0.36	0.32	0.29	0.26	0.24	0.19	0.16	0.13
10	0.36	0.32	0.29	0.26	0.23	0.21	0.17	0.14	0.12
12	0.32	0.29	0.26	0.23	0.21	0.19	0.15	0.12	0.10
14	0.29	0.26	0.23	0.21	0.19	0.17	0.14	0.11	0.09
16	0.26	0.23	0.21	0.19	0.17	0.15	0.12	0.10	0.08
18	0.24	0.21	0.19	0.17	0.15	0.14	0.11	0.09	0.07
20	0.21	0.19	0.17	0.16	0.14	0.12	0.10	0.08	0.06
22	0.20	0.18	0.16	0.14	0.13	0.11	0.09	0.07	0.06
24	0.18	0.16	0.14	0.13	0.12	0.10	0.08	0.07	0.05
26	0.16	0.15	0.13	0.12	0.10	0.10	0.08	0.06	0.05
28	0.15	0.14	0.12	0.11	0.10	0.09	0.07	0.06	0.04
30	0.14	0.13	0.11	0.10	0.09	0.08	0.06	0.05	0.04

影响系数 φ(砂浆强度等级 M0.4)   表 15-1d

β	$\dfrac{e}{h}$或$\dfrac{e}{h_T}$								
	0	0.025	0.05	0.075	0.1	0.125	0.15	0.175	0.2
<3	1	0.99	0.97	0.94	0.89	0.84	0.79	0.73	0.68
4	0.93	0.89	0.84	0.79	0.74	0.68	0.62	0.57	0.52
6	0.86	0.81	0.76	0.71	0.66	0.60	0.55	0.50	0.45
8	0.78	0.73	0.68	0.63	0.58	0.53	0.48	0.44	0.40
10	0.69	0.65	0.60	0.56	0.51	0.47	0.43	0.39	0.35
12	0.61	0.57	0.53	0.49	0.45	0.41	0.38	0.34	0.31
14	0.53	0.50	0.47	0.43	0.40	0.36	0.33	0.30	0.27
16	0.46	0.44	0.41	0.38	0.35	0.32	0.30	0.27	0.24
18	0.41	0.38	0.36	0.34	0.31	0.29	0.26	0.24	0.22
20	0.36	0.34	0.32	0.30	0.28	0.26	0.24	0.21	0.19
22	0.31	0.30	0.28	0.27	0.25	0.23	0.21	0.19	0.18
24	0.28	0.27	0.25	0.24	0.22	0.21	0.19	0.17	0.16
26	0.25	0.24	0.23	0.22	0.20	0.19	0.17	0.16	0.14
28	0.22	0.21	0.20	0.19	0.18	0.17	0.16	0.14	0.13
30	0.20	0.19	0.18	0.18	0.17	0.16	0.14	0.13	0.12

β	$\dfrac{e}{h}$或$\dfrac{e}{h_T}$								
	0.225	0.25	0.275	0.3	0.325	0.35	0.4	0.45	0.5
<3	0.62	0.57	0.52	0.48	0.44	0.40	0.34	0.29	0.25
4	0.47	0.43	0.39	0.35	0.32	0.29	0.24	0.20	0.16
6	0.41	0.37	0.34	0.30	0.27	0.25	0.20	0.17	0.14
8	0.36	0.32	0.29	0.26	0.24	0.21	0.17	0.14	0.12
10	0.32	0.28	0.26	0.23	0.21	0.18	0.15	0.12	0.10
12	0.23	0.25	0.22	0.20	0.18	0.16	0.13	0.10	0.08
14	0.25	0.22	0.20	0.18	0.16	0.14	0.11	0.09	0.07
16	0.22	0.20	0.18	0.16	0.14	0.13	0.10	0.08	0.06
18	0.20	0.18	0.16	0.14	0.13	0.11	0.09	0.07	0.06
20	0.18	0.16	0.14	0.13	0.11	0.10	0.08	0.06	0.05
22	0.16	0.14	0.13	0.11	0.10	0.09	0.07	0.06	0.05
24	0.14	0.13	0.12	0.10	0.09	0.08	0.06	0.05	0.04
26	0.13	0.12	0.10	0.09	0.08	0.08	0.06	0.05	0.04
28	0.12	0.11	0.10	0.09	0.08	0.07	0.05	0.04	0.03
30	0.11	0.10	0.09	0.08	0.07	0.06	0.05	0.04	0.03

β	$\frac{e}{h}$或$\frac{e}{h_T}$								
	0	0.025	0.05	0.075	0.1	0.125	0.15	0.175	0.2
<3	1	0.99	0.97	0.94	0.89	0.84	0.79	0.73	0.68
4	0.87	0.83	0.78	0.72	0.67	0.62	0.56	0.51	0.46
6	0.76	0.71	0.66	0.61	0.56	0.52	0.47	0.43	0.38
8	0.63	0.59	0.55	0.51	0.47	0.43	0.39	0.36	0.32
10	0.53	0.49	0.46	0.43	0.39	0.36	0.33	0.30	0.27
12	0.44	0.41	0.39	0.36	0.33	0.30	0.28	0.25	0.23
14	0.36	0.34	0.32	0.30	0.28	0.26	0.24	0.22	0.20
16	0.30	0.29	0.28	0.26	0.24	0.22	0.20	0.19	0.17
18	0.26	0.25	0.24	0.22	0.21	0.19	0.18	0.16	0.15
20	0.22	0.21	0.20	0.19	0.18	0.17	0.16	0.14	0.13
22	0.19	0.18	0.18	0.17	0.16	0.15	0.14	0.12	0.12
24	0.16	0.16	0.15	0.15	0.14	0.13	0.12	0.11	0.10
26	0.14	0.14	0.14	0.13	0.12	0.12	0.11	0.10	0.09
28	0.12	0.12	0.12	0.12	0.11	0.10	0.10	0.09	0.08
30	0.11	0.11	0.11	0.10	0.10	0.09	0.09	0.08	0.07

β	$\frac{e}{h}$或$\frac{e}{h_T}$								
	0.225	0.25	0.275	0.3	0.325	0.35	0.4	0.45	0.5
<3	0.62	0.57	0.52	0.48	0.44	0.40	0.34	0.29	0.25
4	0.42	0.38	0.34	0.31	0.28	0.25	0.21	0.17	0.14
6	0.35	0.31	0.28	0.25	0.23	0.21	0.17	0.14	0.11
8	0.29	0.26	0.23	0.21	0.19	0.17	0.14	0.11	0.09
10	0.24	0.22	0.20	0.18	0.16	0.14	0.11	0.09	0.07
12	0.21	0.19	0.17	0.15	0.13	0.12	0.10	0.08	0.06
14	0.18	0.16	0.14	0.13	0.11	0.10	0.08	0.06	0.05
16	0.15	0.14	0.12	0.11	0.10	0.09	0.07	0.06	0.04
18	0.13	0.12	0.11	0.10	0.09	0.08	0.06	0.05	0.04
20	0.12	0.10	0.10	0.08	0.08	0.07	0.05	0.04	0.03
22	0.10	0.09	0.08	0.08	0.07	0.06	0.05	0.04	0.03
24	0.09	0.08	0.08	0.07	0.06	0.05	0.04	0.03	0.03
26	0.08	0.07	0.07	0.06	0.05	0.05	0.04	0.03	0.02
28	0.07	0.07	0.06	0.05	0.05	0.04	0.03	0.03	0.02
30	0.07	0.06	0.05	0.05	0.04	0.04	0.03	0.02	0.02

二、偏心距较大时受压构件的计算

当轴向力偏心距 e 很大时，截面受拉区水平裂缝将显著开展，受压区面积显著减小，构件的承载能力大大降低。考虑到经济和合理性，砌体规范规定按荷载的标准值计算轴向力的偏心距 e，并不宜超过 $0.7y$（y 为截面重心到轴向力所在偏心方向截面边缘的距离）。

当 $0.7y < e \leqslant 0.95y$ 时，构件除应按公式（15-7）进行承载力验算外，尚应对截面受拉边水平灰缝的裂缝宽度加以控制，即按下式进行正常使用极限状态验算：

$$N_k \leqslant \dfrac{f_{tm,k} A}{\dfrac{Ae}{W} - 1} \qquad (15-8)$$

式中　N_k——轴向力标准值；

　　$f_{tm,k}$——砌体沿通缝截面的弯曲抗拉强度标准值，取 $f_{tm,k} = 1.5 f_{tm}$；

　　f_{tm}——砌体沿通缝截面的弯曲抗拉强度设计值，按表 14-8 采用；

　　W——截面抵抗矩。

当 $e > 0.95y$ 时，由于偏心过大，有可能截面一旦开裂就很快发生破坏而失去承载能力，因此砌体规范规定，此时应按砌体通缝弯曲抗拉强度确定截面的承载能力，即要求砌体截面的最大拉应力不超过砌体弯曲抗拉强度设计值：

$$N \leqslant \dfrac{f_{tm} A}{\dfrac{Ae}{W} - 1} \qquad (15-9)$$

式中　N——轴向力设计值；

　　其余符号意义同前。

【例题 15-1】　砖柱截面为 490mm×370mm，采用强度等级为 MU7.5 的粘土砖及 M5 的混合砂浆砌筑，柱计算高度 $H_0 = 5$m，柱顶承受轴心压力设计值为 145kN，试验算柱底截面强度。

【解】

1. 求柱底部截面的轴向力设计值

$$N = 145 + \gamma_G G_k = 145 + 1.2(0.49 \times 0.37 \times 5 \times 19)$$
$$= 165.67 \text{kN} = 165670 \text{N}$$

2. 求柱的承载力

由 MU7.5 砖和 M5 混合砂浆查表 14-2 得砌体抗压强度设计值 $f = 1.37$MPa（N/mm²）

截面面积 $A = 0.49 \times 0.37 = 0.18 \text{m}^2 < 0.3 \text{m}^2$，则砌体强度设计值应乘以调整系数 $\gamma_a = A + 0.7 = 0.18 + 0.7 = 0.88$

由 $\beta = \dfrac{H_0}{h} = \dfrac{5000}{370} = 13.5$ 及 $\dfrac{e}{h} = 0$ 查表 15-1，得影响系数 $\varphi = 0.782$

则得柱的承载力为：

$$\varphi \gamma_a f A = 0.782 \times 0.88 \times 1.37 \times 490 \times 370 = 171140 \text{ N} > 165670 \text{ N}$$

经验算，柱截面安全。

【例题 15-2】 带壁柱窗间墙截面如图所示，计算高度 $H_0 = 9.72$m，采用 MU10 粘土砖及 M5 水泥砂浆砌筑，柱底截面轴向力设计值 $N = 68.4$kN（轴向力标准值 $N_k = 53.9$kN，弯矩设计值 $M = 24$kN·m（弯矩标准值 $M_k = 18.91$kN·m），偏心压力偏向截面肋部一侧，试进行验算。

【解】

(1) 计算截面几何参数

截面面积：

$$A = 2000 \times 240 + 490 \times 500 = 725000 \text{mm}^2$$

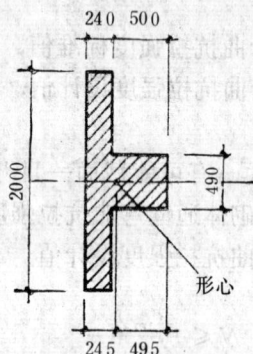

图 15-3　例题 15-2 附图(单位：mm)

形心至截面边缘距离：

$$y_1 = \frac{2000 \times 240 \times 120 + 490 \times 500 \times 490}{725000} = 245 \text{mm}$$

$$y_2 = 740 - 245 = 495 \text{mm}$$

惯性矩：

$$I = \frac{2000 \times 240^3}{12} + 2000 \times 240 \times 125^2 + \frac{490 \times 500^3}{12} + 490 \times 500 \times 245^2$$

$$= 293 \times 10^8 \text{mm}^4$$

回转半径

$$i = \frac{I}{A} = \sqrt{\frac{293 \times 10^8}{725000}} = 201 \text{mm}$$

T 形截面的折算厚度 $h_t = 3.5i = 3.5 \times 201 = 703.5$mm

(2) 计算偏心距

$$e = \frac{M_k}{N_k} = \frac{18.91}{53.9} = 0.35 = 350 \text{mm}$$

$$e/y = e/y_2 = \frac{350}{495} = 0.71 \quad \begin{matrix} > 0.7 \\ < 0.95 \end{matrix}$$

故构件除应按公式（15-7）进行承载力计算外，尚应按公式（15-8）进行正常使用极限状态验算。

(3) 承载力计算

由 MU10 粘土砖及 M5 水泥砂浆查表 14—2 得砌体抗压强度设计值 $f = 0.85 \times 1.58 = 1.343\text{MPa}$（$\text{N}/\text{mm}^2$），式中 0.85 为采用水泥砂浆时对 f 的调整系数。

由 $\beta = \dfrac{H_0}{h_\text{T}} = \dfrac{9.72}{0.703} = 13.8$ 和 $\dfrac{e}{h_\text{T}} = \dfrac{0.35}{0.703} = 0.5$ 查表 15—1 得影响系数 $\varphi = 0.121$

则得窗间墙承载力为

$$\varphi f A = 0.121 \times 1.343 \times 725000 = 117814 \text{ N} > 68400 \text{ N}$$

满足要求。

(4) 正常使用极限状态验算

因 $0.7y < e < 0.95y$，故应按公式（15—8）验算正常使用极限状态。

由表 14—8，砌体沿通缝的弯曲抗拉强度设计值 $f_\text{tm} = 0.75 \times 0.12 = 0.09\text{MPa}$（$\text{N}/\text{mm}^2$），式中 0.75 为采用水泥砂浆时对 f_tm 的调整系数。

则砌体沿通缝截面的弯曲抗拉强度标准值为 $f_\text{tm,k} = 1.5 f_\text{tm} = 1.5 \times 0.09 = 0.135 \text{N}/\text{mm}^2$

构件受拉侧截面抵抗矩 $W = \dfrac{I}{y_1} = \dfrac{293 \times 10^8}{245} = 1.196 \times 10^3 \text{mm}^3$

则 $\dfrac{f_\text{tm,k} A}{\dfrac{Ae}{W} - 1} = \dfrac{0.135 \times 725000}{\dfrac{725000 \times 350}{1.196 \times 10^8} - 1} = 87390\text{N} > N_\text{k} = 53900\text{N}$

符合要求。

第三节　局部受压的计算

一、局部均匀受压的计算

压力仅作用在砌体的部分面积上的受力状态称为局部受压。如在砌体局部受压面积上的压应力呈均匀分布时，则称为砌体的局部均匀受压，如图 15—4 所示。

直接位于局部受压面积下的砌体，因其横向应变受到周围砌体的约束，所以该受压面上的砌体局部抗压强度比砌体的抗压强度高。但由于作用于局部面积上的压力很大，如不准确进行验算，则有可能成

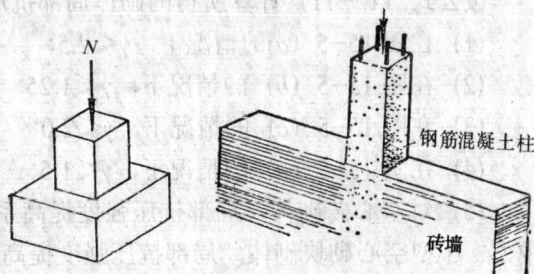

图 15-4　砌体的局部均匀受压

为整个结构的薄弱环节而造成破坏。

砌体截面中受局部均匀压力时的承载力按下式计算：

$$N_1 \leqslant \gamma f A_1 \tag{15—10}$$

式中　N_1——局部受压面积上轴向力设计值；

　　γ——砌体局部抗压强度提高系数；

　　A_1——局部受压面积。

砌体的局部抗压强度提高系数 γ 按下式计算：

$$\gamma = 1 + 0.35 \sqrt{\dfrac{A_0}{A_1} - 1} \tag{15—11}$$

式中 A_0——影响砌体局部抗压强度的计算面积，按下列规定采用（图 15-5）：

(1) 图 15-5 (a)，$A_0 = (a+c+h)h$；

(2) 图 15-5 (b)，$A_0 = (a+h)h$；

(3) 图 15-5 (c)，$A_0 = (b+2h)h$；

(4) 图 15-5 (d)，$A_0 = (a+h)h + (b+h_1-h)h_1$。

其中 a、b——矩形局部受压面积 A_1 的边长；

  h、h_1——墙厚或柱的较小边长；

  c——矩形局部受压面积的外边缘至构件边缘的较小距离，当大于 h 时，应取为 h。

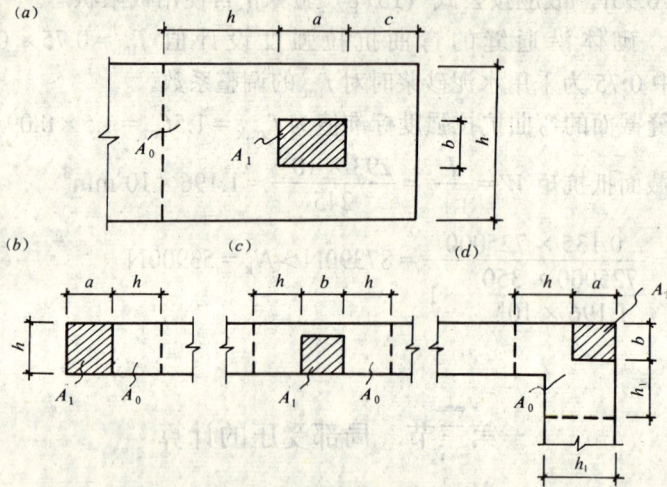

图 15-5 影响局部抗压强度的面积 A_0

按公式（15-11）计算所得的砌体局部抗压强度提高系数 γ 尚应符合下列规定：

(1) 在图 15-5 (a) 的情况下，$\gamma \leqslant 2.5$；

(2) 在图 15-5 (b) 的情况下，$\gamma \leqslant 1.25$；

(3) 在图 15-5 (c) 的情况下，$\gamma \leqslant 2.0$；

(4) 在图 15-5 (d) 的情况下，$\gamma \leqslant 1.5$；

(5) 对空心砖砌体，局部抗压强度提高系数 γ 应小于或等于 1.5；对未灌实的混凝土中型、小型空心砌块砌体，局部抗压强度提高系数 γ 为 1.0。

二、梁端支承处砌体局部受压的计算

如图 15-6，当梁端支承处砌体局部受压时，其压应力的分布是不均匀的。同时，由于梁端的转角以及梁的抗弯刚度与砌体压缩刚度的不同，梁端的有效支承长度可能小于梁的实际支承长度。

梁端支承处砌体局部受压计算中，除应考虑由梁传来的荷载外，还应考虑局部受压面积上由上部荷载设计值产生的轴向力，但由于支座下砌体的压缩以致梁端顶部与上部砌体脱开，而形成内拱作用，所以计算时要对上部传下的荷载作适当的折减。

梁端支承处砌体的局部受压承载力应按下式计算：

$$\psi N_0 + N_1 \leqslant \eta \gamma f A_1 \tag{15-12}$$

式中 ψ——上部荷载的折减系数，$\psi = 1.5 - 0.5\dfrac{A_0}{A_1}$，当 $\dfrac{A_0}{A_1} \geqslant 3$ 时，取 $\psi = 0$；

24

N_0——局部受压面积内上部轴向力设计值，$N_0 = \sigma_0 A_1$，σ_0 为上部平均压应力设计值；

η——梁端底面积应力图形的完整系数，一般可取 0.7，对于过梁和墙梁可取 1.0；

A_1——局部受压面积，$A_1 = a_0 b$，b 为梁宽，a_0 为梁端有效支承长度；

其余符号意义同前。

当梁直接支承在砌体上时，梁端有效支承长度可按下式计算：

$$a_0 = 38 \sqrt{\frac{N_1}{b f \mathrm{tg} \theta}} \qquad (15-13)$$

式中 a_0——梁端有效支承长度(mm)，当 $a_0 > a$ 时，应取 $a_0 = a$；

a——梁端实际支承长度(mm)；

N_1——梁端荷载设计值产生的支承压力(kN)；

b——梁的截面宽度(mm)；

$\mathrm{tg}\theta$——梁变形时，梁端轴线倾角的正切，对于受均布荷载的简支梁，当 $\omega / l_0 = \frac{1}{250}$ 时，可取 $\mathrm{tg}\theta = \frac{1}{78}$；

ω——梁的最大挠度；

l_0——梁的计算跨度。

对于跨度小于 6m 的钢筋混凝土梁，梁端有效支承长度可按下式计算：

$$a_0 = 10 \sqrt{\frac{h_c}{f}} \qquad (15-14)$$

式中 h_c——梁的截面高度(mm)；

f——砌体的抗压强度设计值(MPa)。

三、梁端设有垫块或垫梁时砌体局部受压的计算

为提高梁端下砌体的承载力，可在梁或屋架的支座下设置垫块或垫梁，以保护支座下砌体的安全。图 15-7 表示壁柱上设有垫块的梁端局部受压。

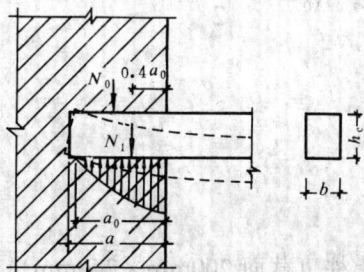

图 15-6 梁端支承处砌体的局部受压　　　图 15-7 设有垫块时梁端局部受压

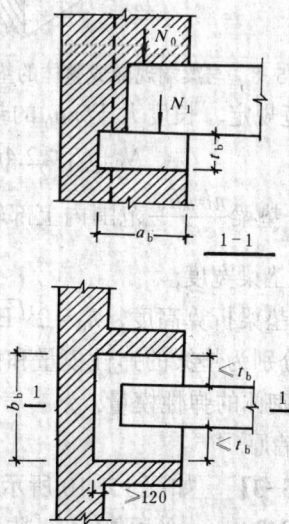

25

当梁端下设有预制刚性垫块时，垫块下砌体的局部受压承载力应按下式计算：

$$N_0+N_1 \leqslant \varphi \gamma_1 f A_b \qquad (15-15)$$

式中　N_0——垫块面积 A_b 内上部轴向力设计值，$N_0=\sigma_0 A_b$；

φ——垫块上 N_0 及 N_1 合力的影响系数(N_1 的作用点可近似取距砌体内侧 $0.4a_0$ 处)，采用表 15—1 中 $\beta \leqslant 3$ 时的 φ 值；

γ_1——垫块外砌体面积的有利影响系数，$\gamma_1=0.8\gamma$，但不小于 1.0。γ 为砌体局部抗压强度提高系数，按公式 (15—11) 以 A_b 代替 A_l 计算得出；

A_b——垫块面积，$A_b=a_b b_b$，a_b 为垫块伸入墙内的长度，b_b 为垫块的宽度。

刚性垫块的高度不宜小于 180mm，自梁边算起的垫块挑出长度不宜大于垫块的高度 t_b。当在带壁柱墙的壁柱内设有垫块时（图 15—7），其计算面积应取壁柱面积，不应计算翼缘部分，同时壁柱上垫块伸入翼墙内的长度不应小于 120mm。

现浇钢筋混凝土梁也可采用与梁端现浇成整体的垫块，如图 15—8 所示。由于垫块与梁端现浇成整体，当梁在荷载作用下发生挠曲时，梁垫将随梁端一起转动，因此梁端支承处砌体的局部受压承载力仍按公式 (15—12) 计算，此时 $A_l=a_0 b_b$，同时在计算有效支承长度的公式 (15—13) 中以 b_b 代替 b。

当墙内设有圈梁等较长构件（长度大于 πh_0）且又直接在梁支承面之下时，则此类较长构件即可视为梁端下的垫梁，梁上的荷载将通过垫梁分布到砌体上，此时假定梁下应力按三角形分布，如图 15—9 所示。

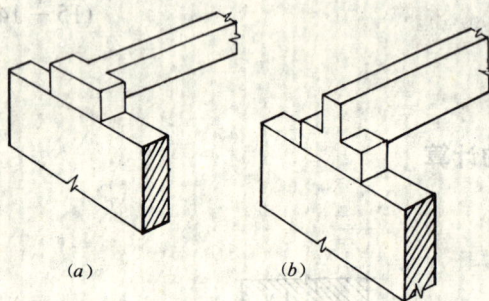

图 15—8　与梁端现浇成整体的垫块　　　　图 15—9　垫梁局部受压

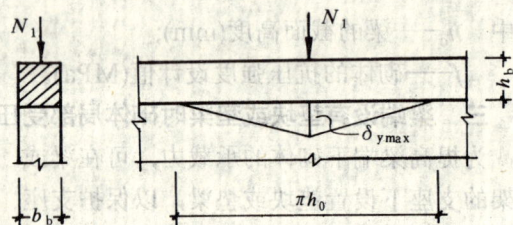

砌体规范规定，长度大于 πh_0 的垫梁，按下式验算其承载力：

$$N_0+N_1 \leqslant 2.4 f b_b h_0 \qquad (15-16)$$

式中　N_0——垫梁 $\dfrac{\pi b_b h_0}{2}$ 范围内上部轴向力设计值，$N_0=\dfrac{\pi b_b h_0 \sigma_0}{2}$；

b_b——垫梁宽度；

h_0——垫梁折算高度，$h_0=2\sqrt[3]{E_b I_b / Eh}$；

E_b、I_b——分别为垫梁的弹性模量和截面惯性矩；

E——砌体的弹性模量；

h——墙厚。

【例题 15—3】　如图 15—10 所示，钢筋混凝土柱（截面 200mm×240mm）支承在砖墙上，墙厚 240mm，采用 MU10 粘土砖及 M2.5 混合砂浆砌筑，柱传至墙的轴向力设计值 $N=100$kN，试进行砌体局部受压验算。

【解】

按公式（15-10）验算。

局部受压面积 $A_1 = 200 \times 240 = 48000 \text{mm}^2$

影响砌体局部抗压强度的计算面积按图 15-5c 计算，$A_0 = (b+2h)h = (200+2\times240)\times240 = 163200 \text{mm}^2$

砌体局部抗压强度提高系数：

$$\gamma = 1 + 0.35\sqrt{\frac{A_0}{A_1}-1} = 1 + 0.35\sqrt{\frac{163200}{4800}-1} = 1.54 < 2.0$$

由表 14-2 查得砌体抗压强度设计值 $f = 1.38 \text{N}/\text{mm}^2$

则由公式(15-10)：

$$\gamma f A_1 = 1.54 \times 1.38 \times 48000 = 102010 \text{N} = 102.01 \text{kN} > 100 \text{kN}$$

符合要求。

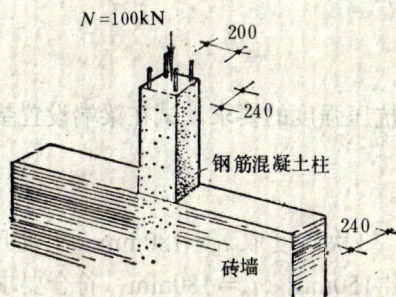

图 15-10 例题 15-3 附图　　　　图 15-11 例题 15-4 附图 （单位：cm）

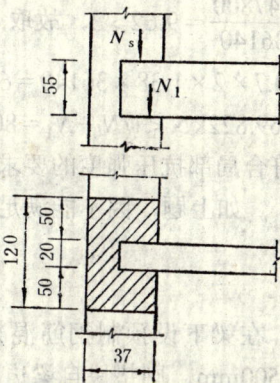

【例题 15-4】 验算如图 15-11 所示房屋外纵墙上梁端下砌体局部受压强度。已知梁截面 200mm × 550mm，梁端实际支承长度 $a = 240$mm，荷载设计值产生的梁端支承反力 $N_1 = 80$kN，梁底墙体截面由上部荷载设计值产生的轴向力 $N_s = 165$kN，窗间墙截面 1200 × 370mm，采用 MU10 粘土砖和 M2.5 混合砂浆砌筑。梁的容许相对挠度为 $\frac{1}{250}$。

【解】

梁端支承处砌体局部受压承载力应按公式(15-12)计算，即：

$$\psi N_0 + N_1 \leqslant \eta \gamma f A_1$$

由表 14-2 查得 $f = 1.38 \text{N}/\text{mm}^2$

梁端底面压应力图形完整性系数：$\eta = 0.7$

梁端有效支承长度：

$$\alpha_0 = 38\sqrt{\frac{N_1}{bf \text{tg}\theta}} = 38\sqrt{\frac{80}{200 \times 1.38 \times \frac{1}{78}}} = 180.7 \text{mm}$$

梁端局部受压面积：$A_1 = a_0 b = 180.7 \times 200 = 36140 \text{mm}^2$

由图 15-5c，影响砌体局部抗压强度的计算面积：$A_0 = (b+2h)h = (200+2 \times 370) \times 370 = 347800 \mathrm{mm}^2$

砌体局部抗压强度提高系数：

$$\gamma = 1 + 0.35 \sqrt{\frac{A_0}{A_1} - 1} = 1 + 0.35 \sqrt{\frac{347800}{36140} - 1} = 2.03 > 2$$

取 $\gamma = 2$

由于上部轴向力设计值 N_s 作用在整个窗间墙上，故上部平均压应力设计值为：

$$\sigma_0 = \frac{165000}{370 \times 1200} = 0.37 \mathrm{N} / \mathrm{mm}^2$$

则局部受压面积内上部轴向力设计值为：

$$N_0 = \sigma_0 A_1 = 0.37 \times 36140 = 13370 \mathrm{N} = 13.37 \mathrm{kN}$$

上部荷载的折减系数 $\psi = 1.5 - 0.5 \dfrac{A_0}{A_1}$

由　$\dfrac{A_0}{A_1} = \dfrac{347800}{36140} = 9.62 > 3$，故取 $\varphi = 0$

则　$\eta \gamma f A_1 = 0.7 \times 2 \times 1.38 \times 36140 = 69822 \mathrm{N}$

$= 69.822 \mathrm{kN} < \psi N_0 + N_1 = 80 \mathrm{kN}$

经验算，不符合局部抗压强度的要求，不安全。

【例题 15-5】　如上题，因不能满足砌体局部抗压强度的要求，试在梁端设置垫块并进行验算。

【解】

如图 15-12，在梁下设预制钢筋混凝土垫块，垫块高度取 $t_b = 180 \mathrm{mm}$，平面尺寸 $a_b \times b_b$ 取 $240 \mathrm{mm} \times 500 \mathrm{mm}$，则垫块自梁边两侧各挑出 $150 \mathrm{mm} < t_b = 180 \mathrm{mm}$，符合要求。

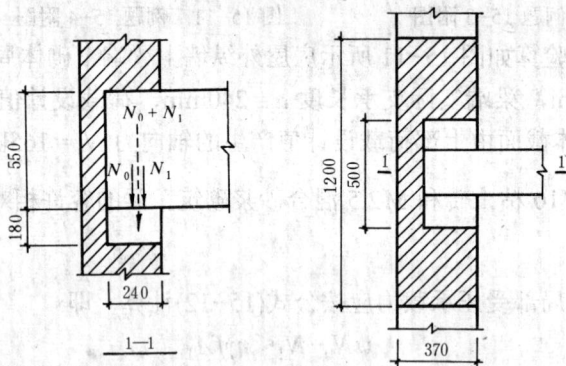

图 15-12　例题 15-5 附图(单位：mm)

按公式(15-15)即　$N_0 + N_1 \leqslant \varphi \gamma_1 f A_b$ 验算。

已查得 $f = 1.38 \mathrm{N} / \mathrm{mm}^2$

垫块面积 $A_b = a_b \times b_b = 240 \times 500 = 120000 \mathrm{mm}^2$

影响砌体局部抗压强度的计算面积：

$$A_0 = (500 + 2 \times 350) \times 370 = 444000 \mathrm{mm}^2$$

上式中因垫块外窗间墙仅余 350mm，故垫块外取 $h=350$mm。

砌体的局部抗压强度提高系数：

$$\gamma = 1 + 0.35\sqrt{\frac{A_0}{A_b} - 1} = 1 + 0.35\sqrt{\frac{444000}{120000} - 1} = 2.64 > 2，取 \gamma = 2。$$

则得垫块外砌体面积的有利影响系数：

$$\gamma_1 = 0.8\gamma = 0.8 \times 2 = 1.6$$

垫块面积 A_b 内上部轴向力设计值：

$$N_0 = \sigma_0 A_b = 0.37 \times 120000 = 44400N = 44.4\text{kN}$$

$$N_1 = 80\text{kN}$$

求 N_0 及 N_1 合力对垫块形心的偏心距 e [注]：

由 N_1 对垫块形心的偏心距为 $\frac{240}{2} - 0.4 \times 240 = 24$mm

N_0 作用于垫块形心

则　　$e = \dfrac{N_1 \times 24}{N_0 + N_1} = \dfrac{80 \times 24}{44.4 + 80} = 15$mm

由 $\dfrac{e}{h} = \dfrac{e}{a_b} = \dfrac{15}{240} = 0.0625$ 和 $\beta \leqslant 3$ 查表 15-1 得：

$$\varphi = 0.955$$

由公式（15-15）：

$$\varphi\gamma_1 f A_b = 0.955 \times 1.6 \times 1.38 \times 120000 = 253037N$$
$$= 253.03\text{kN} > N_0 + N_1 = 44.4 + 80 = 124.4\text{kN}$$

经验算，符合局部抗压强度的要求。

第四节　轴心受拉、受弯、受剪构件的计算

一、轴心受拉构件的计算

如图 15-13，当外力沿砌体水平灰缝方向作用时，砌体的破坏有两种可能，即沿齿缝破坏或沿直缝破坏（沿块体截面破坏）。如第十四章第二

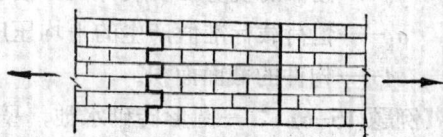

图 15-13　轴心受拉构件

节所述，这两种破坏形式的砌体轴心抗拉强度设计值不同，计算时，强度设计值应取二者中的较小值。

轴心受拉构件的承载力，应按下式计算：

$$N_t \leqslant f_t A \tag{15-17}$$

式中　N_t——轴心拉力设计值；

　　　　A——构件的截面面积；

　　　　f_t——砌体轴心抗拉强度设计值，应按表 14-8 和表 14-9 中的较小值采用。

[注] 按规范规定，偏心距 e 应按荷载标准值计算，本题为简化计算，采用荷载设计值计算。

二、受弯构件的计算

受弯构件的承载力应按下式计算:

$$M \leqslant f_{tm}W \tag{15-18}$$

式中　M——弯矩设计值;

　　　f_{tm}——砌体的弯曲抗拉强度设计值,应按表 14-8 和表 14-9 中的较小值采用;

　　　W——截面抵抗矩。

受弯构件除进行抗弯计算外,还应进行抗剪计算。受弯构件的受剪承载力应按下式计算:

$$V \leqslant f_v bz \tag{15-19}$$

式中　V——剪力设计值;

　　　f_v——砌体的抗剪强度设计值,按表 14-8 采用;

　　　b——截面宽度;

　　　z——内力臂,$z = \dfrac{I}{S}$,当截面为矩形时,$z = \dfrac{2}{3}h$;

　　　I——截面的惯性矩;

　　　S——截面的面积矩;

　　　h——截面高度。

三、砌体沿水平通缝受剪的计算

砌体沿通缝受剪时 (例如无拉杆的拱支座截面),其承载能力决定于砌体沿通缝的抗剪强度和作用在截面上的压力所产生的摩擦力的总和。因此沿通缝受剪构件的承载力应按下式计算:

$$V \leqslant (f_v + 0.18\sigma_k)A \tag{15-20}$$

式中　V——荷载设计值产生的剪力;

　　　f_v——砌体的抗剪强度设计值,按表 14-8 采用;

　　　σ_k——恒荷载标准值产生的平均压应力;

　　　A——构件的截面面积。

【例题 15-6】　一圆形砖砌水池,壁厚 370mm,采用 MU10 粘土砖和 M7.5 水泥砂浆砌筑,池壁承受的最大环向拉力按 45kN／m 计算,试验算池壁的抗拉强度。

【解】

由表 14-8,当砂浆为 M7.5 时,$f_t = 0.75 \times 0.17 = 0.127 \text{N}／\text{mm}^2$。由表 14-9,当砖为 MU10 时,$f_t = 0.2 \text{N}／\text{mm}^2$。取二者中的较小值,则 $f_t = 0.127 \text{N}／\text{mm}^2$。

取 1m 高池壁计算,由公式 (15-17):

$$f_t A = 0.127 \times 1000 \times 370 = 46990\text{N} = 46.99\text{kN} > \text{N} = 45 \times 1 = 45\text{kN}$$

符合要求。

【例题 15-7】　试验算图 15-14 所示拱座截面的抗剪承载力。已知拱式过梁在拱座处的水平推力 $V = 16\text{kN}$,受剪截面面积 $A = 370\text{mm} \times 490\text{mm}$,作用在 1-1 截面上由恒载标准值产生的纵向力 $N_s = 25\text{kN}$,墙体采用 MU10 砖和 M2.5 混合砂浆砌筑。

【解】

由表 14-8 查得 $f_v = 0.09\text{N}/\text{mm}^2$

$$\sigma_k = \frac{N_s}{A} = \frac{25000}{370 \times 490} = 0.138\text{N}/\text{mm}^2$$

则 $(f_v + 0.18\sigma_k)A = (0.09 + 0.18 \times 0.138) \times 370 \times 490$

$$= 20820N > V = 16000N$$

符合要求。

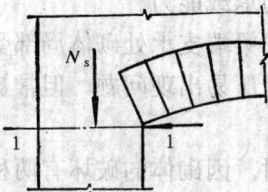

图 15-14 例题 15-7 附图 　　　　　图 15-15　例题 15-8 附图

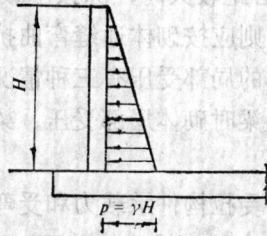

【例题 15-8】　　如图 15-15，矩形水池壁高 $H = 1.45\text{m}$，采用 MU10 粘土砖及 M10 水泥砂浆砌筑，壁厚 $d = 490\text{mm}$。试对池壁底部进行验算（池壁高度较小，不考虑池壁自重产生的垂直压力的有利影响）。

【解】

池壁相当于固定在底板上的悬臂受弯构件，取 1m 宽竖向板带计算，则此板带应按上端自由、下端固定，承受三角形水压力的悬臂梁计算。

$$M = \frac{1}{2}pH \cdot \frac{H}{3} = \frac{1}{2} \times 10 \times 1.45 \times 1.45 \times \frac{1.45}{3} = 5.08\text{kN} \cdot \text{m}$$

$$V = \frac{1}{2}pH = \frac{1}{2} \times 10 \times 1.45 \times 1.45 = 10.51\text{kN}$$

由表 14-8、表 14-9 分别查得沿砌体通缝破坏弯曲抗拉强度设计值 $f_{tm} = 0.75 \times 0.18 = 0.135\text{N}/\text{mm}^2$，和沿块体截面破坏时的弯曲抗压强度设计值 $f_{tm} - 0.31\text{N}/\text{mm}^2$，取二者的较小值 $f_{tm} = 0.135\text{N}/\text{mm}^2$。

由表 14-8 查得砌体抗剪强度设计值 $f_v = 0.18\text{N}/\text{mm}^2$。

截面抵抗矩 $W = \frac{1}{6} \times 1000 \times 490^2 = 40016667\text{mm}^3$。

则由公式 (15-18)：

$f_{tm}W = 0.135 \times 40016667 = 5402250N \cdot mm = 5.4\text{kN} \cdot \text{m} > M = 5.08\text{kN} \cdot \text{m}$

由公式 (15-19)：

$$f_vbz = 0.18 \times 1000 \times \frac{2}{3} \times 490 = 58800N = 58.8\text{kN} > V = 10.51\text{kN}$$

符合要求。

小　结

(1) 砌体结构和混凝土结构一样，也按概率极限状态设计法进行设计。砌体应按承载力极限状态设计，同时要满足正常使用极限状态的要求，但在一般情况下，后者由相应的构造措施来保证。

(2) 受压构件承载力的计算公式为 $N \leqslant \varphi f A$，其中，φ 为高厚比 β 和轴向力的偏心距 e 对受压构件承载力的影响系数，不论偏心受压或轴心受压均采用此公式（轴心受压时 $e=0$）。当偏心距较大时，除按承载力计算外，尚应按正常使用极限状态进行验算；当偏心距更大时，则应按砌体通缝弯曲抗拉强度确定截面的承载能力。

(3) 砌体的局部受压有三种情况：局部均匀受压、梁端支承处砌体局部受压以及梁端设有垫块或垫梁时砌体局部受压。梁端下砌体的局部受压易出现问题，但常被忽略，要引起注意。

(4) 轴心受拉构件承载力和受弯构件承载力计算时，因砌体的破坏有两种可能，即沿齿缝破坏或沿直缝（沿块体截面）破坏，因此，其强度设计值应取表 14-8 及表 14-9 中的较小值。砌体沿水平通缝受剪时，其承载能力决定于砌体沿通缝的抗剪强度和作用在截面上的压力所产生的摩擦力的总和。

思　考　题

1. 砌体的强度标准值和强度设计值是怎样确定的？
2. 怎样计算砌体受压构件的承载力？当 $e>0.7y$ 和 $e>0.95y$ 时应怎样计算？
3. 简要归纳带壁柱窗间墙的计算步骤。
4. 砌体的局部受压有几种情况？试述其计算要点。
5. 轴心受拉构件及受弯构件应怎样计算？
6. 怎样计算砌体沿通缝受剪的承载力？公式 (15-20) 的含义是什么？

习　题

1. 砖柱截面为 490mm×490mm，计算高度 $H_0=4.8$m，采用粘土砖（强度等级为 MU10）及混合砂浆（强度等级为 M2.5），柱顶承受轴心压力设计值 $N=190$kN，试进行验算。

2. 验算某教学楼的窗间墙（截面如图 15-16 所示），轴向力设计值 $N=450$kN，弯矩设计值 $M=3.35$kN·m（荷载偏向翼缘一侧），由荷载标准值产生的偏心距 $e=10$mm，计算高度 $H_0=3.6$m，采用 MU7.5 砖及 M2.5 混合砂浆砖砌（截面重心已求出，如图 15-9 中所示）。

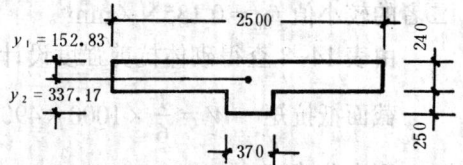

图 15-16　习题 2 附图

3. 验算房屋外纵墙梁端下砌体的局部受压承载力。已知梁截面尺寸 $b×h=200$mm×550mm，梁伸入墙体内长度 $a=240$mm，梁传来的由设计荷载产生的支座反力 $N_l=59$kN，上层墙体传来的设计荷载 $N_s=175$kN，窗间墙截面尺寸为 1500mm×240mm，采用 MU7.5 粘土砖和 M5 混合砂浆砌筑。

第十六章　混合结构墙、柱设计

第一节　房屋的空间工作和静力计算方案

一、房屋的空间工作

混合结构通常指用不同材料的构件所组成的房屋，是由多种构件组成的整体，主要是指楼（屋）盖用混凝土结构，墙体及基础采用砖、石砌体建造的单层或多层房屋。一般民用建筑如住宅、宿舍、办公楼、学校、商店、食堂、仓库等以及各种中小型工业建筑都可采用混合结构。

进行墙体内力分析时，首先要确定计算简图。图 16-1 为一混合结构的单层房屋，由屋盖、墙体、基础构成承重骨架，它们共同工作，承受作用在房屋上的垂直荷载和水平荷载。当外墙窗口为均匀排列时，如图 16-1a 所示，且作用于房屋上的荷载为均匀分布，则可在两个窗口中间截取一个单元，由这个单元来代表整个房屋，这个单元称为计算单元。

混合结构房屋中的墙、柱、承担着屋盖或楼盖传来的垂直荷载以及由墙面或屋盖传来的水平荷载（如风荷载），在水平荷载及偏心竖向荷载作用下，墙、柱顶端将产生水平位移。而混合结构的纵、横墙以及屋盖是互相关联、制约的整体，在荷载作用下，每一局部构件不能单独变形，实际上是发挥着共同工作的空间作用，因此在静力分析中必须要考虑房屋的空间工作。

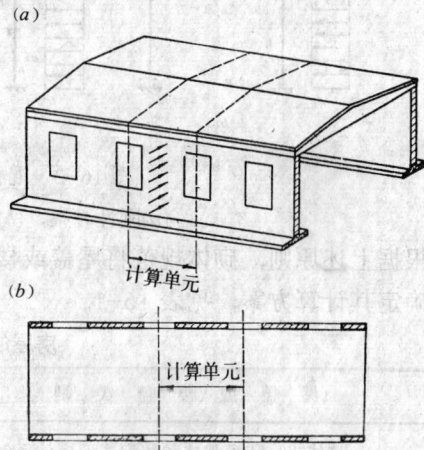

图 16-1　混合结构房屋及其计算单元

根据试验研究，房屋的空间工作性能，主要取决于屋盖水平刚度和横墙间距的大小。当屋盖或楼盖的水平刚度大，横墙间距小，则房屋空间刚度大，在水平荷载或偏心竖向荷载作用下，水平位移很小，甚至可以忽略不计；当屋盖或楼盖水平刚度较小，横墙间距较大时，房屋空间刚度较小，其水平位移就必须考虑。

二、房屋的静力计算方案

《砌体结构设计规范》规定，房屋的静力计算，根据房屋的空间工作性能，分为刚性方案、刚弹性方案和弹性方案。

（一）刚性方案

当横墙间距较小、屋盖与楼盖的水平刚度较大，则在水平荷载作用下，房屋的水平位移很小，在确定房屋的计算简图时，可将屋盖或楼盖视为纵墙或柱的不动铰支承，即忽略房屋的水平位移（图 16-2a），这种房屋称为刚性方案房屋。一般多层住宅、办公楼、宿舍以及长度较小的单层厂房、食堂等均为刚性方案房屋。

（二）弹性方案

当房屋的横墙间距较大，屋盖与楼盖的水平刚度较小时，房屋的空间刚度较弱，则在水平荷载作用下，房屋的水平位移较大，不可忽略，计算时把楼盖或屋盖视为墙、柱的滚动铰支承，即按平面排架计算（图 16-2c），这种房屋称为弹性方案房屋。

（三）刚弹性方案

这是介于"刚性"和"弹性"两种方案之间的房屋，其屋盖及楼盖具有一定的水平刚度，横墙间距不太大，能起一定的空间作用，在水平荷载作用下，其水平位移较弹性方案的水平位移小，这种房屋称为刚弹性方案房屋。计算时按横梁（屋盖或楼盖）具有弹性支承的平面排架计算（图 16-2b）。

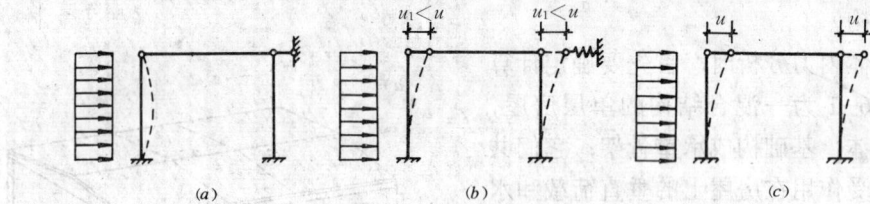

图 16-2 混合结构房屋的计算简图

(a)刚性方案；(b)刚弹性方案；(c)弹性方案

根据上述原则，砌体规范将屋盖或楼盖按刚度划分为三种类型，并依据房屋的横墙间距来确定其计算方案，见表 16-1。

房屋的静力计算方案　　　　　　　　　表 16-1

	屋 盖 或 楼 盖 类 别	刚性方案	刚弹性方案	弹性方案
1	整体式、装配整体和装配式无檩体系钢筋混凝土屋盖或钢筋混凝土楼盖	$s < 32$	$32 < s < 72$	$s > 72$
2	装配式有檩体系钢筋混凝土屋盖、轻钢屋盖和有密铺望板的木屋盖或木楼盖	$s < 20$	$20 < s < 48$	$s > 48$
3	冷摊瓦木屋盖和石棉水泥瓦轻钢屋盖	$s < 16$	$16 < s < 36$	$s > 36$

注：1. 表中 s 为房屋横墙间距，其长度单位为 m。

2. 对无山墙或伸缩缝处无横墙的房屋，应按弹性方案考虑。

从表 16-1 可以看出，确定静力计算方案时，屋盖或楼盖的类别是主要因素之一，在屋盖或楼盖的类型确定后，横墙间距就是重要条件。

刚性和刚弹性方案房屋的横墙应符合下列要求：

（1）横墙中开有洞口时，洞口的水平截面面积不应超过横墙截面面积的 50%。

（2）横墙的厚度不宜小于 180mm。

（3）单层房屋的横墙长度不宜小于其高度，多层房屋的横墙长度不宜小于 $H/2$（H 为横墙总高度）。

当横墙不能同时符合上述三项要求时，应对横墙的刚度进行验算。如其最大水平位移值不超过横墙高度的 1／4000 时，仍可视作刚性或刚弹性方案房屋的横墙（凡符合此要求的一段横墙或其他结构构件，如框架等，均视为刚性或刚弹性方案房屋的横墙）。

第二节 墙、柱高厚比的验算

一、墙、柱的允许高厚比

高厚比系指墙、柱的计算高度 H_0（或柱边长）h 的比值。高厚比的验算是砌体结构一项重要的构造措施，其意义如下：

(1) 保证构件不致因过于细长而在荷载作用下发生失稳破坏，使受压构件除满足强度要求外，还具有足够的稳定性；

(2) 通过高厚比的控制，使墙、柱在使用阶段具有足够的刚度，避免出现过大的侧向变形；

(3) 保证施工中的安全。

墙、柱的计算高度 H_0 的计算见表 16-2。

表 16-2 中的构件高度 H 应按下列规定采用：

(1) 在房屋底层，为楼板到构件下端支点的距离。下端支点的位置，可取在基础顶面。当埋置较深时，则可取在室内地面或室外地面下 $300 \sim 500$mm 处。

(2) 在房屋其他层次，为楼板或其他水平支点间的距离。

(3) 对于山墙，可取层高加山墙尖高度的 1／2；山墙壁柱则可取壁柱处的山墙高度。墙、柱的允许高厚比见表 16-3。

应当指出，影响允许高厚比的因素比较复杂，很难用理论推导的公式确定，砌体规范规定的允许高厚比限值，是根据我国的实践经验确定的，它实际上也反映了在一定时期内的材料质量和施工的技术水平。

受 压 构 件 的 计 算 高 度 H_0

表 16-2

房 屋 类 别			柱		带壁柱墙或周边拉结的墙		
			排架方向	垂 直排架方向	$s > 2H$	$2H > s > H$	$s < H$
有吊车的单层房屋	变截面柱上段	弹性方案	$2.5H_v$	$1.25H_u$	$2.5H_u$		
		刚性、刚弹性方案	$2.0H_u$	$1.25H_u$	$2.0H_u$		
	变截面柱下段		$1.0H_1$	$0.8H_1$	$1.0H_1$		
无吊车的单层和多层房屋	单 跨	弹性方案	$1.5H$	$1.0H$	$1.5H$		
		刚弹性方案	$1.2H$	$1.0H$	$1.2H$		
	两跨或多跨	弹性方案	$1.25H$	$1.0H$	$1.25H$		
		刚弹性方案	$1.10H$	$1.0H$	$1.1H$		
	刚性方案		$1.0H$	$1.0H$	$1.0H$	$0.4s+0.2H$	$0.6s$

注：1. 表中 H_u 为变截面柱的上段高度；H_1 为变截面柱的下段高度。

　　2. 对于上端为自由端的构件，$H_0 = 2H$。

　　3. 独立砖柱，当无柱间支撑时，柱在垂直排架方向的 H_0 应按表中数值乘以 1.25 后采用。

<table>
<tr><th colspan="3">墙 、柱 的 允 许 高 厚 比 〔β〕 值</th><th>表 16-3</th></tr>
<tr><td>砂 浆 强 度 等 级</td><td>墙</td><td colspan="2">柱</td></tr>
<tr><td>M0.4</td><td>16</td><td colspan="2">12</td></tr>
<tr><td>M1</td><td>20</td><td colspan="2">14</td></tr>
<tr><td>M2.5</td><td>22</td><td colspan="2">15</td></tr>
<tr><td>M5</td><td>24</td><td colspan="2">16</td></tr>
<tr><td>＞M7.5</td><td>26</td><td colspan="2">17</td></tr>
</table>

注: 1. 下列材料砌筑的墙、柱允许高厚比应按表中数值分别予以降低: 空斗墙和中型砌块墙、柱降低10%; 毛石墙、柱降低 20%

2. 组合砖砌体构件的允许高厚比,可按表中数值提高 20%,但不得大于 28。

3. 验算施工阶段砂浆尚未硬化的新砌砌体高厚比时,允许高厚比可按表中 M0.4 项降低 10%。

二、墙、柱高厚比验算

(一) 验算公式

墙、柱高厚比应按下式验算:

$$\beta = \frac{H_0}{h} \leqslant \mu_1 \mu_2 〔\beta〕 \qquad (16-1)$$

式中 H_0——墙、柱的计算高度,按表 16-2 采用;

h——墙厚或矩形柱与 H_0 相对应的边长;

μ_1——非承重墙允许高厚比的修正系数,按如下规定采用:

厚度 $h \leqslant 240mm$ 的非承重墙,允许高厚比应按表 16-数值乘以下列提高系数 μ_1;

    (1) $h = 240mm$ $\mu_1 = 1.2$;

    (2) $h = 90mm$ $\mu_1 = 1.5$;

    (3) $240mm > h > 90mm$ μ_1 按插入法取值。

上端为自由端墙的允许高厚比,除按上述规定提高外,尚可提高 30%。

μ_2——有门窗洞口墙允许高厚比的修正系数,按下式确定:

$$\mu_2 = 1 - 0.4 \frac{b_s}{s} \qquad (16-2)$$

b_s——在宽度 s 范围内的门窗洞口宽度;

s——相邻窗间墙或壁柱之间的距离。

当按公式 (16-2) 算得的 μ_2 值小于 0.7 时,应采用 0.7。当洞口高度等于或小于墙高的 1/5 时,取 $\mu_2 = 1.0$。

规范规定,当墙高 H 大于或等于相邻横墙或壁柱间的距离时,应按计算高度 $H_0 = 0.6s$ 验算高厚比 (此处 s 为相邻横墙或壁柱间的距离);当与墙连接的相邻两横墙间的距离 $s \leqslant \mu_1 \mu_2 〔\beta〕 h$ 时,墙高可不受限制;变截面柱的高厚比可按上、下截面分别验算。验算上柱的高厚比时,墙、柱的允许高厚比可按表 16-3 的数值乘以 1.3 后采用。

(二) 带壁柱墙的高厚比验算

带壁柱墙如图 16-3 所示,其高厚比的验算应分为两部分,首先进行带壁柱墙的高厚比 (即整片墙的高厚比) 验算,把壁柱看成是 T 形 (或十字形) 截面柱,验算其高厚比;其次要验算壁柱间墙的高厚比,即把壁柱看成是壁柱之间墙体的侧向支点,验算两壁柱之间墙的高厚比。

1. 带壁柱墙的高厚比验算

验算公式如下:

$$\beta = \frac{H_0}{h_T} \leqslant \mu_1 \mu_2 〔\beta〕 \tag{16-3}$$

式中　h_T——带壁柱墙的折算厚度;

折算厚度的计算及带壁柱墙翼缘宽度等均见第十五章第二节;

其余符号意义同前。

当确定墙的计算高度 H_0 时,s 应取相邻横墙间的距离。

2. 壁柱间墙的高厚比验算

壁柱间墙的高厚比按公式 (16-1) 验算,此时 s 应取相邻壁柱间的距离。

设有钢筋混凝土圈梁的带壁柱墙,当 $b/s \geqslant \frac{1}{30}$ 时 (b 为圈梁宽度),由于圈梁的水平刚度较大,能限制壁柱间墙体的侧向变形,所以可视作壁柱间墙的不动铰支点。如圈梁宽度不足,而实际条件又不允许增加圈梁宽度时,可按等刚度原则 (墙体平面外刚度即惯性矩相等的原则) 增加圈梁高度,以满足壁柱间墙不动铰支点的要求。

【例题 16-1】　验算如图 16-4 所示的多层混合结构房屋底层各墙的高厚比。纵横承重墙墙厚均为 240mm,采用 M5 砂浆,墙高为 4.6m (下端支点取基础顶面)。非承重隔断墙墙厚 120mm,采用 M2.5 砂浆,高 3.6m。

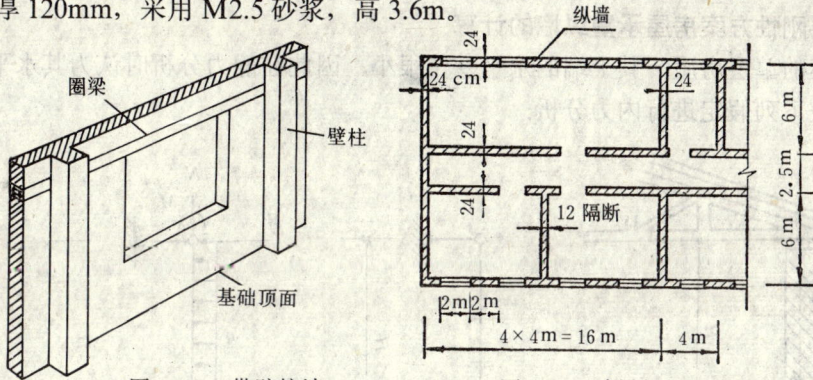

图 16-3　带壁柱墙　　　图 16-4　例题 16-1 附图

【解】

1. 判断房屋静力计算方案及求允许高厚比

房屋横墙最大间距 $s = 16$m,由表 16-1 可判断为刚性方案。

由表 16-3,因承重纵横墙砂浆强度等级为 M5,得 $〔\beta〕 = 24$,非承重墙砂浆为 M2.5,$〔\beta〕 = 22$。

2. 纵墙高厚比验算

由表 16-2,因 $s = 16$m $> 2H = 2 \times 4.6 = 9.2$m 故 $H_0 = 1.0H = 4.6$mm。

$$\mu_2 = 1 - 0.4 \frac{b_s}{s} = 1 - 0.4 \times \frac{2}{4} = 0.8$$

$$\beta = \frac{H_0}{h} = \frac{4600}{240} = 19.17 < \mu_2 〔\beta〕 = 0.8 \times 24 = 19.2$$

满足要求。

3. 横墙高厚比验算

$$s = 6\text{m} \quad \begin{cases} < 2H = 2 \times 4.6 = 9.2m \\ > H = 4.6m \end{cases}$$

由表 16-2, $H_0 = 0.4s + 0.2H = 0.4 \times 6 + 0.2 \times 4.6 = 3.32\text{m}$

$\beta = \dfrac{H_0}{h} = \dfrac{3320}{240} = 13.8 < [\beta] = 24$ 满足要求。

4. 非承重墙高厚比验算

$$s = 6\text{m} \quad \begin{cases} < 2H = 2 \times 3.6 = 7.2m \\ > H = 3.6m \end{cases}$$

则 $H_0 = 0.4s + 0.2H = 0.4 \times 6 + 0.2 \times 3.6 = 3.12\text{m}$

非承重墙修正系数由 $h = 240\text{mm}$ 时 $\mu_1 = 1.2$, $h = 90\text{mm}$ 时 $\mu_1 = 1.5$, 则得 $h = 120\text{mm}$ 时 $\mu_1 = 1.44$

$$\beta = \frac{H_0}{h} = \frac{3120}{120} = 26 < \mu_1 [\beta] = 1.44 \times 22 = 31.7$$

满足要求。

第三节 刚性方案房屋的计算

一、单层刚性方案房屋承重纵墙的计算

刚性方案的单层房屋，其上端的水平变位很小，因此在静力分析时认为其水平变位为零，计算时按下列假定进行内力分析：

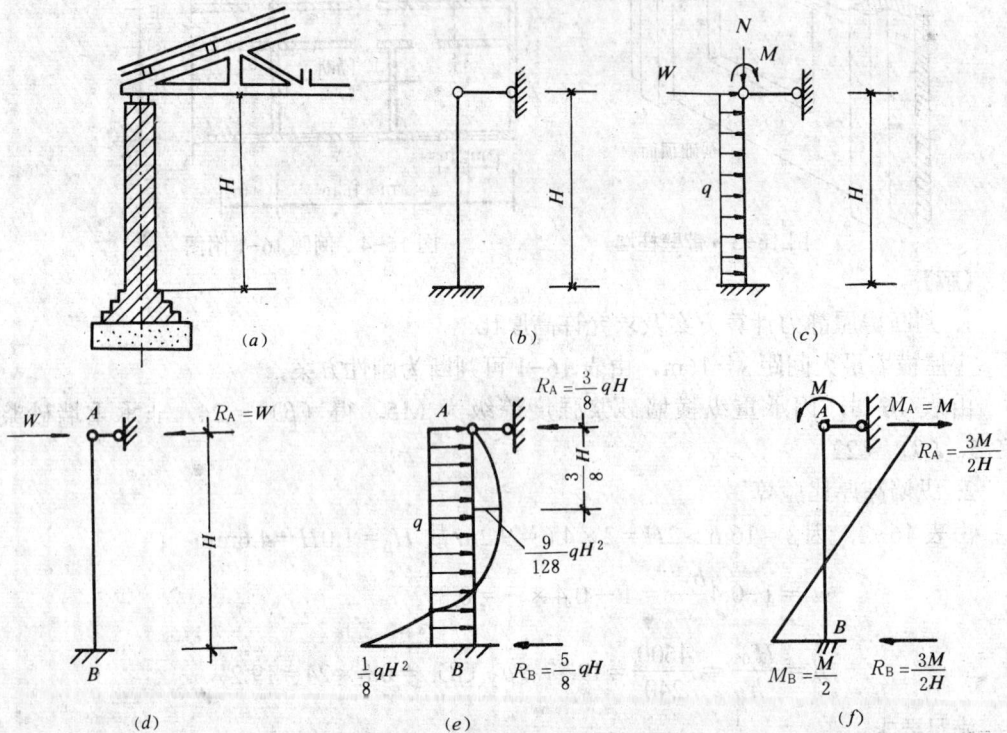

图 16-5 单层刚性方案房屋计算简图

(1) 纵墙上端与屋架（或屋面梁）铰接，为水平不动铰支座；

(2) 纵墙的下端为在基础顶面处固接的固定端。

其计算简图如图 16-5（b）所示。

作用于纵墙上的荷载有如下几种：

1. 屋面荷载　屋面荷载包括屋盖构件自重、雪荷载或屋面活荷载。这些荷载通过屋架或屋面梁作用于墙体顶部。由于屋架支承反力在墙顶常为偏心作用，因此作用于墙顶的屋面荷载常由轴心压力 N 与弯矩 M 组成（图 16-5c）。

2. 风荷载　包括作用于屋面上和墙面上的风荷载。屋面上的风荷载可简化为作用于墙顶的集中力 W，但集中力 W 系通过屋盖传给横墙经基础传至地基，所以 W 在纵墙上不产生内力。墙面上的风荷载为均布荷载，应考虑迎风面和背风面两种风向，在迎风面为压力，背风面为吸力。

3. 墙体自重　墙体自重作用于墙体的轴线上，包括砌体重以及内外粉刷层和门窗等重量。当墙、柱为变截面时，上阶柱对下阶柱各截面将产生弯矩（其偏心距为上下柱轴线间距离），因自重在屋架安设前即已作用，因此其内力应按悬臂构件计算，不按图 16-5b 的计算简图计算。当墙、柱为等截面时，将不产生弯矩。

综上可以看出，单层刚性方案房屋的承重纵墙可按下端支承在固定支座和上端支承在不动铰支座上的竖向构件计算。图 16-5d、e、f 为各种荷载作用下的两端反力及内力。

单层刚性方案房屋的验算截面一般取内力较大处，如柱顶和柱底截面；或截面较小处，如窗口的下部或上部。

二、多层刚性方案房屋承重纵墙的计算

（一）计算单元

多层刚性方案房屋在进行墙体内力及承载力计算时，常取房屋中有代表性的一段作为计算单元。在一般情况下，对有门窗洞口的墙体，取洞口间墙体为计算单元，如图 16-6 中 mn 之间的窗间墙；对无门窗洞口并受均布荷载的墙体，则可取 1m 宽为计算单元。

（二）竖向荷载作用下墙体的计算

在竖向荷载作用下，多层房屋的墙体相当于一竖向连续梁，此连续梁以各层楼盖为支点，在底部则以基础为支点。由于楼盖嵌砌在墙体内，亦即墙体在楼盖支承处被削弱，此处墙体所能传递的弯矩较小，为简化计算，则假定墙体在楼盖处为铰接（图 16-7）。此外，在多层刚性方案房屋中，墙体与基础连接的截面上竖向力较大，弯矩值较小，按偏心受压与按轴心受压相差很小，因此为简化计算，也假定墙体与基础为铰接，如图 16-7 所示。

应当指出，单层房屋一般层高较大，且在风荷载作用下弯矩较大，墙体与基础顶面交接处弯矩不可忽略，所以单层房屋的计算简图，墙体与基础顶面应为固接，见图 16-5。

综上所述，多层刚性方案房屋的计算原则可归纳如下：

(1) 上部各层的荷载（包括墙体重、屋面及楼板重等）沿上一层墙的截面形心传至下层；

(2) 在计算某层墙体弯矩时，要考虑本层梁、板支承压力对本层墙体产生的弯矩，当本层墙与上一层墙形心不重合时，尚应考虑上部传来的竖向荷载对本层墙体产生的弯矩；

(3) 每层墙体的弯矩图按三角形变化，上端弯矩最大，下端为零。

如图 16-8，当梁支承于墙上时，梁端支承压力 N_1 到墙内边距离，对屋盖梁应取梁端有效支承长度 a_0 的 0.33 倍；对楼盖梁应取梁端有效支承长度的 0.4 倍。

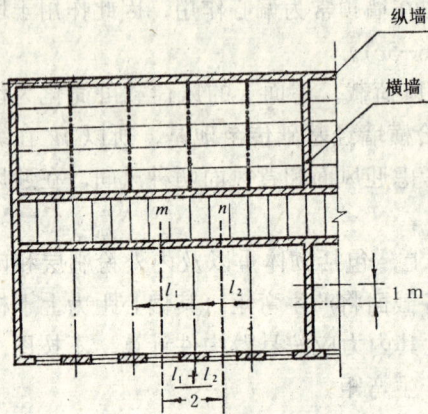

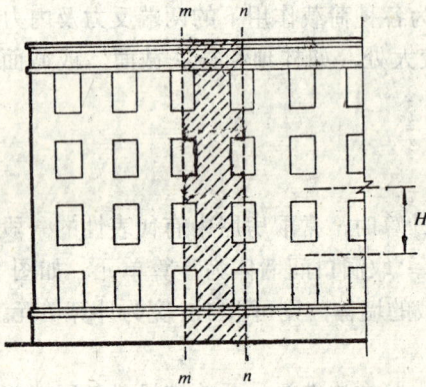

图 16-7 多层刚性方案房屋的计算简图

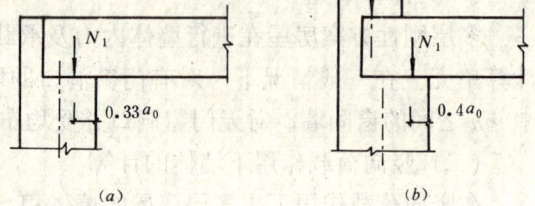

图 16-6 多层刚性方案房屋承重纵墙的计算单元

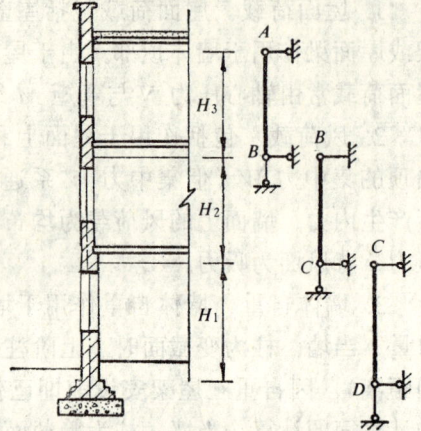

图 16-8 梁端支承压力位置

(a)屋盖梁情况； (b)楼盖梁情况

现以图 16-9 所示墙体为例，说明墙体内力计算的要点：

1. 确定验算的墙体

当各层墙体的截面和砂浆强度等级相同时，则只需验算其中最下一层；如砂浆强度等级或墙体截面有变化时，则开始变化的这一层也应验算。图 16-9 中所示的二层墙体均应验算。

2. 确定验算的截面

现以图 16-9 中下层为例，说明多层混合结构房屋验算截面的选择：

(1) 截面Ⅱ-Ⅱ及截面Ⅲ-Ⅲ一般必须验算，因为这两个截面面积较小，且内力较大，其中截面Ⅱ-Ⅱ弯矩较大，截面Ⅲ-Ⅲ的轴力较大；

(2) 如截面Ⅰ-Ⅰ与截面Ⅱ-Ⅱ的截面面积大小相近时，则截面Ⅰ-Ⅰ因其弯矩较大，所以也应验算；

(3) 要验算截面Ⅰ-Ⅰ的砌体局部受压承载力。

3. 各截面的内力

(1) 轴力的计算

截面Ⅱ-Ⅱ的轴力　$N_{Ⅱ-Ⅱ} = \Sigma N + N_1 + N_{h_3}$　　　　　　　　　　　　(16-4)

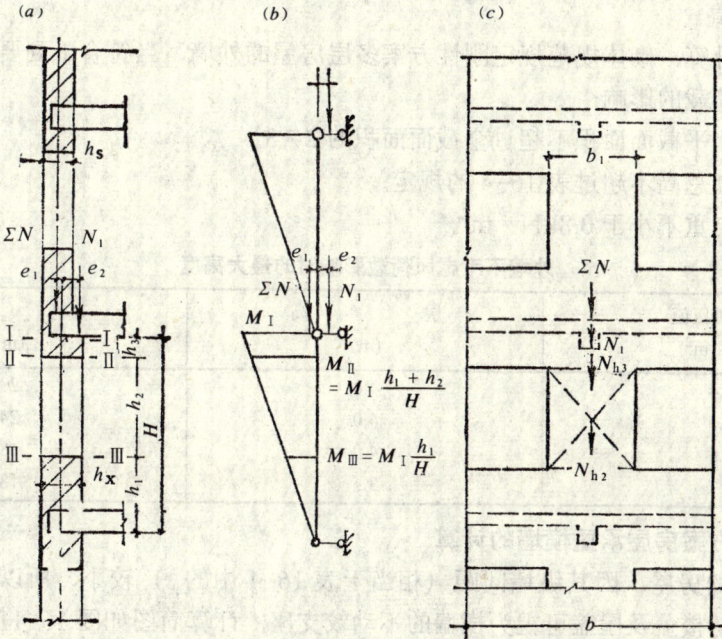

图 16-9　墙体内力的计算

截面Ⅲ-Ⅲ的轴力　$N_{Ⅲ-Ⅲ} = N_{Ⅱ-Ⅱ} + N_{h_2}$　　　　　　　　　　　　(16-5)

式中　ΣN——上部各层传来的竖向荷载，其中包括截面Ⅰ-Ⅰ以上全部墙重和上面各层楼面和屋面上的恒载和活荷载；

　　　N_1——本层梁端支承压力；

　　　N_{h_3}——截面Ⅰ-Ⅰ至截面Ⅱ-Ⅱ范围内，宽为 b、高为 h_3 的墙身自重；

　　　N_{h_2}——截面Ⅱ-Ⅱ至截面Ⅲ-Ⅲ范围内，宽为 b_1、高为 h_2 的墙身自重。

(2) 弯矩的计算

截面Ⅰ-Ⅰ的弯矩　$M_Ⅰ = N_1 e_2 \pm \Sigma N e_1$　　　　　　　　　　　　(16-6)

式中　e_2——本层梁端支承压力 N_1 对墙体截面形心的偏心距；

　　　e_1——上部各层竖向荷载 ΣN 对墙体截面形心的偏心距，式中正负号的采用取决于 ΣN 与 N_1 位于底层墙截面形心的同侧还是两侧（一般位于两侧，取负号；如底层墙体向外加厚，ΣN 与 N_1 有可能在同侧，则取正号），当上、下层墙体形心重合时，$e_1 = 0$。

截面Ⅱ-Ⅱ及截面Ⅲ-Ⅲ的弯矩可根据弯矩图三角形比例关系求得。

(三) 水平荷载作用下墙体的计算

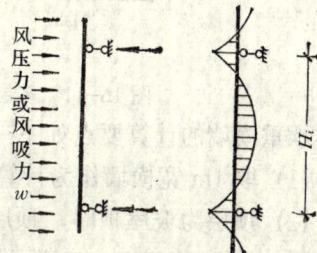

图 16-10　水平荷载作用下的计算简图

作用于墙体上的水平荷载系指风荷载。在风荷载作用下，多层刚性方案房屋的纵墙可视为竖向的连续梁（图16-10）。由风荷载引起的弯矩按下式计算：

$$\omega = \frac{\omega H_i^2}{12} \qquad (16-7)$$

式中 ω——风荷载设计值；

 H_i——层高。

根据理论计算，砌体规范规定刚性方案多层房屋的外墙，当符合下列要求时，静力计算可不考虑风荷载的影响：

(1) 洞口水平截面面积不超过全截面面积的 2／3。

(2) 层高和总高不超过表16-4的规定。

(3) 屋面自重不小于 0.8kN／m²。

外墙不考虑风荷载影响时的最大高度　　　　　　　　　　表 16-4

基本风压值 (kN／m²)	层　　　高 (m)	总　　　高 (m)
0.4	4.0	28
0.5	4.0	24
0.6	4.0	18
0.7	3.5	18

三、刚性方案房屋承重横墙的计算

横墙承重的房屋，因其纵墙间距（相当于表16-1中的 s）较小，所以一般均属于刚性方案。房屋的楼盖及屋盖可视为横墙的不动铰支座，计算简图如图16-11所示。

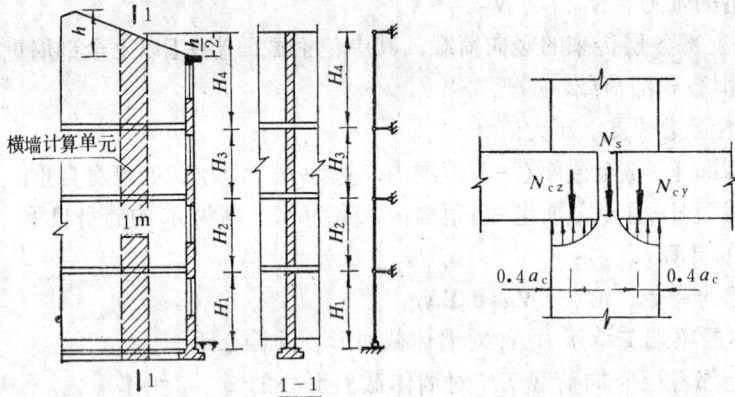

图 16-11　多层刚性方案房屋承重横墙的计算单元和计算简图

承重横墙的计算要点如下：

(1) 取 1m 宽横墙作为计算单元；

(2) 顶层为坡屋顶时，顶层构件高度取层高加山尖高 h 的平均值，其余各层取值与纵墙相同；

(3) 横墙两侧楼盖传来的荷载，相同时为轴心受压，不同时为偏心受压。轴心受压时应验算横墙的底部截面，偏心受压时则应验算横墙的上部截面和横墙的底部截面。

第四节　弹性及刚弹性方案房屋的计算要求

一、弹性方案房屋的计算要点

当房屋横墙间距超过表 16-1 中刚弹性方案房屋横墙间距时，即为弹性方案房屋。弹性方案房屋及刚弹性方案房屋一般多为单层房屋。如图 16-12，计算时取一个开间作为计算单元，其计算简图假定屋架（屋面梁）与墙、柱顶端为铰接，墙、柱下端嵌固于基础顶面；同时把屋架（屋面梁）视为刚度无限大的水平杆件，则此杆在荷载作用下不产生拉伸或压缩变形，所以排架柱受力后，所有柱顶水平位移均相等，如图 16-13 所示。

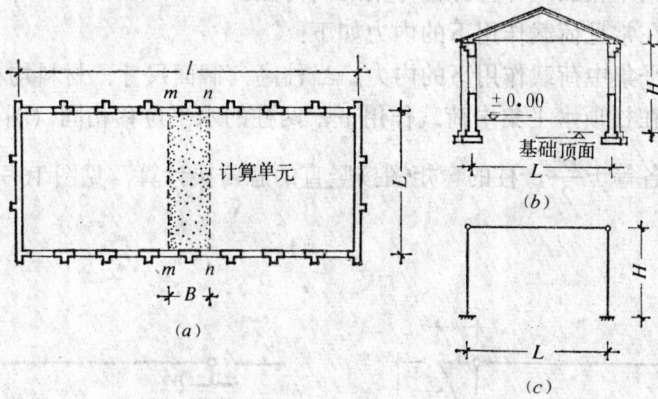

图 16-12　弹性方案房屋及其计算简图

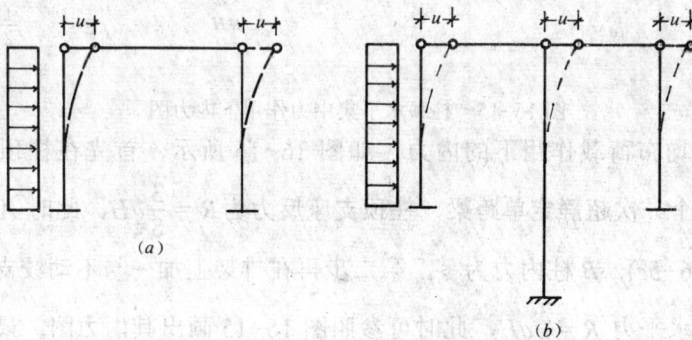

图 16-13　弹性方案房屋柱顶水平位移

弹性方案与单层刚性方案的主要区别是单层刚性方案房屋墙体上端的水平变位为零，其计算简图如图 16-5 所示；而弹性方案房屋的计算简图则为有侧移的平面排架。

现以图 16-14 (a) 所示受有风荷载的排架为例，说明弹性方案内力分析的步骤：

(1) 先在排架上端加一假设的不动铰支座（图 16-14b），成为无侧移排架，求出此假设的不动铰支座的反力 R 和相应的内力图（其内力计算方法与刚性方案相同）。

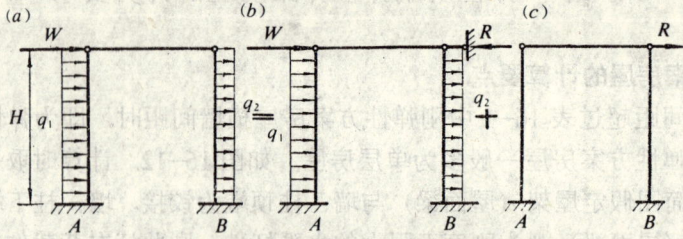

图 16-14　弹性方案内力分析的步骤

(2) 再把已求出的反力 R 反向作用于排架顶端（图 16-14c），求出其内力图。

(3) 将上述两结果相加，即得弹性方案的内力图。

单跨平面排架在常见荷载作用下的内力如下：

(1) 在柱顶水平集中荷载作用下的内力。当柱高、截面尺寸、材料均相同时，排架两柱刚度相同，因此在柱顶水平集中荷载作用下，两柱的水平位移相同（图 16-15a），柱顶所受剪力亦相同，各等于 $\dfrac{W}{2}$，柱的弯矩图按竖直的悬臂梁计算，见图 16-15 (b)。

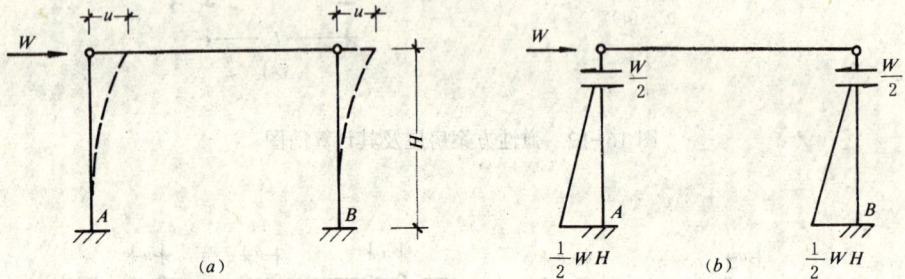

图 16-15　柱顶水平集中力作用下内力图

(2) 在水平均布荷载作用下的内力。如图 16-16 所示，首先在柱顶加一不动铰支座，则柱成为一个一次超静定单跨梁，柱顶支座反力为 $R = \dfrac{3}{8}qH$，此时 A 柱弯矩图很容易绘出(参照图 16-5e)，B 柱内力为零。第二步再在排架上加一与不动铰支座反力大小相等、方向相反的水平力 $R = \dfrac{3}{8}qH$，此时可参照图 16-15 画出其内力图。最后将以上两种内力图叠加，即得在水平均布荷载作用下排架的内力图。

(3) 在竖向偏心荷载作用下。由屋架（屋面梁）传给柱的荷载为对称偏心荷载，排架不会发生侧移，所以柱的弯矩与柱顶为不动铰支座的情形相同（参照图 16-5f），柱的轴力为 N，见图 16-17。

二、刚弹性方案房屋的计算要点

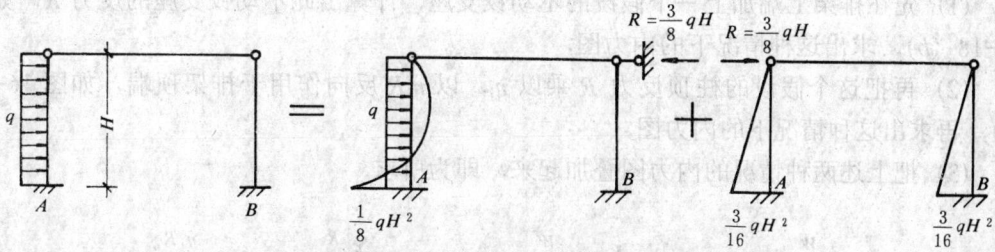

图 16-16 水平均布荷载作用下的内力图

刚弹性方案房屋墙体的上端在水
平力作用下也产生位移，但其值比弹
性方案中按平面排架计算的小。显
然，刚弹性方案房屋其横墙间距越近
就越接近于刚性方案房屋，横墙间距
越远就越接近于弹性方案房屋。规范
规定以空间性能影响系数 η_i 来反映
横墙在刚弹性方案房屋中对排架所起
的水平支撑作用的强弱，即：

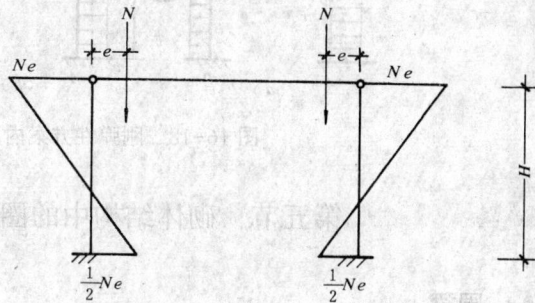

图 16-17 竖向偏心荷载作用下内力图

$$\eta_i = \frac{u_{max}}{\bar{u}} \tag{16-8}$$

式中 u_{max}——在水平均布荷载作用下，刚弹方案房屋横墙之间的纵墙中部墙体上端最大
水平位移；

$\bar{u}$——弹性方案房屋在相同荷载作用下墙体上端水平位移。

从上式可以看出，η_i 小于 1。当 η_i 值较大时，即 u_{max} 接近于 $\bar{u}$，房屋的空间工作较
弱，接近于弹性方案房屋；η_i 较小时，房屋的空间作用较强，接近于刚性方案房屋。η_i 之
值见表 16-5。

房屋的空间性能影响系数 η_i 表 16-5

屋盖或楼盖类别	横 墙 间 距 s (m)														
	16	20	24	28	32	36	40	44	48	52	56	60	64	68	72
1	—	—	—	—	0.33	0.39	0.45	0.50	0.55	0.60	0.64	0.68	0.71	0.74	0.77
2	—	0.35	0.45	0.54	0.61	0.68	0.73	0.78	0.82	—	—	—	—	—	—
3	0.37	0.49	0.60	0.68	0.75	0.81	—	—	—	—	—	—	—	—	—

注：表中屋盖或楼盖类别代号的意义见表 16-1。

刚弹性方案房屋柱顶位移即等于弹性方案平面排架的位移乘以 η_i，由于排架的水平位移和外荷载成正比，故可以求得弹性支承的反力。

以图 16-18 (a) 所示的排架及其荷载为例，刚弹性方案房屋内力分析的步骤如下：

(1) 先在排架上端加上一个假设的不动铰支座，计算出此不动铰支座的反力 R，如图 16-18 (b)，求出这种情况下的内力图；

(2) 再把这个假设的柱顶反力 R 乘以 η_i，以 $\eta_i R$ 反向作用于排架顶端，如图 16-18 (c)，再求出这种情况下的内力图；

(3) 把上述两种情况的内力图叠加起来，即为所求。

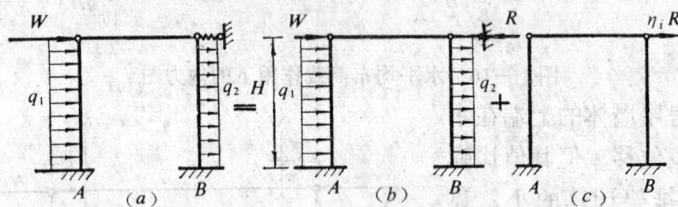

图 16-18　刚弹性方案内力分析的步骤

第五节　砌体结构中的圈梁、过梁与雨篷

一、圈梁

为增强砌体结构房屋的整体刚度，防止由于地基的不均匀沉降或较大的振动荷载等对房屋引起的不利影响，应在墙体的某些部位设置钢筋混凝土圈梁或钢筋砖圈梁。

(一) 圈梁的设置

多层房屋可参照下列规定设置圈梁：

(1) 多层砖砌体民用房屋，如宿舍、办公楼等，当墙厚 $h \leqslant 240mm$，且层数为 3～4 层时，宜在檐口标高处设置圈梁一道；当层数超过 4 层时应适当增设。

(2) 多层砖砌体工业房屋，圈梁可隔层设置，对有较大振动设备的多层房屋，宜每层设置钢筋混凝土圈梁。

(3) 多层砌块和料石砌体房屋，宜按下列规定设置钢筋混凝土圈梁：

1) 对外墙和内纵墙，在屋盖处应设置一道圈梁，楼盖处宜隔层设置一道。

2) 对横墙，在屋盖处应设置一道圈梁，楼盖处宜隔层设置，横墙上圈梁的水平间距不宜大于 15m。

3) 对有较大振动设备，或承重墙厚度 $h \leqslant 180mm$ 的多层房屋，宜每层设置圈梁。

空旷的单层房屋，如车间、仓库、食堂等，当墙厚 $h \leqslant 240mm$ 时，应按下列规定设置圈梁：

(1) 砖砌体房屋，当檐口标高为 5～8m 时，应设置圈梁一道；檐口高度大于 8m 时，宜适当增设。

(2) 砌块及石砌体房屋，当檐口标高为 4～5m 时，应设圈梁一道；檐口标高大于 5m 时，宜适当增设。

(3) 对有电动桥式吊车或有较大振动设备的单层工业房屋，除在檐口或窗顶标高处设置钢筋混凝土圈梁外，尚宜在吊车梁标高处或其他适当位置增设。

对于软弱地基，根据《建筑地基基础设计规范》的规定，多层房屋在基础和顶层应各设置一道圈梁，其它各层可隔层设置，必要时也可层层设置；单层工业厂房，仓库，可结合基础梁、连系梁、过梁等酌情设置。

应当指出，为防止地基的不均匀沉降，以设置在基础顶面和檐口部位的圈梁最为有效。当房屋中部沉降较两端为大时，位于基础顶面的圈梁作用较大；当房屋两端沉降较中部为大时，位于檐口部位的圈梁作用较大。

(二) 圈梁的构造要求

(1) 钢筋混凝土圈梁的宽度宜与墙厚相同，当墙厚 $h \geqslant 240mm$ 时，其宽度不宜小于 $2/3h$。圈梁高度不应小于 120mm。纵向钢筋不宜少于 $4\phi8$，绑扎接头的搭接长度按受拉钢筋考虑，箍筋间距不宜大于 300mm。混凝土强度等级不宜低于 C15（现浇）和 C20（预制）。

(2) 钢筋砖圈梁实际上就是砌体内配有通长纵向钢筋的配筋砖带，采用不低于 M5 的砂浆砌筑 4～6 皮砖，其中配有不少于 $6\phi6$ 的纵向钢筋，分上下两层设在此配筋砖带的顶部和底部的水平灰缝内，纵向钢筋的水平间距不宜大于 120mm。

(3) 圈梁宜连续地设在同一水平面上并交圈封闭。当圈梁被门窗洞口截断时，应在洞口上部增设截面相同的附加圈梁，附加圈梁与圈梁的搭接长度不应小于垂直间距的二倍，且不得小于 1000mm（图16-19）。

(4) 刚性方案房屋的圈梁应与横墙连接，即将圈梁伸入横墙 1.5～2m（或在该横墙上设贯通圈梁），其间距不宜大于表 16-1 规定的相应横墙的间距。

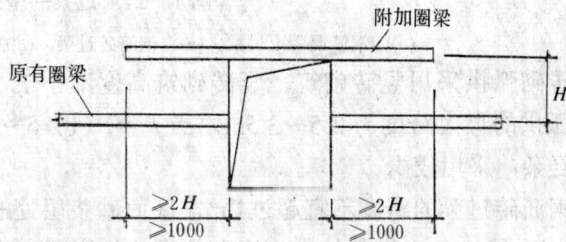

图 16-19 附加圈梁

(5) 刚弹性和弹性方案房屋，圈梁应与屋架、大梁等构件可靠连接。

(6) 当圈梁兼作过梁时，过梁部分的钢筋应按计算用量单独配置。

(7) 为保证圈梁与墙体紧密连接，圈梁特别是屋盖处的圈梁应为现浇。当采用预制圈梁时，安装时应坐浆，并应保证接头可靠。在房屋转角及丁字交叉处，圈梁的连接构造见图 16-20。在纵横墙圈梁接头处，横墙圈梁的纵向钢筋应伸入纵墙圈梁，其伸入长度应满足受拉钢筋锚固长度的要求。

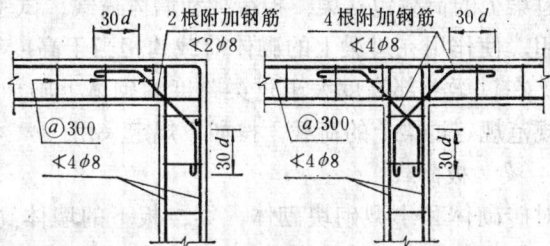

图 16-20 房屋转角处及丁字交叉处圈梁的构造

二、过梁

(一) 过梁的构造

过梁是门窗洞口上用以承受上部墙体和楼盖传来的荷载的常用构件，有钢筋混凝土过梁、钢筋砖过梁、砖砌平拱、砖砌弧拱等（图16-21）。

砖砌平拱的跨度不宜超过1.8m，常用跨度在1.2m以内。采用竖砖砌筑，竖砖砌筑部分的高度应不小于240mm，过梁计算高度内砖的强度等级不得小于MU7.5。

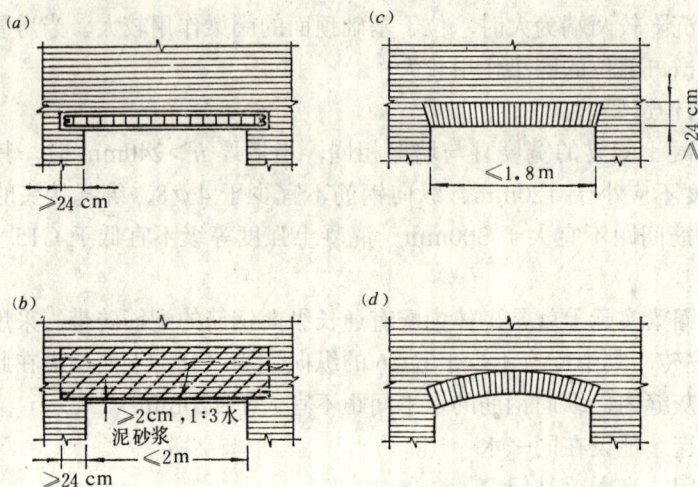

图 16-21　过梁的型式

(a)　钢筋混凝土过梁；(b)　钢筋砖过梁；(c)砖砌平拱；(d)　砖砌弧拱

砖砌弧拱采用竖砖砌筑，竖砖砌筑高度不小于120mm。当矢高 $f=(1/8\sim1/12)\,l$ 时，弧拱的最大跨度为2.5~3.5m；当 $f=(1/5\sim1/6)\,l$ 时，为3~4m。这种过梁因施工复杂，采用较少。

钢筋砖过梁的跨度不宜超过2m，底面砂浆层处的钢筋，其直径不应小于5mm，间距不宜大于120mm，钢筋伸入支座砌体内的长度不宜小于240mm，砂浆层的厚度不宜小于30mm，砂浆不宜低于M2.5。

对跨度较大或有较大振动的房屋及可能产生不均匀沉降的房屋，均不宜采用砖砌过梁，而应采用钢筋混凝土过梁。目前砌体结构已大量采用钢筋混凝土过梁。钢筋混凝土过梁端部支承长度不宜小于240mm。

（二）过梁上的荷载

过梁上的荷载包括梁、板荷载和墙体荷载。试验表明，由于过梁上的砌体与过梁的组合作用，使作用在过梁上的砌体荷载约相当于高度等于跨度的1/3的砌体自重。试验还表明，在过梁上部高度大于过梁跨度的砌体上施加荷载时，过梁内的应力增大不多。为此，规范规定过梁上的荷载，按如下规定采用：

1. 梁、板荷载

对砖砌体和小型砌块砌体，梁、板下的墙体高度 $h_w < l_n$（l_n 为过梁净跨）时，按梁、板传来的荷载采用。梁、板下的墙体高度 $h_w \geqslant l_n$ 时，可不考虑梁、板荷载。

对中型砌块砌体，梁、板下的墙体高度 $h_w < l_n$ 或 $h_w < 3h_b$（h_b 为包括灰缝厚度的每皮砌块高度）时，可按梁、板传来的荷载采用。梁、板下的墙体高度 $h_w \geqslant l_n$ 且 $h_w \geqslant 3l_b$ 时，可不考虑梁、板荷载。

2. 墙体荷载

对砖砌体,当过梁上的墙体高度 $h_w < l_n / 3$ 时,应按墙体的均布自重采用。墙体高度 $h_w \geqslant l_n / 3$ 时,应按高度为 $l_n / 3$ 墙体的均布自重采用。

对小型砌块砌体,当过梁上的墙体高度 $h_w < l_n / 2$ 时,应按墙体的均布自重采用。墙体高度 $h_w \geqslant l_n / 2$ 时,应按高度为 $l_n / 2$ 墙体的均布自重采用。

对中型砌块砌体,当过梁上的墙体高度 $h_w < l_n$ 或 $h_w < 3h_b$ 时,按墙体的均布自重采用。墙体高度 $h_w \geqslant l_n$ 且 $h_w \geqslant 3h_b$ 时,应按高度为 l_n 和 $3h_b$ 中较大值的墙体均布自重采用。

(三)过梁的计算

1. 砖砌过梁的破坏特征

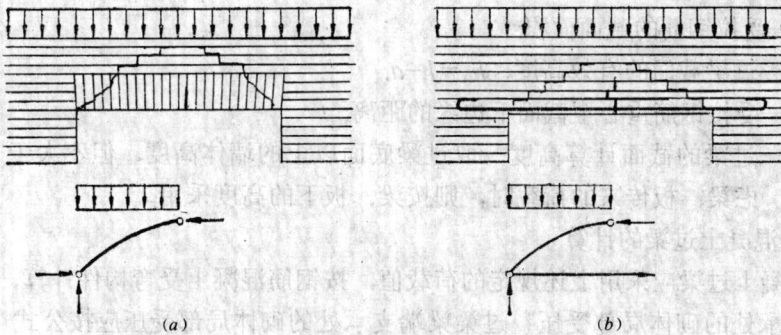

图 16—22　砖砌过梁的破坏型式及计算简图

图 16—22 为对砖砌平拱及钢筋砖过梁所作破坏试验的示意图。过梁受力后,上部受压,下部受拉。当荷载增大到一定程度时,跨中受拉区将出现垂直裂缝,在支座附近将出现 45°方向的阶梯形裂缝,此时过梁的受力状态相当于二铰拱,即过梁跨中上部砌体受压。过梁下部的拉力则由支座两端砌体平衡(对砖砌平拱)或由钢筋承受(对钢筋砖过梁)。过梁的破坏可能有三种情况,即因跨中截面受弯承载力不足而破坏;因支座附近斜截面受剪承载力不足,阶梯形斜裂缝不断扩展而破坏;以及墙体端部门窗洞口上。因过梁支座处水平灰缝受剪承载力不足而发生的破坏(参照公式 15—20 及例题 15—7)。

2. 砖砌平拱的计算

砖砌平拱受弯及受剪承载力按受弯构件公式(15—18)及公式(15—19)计算。由于支座水平推力提高了砌体沿通缝的弯曲抗拉强度,因此砌体规范根据经验规定,当按公式(15—18)计算时,砌体的弯曲抗拉强度设计值 f_{tm} 采用沿齿缝截面的弯曲抗拉强度设计值。

根据理论推导,砖砌平拱的承载力实际仅由受弯条件控制,且只与墙厚及砂浆强度等级有关,因此可求出砖砌平拱在各种墙厚及砂浆强度等级条件下的允许均布荷载设计值,见表 16—6,设计时可直接查用。

3. 钢筋砖过梁的计算

钢筋砖过梁应进行跨中正截面受弯承载力和支座斜截面受剪承载力的计算。受剪承载力仍按公式(15—19)计算,受弯承载力按下式计算:

$$M < 0.85 h_0 f_y A_s \tag{16-9}$$

49

墙厚 h (mm)	240			370			490		
砂浆强度等级	M1	M2.5	M5	M1	M2.5	M5	M1	M2.5	M5
允许均布荷载	3.91	6.40	8.89	6.03	9.87	13.70	7.99	13.07	18.15

注：1. 本表为混合砂浆砌筑，当采用水泥砂浆砌筑时，表中允许均布荷载值应乘以 0.75 后采用；

2. 本表按过梁计算高度为 $l_n／3$ 计算，在 $l_n／3$ 范围内不允许开设门窗洞口。

式中　M——按简支梁计算的跨中弯矩设计值；

　　　f_y——受拉钢筋的强度设计值；

　　　A_s——受拉钢筋的截面面积；

　　　h_0——过梁截面的有效高度，$h_0 = h - a$；

　　　a——受拉钢筋重心至截面下边缘的距离；

　　　h——过梁的截面计算高度，取过梁底面以上的墙体高度，但不大于 $l_n／3$；当考虑梁、板传来的荷载时，则按梁、板下的高度采用。

4. 钢筋混凝土过梁的计算

钢筋混凝土过梁应采用上述规定的荷载值，按钢筋混凝土受弯构件计算，同时应验算过梁梁端支承处的砌体局部受压。过梁梁端支承处的砌体局部受压应按公式 (15–12) 验算。砌体规范规定，验算过梁下砌体局部受压承载力时，可不考虑上层荷载的影响。过梁的有效支承长度 a_0 可取过梁的实际支承长度。

【例题 16–2】　试设计一钢筋混凝土过梁。过梁净跨 $l_n = 3.0$mm，墙厚 240mm（单面粉刷），过梁上墙体高度为 1.5m，承受梁、板荷载 10kN／m（其中活荷载 4kN／m），墙体采用 MU7.5 粘土砖、M2.5 混合砂浆，过梁在砌体上的实际支承长度为 240mm。

【解】

1. 荷载计算

过梁截面采用 $b \times h = 240\text{mm} \times 240\text{mm}$。过梁上墙体高度 $h_w = 1.5\text{m} > \dfrac{l_n}{3} = 1\text{m}$，故墙体自重应按 $\dfrac{l_n}{3}$ 即 1m 高采用。梁、板荷载作用在梁上墙体高度范围内，现墙体高 $h_w < l_n$，故应考虑梁、板传来的荷载。

恒载：

240mm 厚砖墙	$1.2 \times 0.24 \times 1 \times 19$	$= 5.47$kN／m
20mm 厚抹灰	$1.2 \times 0.02 \times 1 \times 17$	$= 0.41$kN／m
过梁自重	$1.2 \times 0.24 \times 0.24 \times 25$	$= 1.73$kN／m
梁板传来的恒载	1.2×6	$= 7.20$kN／m
梁、板传来的活载	1.4×4	$= 5.60$kN／m
		$p = 20.41$kN／m

2. 过梁配筋计算

计算跨度　　　　　　　　$l_0 = 1.05 l_n = 1.05 \times 3 = 3.15$m

$$M = \frac{p l_0^2}{8} = \frac{1}{8} \times 20.41 \times 3.15^2 = 25.31 \text{kN} \cdot \text{m}$$

$$V = \frac{p l_n}{2} = \frac{1}{2} \times 20.41 \times 3 = 30.62 \text{kN}$$

过梁选用 C20 混凝土，纵向受力钢筋采用 II 级钢筋、箍筋用 I 级钢筋，$h_0 = 240 - 35 = 205 \text{mm}$。

$$\alpha_s = \frac{M}{f_{cm} b h_0^2} = \frac{25.31 \times 10^6}{11 \times 240 \times 205^2} = 0.228$$

$$\gamma_s = 0.869$$

$$A_s = \frac{M}{\gamma_s f_y h_0} = \frac{25.31 \times 10^6}{0.869 \times 310 \times 205} = 458 \text{mm}^2$$

选用 $3 \oplus 14 (A_s = 462 \text{mm}^2)$

$$0.07 b h_0 f_c = 0.07 \times 240 \times 205 \times 10 = 34440 \text{N} = 34.44 \text{kN} > V = 30.62 \text{kN}$$

按构造配箍筋，选用双肢箍 $\phi 6@200$。

3. 梁端支承处砌体局部受压承载力验算

按公式 (15-12) 即 $\psi N_0 + N_1 \leqslant \eta \gamma f A_1$ 计算。

$f = 1.19 \text{N} / \text{mm}^2$，$\eta = 1.0$，$\gamma = 1.25$，$a_0 = 240 \text{mm}$，

$A_1 = a_0 b = 240 \times 240$，$\psi = 0$（因不考虑上层荷载影响），

则

$$\psi N_0 + N_1 = N_1 = \frac{1}{2} \times 20.41 \times 3.15 = 32.15 \text{kN}$$

$$\eta \gamma f A_1 = 1.0 \times 1.25 \times 1.19 \times 240 \times 240 = 85680 \text{N} = 85.68 \text{kN} > \psi N_0 + N_1 = 32.15 \text{kN}$$

安全。

三、雨篷

（一）概述

雨篷由雨篷板和雨篷梁组成（图 16-23），雨篷梁除支承雨篷板外，它一般还是门洞口上的过梁。雨篷板的悬挑长度由建筑要求确定，一般为 600～1200mm。雨篷常为现浇，当采用预制雨篷时，其悬桃长度不能太大。

现浇雨篷的雨篷板一般做成变厚度的，其根部不小于 80mm，板端不小于 60mm。雨篷梁的宽度应与墙同厚，梁高可按一般梁的高跨比选取，但要考虑雨篷板下安灯的高度，避免外开门与吸顶灯碰撞。

当雨篷板的尺寸较大，或为使雨水有组织地排除，雨篷板四周可设置凸沿或反梁（即梁位于板的上面）。

作用在雨篷板上的荷载有：

（1）恒载：包括雨篷板自重以及防水层、找平层、顶棚抹灰重，有时还要考虑周边加砌砖沿重等。

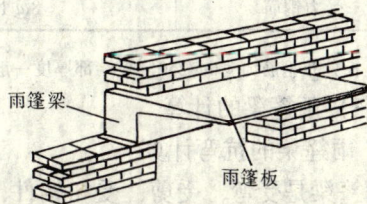

图 16-23 雨篷

（2）屋面均布活荷载：按《建筑结构荷载规范》（GBJ9-87）规定，由钢筋混凝土结

构承重的雨篷，对"不上人屋面"其屋面均布活荷载只考虑承受施工检修时施工、检修人员及堆料等重量，活荷截标准值为 $0.7kN/m^2$（当施工荷载较大时，应按实际情况采用）；"上人的屋面"活荷载标准值为 $1.5kN/m^2$（当兼作其他用途时，应按相应的楼面活荷载采用）。

(3) 雪荷载：按本书上册第二章的规定采用。由于雪荷载与屋面均布活荷载同时作用于屋面且达到最大值的可能性甚小，规范规定，屋面均布活荷载不与雪荷载同时考虑，亦即设计时采用二者之较大值。我国除东北地区的一部分和新疆北部的基本雪压超过 $0.7kN/m^2$ 外，其余地区均不超过 $0.7kN/m^2$，因此除上述地区外，均可不考虑雪荷载。

(4) 施工或检修集中荷载：规范规定，设计钢筋混凝土雨篷时，应按施工或检修集中荷载（人和小工具的自重）1.0kN 出现在最不利位置进行验算（当施工荷载有可能超过上述荷载时，应按实际情况验算，或采用加支撑等临时设施承受）。规范同时还规定，计算雨篷强度时，沿板宽每隔 1.0m 考虑一个集中荷载；在验算雨篷倾覆时，沿板宽每隔 2.5～3.0m 考虑一个集中荷载。

雨篷梁一般同时也是过梁，因此雨篷梁除承受由雨篷传来的荷载外，还承受雨篷梁上墙体的重量及楼（屋）盖梁板可能传来的荷载，这些荷载应按过梁荷载计算的规定采用。

雨篷是悬臂结构，其破坏有三种情况，即雨篷板在支座处断裂；雨篷梁受弯扭破坏；整个雨篷倾覆。因此，雨篷的设计计算应包括雨篷板计算、雨篷梁计算和雨篷倾覆验算三部分。

(二) 雨篷板的计算

雨篷板分无边梁及有边梁两种，无边梁雨篷板按悬臂板计算，有边梁悬臂板（图 16-24）按一般梁板结构计算。

工业与民用建筑中常采用无边梁雨篷，无边梁雨篷应取 1m 宽板带为计算单元，按经验确定板厚后，即可按荷载计算、内力计算、配筋计算进行设计。

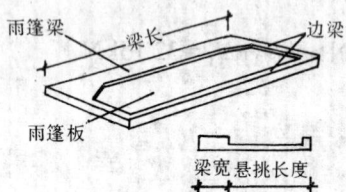

图 16-24 有边梁雨篷

为简化计算手续，雨篷板的板厚及配筋也可参考表 16-7 选用。

雨篷板板厚及配筋选用表 表 16-7

雨篷挑出长度 (mm)	600	800	900	1000	1200
板根部厚度(mm)	80	90	100	110	120
受力钢筋	8@180		8@160	8@140	8@120

注：板分布钢筋为 $\phi6@250$；板端部厚度一般为 60mm。

(三) 雨篷梁的计算

1. 雨篷梁的抗弯计算

雨篷梁是受弯、受剪、受扭构件、因此应按正截面受弯承载力条件计算其纵向受力钢筋，同时还应按剪力和扭矩计算其箍筋和抗扭纵筋。

雨篷梁所受的荷载有：

(1) 雨篷板传给梁的均布荷载，包括恒载及活载。按前述规定，活载应取屋面均布活荷载、雪载及施工、检修集中荷载的较大值。

(2) 梁上墙体自重（包括雨篷梁自重）和作为过梁的雨篷梁上部梁、板传来的荷载，其计算参照例题 16-2。

求出荷载及内力后，即可按钢筋混凝土受弯构件正截面受弯承载力的条件计算纵向受力钢筋。

雨篷梁伸入支座的长度 a(图 16-25) 由雨篷梁净跨 l_n 确定(表 16-8)。由于雨篷梁跨度较小，一般不会发生支座下砌体的局部受压破坏，故在设计时可不予验算（跨度与荷载较大的雨篷梁，必要时可按第十五章所述梁端支承处砌体的局部受压承载力计算公式进行验算）。

雨篷梁的支承长度 a 表 16-8

雨篷梁净跨 l_n （mm）	1200～2500	2600～3000
梁支承长度 a(mm)	300	370

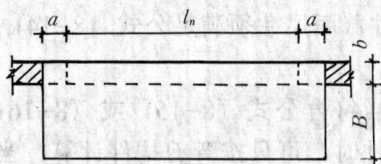

图 16-25 雨篷梁支承长度

2. 雨篷梁的抗剪、抗扭计算

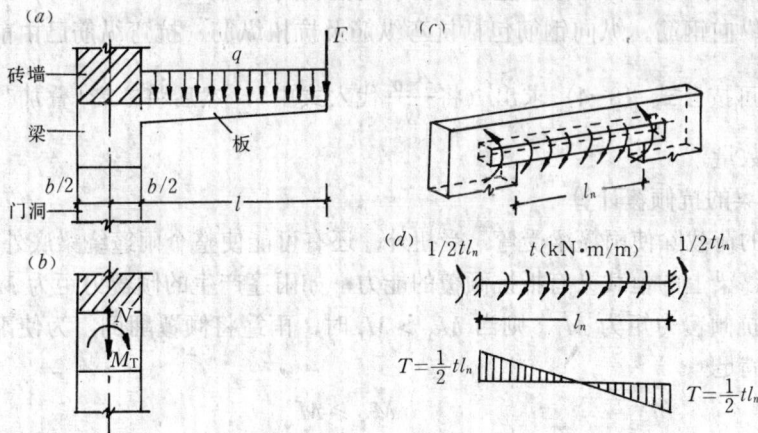

图 16-26 雨篷梁的受扭

雨篷梁既是悬挑雨篷板的支承，同时又起过梁作用（图 16-26）。由于雨篷板上的荷载作用点不在雨篷梁的竖向对称平面上，因此该荷载除使雨篷梁产生弯曲外，还使雨篷梁产生扭转。如图 16-26 （a）所示的荷载即相当于作用在雨篷梁重心轴 y-y 上的 N 和 M_T（图 16-26b）：

$$N = F + q \cdot l$$
$$M_T = M_F + M_q$$

53

式中
$$M_F = F(l' + \frac{b}{2})$$

$$M_q = ql(\frac{l+b}{2})$$

M_T 使雨篷梁产生转动，由于雨篷梁两端嵌固在墙体中，墙体阻止其转动（图16-26c），这就使雨篷梁承受扭矩。如图 16-26d 所示，沿雨篷梁跨度方向单位长度扭矩值为：

$$t = \frac{M_T}{l_n} \tag{16-10}$$

支座处扭矩值最大，为：

$$T = \frac{1}{2}tl_n \tag{16-11}$$

求出扭矩 T（及剪力 V）后，即可按本书上册第八章所述按弯剪扭构件进行计算，其计算顺序及要点如下：

(1) 验算构件截面。构件截面尺寸须满足公式（8-14）的要求，避免抗扭钢筋配置过多，发生超筋破坏。

(2) 确定计算方法。即当符合公式（8-15）或（8-16）条件时，可按弯扭构件计算；当符合公式（8-17）条件时，可只按弯剪构件计算；当符合公式（8-18）条件时，只需按构造要求配筋。

(3) 确定箍筋数量。分别求出抗剪箍筋数量 $\frac{A_{svl}}{s}$ 和抗扭箍筋数量 $\frac{A_{stl}}{s}$，二者之和即为箍筋总数量，然后先确定箍筋直径，再求出箍筋间距 s。

(4) 求纵向钢筋。纵向钢筋包括抗弯纵筋及抗扭纵筋。抗弯纵筋已由前述步骤求出，抗扭纵筋则可按公式（8-4）求出（将 $\frac{A_{stl}}{s}$ 代入式中），然后将二者"叠加"，即为构件所需总的纵筋数量。

3. 雨篷梁的抗倾覆计算

雨篷上的荷载除使雨篷梁受弯、受扭外，还有可能使整个雨篷绕梁底外缘转动而倾覆翻倒，但雨篷梁上的恒载又有抵抗倾覆的能力，如雨篷产生的倾覆力距为 M_{ov}，雨篷梁上荷载产生的抗倾覆力矩为 M_r，则当 $M_{ov} > M_r$ 时，雨篷将倾覆翻倒，为使雨篷不致倾覆，设计时必须满足：

$$M_r \geqslant M_{ov} \tag{16-12}$$

式中　M_r——雨篷抗倾覆力矩设计值；

M_{ov}——雨篷的荷载设计值对计算倾覆点产生的倾覆力矩。

关于雨篷的倾覆问题，通过试验表明：

(1) 砌筑在墙体内的雨篷梁属于刚性挑梁，倾覆时梁底在横剖面上的应力分布大体为斜直线，接近倾覆旋转轴的一侧为压应力，另一侧为拉应力。通过试验观测，直至倾覆时，裂缝在墙厚方向未见贯通，这说明仍有一小部分砌体受压，根据理论分析，规范规定了旋转轴的位置，即：

$$x_0 = 0.13l_1 \tag{16-13}$$

式中　x_0——计算倾覆点至墙处边缘的距离；

　　　l_1——雨篷梁埋入砌体的长度。

（2）砌体的整体作用对抗倾覆能力影响较大，试验表明，雨篷的倾覆破坏并不是沿梁端砌体的垂直截面发生的，由图 16-27 可以看见，在发生倾覆时，雨篷梁底部和墙体接触处的受拉一侧；产生接近于水平线的通长裂缝，这说明雨篷梁两端某一范围内的墙体自重可作为抗倾覆荷载。为偏于安全和计算方便，规范规定，取雨篷梁两端上部 45°扩散角范围内的砌体自重（以及本层楼盖自重）为抗倾覆荷载，但扩散范围的水平投影长度，不能大于雨篷梁净跨长度的一半，即雨篷梁两端以外部分的长度取 $l_3 = l_n / 2$（见图 16-28，l_n 为雨篷梁净跨）。如按 45°扩散角划出的扩散边缘超过两侧洞口时，则 l_3 取雨篷梁端部至两侧洞口边缘间的距离。

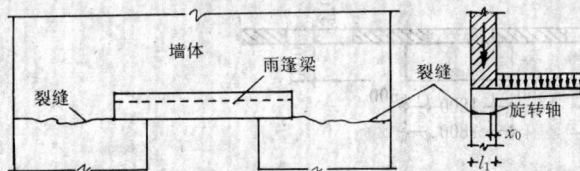

图 16-27　雨篷梁倾覆试验

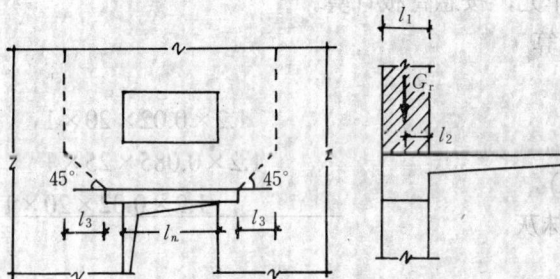

图 16-28　雨篷梁的抗倾覆荷载

如上所述，雨篷梁的抗倾覆验算应公式（16-12）进行，其中：

$$M_r = 0.8G_r(l_2 - x_0) \tag{16-14}$$

$$M_{ov} = M_{max} = M_0 + V_0 x_0 \tag{16-15}$$

式中　　G_r——雨篷梁抗倾覆荷载标准值之和；

　　　　l_2——G_r 作用点至墙外边缘距离；

　　M_0、V_0——雨篷板上的荷载设计值在砌体外边处截面产生的弯矩和剪力。

公式（16-14）中，0.8 为荷载分项系数 γ_G。因此处 G_r 为对抗倾覆有利的永久荷载，为了保证结构构件具有必要的可靠度，故规范取 $\gamma_G = 0.8$。

【例题 16-3】　设计如图所示北京地区某二层房屋入口处雨篷，采用 C20 混凝土，Ⅰ 级钢筋。

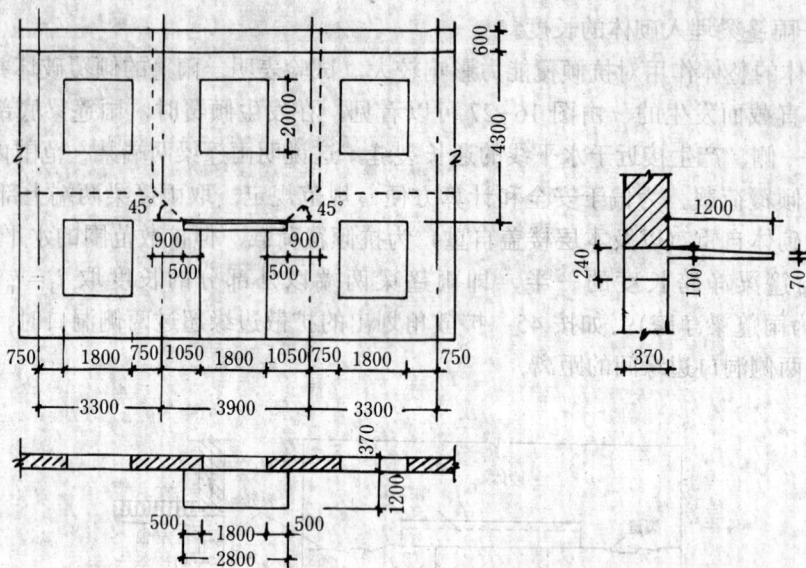

图 16-29 例题 16-3 附图一

（一）雨篷板计算

取 1m 宽为计算单元，按悬臂板计算。

1. 荷载及内力计算

恒载：

20mm 防水砂浆面层	$1.2 \times 0.02 \times 20 \times 1$	$=0.48 \text{kN}/\text{m}$
板自重(平均厚 85mm)	$1.2 \times 0.085 \times 25 \times 1$	$=2.55 \text{kN}/\text{m}$
20mm 板底水泥砂浆抹灰	$1.2 \times 0.02 \times 20 \times 1$	$=0.48 \text{kN}/\text{m}$
		$3.51 \text{kN}/\text{m}$

活载：

活载应取屋面活荷载（0.7kN／m²）与雪荷载（北京地区 0.3kN／m²）中的较大值，同时沿板宽每隔 1.0m 考虑一个施工或检修集中荷载（1.0kN）出现在最不利位置进行验算。以上三者比较，以施工或检修集中荷载为最大和最不利，故活载为：

$$1.4 \times 1.0 = 1.4 \quad \text{kN} \quad \text{（作用在雨篷板边缘）}$$

固定端最大弯矩：

$$M = \frac{1}{2} \times 3.5 \times 1.2^2 + 1.4 \times 1.2 = 4.21 \text{kN} \cdot \text{m}$$

2. 配筋计算

板的有效高度　$h_0 = h - 20 = 100 - 20 = 80 \text{mm}$

$$\alpha_{\text{s}} = \frac{M}{f_{\text{cm}} b h_0^2} - \frac{4.21 \times 10^6}{11 \times 1000 \times 80^2} = 0.060$$

$$\gamma_{\text{s}} = 0.969$$

56

$$A_s = \frac{M}{f_y \gamma_s h_0} = \frac{4.21 \times 10^6}{210 \times 0.969 \times 80} = 258.6 \text{mm}^2$$

选用 $\phi 6@100$，实际的 $A_s = 283\text{mm}$。

(二) 雨篷梁的计算

1. 抗弯纵筋的计算

雨篷梁计算跨度 $l_0 = 1.05 l_n = 1.05 \times 1.8 = 1.89\text{m}$

雨篷梁有效高度 $h_0 = 240 - 35 = 205\text{mm}$

(1) 荷载及内力计算

梁自重 $\qquad\qquad\qquad\qquad 1.2 \times 0.37 \times 0.24 \times 25 = 2.66\text{kN}/\text{m}$

20mm 抹灰重 $\qquad\qquad\quad 1.2 \times 0.02 \times (0.24 + 0.37 + 0.14) \times 17 = 0.31\text{kN}/\text{m}$

梁上砌体重❶ $\qquad\qquad 1.2 \times (0.37 \times 19 + 0.02 \times 17) \times \frac{1.8}{3} = 5.31\text{kN}/\text{m}$

雨篷板传来荷载❷ $\qquad\qquad 3.51 \times 1.2 + 3 \times 1.4 \times \frac{1}{2.8} = 5.71\text{kN}/\text{m}$

$$\overline{\qquad\qquad\qquad\qquad\qquad q = 13.99\text{kN}/\text{m}}$$

弯矩 $M = \frac{1}{8} q l_0^2 = \frac{1}{8} \times 13.99 \times 1.89^2 = 6.25\text{kN} \cdot \text{m}$

(2) 抗弯纵筋

$$\alpha_s = \frac{M}{f_{cm} b h_0^2} = \frac{6.25 \times 10^6}{11 \times 370 \times 205^2} = 0.0365$$

$$\gamma_s = 0.982$$

$$A_s = \frac{M}{f_y \gamma_s h_0} = \frac{6.25 \times 10^6}{210 \times 0.982 \times 205} - 147.84\text{mm}^2$$

待求得抗扭所需纵筋后与之叠加，再确定纵向钢筋直径及数量。

2. 抗剪、抗扭钢筋的计算

(1) 剪力及扭矩计算

梁端最大剪力: $\qquad\qquad\qquad V = \frac{1}{2} q l_n = \frac{1}{2} \times 13.99 \times 1.8 = 12.59\text{kN}$

梁端最大扭矩:

由板上均布荷载及板边缘集中荷载对雨篷梁纵轴中心线产生的力偶分别为:

$$m_q = 3.51 \times 1.2 \times \frac{1.2 + 0.37}{2} = 3.31\text{kN} \cdot \text{m}/\text{m}$$

$$m_p = 3 \times 1.4 \times 1.0 \times (1.2 + \frac{0.37}{2}) \times \frac{1}{1.8} = 3.23\text{kN} \cdot \text{m}/\text{m}$$

---

❶ 梁上砌体高度大于 $\frac{ln}{3}$，故按 $\frac{ln}{3}$ 计算，另计20mm单面抹灰。

❷ 雨篷板宽2.8m，按作用三个集中荷载考虑。

梁端最大扭矩 $T = \dfrac{1}{2}(\dot{m}_q + m_p)l_n = \dfrac{1}{2}(3.31 + 3.23) \times 1.8 = 5.886\text{kN} \cdot \text{m}$

(2) 验算构件截面尺寸

$$W_t = \dfrac{b^2}{6}(3h - b) = \dfrac{370^2}{6}(3 \times 240 - 370) = 7986 \times 10^3 \text{mm}^3$$

$$\dfrac{V}{bh_0} + \dfrac{T}{W_t} = \dfrac{12.59 \times 10^3}{370 \times 205} + \dfrac{5.886 \times 10^6}{7986 \times 10^3} = 0.903\text{N} / \text{mm}^2$$

$$> 0.7f_t = 0.7 \times 1.1 = 0.77\text{N} / \text{mm}^2$$

$$< 0.25f_t = 0.25 \times 10 = 2.5\text{N} / \text{mm}^2$$

截面尺寸符合要求，但需按计算配置钢筋。

(3) 确定计算方法

$V = 12590\text{N} < 0.035f_c bh_0 = 0.035 \times 10 \times 370 \times 205 = 26547.5\text{N}$

可不考虑剪力对构件承载力的影响。

$T = 5886 \times 10^3 \text{N} \cdot \text{mm} > 0.175f_t W_t = 0.175 \times 1.1 \times 7986 \times 10^3$

$$= 1537 \times 10^3 \text{N} \cdot \text{mm}$$

构件应考虑扭矩的作用。

(4) 箍筋计算

仅需计算抗扭箍筋，按公式 $T \leqslant 0.35\beta_t f_t W_t + 1.2\sqrt{\zeta}\dfrac{f_{yv} A_{st1} A_{cor}}{s}$ 计算。

式中 $\beta_t = \dfrac{1.5}{1 + 0.5\dfrac{V}{T} \cdot \dfrac{W_t}{bh_0}} = \dfrac{1.5}{1 + 0.5\dfrac{12590}{5886 \times 10^3} \cdot \dfrac{7986 \times 10^3}{370 \times 205}} = 1.35 > 1.0$

取 $\beta_t = 1.0$

取 $\zeta = 1.0$

$A_{cor} = b_{cor} \cdot h_{cor} = (370 - 2 \times 25) \times (240 - 2 \times 25) = 60800\text{mm}^2$

代入上式

$$5886 \times 10^3 \leqslant 0.35 \times 1.0 \times 1.1 \times 7986 \times 10^3 + 1.2\sqrt{1.0} \times \dfrac{210 \times A_{st1} \times 60800}{s}$$

则得 $\dfrac{A_{st1}}{s} = \dfrac{5886 \times 10^3 - 3074 \times 10^3}{15322 \times 10^3} = 0.184\text{mm}^2 / \text{mm}$

取箍筋为 $\phi8@100$，$(\dfrac{A_{st1}}{s} = \dfrac{50.3}{100} = 0.503\text{mm}^2 / \text{mm})$

验算箍筋配筋率:

$\alpha = 1 + 1.75(2\beta_t - 1) = 1 + 1.75(2 \times 1 - 1) = 2.75$

$\rho_{sv,min} = 0.02\alpha\dfrac{f_c}{f_{yv}} = 0.02 \times 2.75 \times \dfrac{10}{210} = 0.0026$

实有箍筋配筋率:

$$\rho_{sv} = \frac{nA_{svl}}{bs} = \frac{2 \times 50.3}{370 \times 100} = 0.0027 > 0.0026$$

(5) 抗扭纵筋计算

$$u_{cor} = 2(b_{cor} + h_{cor}) = 2(320 + 190) = 1020mm$$

$$A_{stl} = \frac{\zeta f_{yv} A_{stl} u_{cor}}{f_y s} = \frac{1.0 \times 210 \times 0.184 \times 1020}{210} = 187.68mm^2$$

选用 $6\phi10(A_{stl} = 471mm^2)$，沿截面周边对称布置（截面上、下各 3 根）。

验算受扭纵向钢筋最小配筋率：

最小配筋率 $\rho_{tl,min} = 0.08(2\beta_t - 1)\dfrac{f_c}{f_{yv}} = 0.08 \times (2 \times 1.0 - 1)\dfrac{10}{210} = 0.0038$

实际配筋率 $\quad \rho_{tl} = \dfrac{A_{stl}}{bh} = \dfrac{471}{370 \times 240} = 0.0053 > 0.0038$

3. 确定构件下部的配筋及验算纵向钢筋配筋率

雨篷梁截面下部按抗弯需要已求得为 $147.84mm^2$，按抗扭需要已配 $3\phi10$（$\dfrac{471}{2}$ $=235.5mm^2$），故所需截面面积为 $147.84 + 235.5 = 383.34mm^2$。选配 $3\phi14$（$A_s = 461mm^2$），雨篷梁及雨篷板配筋见图 16-30。

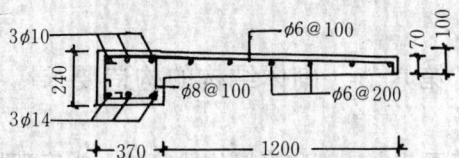

图 16-30 例题 16-3 附图二

全部纵向钢筋实际配筋率为：

$$\rho + \rho_{tl} = \frac{A_s}{bh_0} + \frac{A_{stl}}{bh} + \frac{461 - \dfrac{471}{2}}{370 \times 205} + \frac{471}{370 \times 240}$$

$$= 0.0083 > \rho_{min} + \rho_{tl,min} = 0.0015 + 0.0038 = 0.0053$$

(三) 雨篷倾覆验算

支承雨篷的墙体另侧为楼梯间，本例楼梯荷载（及屋顶荷载）均作用于横墙，不作为雨篷的抗倾覆荷载。

1. 倾覆力矩 M_{ov}

计算倾覆点 o 距墙体边缘距离 $x_o = 0.13 \times 370 = 48.1mm$。

验算雨篷倾覆时，活荷载应取雨篷板面均布活荷载 $0.7kN/m^2$ 或作用于雨篷板外边缘的一个施工检修集中荷载 $1.0kN$（规范规定，验算雨篷倾覆时每 $2.5 \sim 3.0m$ 考虑一个集中荷载），因此计算 M_{ov} 时要考虑两种情况：

当板面作用均布活荷载时：

$$M_{ov} = (3.51 + 1.4 \times 0.7) \times 2.8 \times 1.2 \times (\frac{1.2}{2} + 0.048)$$

$$= 9.78kN \cdot m$$

当板外边缘作用集中荷载时：

$$M_{ov} = 3.51 \times 2.8 \times 1.2 \times (\frac{1.2}{2} + 0.048) + 1.4 \times 1.0 \times (1.2 + 0.048)$$

$$= 9.39 \text{kN} \cdot \text{m} < 9.78 \text{kN} \cdot \text{m}$$

故倾覆力矩取 $M_{ov} = 9.78 \text{kN} \cdot \text{m}$。

2. 抗倾覆力距 M_r

抗倾覆荷载为图 16-26 所示雨篷上部虚线范围内墙体重（内墙有 20mm 抹灰）及雨篷梁自重。考虑墙体上部女儿墙可能在拆除雨篷板支撑后砌筑，故 600mm 高女儿墙不作为抗倾覆荷载。

抗倾覆荷载为：

$$G_r = (4.6 \times 4.3 - 2 \times \frac{1}{2} \times 0.9 \times 0.9 - 2.0 \times 1.8) \times (0.37 \times 19 + 0.02 \times 17) + 0.24 \times 0.28 \times (0.37 \times$$

$$25 + 0.02 \times 17) = 119.74 \text{kN}$$

抗倾覆力矩：

$$M_r = 0.8 G_r (l_2 - x_0)$$

$$= 0.8 \times 119.7 \times (\frac{0.37}{2} - 0.048) = 13.12 \text{kN} \cdot \text{m} > M_{ov} = 9.78 \text{kN} \cdot \text{m}$$

满足要求。

第六节　砌体结构的构造要求

砌体结构房屋，除进行承载力计算和高厚比验算外，尚应满足砌体结构的一般构造要求，同时要保证房屋的整体性和空间刚度，采取防止墙体开裂的措施。

砌体结构的构造要求主要有：

（1）在室内地面以下，室外散水坡以上的砌体内，应铺设防潮层。防潮层一般宜用 1∶2.5 的水泥砂浆加适量防水剂，其厚度一般为 20mm。

抗震设防地区的建筑物，不应用油毡作水平防潮层。

（2）承重的独立砖柱，截面尺寸不得小于 240mm×370mm。毛石墙的厚度不宜小于 350mm，毛料石柱截面较小边长不宜小于 400mm。

当有振动荷载时，墙、柱不宜采用毛石砌体。

（3）空斗墙的下列部位，宜采用斗砖或眠砖实砌：

1）纵横墙交接处，距墙中心线每边不小于 370mm 的砌体；

2）室内地面以下，及地面以上高度为 180mm 的砌体；

3）搁栅、檩条和钢筋混凝土楼板等构件的支承面下，高度为 120～180mm 的通长砌体（所用砂浆不得低于 M2.5）；

4）屋架、大梁等构件的垫块底面以下，高度为 240～360mm，长度不小于 740mm 的砌体（所用砂浆不得低于 M2.5）。

（4）跨度大于 6m 的屋架和跨度大于下列数值的梁，其支承面下的砌体应设置混凝土或钢筋混凝土垫块，即：

1) 砖砌体　4.8m；

2) 砌块和料石砌体　4.2m；

3) 毛石砌体　3.9m。

当墙中设有圈梁时，垫块与圈梁应浇成整体。

(5) 对厚度小于或等于240mm的墙，当大梁跨度大于或等于下列数值时，其支承处宜加壁柱，或采取其他措施对墙体予以加强：

1) 砖墙　6m；

2) 砌块和料石墙　4.8m。

(6) 预制钢筋混凝土板的支承长度，在墙上不宜小于100mm；在钢筋混凝土圈梁上不宜小于80mm。

支承在墙、柱上的吊车梁、屋架，及跨度大于或等于下列数值的预制梁的端部，应采用锚固件与墙、柱上的垫块锚固：

1) 砖砌体　9m；

2) 砌块和料石砌体　7.2m。

骨架房屋的填充墙，应采用拉结条或其他措施与骨架的柱和横梁连接。

山墙处的壁柱宜砌至山墙顶部。风压较大的地区，檩条应与山墙锚固，屋盖不宜自山墙挑出。

(7) 砌块砌体的构造应符合如下规定：

1) 砌块的两侧宜设置灌缝槽，当无灌缝槽时，墙体应采用两面粉刷。

2) 砌块砌体应分皮错缝搭砌。中型砌块上下皮搭砌长度不得小于砌块高度的1／3，且不应小于150mm；小型空心砌块上下皮搭砌长度不得小于90mm。

当搭砌长度不满足上述要求时，应在水平灰缝内设置不少于2ϕ4的钢筋网片，网片每端均应超过该垂直缝，其长度不得小于300mm。

3) 砌块墙与后砌隔墙交接处，应沿墙高每400～800mm在水平灰缝内设置不少于2ϕ4的网片（图16-31）。

4) 混凝土中型砌块房屋，宜在外墙转角处、楼梯间四角的砌体孔洞内设置不少于1ϕ12的竖向钢筋，并用C20细石混凝土灌实。竖向钢筋应贯通墙高并锚固于基础和楼盖或屋盖圈梁内，锚固长度不得小于30倍钢筋直径。钢筋接头应绑扎或焊接，绑扎接头搭接长度不得小于35倍钢筋直径。

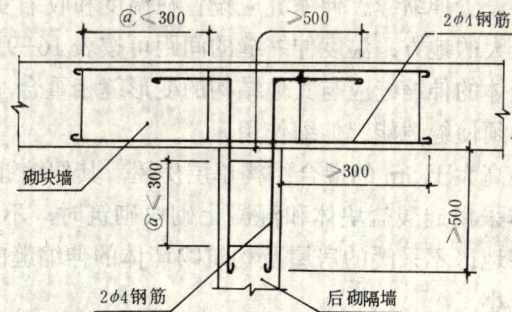

图16-31　砌块墙与后砌隔墙交接处钢筋网片

混凝土小型空心砌块房屋，宜将上述部位纵横墙交接处，距墙中心线每边不小于300mm范围内的孔洞，用不低于砌块材料强度等级的混凝土灌实，灌实高度应为全部墙身高度。

5) 混凝土小型空心砌块墙体的下列部位，如未设圈梁或混凝土垫块，应将孔洞用不低于砌块材料强度等级的混凝土灌实：

a. 搁栅、檩条和钢筋混凝土楼板的支承面下，高度不小于 200mm 的砌体；

　　b. 屋架、大梁等构件的支承面下，高度不小于 400mm，长度不小于 600mm 的砌体；

　　c. 挑梁支承面下，纵横墙交接处，距墙中心线每边不小于 300mm，高度不小于 400mm 的砌体。

　　(8) 设计上要求预留的洞口、管道、沟槽和预埋件等，应于砌筑时正确留出或预埋。宽度超过 30cm 的洞口，应砌筑平拱或设置过梁。

　　(9) 施工中不得在下列墙体或有关部位中设置脚手眼：

　　1) 空斗墙、12cm 厚砖墙、料石清水墙和砖、石独立柱；

　　2) 砖过梁上与过梁成 60° 角的三角形范围内；

　　3) 宽度小于 1m 的窗间墙；

　　4) 梁或梁垫下及其左右各 50cm 的范围内；

　　5) 砖砌体的门窗洞口两侧 18cm 和转角处 43cm 的范围内；石砌体的门窗洞口两侧 30cm 和转角处 60cm 的范围内；

　　6) 设计不允许设置脚手眼的部位。

　　如砖砌体的脚手眼不大于 8cm×14cm，则可不受上述 3、4、5 条的限制。

　　(10) 防止墙体开裂的主要措施

　　1) 为了防止和减轻由于钢筋混凝土屋盖的温度变化和砌体干缩变形引起墙体的裂缝(如顶层墙体的八字缝、水平缝等)，可根据具体情况采取下列措施：

　　a. 屋盖上设置保温层或隔热层；

　　b. 采用装配式有檩体系钢筋混凝土屋盖和瓦材屋盖；

　　c. 对于非烧结硅酸盐砖和砌块房屋，应严格控制块体出厂到砌筑的时间，并应避免现场堆放时块体遭受雨淋。

　　d. 在钢筋混凝土屋面板与墙体的连接面处设置滑动层。

　　2) 为了防止房屋在正常使用条件下，由温差和墙体干缩引起的墙体竖向裂缝，应在墙体中设置伸缩缝。伸缩缝应设置在温度和收缩变形可能引起应力集中、砌体产生裂缝可能性最大的地方。温度伸缩缝的间距可按表 16-9 采用。

　　墙体的伸缩缝应与其他结构的变形缝相重合，缝内应嵌以软质材料，在进行立面处理时，必须使缝隙能起伸缩作用。

　　层高大于 5m 的混合结构单层房屋，其伸缩缝间距可按表 16-9 中的数值乘以 1.3，但当墙体采用硅酸盐块体和混凝土砌块砌筑时，不得大于 75m。温差较大且变化频繁地区和严寒地区不采暖的房屋及构筑物墙体的伸缩缝的最大间距，应按表 16-9 中的数值适当予以减小。

　　应当指出，按表 16-9 要求设置的墙体温度伸缩缝，主要是为防止因收缩和干缩引起墙体的沿房屋全高而产生的竖向裂缝，它一般不能同时防止由钢筋混凝土屋盖的温度变形和砌体干缩变形引起的墙体裂缝。

　　【例题 16-4】　某三层办公楼，采用装配式钢筋混凝土梁板结构 (图 16-32)，梁截面尺寸为 200mm×500mm，梁端伸入墙内 240mm，底层纵墙厚 370mm，二、三层纵墙厚 240mm，均双面抹灰，采用 MU7.5 粘土砖和 M2.5 混合砂浆砌筑。用钢框玻璃窗。建造地区基本雪压为 0.3kN／m²，基本风压为 0.35kN／m²。试验算承重纵墙的高厚比和承载力。

砌体房屋温度伸缩缝的最大间距(m)　　　表 16-9

砌 体 类 别	屋 盖 或 楼 盖 类 别		间距
各种砌体	整体式或装配整体式钢筋混凝土结构	有保温层或隔热层的屋盖、楼盖	50
		无保温层或隔热层的屋盖	40
	装配式无檩体系钢筋混凝土结构	有保温层或隔热层的屋盖、楼盖	60
		无保温层或隔热层的屋盖	50
	装配式有檩体系钢筋混凝土结构	有保温层或隔热层的屋盖	75
		无保温层或隔热层的屋盖	60
粘土砖、空心砖砌体	粘土瓦或石棉水泥瓦屋盖		100
石砌体	木屋盖或楼盖		80
硅酸盐块体和混凝土砌块砌体	砖石屋盖或楼盖		75

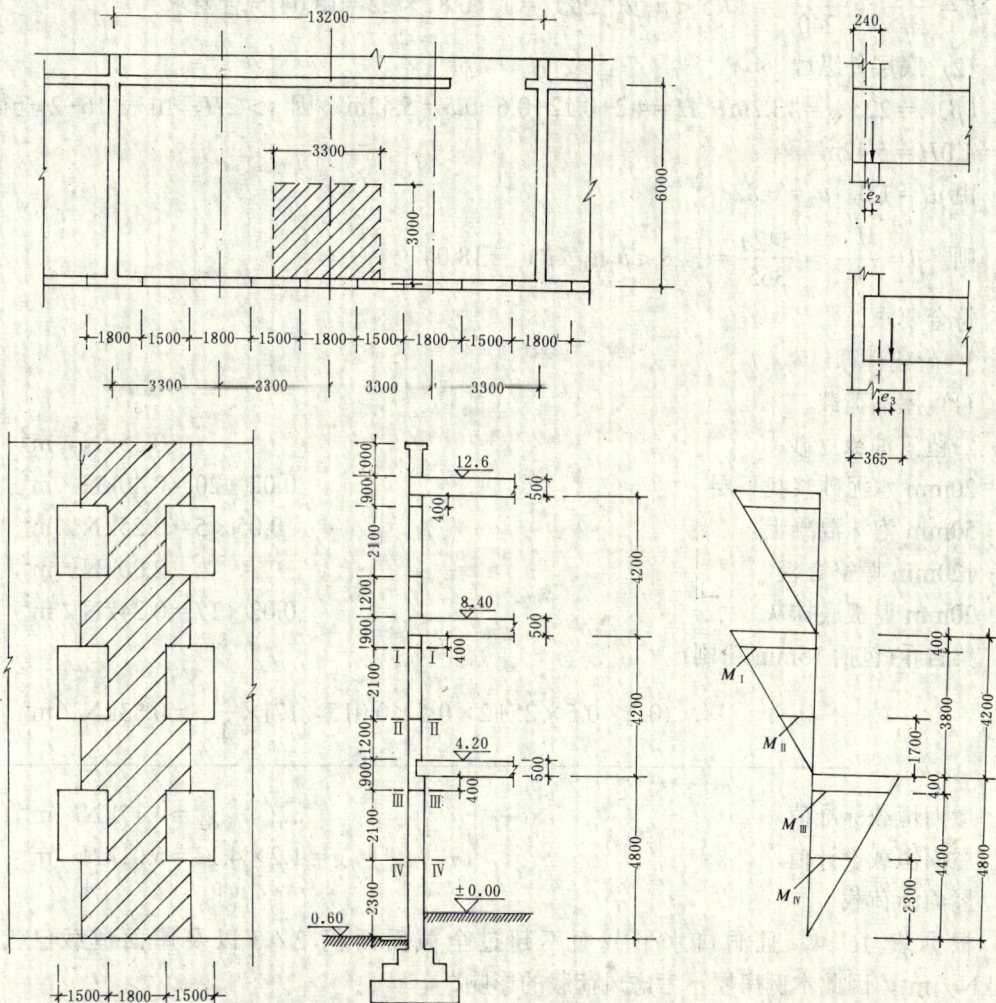

图 16-32　例题 16-4 附图 1

【解】

1. 确定房屋静力计算方案

根据屋盖（楼盖）类型及横墙间距，由表 16-1，得知本例房屋属于刚性方案。

2. 高厚比验算

(1) 二、三层外纵墙

由表 16-3，$[\beta] = 22$。

横墙间距 $s = 13.2$m，层高 $H = 4.2$m，因 $s > 2H$，由表 16-2 查得计算高度 $H_0 = 1.0H = 4.2$m。

按公式 (16-1) 验算高厚比：

本例系承重墙，故 $\mu_1 = 1.0$

$$\mu_2 = 1 - 0.4\frac{b_s}{s_1} = 1 - 0.4 \times \frac{1.5}{3.3} = 0.82 > 0.7$$

$$\beta = \frac{H_0}{h} = \frac{4200}{240} = 17.5 < \mu_1\mu_2[\beta] = 1 \times 0.82 \times 22 = 18.04 \text{ 符合要求。}$$

(2) 底层外纵墙

$[\beta] = 22$。$s = 13.2$m，$H = 4.2 + 0.12 + 0.6 + 0.5 = 5.42$m，因 $s > 2H$，由表 16-2 查得 $H_0 = 1.0H = 5.42$m

由 $\mu_1 = 1.0$，$\mu_2 = 0.82$

则 $\quad \beta = \dfrac{H_0}{h} = \dfrac{5420}{365} = 14.8 < \mu_1\mu_2[\beta] = 18.04$

符合要求。

3. 荷载计算

(1) 屋面荷载

二毡三油绿豆砂	0.35kN／m^2
20mm 水泥砂浆找平层	$0.02 \times 20 = 0.40$kN／m^2
50mm 泡沫混凝土	$0.05 \times 5 = 0.25$kN／m^2
120mm 厚空心板	2.00kN／m^2
20mm 厚板底抹灰	$0.02 \times 17 = 0.34$kN／m^2

梁自重(包括 15mm 粉刷)：

$$(0.2 \times 0.5 \times 25 + 2 \times 0.5 \times 0.015 \times 17) \times \frac{1}{3.3} = 0.83 \text{kN／m}^3$$

屋面恒载标准值 $\qquad\qquad\qquad\qquad\qquad g_k = 4.17$kN／m^2

屋面恒载设计值 $\qquad\qquad\qquad g = 1.2 \times 4.17 = 5.01$kN／m^2

屋面活荷载

根据表 16-4，且洞口水平截面不超过全截面面积 2／3 以及屋面恒载已大于 0.8kN／m^2，因此本例房屋不考虑风荷载的影响；

因本例为平屋顶，雪荷载为 0.3kN／m^2，小于屋面均布活荷载 0.7kN／m^2（不上人屋面），故屋面活荷载标准值为 $\qquad\qquad q_k = 0.7$kN／m^2

屋面活荷载设计值为 $\qquad q = 1.4 \times 0.7 = 0.98 \text{kN} / \text{m}^2$

屋面总荷载标准值 $\qquad p_k = g_k + q_k = 4.87 \text{kN} / \text{m}^2$

屋面总荷载设计值 $\qquad p = g + q = 5.99 \text{kN} / \text{m}^2$

(2) 楼面荷载

20mm 水泥砂浆抹面	$0.40 \text{kN} / \text{m}^2$
120mm 厚空心板	$2.00 \text{kN} / \text{m}^2$
20mm 厚板底抹灰	$0.34 \text{kN} / \text{m}^2$
梁自重	$0.83 \text{kN} / \text{m}^2$

楼面恒载标准值 $\qquad g_k = 3.57 \text{kN} / \text{m}^2$

楼面恒载设计值 $\qquad g = 1.2 \times 3.57 = 4.28 \text{kN} / \text{m}^2$

由荷载规范:

楼面活荷载标准值 $\qquad q_k = 1.5 \text{kN} / \text{m}^2$

楼面活荷载设计值 $\qquad q = 1.4 \times 1.5 = 2.1 \text{kN} / \text{m}^2$

根据荷载规范规定,设计楼面梁、墙、柱及基础时,楼面活荷载应乘以折减系数。当墙、柱、基础计算截面以上为 2~3 层时,计算截面以上各楼层活荷载总和的折减系数为 0.85。本例共三层,因此计算第二、三层墙体时,楼面活荷载不折减;计算底层时,其上面楼面活荷载应乘以折减系数,即

计算底层墙体时: 楼面活荷载标准值 $\qquad q_k = 0.85 \times 1.5 = 1.28 \text{kN} / \text{m}^2$

楼面活荷载设计值 $\qquad q = 0.85 \times 2.1 = 1.79 \text{kN} / \text{m}^2$

则计算二层墙体时:

楼面总荷载标准值 $\qquad p_k = 3.57 + 1.5 = 5.07 \text{kN} / \text{m}^2$

楼面总荷载设计值 $\qquad p = 4.28 + 2.1 = 6.38 \text{kN} / \text{m}^2$

计算底层墙体时:

楼面总荷载标准值 $\qquad p_k = 3.57 + 1.28 = 4.85 \text{kN} / \text{m}^2$

楼面总荷载设计值 $\qquad p = 4.28 + 1.79 = 6.07 \text{kN} / \text{m}^2$

(3) 墙体自重(双面抹灰)及窗重

240mm 墙体标准值 $\qquad 0.24 \times 19 + 0.02 \times 20 + 0.02 \times 17 = 5.3 \text{kN} / \text{m}^2$

370mm 墙体标准值 $\qquad 0.365 \times 19 + 0.02 \times 2.0 + 0.02 \times 17 = 7.68 \text{kN} / \text{m}^2$

钢框玻璃窗自重标准值 $\qquad 0.4 \text{kN} / \text{m}^2$

4. 承载力验算

(1) 计算单元

外纵墙取一个开间为计算单元,其受荷面积为 $3.3 \times 3 = 9.9 \text{m}^2$,如图中斜线部分所示。内纵墙不起控制作用,不必计算。

(2) 控制截面

纵墙每层取两个控制截面,即窗间墙顶部截面和下部截面。本例不必计算三层墙体。

底层控制截面面积

$$A_1 = 365 \times 1800 = 657000 \text{mm}^2$$

二层控制截面面积

$$A_2 = 240 \times 1800 = 432000mm^2$$

(3) 各层楼盖梁反力偏心距

按公式 (15-13) 计算梁端有效支承长度。由 $f = 1.19N/mm^2$，梁高 $h_c = 500mm$，则

$$a_0 = 10\sqrt{\frac{h_c}{f}} = 10\sqrt{\frac{500}{1.19}} = 205mm < a = 240mm$$

取 $a_0 = 205mm$

二层楼盖梁反力对墙中心的偏心距：

$$e_2 = \frac{h}{2} - 0.4a_0 = \frac{240}{2} - 0.4 \times 205 = 38mm$$

底层楼盖梁反力对墙中心的偏心距：

$$e_1 = \frac{h}{2} - 0.4a_0 = \frac{365}{2} - 0.4 \times 205 = 100mm$$

(4) 内力计算

a. 二层内力计算

Ⅰ-Ⅰ截面轴向力：

项 目	轴向力标准值 (kN)	轴向力设计值 (kN)
Ⅰ-Ⅰ截面以上墙体重	$(6.1 \times 3.3 - 2.1 \times 1.5) \times 5.3$ $= 89.99$	$89.99 \times 1.2 = 107.99$
窗 重	$1.5 \times 2.1 \times 0.4 = 1.26$	$1.26 \times 1.2 = 1.51$
屋面荷载	$9.9 \times 4.87 = 48.21$	$9.9 \times 5.99 = 59.30$
三层楼面荷载	$9.9 \times 5.07 = 50.19$	$9.9 \times 6.38 = 63.16$
计	$N_{kⅠ} = 189.65$	$N_{Ⅰ} = 231.96$

Ⅰ-Ⅰ截面弯矩标准值（由三层楼面荷载偏心作用产生）：

$$M_{kⅠ} = 50.19 \times 0.038 \times \frac{3.8}{4.2} = 1.73kN \cdot m$$

Ⅱ-Ⅱ截面轴向力：

项 目	轴向力标准值 (kN)	轴向力设计值 (kN)
由上面传来	189.65	231.96
窗间墙重	$1.8 \times 2.1 \times 5.3 = 20.03$	$20.03 \times 1.2 = 24.04$
窗 重	1.26	1.51
计	$N_{kⅡ} = 210.94$	$N_{Ⅱ} = 257.51$

Ⅱ-Ⅱ截面弯矩标准值：

$$M_{kⅡ} = 50.19 \times 0.038 \times \frac{1.7}{4.2} = 0.77kN \cdot m$$

b. 底层内力计算

66

Ⅲ—Ⅲ截面轴向力：

项目	轴向力标准值 (kN)	轴向力设计值 (kN)
变截面以上墙体重	$(9.4 \times 3.3 - 2 \times 2.1 \times 1.5) \times 5.3 = 131.02$	$(131.02 + 12.67 + 2.52) \times 1.2 = 175.45$
变截面处至梁底墙体重	$3.3 \times 0.5 \times 7.68 = 12.67$	
窗重	$2 \times 1.26 = 2.52$	
屋面荷载	48.21	59.30
三层楼面荷载	$9.9 \times 4.85 = 48.02$	
(以上为梁底以上墙体传来荷载)	(小计 242.44)	$9.9 \times 6.07 = 60.09$
二层楼面荷载	48.02	60.09
梁底至Ⅲ—Ⅲ截面墙体重	$3.3 \times 0.4 \times 7.68 = 10.14$	$10.14 \times 1.2 = 12.17$
计	$N_{k\text{Ⅲ}} = 300.60$	$N_{\text{Ⅲ}} = 367.10$

Ⅲ—Ⅲ截面弯矩标准值（由上层墙体传来荷载的偏心作用及二层楼面荷载偏心作用产生）：

梁底截面的弯矩标准值为（图16-33）

$$242.64 \times 0.063 - 48.02 \times 0.1 = 10.47 \text{kN} \cdot \text{m}$$

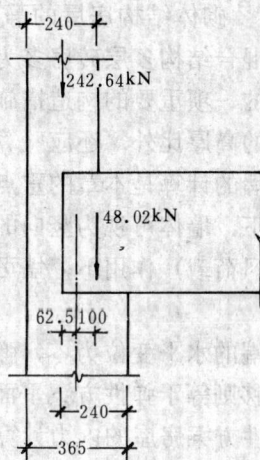

图16-33 例题16-4附图2

则Ⅲ—Ⅲ截面弯矩标准值为

$$M_{k\text{Ⅲ}} = 10.47 \times \frac{4.4}{4.8} = 9.60 \text{kN} \cdot \text{m}$$

Ⅳ—Ⅳ截面轴向力：

项目	轴向力标准值 (kN)	轴向力设计值 (kN)
上面传来	300.60	367.10
窗间墙重	$1.8 \times 2.1 \times 7.68 = 29.03$	$29.03 \times 1.2 = 34.84$
窗重	1.26	1.51
计	$N_{k\text{Ⅳ}} = 330.89$	$N_{\text{Ⅳ}} = 403.45$

Ⅳ—Ⅳ截面弯矩标准值：

$$M_{k\text{Ⅳ}} = 10.47 \times \frac{2.3}{4.8} = 5.02 \text{kN} \cdot \text{m}$$

(5) 各层墙体控制截面承载力验算，见下表：

墙载面承载力验算表

	截面	N_k (kN)	N (kN)	M_k (kN·m)	$e = \dfrac{M_k}{N_k}$ (m)	e/h	β	φ	A (mm²)	f	$\varphi f A$ (N)
二层墙验算	Ⅰ-Ⅰ	189.65	231.96	1.73	$\dfrac{1.73}{189.65}=0.0091$	$\dfrac{0.0091}{0.24}=0.038$	17.5	0.558	432000	1.19	286856 > 231960
	Ⅱ-Ⅱ	210.94	257.51	0.77	$\dfrac{0.77}{210.94}=0.0036$	$\dfrac{0.0036}{0.24}=0.015$	17.5	0.606	432000	1.19	311532 > 257510
底层墙验算	Ⅲ-Ⅲ	300.60	367.10	9.60	$\dfrac{9.60}{300.60}=0.032$	$\dfrac{0.032}{0.365}=0.088$	14.8	0.554	657000	1.19	443133 > 367100
	Ⅳ-Ⅳ	330.89	403.45	5.02	$\dfrac{5.02}{330.89}=0.015$	$\dfrac{0.015}{0.365}=0.041$	14.8	0.626	657000	1.19	489425 > 403450

小 结

(1) 根据房屋的空间工作性能，砌体结构房屋的静力计算分为三种方案，即刚性方案、刚弹性方案和弹性方案。一般混合结构多层砖房多为刚性方案房屋。

(2) 高厚比的验算是砌体结构的一项重要的构造措施。带壁柱墙与一般墙柱的高厚比验算不同，带壁柱墙除验算整片墙的高厚比外，还应验算壁柱间墙的高厚比。

(3) 多层刚性方案房屋承重纵墙的计算是本章的重点内容，其要点是：取门窗洞口间墙体为计算单元；在竖向荷载作用下，墙体可视为竖向的、以楼盖为铰支承的梁，且墙体与基础也视为铰接；在水平荷载（风荷载）作用下，墙可视为竖向的连续梁，但一般多不考虑风荷载的作用。

(4) 刚性方案房屋认为墙体上端的水平变位为零；弹性方案的计算简图为柱顶有侧移的平面排架，而刚弹性方案柱顶位移则等于弹性方案平面排架柱顶位移乘以房屋的空间性能影响系数 $\eta_i(\eta_i < 1)$。弹性和刚弹性方案房屋的内力计算可参照图 16—16 及 16—17。

(5) 圈梁的作用主要是加强砌体结构的整体刚度以及防止因地基的不均匀沉降对墙体引起的不利影响。为抵抗地基不均匀沉降的影响，圈梁宜设在基础顶面和檐口部位，其他各层可视具体情况设置。

(6) 过梁计算中的主要问题是过梁上荷载的计算。对于砖砌体，过梁上墙体荷载最多按高为 $l_n / 3(l_n$——净跨) 的墙体采用；如梁、板下墙体高度 $h_w < l_n$，则考虑梁、板荷载。否则不考虑梁、板荷载。

(7) 构造要求是建筑结构设计、施工和使用中的经验总结。砌体结构除应进行承载力计算和高厚比验算外，同时还必须符合砌体规范规定的构造要求，其中主要有：关于最小尺寸的要求；空斗墙以及砌块砌体的构造要求；构件在砌体上的支承的有关规定；关于伸缩缝设置的有关要求等。

思 考 题

1. 砌体结构房屋的静力计算有几种方案？根据什么条件确定房屋属于哪种方案？

2. 为什么要验算高厚比? 写出其公式。

3. 画出在竖向荷载作用下多层及单层刚性方案房屋的计算简图，并加以解释。

4. 简述弹性方案及刚弹性方案房屋内力分析的要点。

5. 为什么要设置圈梁? 怎样设置? 有何构造要求?

6. 怎样计算过梁上的荷载?

7. 试述雨篷计算的要点。

8. 试对砌体结构的构造要求作简要归纳。

习　题

1. 如图 16-34 所示某教学楼教室横墙间距为 9m，首层层高 3.6m，楼盖采用预应力长向板纵墙承重方案，墙厚 360mm，采用 M5 混合砂浆，每个教室有三个 1.8m 宽的窗洞，室内外高差为 0.45m。试验算外纵墙高厚比。

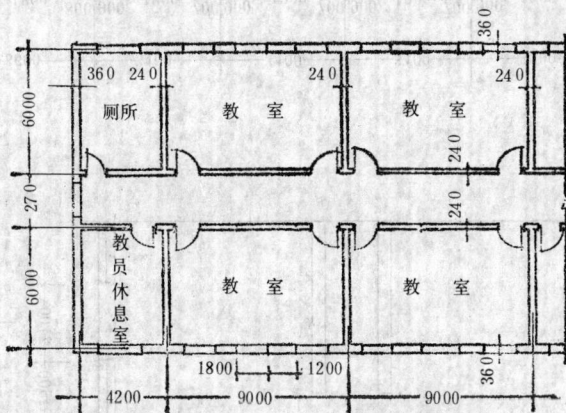

图 16-34　习题 1 附图

2. 某五层办公楼，采用装配式梁板结构（图 16-35）。大梁截面尺寸为 200mm×500mm，梁端伸入墙内 240mm，大梁间距 3.6m。一层墙厚 370mm，2～5 层为 240mm，均双面粉刷。采用 MU7.5 砖。试确定各层砂浆强度等级，验算承重墙的承载力。

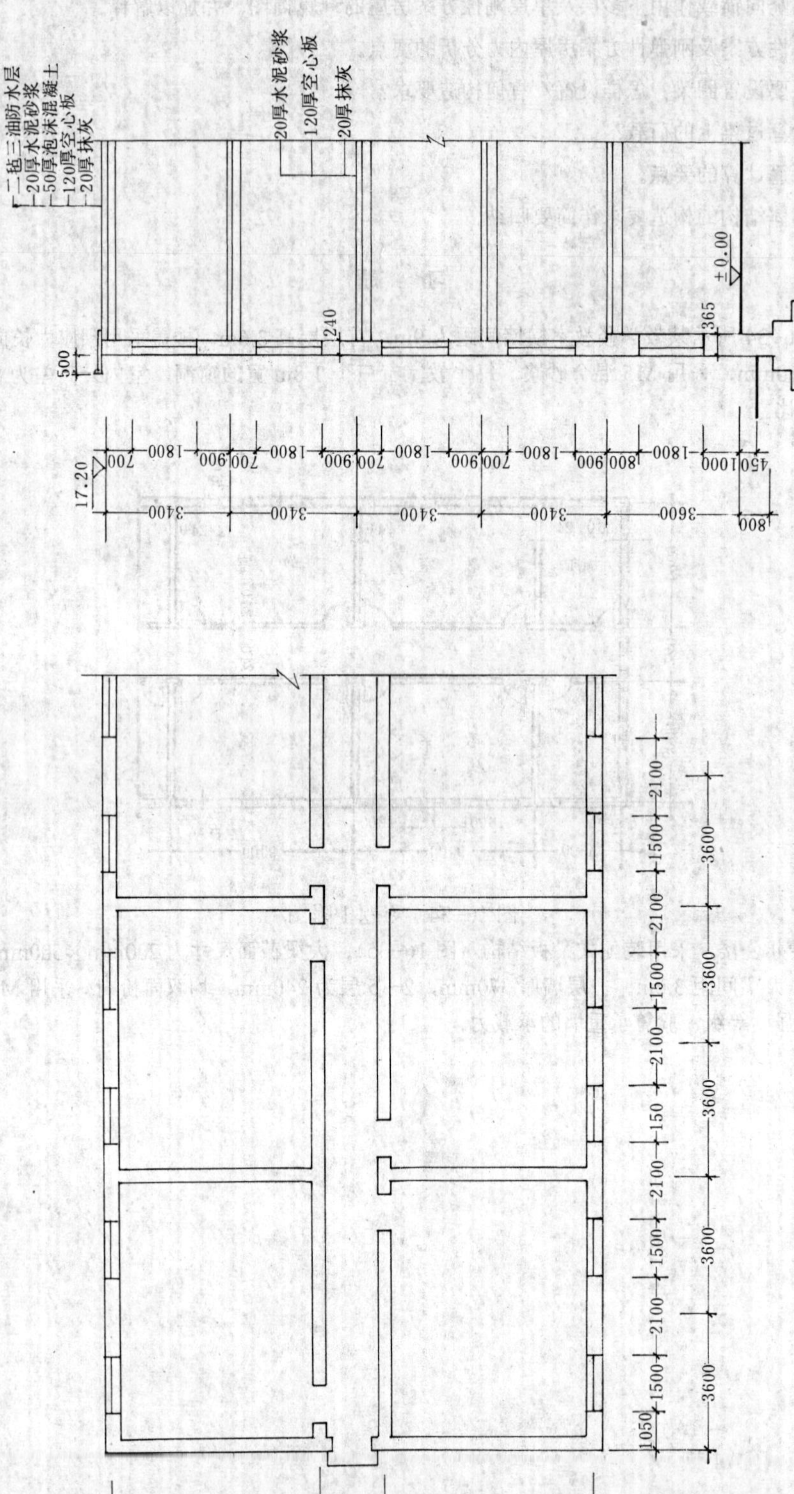

图 16-35 习题 2 附图

70

第四篇 钢 结 构

第十七章 钢结构的材料及计算方法

第一节 钢结构的特点和应用范围

钢结构是用钢板、型钢等轧成钢材或冷加工成型的薄壁型钢，通过焊接、铆接、螺栓连接等方式制造的结构，是主要的建筑结构之一。

钢结构有如下一些特点：

(1) 钢材的强度高、塑性和韧性好。钢材的强度比其他建筑材料如混凝土、砖石、木材等要高得多，钢材的塑性和韧性也较其他材料好，一般情况下不易突然断裂，对动力荷载的适应性也比较强，因此适于做承受很大荷载的构件或结构。

(2) 钢结构的实际受力情况与力学计算结果最相符合。钢材具有理想的匀质与各向同性的性质，同时，在一定的应力幅度内几乎完全是弹性的，所以钢结构与力学计算的基本假定符合程度很好。与其他结构相比，钢结构的计算结果最为准确和可靠。

(3) 钢结构的自重轻。钢材的质量密度虽较其他建筑材料大，但就整个结构而言，与其他结构相比，却是最轻的。例如，在跨度与荷载完全相同的条件下，钢屋架比钢筋混凝土屋架就轻得多，所以钢结构比其他结构能承受更大的荷载，跨越更大的跨度。

(4) 钢结构制作、安装的工业化程度高。钢结构的制作主要是在专业化的金属结构厂进行的，精确度很高。在安装方面，钢结构的装配化程度高，安装速度快，工期短。轻便的钢结构也可以在现场制作并用简易机具吊装。

(5) 可焊性。由于钢材的可焊性，使钢结构的连接大大简化，并可根据需要制作各种复杂形状的钢结构，还可制作密闭、不渗漏的容器。

但在另一方面，焊接时要产生极高的温度。由于温度分布不均匀，冷却速度不一致，会造成钢材性质的改变，出现焊接残余应力和焊接变形，使应力状态复杂化。这在设计与制作中应予注意。

(6) 钢材的耐腐蚀性较差。钢结构必须采取防护措施，避免钢材的腐蚀。新建的结构需要油漆，已建成的钢结构也要根据使用的具体条件定期维护，尤其是露天结构更须注意。所以钢结构的维修费用较其他结构为高。

(7) 耐火性较差。温度在 100℃ 以下时，钢材的强度基本上没有很大变化；超过 150℃ 时，强度就会明显地下降。当温度达到 500～600℃ 时，钢结构将完全丧失抵抗外力作用的能力。所以，钢材虽然是难燃的，但在发生火灾时，钢结构的耐火时间却较短，有发生突然坍塌的危险。对有特殊要求的钢结构，要采用隔热耐火措施。

钢结构的应用范围，应根据上述特点，按照合理使用，充分发挥其优点的原则确定。

钢结构合理应用的范围，不仅取决于钢结构本身的特性，还必须考虑按国民经济发展的具体情况而制定的技术政策。钢材是国民经济各部门不可缺少的材料，按我国国情，当前钢结构的应用范围大致如下：

(1) 大跨度结构。钢结构强度高、自重轻的优点，在大跨度结构中特别突出。因为跨度越大，自重在全部荷载中所占比重就越大，减轻自重就可以获得明显的经济效果。这类结构有大会堂、体育馆、剧院、飞机库、火车站大厅以及铁路、公路桥梁等。

(2) 重工业厂房。跨度、柱距较大，有大吨位吊车的厂房以及某些高温车间，可以部分采用钢结构（钢屋架、钢吊车梁）或全部采用钢结构。如冶金工厂中的平炉车间、初轧车间和混铁炉车间，重型机器厂的铸钢车间，造船厂的船台车间等。

(3) 高层建筑。当房屋高度的增加和自重的增大造成设计与施工的困难时，高层建筑的骨架宜采用钢结构。

(4) 高耸结构、容器和其他构筑物。广播和电视发射用的塔架、高压输电线路的塔架、冶金及石油化工企业的油罐、高炉、煤气罐，以及管道支架、皮带通廊的栈桥等宜采用钢结构。

(5) 轻型钢结构。当使用荷载较小时，小跨度结构的自重就成为结构设计中应考虑的重要因素。在这种情况下，采用轻型钢结构较为合理。这类结构多用圆钢、小角钢及冷弯薄壁型钢制作。其特点是自重轻、用钢省、便于运输、吊装方便。

(6) 可动结构。这类结构一般只能用钢结构制作，以保证灵活方便。如各种起重运输机械的骨架、起重臂杆以及水工建筑中的闸门等。

(7) 可拆卸结构。活动房屋的骨架，建筑工地的提升井架、模板支架、脚手架、临时性展览馆等多采用钢结构，用螺栓或扣件相连。

第二节 钢结构的材料

一、钢材的品种及钢号的表示方法

钢材的品种繁多，在钢结构中采用的钢材，主要有普通碳素钢、普通低合金钢和桥梁用普通低合金钢。

普通碳素钢的标号有新旧两种表示方法，即旧的表示方法 GB700—79 和新的表示方法 GB700—88。因现行《钢结构设计规范》(GBJ17—88) 系采用 GB700—79 的表示方法，因此以下将简要介绍两种表示方法，但本书其他部分仍将同时按 GB700—79 表示，以便与现行《钢结构设计规范》(GBJ17—88) 一致。

根据 GB700—79，普通碳素钢按出厂的保证条件分为甲类钢、乙类钢和特类钢，其基本保证条件是：

甲类钢：主要按机械性能供应的钢材。其机械性能的保证项目为抗拉强度与伸长率，同时还要求保证化学成分中的硫、磷含量等。

乙类钢：按化学成分供应的钢材。

特类钢：按机械性能和化学成分供应的钢材。

钢结构所用的普通碳素钢一般为甲类钢和特类钢。乙类钢因没有机械性能的保证，不能用于承重结构。特类钢价格较高，应尽量少用。

普通碳素钢按含碳量的大小，分为 1、2、3、4、5、6、7 共 7 个钢号。钢号越大，钢中的含碳量越多，钢材的强度和硬度也就越高，塑性越低。其中 3 号钢在使用、加工和焊接方面的性能都比较好，是一般工业与民用房屋和构筑物中最常用的，其次是 2 号钢和 5 号钢，其他钢号则很少应用。

根据 GB700—79，普通碳素钢的标号按钢类、炉种、钢号、浇注方法用汉字或符号表示，见表 17—1。例如：乙类顶吹氧气转炉 3 号沸腾钢的标号为"乙顶 3 沸"或用代号"BY3F"；甲类平炉 3 号镇静钢的标号为"甲 3"或用代号"A3"。

普通碳素钢的表示方法 表 17—1

表示方法	钢　　类			炉　　种		浇注方法		
	甲类钢	乙类钢	特类钢	平炉	顶吹氧气转炉	沸腾钢	镇静钢	半镇静钢
汉　字	甲	乙	特	—	氧	沸	—	半
采用代号	A	B	C	—	Y	F	—	b

按新的国家标准 GB700—88，普通碳素钢（现称碳素结构钢）已改用钢材的屈服强度编号，例如 3 号钢的屈服强度为 $235N/mm^2$，故改编为 Q235，并按钢材质量分为 A、B、C、D 四个等级，例如：

Q235—A·F;

Q235—B·b;

Q235—D·Z 等

其中　Q——屈服点汉语拼音的第一个字母；

235——屈服点（按钢材厚度或直径分为六档）；

A——无冲击功规定；

B——20℃，冲击功 = 27J（纵向）；

C——0℃，冲击功 = 27J（纵向）；

D———20℃，冲击功 = 27J（纵向）；

F——沸腾钢；

b——半镇静钢；

Z——镇静钢(可不写出)；

TZ——特殊镇静钢(可不写出)。

新旧标准牌号表示方法及技术要求的对照见本节表 17—10 所示。

普通低合金钢是在普通碳素钢中添加一种或几种少量的合金元素（总含量一般不超过 5%），以提高其强度、耐腐蚀性、耐磨性或低温冲击韧性。普通低合金钢的含碳量一般都较低（少于 0.20%），以便于钢材的加工和焊接，其强度的提高主要靠加入的合金元素来达到。

普通低合金钢的标号新旧表示方法相同，即钢号前面的两位数字表示其含碳量平均值的万分数，钢号后面标明合金元素，该合金元素的含量一般以百分之几表示，当其平均含量小于 1.5%时，则只标明元素（汉字或化学符号）而不标明含量，当其平均含量大于 1.5%、2.5%等时，则在元素后面标出 2、3 等数字。例如 16 锰钢（16Mn）就表示平均含碳量为 0.16%、含有合金元素锰，锰的含量少于 1.5% 的普通低合金钢。

采用普通低合金钢可减轻结构重量，节约钢材和延长使用寿命，与 3 号钢相比，可节约钢材 15%～25%。目前，用在工业与民用建筑结构中的普通低合金钢已有多种，一般宜优先采用 16 锰钢（16Mn）和 15 锰钒钢（15MnV）。

桥梁、造船、压力容器、锅炉等各有其专用钢材，这些钢材的特点是有害杂质的含量低，结晶组织致密，机械性能的保证项目多，价格较高。为与一般普通碳素钢或普通低合金钢相区别，在钢号末尾分别加添汉字"桥"、"船"、"容"、"锅"或字母"q"、"C"、"R"、"g"。对于直接承受动力荷载且计算温度较低的结构，宜采用 16 锰桥钢（16Mnq）或 15 锰钒桥钢（15MnVq）。

二、钢材的机械性能

机械性能是衡量钢材质量的重要指标。钢材冶炼、轧制等过程的质量，最终都要反应到机械性能上来。由于钢结构构件的类型、荷载性质、使用温度和连接方式的不同，各类构件对钢材的机械性能都有不同的要求。

衡量承重结构用钢材质量标准的机械性能共有五项：

（一）屈服点

如图 17-1，钢材的屈服点 f_y 是衡量结构的承载能力和确定强度设计值的指标。虽然钢材在应力到达抗拉强度 f_u 时才发生断裂，但结构设计时却以钢材的屈服点 f_y 作为静力强度的承载力极限。以屈服点作为建筑钢材静力强度承载力极限的依据，是因为钢材的应力到达屈服点后应变急剧增长，产生在使用上不容许的残余变形，以至不能正常使用。

图 17-1 钢材的应力-应变图

从屈服点到钢材断裂，塑性变形很大（约为弹性变形的 200 倍），抗拉强度与屈服点的比值也较大（3 号钢 $f_u/f_y \approx 1.6～1.9$），所以说钢结构有很大的强度贮备，且在破坏前有极大的延伸性与持久性，极易查觉，这就能避免突然破坏。

（二）抗拉强度

抗拉强度 f_u 是应力-应变图中的最大应力值（图 17-1），它是钢材机械性能中必不可少的保证项目，这是因为：

（1）抗拉强度是钢材承受静力荷载的极限能力，它虽然在强度计算中不直接采用，但可以表示钢材达到屈服点后还有多少安全贮备，是抵抗塑性破坏的重要指标；

（2）钢材的化学成分及钢材在冶炼、轧制过程中的缺陷常反映在抗拉强度上。例如当含碳量过高、轧制中止时温度过低，抗拉强度就过高；如含碳量少、钢中非金属夹杂物过多，抗拉强度就过低；

（3）抗拉强度的大小还直接影响到钢结构抵抗反复荷载（即疲劳强度）的能力。

（三）伸长率

伸长率是应力-应变图中试件被拉断时的最大应变值。由于弹性变形占总变形的百分比很小，在确定伸长率时可以只考虑试件拉断后的残余塑性变形，即：

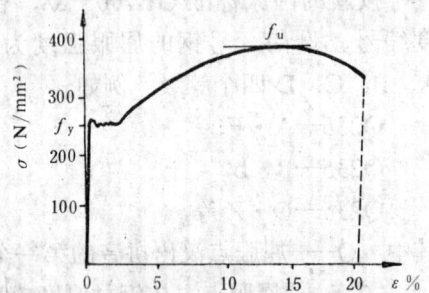

$$\delta = \frac{L_1 - L_0}{L_0} \times 100\% \qquad (17-1)$$

式中　　δ——伸长率；

　　　　L_0——试件原标距长度；

　　　　L_1——试件拉断后原标距间的长度。

如图 17-2，标距间试件的伸长由颈缩部分的集中塑性伸长与两侧部分的均匀塑性伸长所组成，后者与标距 L_0 成正比，不同的标距其伸长率也不同。试件的标距有 $10d$ 及 $5d$ 两种(d——试件直径)，其伸长率分别以 δ_{10} 及 δ_5 表示。

伸长率与抗拉强度一样，也是钢材机械性能中必不可少的保证项目，因为：

(1) 伸长率表示钢材断裂前经受变形的能力，是衡量钢材塑性的重要指标；

(2) 伸长率是钢材冷加工的保证条件；

(3) 冶炼与轧制质量的缺陷，都会明显地表现为伸长率的降低。

(四) 冷弯性能

冷弯性能是指钢材经冷加工 (即常温下加工) 产生塑性变形时，对产生裂缝的抵抗能力。冷弯试验的方法是，在材料试验机上，通过冷弯冲头加压，以试件在冷弯 180° 后其外侧不出现裂纹为合格 (图 17-3)。

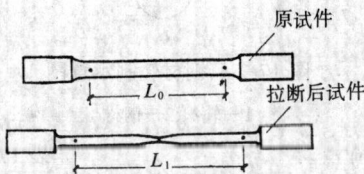

图 17-2　钢材的受拉试件

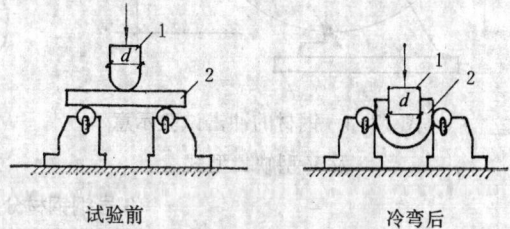

图 17-3　钢材的冷弯试验

1—冲头；2—冷弯试件

冷弯试验可检验钢材是否适应构件制作过程中的冷加工，另一方面通过试验还能暴露出钢材的内部缺陷，鉴定钢材的可焊性。所以冷弯试验实际上是一项衡量钢材质量的综合指标。

(五) 冲击韧性

由静力拉伸试验所确定的强度和塑性指标，对承受动力荷载的结构或构件有很大的局限性，冲击韧性就是衡量钢材在动力荷载作用下，抵抗脆性破坏的能力，其指标用冲击值 α_k 来表示。

冲击值通过冲击试验确定。由于钢结构或构件的断裂，常从应力集中处开始，特别是缺口和裂纹常是动力荷载作用下产生脆性断裂的根源，所以试验时采用标准带槽试件，在摆式试验机上进行。通过摆锤的冲击，使两端支在支座上的试件断裂，试件刻槽处单位面积所消耗的功，就是冲击值 α_k (GB700—79)。根据 GB700—88，冲击试件改用 V 型缺口试件 (以前系采用 U 型缺口试件)，冲击韧性指标直接用冲击功表示，单位为 J (焦耳)。钢材的冲击试验示意图见图 17-4。

满足冲击韧性的要求是个比较严格的指标。实际上只有经常承受较大动力荷载的结构、特别是焊接结构，才需要有冲击韧性的保证。因为经常承受动力荷载的结构发生脆断的可能性大，而对于焊接结构，由于刚性较大，焊接残余应力也较大，焊缝附近的材质容易变坏，所以更易在动力荷载下脆断。

根据结构使用时所处温度的不同，钢材的冲击值应分别符合常温及负温条件下的要求。

轧制钢材是由钢坯经轧钢机轧制而成（图17-5）。钢坯的厚度与钢板的厚度（或轧制型钢的厚度）之比称为压缩比，压缩比越大，即钢材越薄，钢材的质量就越好。也就是说，虽然是用一个钢号的钢材，厚度不同时，其质量也不同，例如规范按厚度把3号钢分为三组（表17-2），不同分组的钢材，对其机械性能的要求也不同。

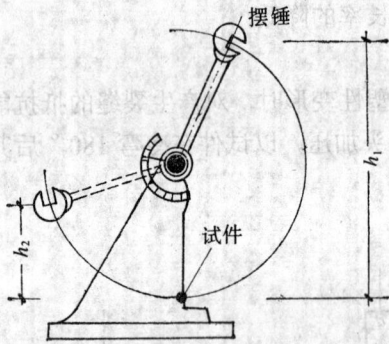

图 17-4 钢材的冲击试验示意
及 V 型缺口型式

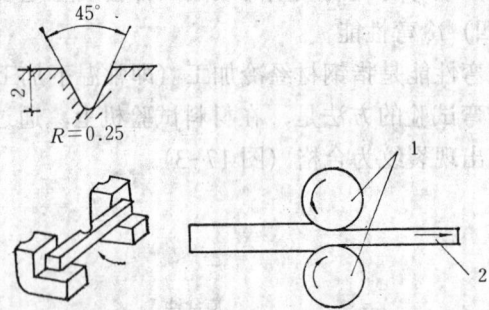

图 17-5 钢材轧制示意图
1—轧滚;2—钢材

3号钢钢材分组尺寸(mm)　　　　　　　　　　　　　表 17-2

组　别	圆钢、方钢和扁钢的直径或厚度	角钢、工字钢和槽钢的厚度	钢板的厚度
第 1 组	<40	<15	<20
第 2 组	>40~100	>15~20	>20~40
第 3 组		>20	>40~50

注: 工字钢和槽钢的厚度系指腹板的厚度。

钢结构常用钢材的机械性能见表 17-3～表 17-6。表 17-3 为旧标准（GB700—79、GB1591—79、YB168—70），表 17-4～表 17-6 为新标准（GB700—88、GB1591—88）。

三、钢材的化学成分

钢材的机械性能和可焊性受化学成分的影响极大，在选用钢材时要注意钢的化学成分。钢的基本元素是铁（Fe），它在普通建筑钢中的含量约占 99%，此外尚含有碳（C）、锰（Mn）、硅（Si）以及冶炼中不易除净的有害元素硫（S）、磷（P）、氮（N）、氧（O）等。

钢材中碳的成分增加时，会使钢材的屈服点与抗拉强度提高，但降低伸长率与冲击韧性；同时，钢材的抗腐蚀性能、疲劳强度和冷弯性能也都明显下降，可焊性降低，易发生

76

钢材的机械性能(按 GB700—79、GB1591—79、YB168—70)　　　表 17-3

钢　号		组别	钢材厚度或直径(mm)	拉　力　试　验						180°冷弯试验 d—弯心直径 a—试样厚度	
				屈服点 f_y		抗拉强度 f_y		伸长率(%)			
				kgf/mm²	N/mm²	kgf/mm²	N/mm²	δ_5	δ_{10}	型钢	钢板
				＞				＞			
3号钢	沸腾钢	第1组	—	24	235	38~47	370~460	26	22	d=0.5a	d=1.5a
		第2组	—	22	215						
		第3组	—	21	205						
	镇静钢	第1组	—	24	235	38~47	370~460	26	22	d=0.5a	d=1.5a
		第2组	—	23	225						
		第3组	—	22	215						
16Mn 钢		—	<16	35	345	>52	>510	21	—		d=2a
			17~25	33	325	>50	>470	19	—		d=3a
			26~36	32	315	>48	>470	19	—		d=3a
			38~50	30	295	>48	>470	19	—		d=3a
			55~100 方圆钢	28	275	>48	>430	19	—		d=3a
15MnV 钢		—	<5	42	410	>56	>550	19	—		d=2a
			5~16	40	390	>54	>530	18	—		d=3a
			17~25	38	370	>52	>510	17	—		d=3a
			26~36	36	355	>50	>490	17	—		d=3a
16Mnq 钢		—	<16	35	345	>52	>151	21	—		d=3a
			17~25	33	325	>50	>490	19	—		d=3a
			26~36	31	305	>48	>470	19	—		d=3a
15MnVq 钢		—	<16	40	390	>54	>530	18	—		d=3a
			17~25	38	370	>52	>510	17	—		d=3a
			26~36	36	355	>50	>490	17	—		d=3a

钢　号	钢材种类	钢材直径或厚度(mm)	取样方向	试样状态	冲击值 a_k	
					kgf·m/cm²	J/cm²
					≥	
3号钢	钢板	12~25		常温	7	69
	型钢	15~25		常温	10	98
	钢板、型钢	>25			双方协议	双方协议
3号镇静钢	钢板	12~20	横着轧制方向(钢板);顺着轧制方向(型钢)	−20℃	3	29
				−40℃	双方协议	双方协议
				应变时效后		
		>20		−20℃	双方协议	双方协议
				应变时效后		
16Mn 钢	钢板、型钢	双方协议		常温	6	59
				−40℃	3	29
15MnV 钢	钢板、型钢	双方协议		常温	6	29
				−40℃	3	29
16Mnq 钢	钢板	>12		−40℃	3	29
				应变时效后	3	29
15MnVq 钢	钢板	<12		−40℃	3	29
				应变时效后	3	29

碳素结构钢钢材的机械性能(按 GB700—88)　　　　　　表 17-4

牌号	等级	拉伸试验													冲击试验	
		屈服点 σ_s N/mm²						抗拉强度 σ_b N/mm²	伸长率 δ_5,%						温度 ℃	V型(冲击功)(纵向) J
		钢材厚度(直径),mm							钢材厚度(直径),mm							
		<16	>16~40	>40~60	>60~100	>100~150	>150		<16	>16~40	>40~60	>60~100	>100~150	>150		
		不小于							不小于							不小于
Q195	—	(195)	(185)	—	—	—	—	315~390	33	32	—	—	—	—	—	—
Q215	A	215	205	195	185	175	165	335~410	31	30	29	28	27	26	—	—
	B														20	27
Q235	A	235	225	215	205	195	185	375~460	26	25	24	23	22	21	—	27
	B														20	
	C														0	
	D														−20	
Q255	A	255	245	235	225	215	205	410~510	24	23	22	21	20	19	—	—
	B														20	27
Q275	—	275	265	255	245	235	225	490~610	20	19	18	17	16	15	—	—

碳素结构钢钢材的冷弯试验和试样方向(按 GB700—88)　　　　　　表 17-5

牌　　号	试样方向	冷弯试验　$B=2a$　180°		
		钢材厚度(直径),mm		
		60	>60~100	>100~200
		弯心直径 d		
Q195	纵	0	—	—
	横	0.5a		
Q215	纵	0.5a	1.5a	2a
	横	a	2a	2.5a
Q235	纵	a	2a	2.5a
	横	1.5a	2.5a	3a
Q255		2a	3a	3.5a
Q275		3a	4a	4.5a

注: B 为试样宽度; a 为钢材厚度(直径).

低合金结构钢钢材的机械性能(按 GB1591—88) 表 17-6

牌号	钢材厚度或直径 (mm)	抗拉强度 σ_b (N/mm²)	屈服点 σ_s (N/mm²)	伸长率 δ_5 (%)	180°弯曲试验 $d=$弯心直径 $a=$试样厚度	冲击试验 温度 (℃)	V型冲击功(纵向)(J)
		不小于					不小于
16Mn	<16	510~660	345	22	$d=2a$	20	27
	>16~25	490~610	325	21	$d=3a$		
	>25~36	470~620	315	21	$d=3a$		
	>36~50	470~620	295	21	$d=3a$		
	>50~100 方、圆钢	470~620	275	20	$d=3a$		
15MnV	<4	550~700	410	19	$d=2a$	20	27
	>4~16	530~680	390	18	$d=3a$		
	>16~25	510~660	375	18	$d=3a$		
	>25~36	490~640	355	18	$d=3a$		
	>36~50	490~640	335	18	$d=3a$		

低温脆断，所以国家标准中规定了各类钢材含碳量的范围。

锰和硅是钢材中有益元素。锰是一种弱脱氧剂，可有效的提高钢材强度，减小硫引起的热脆性，改善钢材的热加工性能，一般含量为 0.3%~0.8%。锰是我国低合金钢的主要合金元素。硅是一种较强的脱氧剂，是制作镇静钢的必要元素，可提高钢材的强度，而对塑性、韧性和可焊性的不良影响不太明显，一般镇静钢中硅的含量为 0.12%~0.13%。

磷属于有害元素，它能降低钢的塑性和低温时的冲击韧性，低温时容易脆断（冷脆）以及降低可焊性等。但磷能使屈服点和抗拉强度提高，并能提高钢材的防腐能力。硫在钢材中也是有害元素，含硫量增大时会降低钢材的塑性、冲击韧性、疲劳强度和抗腐蚀性能。含硫量较高的钢材在热加工时容易脆断（热脆），焊接时容易产生裂纹。建筑钢的含硫量一般不超过 0.05%，含磷量一般不超过 0.045%。

氧和氮也是钢中有害成分，氧与硫相似，氮与磷相似。

为改善钢材的力学性能，还可掺入一定数量的钒（V）、钛（Ti）等元素，其中钒可提高钢材的强度和钢的高温硬度，少量的钒可使钢材的焊接性能有所改善。

钢结构所用各类钢材的化学成分的规定见表 17-7～表 17-9。表 17-7 为旧标准（GB700—79、GB1591—79、YB168—70），表 17-8，表 17-9 为新标准（GB700—88、GB1591—88）。

钢材的化学成分 表 17-7

（按 GB700—79、GB1591—79、YB168—70）

钢 号		熔炼化学成分(%)					
		C	Si	Mn	P	S	V
					<		
3 号钢	沸腾钢 镇静钢	0.14~0.22	<0.17 0.12~0.30	0.30~0.60 0.35~0.60	0.045	0.050	—
16Mn 钢		0.12~0.20	0.20~0.60	1.20~1.60	0.045	0.050	—
15MnV 钢		0.12~0.18	0.20~0.60	1.20~1.60	0.045	0.050	0.04~0.12
16Mnq 钢		0.12~0.20	0.20~0.60	1.20~1.60	0.040	0.045	—
15MnVq 钢		0.12~0.18	0.20~0.60	1.20~1.60	0.040	0.045	0.04~0.012

牌 号	等级	化 学 成 分 (%)						脱氧方法
		C	Mn	Si	S	P		
					不大于			
Q195	—	0.06~0.12	0.25~0.50	0.30	0.050	0.045		F、b、Z
Q215	A	0.09~0.15	0.25~0.55	0.30	0.050	0.045		F、b、Z
	B				0.045			
Q235	A	0.14~0.22	0.30~0.65	0.30	0.050	0.045		F、b、Z
	B	0.12~0.20	0.30~0.70		0.045			
	C	<0.18	0.35~0.80		0.040	0.040		Z
	D	<0.17			0.035	0.035		TZ
Q255	A	0.18~0.28	0.40~0.70	0.30	0.050	0.045		Z
	B				0.045			
Q275	—	0.28~0.38	0.50~0.80	0.35	0.050	0.045		Z

注: Q235A、B 级沸腾钢锰含量上限为 0.60%。

牌 号	化 学 成 分 (%)				S	P
	C	Mn	Si	V	不大于	
16Mn	0.12~0.20	1.20~1.60	0.20~0.55	—	0.045	0.045
15MnV	0.12~0.18	1.20~1.60	0.20~0.55	0.04~0.12	0.045	0.045

四、钢材的选用

承重结构的钢材，应根据结构的重要性、荷载特征、连接方法、工作温度等不同情况选择其钢号和材质。规范规定:

(1) 承重结构的钢材，宜采用平炉或氧气转炉 3 号钢即 Q235（沸腾钢或镇静钢）、16Mn 钢、16Mnq 钢、15MnV 钢或 15MnVq 钢，其质量应符合现行标准的规定。

(2) 下列情况的承重结构不宜采用 3 号（Q235）沸腾钢:

焊接结构: 重级工作制吊车梁、吊车桁架或类似结构，冬季计算温度等于或低于−20℃的轻、中级工作制吊车梁、吊车桁架或类似结构，以及冬季计算温度等于或低于−30℃时的其他承重结构。

非焊接结构: 冬季计算温度等于或低于−20℃时的重级工作制吊车梁、吊车桁架或类似结构。

(3) 承重结构的钢材应具有抗拉强度、伸长率、屈服强度和硫、磷含量的合格保证，对焊接结构尚应具有碳含量的合格保证。

承重结构的钢材，必要时尚应具有冷弯试验的合格保证。

对于重级工作制和吊车起重量等于或大于 50 吨的中级工作制焊接吊车梁、吊车桁架或类似结构的钢材，应具有常温冲击韧性的合格保证。但当冬季计算温度等于或低于 $-20℃$ 时，对于 3 号钢尚应具有 $-20℃$ 冲击韧性的合格保证；对于 16Mn 钢、16Mnq 钢、15MnV 钢、15MnVq 钢尚应具有 $-40℃$ 冲击韧性的合格保证。

对于重级工作制的非焊接吊车梁、吊车桁架或类似结构的钢材，必要时亦应具有冲击韧性的合格保证。

1988 年 6 月我国发布了国家标准《碳素结构钢》（GB700—88），规定于 1988 年 10 月 1 日起实施，且规定原国家标准《普通碳素结构钢技术条件》（GB700—79）自 1991 年 10 月 1 日起作废。由于现行《钢结构设计规范》（GBJ17—88）系采用 GB700—79，因此凡涉及 GB700—79 标准的有关内容均应按 GB700—88 做相应的对照转换。

由表 17-4 可知，GB700—88 对碳素结构钢的牌号共分为五种，即 Q195、Q215、Q235、Q255、Q275。其中 Q235 即相当于 GB700—79 中的 3 号钢（其他分别相当于 1、2、4、5 号钢），它的质量等级分为 A、B、C、D 四级，各级的化学成分和机械性能相应亦有所不同。可见，GB700—88 与 GB700—79 不论在牌号表示方法和技术要求等方面均不相同。GB700—88 是参照国际标准《结构钢》（ISO630）制定的，它的牌号不再按甲（A）、乙（B）、特（C）类钢划分。不再分冶炼炉种（氧气转炉或平炉），除非需方有特殊要求，并在合同中注明，冶炼方法一般由供方自行决定。不再对机械性能和化学成分分保证项目和附加保证项目。不再将钢材厚度分成三组，而是更细致地将厚度分为六个范围，并分别规定其屈服点和伸长率 δ_5。对化学成分则根据不同质量等级分别规定 C、Mn、Si、S、P 含量。在脱氧方法上、C 级为镇静钢，D 级为特殊镇静钢，而 A、B 级则分为沸腾钢、半镇静钢和镇静钢。在性能上，A 级钢材除保证拉伸试验性能（f_y、f_u、δ_5）外，冷弯试验只在需方有要求时才进行。另外，A 级钢材不做冲击试验，B 级钢材做常温冲击试验，C、D 级钢材则分别做 0℃ 和 $-20℃$ 冲击试验。表 17-10 为新旧 GB—700 的对照，可作为进一步深入了解时参考。

碳素结构钢钢材的新旧 GB700 标准牌号对照 表 17-10

GB700—88		GB700—79	
Q195	不分等级，化学成分和力学性能（抗拉强度、伸长率和冷弯）均须保证，但轧制薄板和盘条之类产品，力学性能的保证项目、根据产品特点和使用要求，可在有关标准中另行规定	1号钢 Q195的化学成分与本标准1号钢的乙类钢B1同，力学性能（抗拉强度、伸长率和冷弯）与甲类钢 Ar 同（A1 的冷弯试验是附加保证条件）。1 号钢没有特类钢	
Q215	A 级	A2	
	B 级 （做常温冲击试验，V 型缺口）	C2	
Q235	A 级 （不做冲击试验）	A3 （附加保证常温冲击试验，U 型缺口）	
	B 级 （做常温冲击试验，V 型缺口）	C3 （附加保证常温-20℃冲击试验,U 型缺口）	
	C 级	—	
	D 级 （作为重要焊接结构用）	—	
Q255	A 级	A4	
	B 级 （做常温冲击试验，V 型缺口）	C4 （附加保证冲击试验，U 型缺口）	
Q275	不分等级,化学成分和力学性能均须保证	C5	

五、钢材的规格

钢结构所用钢材主要有热轧成型的钢板和型钢以及冷弯成型的薄壁型钢。

(一) 钢板

钢板分厚钢板、薄钢板和扁钢。其规格如下：

厚钢板　厚度 4.5～60mm，宽度 600～300mm，长度 4～12mm；

薄钢板　厚度 0.35～4mm，宽度 500～1500mm，长度 0.4～0.5mm；

扁钢　　厚度 4～60mm，宽度 12～200mm，长度 3～9m。

钢板通常用"一"后面加"宽度×厚度×长度"表示。例如−600×10×12000 表示为 600mm 宽、10mm 宽、12m 长的钢板。

(二) 型钢

型钢可以直接用作构件，以减少加工制造工作量，因此，在设计中应优先选用。钢结构常用的型钢是角钢、槽钢和工字钢 (图 17−6)。

角钢：有等边的和不等边的两种。等边角钢 (也叫等肢角钢) 以边度和厚度表示，如 L100×10 为肢宽 100mm、厚 10mm 的等肢角钢。不等边角钢 (也叫不等肢角钢) 则以两边宽度和厚度表示。

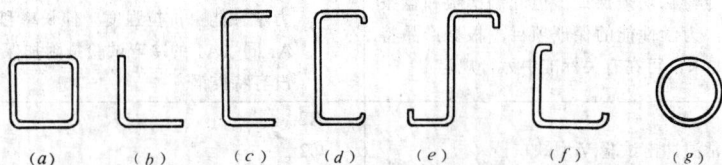

图 17−6　型钢

(*a*)等边角钢；(*b*)不等边角钢；

(*c*)工字钢；(*d*)槽钢

如　100×80×8 为长肢宽 100mm、短肢宽 80mm、厚度为 8mm 的角钢。角钢长度一般为 3～19m。

槽钢：用号数表示，号数即为其高度的厘米数。号数 20 以上者还要附以字母 *a* 或 *b* 或 *c* 以区别腹板厚度，例如 ⊏32*a* 即高度为 320mm、腹板较薄的槽钢。我国目前生产的槽钢有普通槽钢和轻型槽钢两种。槽钢长度一般为 5～19m，

工字钢：和槽钢一样用号数表示，20 号以上者也附以区别腹板厚度的字母。如 I40c 即高为 400mm，腹板较厚的工字钢。我国目前生产的工字钢有普通工字钢和轻型工字钢两种。工字钢长度一般为 5～19m。

(三) 薄壁型钢

薄壁型钢是用 1.5～5mm 厚的薄钢板经模压或弯曲成型。我国目前生产的薄壁型钢的截面形式如图 17−7 所示。

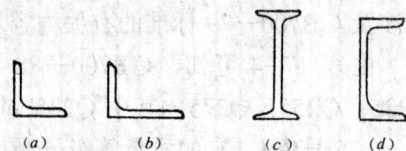

图 17−7　薄壁型钢的截面形式

第三节　钢结构的计算方法和设计指标

一、钢结构的计算方法

钢结构的计算 (除疲劳计算外)，采用以概率理论为基础的极限状态设计方法，用分

项系数的设计表达式进行计算。按《钢结构设计规范》(GBJ17—88) 的规定，设计钢结构时，应根据结构破坏可能产生的后果，采用不同的安全等级，一般工业与民用建筑钢结构的安全等级可取二级（特殊建筑钢结构的安全等级可根据具体情况另行确定）。

　　承重结构应按承载能力极限状态和正常使用极限状态进行设计。按承载能力极限状态设计钢结构时，应考虑荷载效应的基本组合，必要时尚应考虑荷载效应的偶然组合。按正常使用极限状态设计钢结构时，除钢与混凝土组合梁外，应只考虑荷载短期效应组合。计算结构或构件的强度、稳定性以及连接的强度时，应采用荷载的设计值（荷载标准值乘以荷载分项系数），计算疲劳和正常使用极限状态时，应采用荷载标准值。对于直接承受动力荷载的结构，在计算强度和稳定性时，动力荷载设计值应乘以动力系数；在计算疲劳和变形时，动力荷载标准值不应乘动力系数。

　　设计钢结构时，荷载的标准值、荷载分项系数、荷载组合系数、动力荷载的动力系数以及按结构安全等级确定的重要性系数均按现行《建筑结构荷载规范》(GBJ9—87) 的规定采用。

　　如前所述，钢结构与钢筋混凝土结构、砌体结构一样，采用以概率理论为基础的极限状态设计方法，用分项系数的设计表达式进行计算。但钢结构与本书所述前二种结构不同之处是，为考虑设计工作者的习惯，按承载能力的极限状态设计时，钢结构的设计表达式系采用应力计算式，即：

$$\gamma_0 \left(\sigma_{Gd} + \sigma_{Q1d} + \sum_{i=2}^{n} \psi_{ci} \sigma_{Qid} \right) \leqslant f_d \tag{17-2}$$

式中　　γ_0——结构重要性系数，对安全等级为一级、二级、三级的结构构件，分别取 1.1、1.0、0.9；

　　　　σ_{Gd}——永久荷载设计值在结构构件截面或连接中产生的应力；

　　　　σ_{Q1d}——第一个可变荷载的设计值在结构构件的截面或连接中产生的应力（该应力大于其他任意第 i 个可变荷载设计值产生的应力）；

　　　　σ_{Qid}——第 i 个可变荷载设计值在结构构件的截面或连接中产生的应力；

　　　　ψ_{ci}——第 i 个可变荷载的组合值系数，当风荷载与其他可变荷载组合时，可采用 0.6；

　　　　f_d——结构构件或连接的强度值。

　　对于一般排架和框架结构，由于引起结构构件或连接的最大效应的可变荷载很难确定，可采用如下简化式计算：

$$\gamma_0 \left(\sigma_{Gd} + \psi \sum_{i=1}^{n} \sigma_{Qid} \right) \leqslant f_d \tag{17-3}$$

式中　ψ——组合值系数，取 0.85；

　　　其他符号意义同前。

　　对于正常使用极限状态，结构或构件应按荷载的短期效应组合，用下式计算：

$$v = v_{Gk} + v_{Q1k} + \sum_{i=2}^{n} \psi_{ci} v_{Qik} \leqslant [v] \tag{17-4}$$

式中　　v——结构或结构构件产生的变形值；

　　　　v_{Gk}——永久荷载标准值在结构或构件中产生的变形值；

v_{Q1k}—— 第一个可变荷载的标准值在结构或构件中产生的变形值,该值大于其他任意第 i 个可变荷载标准值产生的变形值;

v_{Qik}—— 第 i 个可变荷载标准值在结构或构件中产生的变形值;

$\lceil v \rfloor$—— 结构或构件的容许变形值,按规范规定采用;

其他符号意义同前。

二、设计指标

钢材和连接的强度设计值（材料的标准值除以抗力分项系数),应根据钢材厚度或直径（对 3 号钢按表 17-2 的分组）按表 17-11～表 17-13 采用。

钢材的强度设计值(N／mm²)　　　　　　　　　　　表 17-11

钢　　　材		厚度或直径 (mm)	抗拉、抗压和抗弯 f	抗剪 f_v	端面承压 (刨面顶紧) f_{ce}
钢　号	组　别				
Q235(3 号钢)	第 1 组	—	215	125	320
	第 2 组	—	200	115	320
	第 3 组	—	190	110	320
16Mn 钢 16Mnq 钢	—	≤16	315	185	445
		17～25	300	175	425
		26～36	290	170	410
15MnV 钢 15MnVq 钢	—	≤16	350	205	450
		17～25	335	195	435
		26～36	320	185	415

注: 3 号镇静钢钢材的抗拉、抗压、抗弯以及抗剪强度设计值,可按表中的数值增加 5%。

规范规定,计算下列情况的结构构件或连接时,表 17-11～表 17-13 的强度设计值应乘以相应的折减系数:

(1) 单面连接的单角钢

1) 按轴心受力计算强度和连接 0.85;

2) 按轴心受压计算稳定性等边角钢 $0.6+0.0015\lambda$,但不大于 1.0;短边连接的不等边角钢 $0.5+0.0025\lambda$,但不大于 1.0;长边相连的不等边角钢 0.70 (λ 为长细比,对中间无连

焊缝的强度设计值(N／mm²)　　　　　　　　　　表 17-12

焊接方法和焊条型号	构 件 钢 材			对 接 焊 缝				角焊缝
	钢　号	组　别	厚度或直径 (mm)	抗压 f_c^w	焊缝质量为下列级别时,抗拉和抗弯 f_t^w		抗剪 f_v^w	抗拉、抗压和抗剪 f_f^w
					一级、二级	三级		
自动焊、半自动焊和 E43××型焊条的手工焊	Q235 (3 号钢)	第 1 组	—	215	215	185	125	160
		第 2 组	—	200	200	170	115	160
		第 3 组	—	190	190	160	110	160
自动焊、半自动焊和 E50××型焊条的手工焊	16Mn 钢 16Mnq 钢	—	≤16	315	315	270	185	200
			17～25	300	300	255	175	200
			26～36	290	290	245	170	200
自动焊、半自动焊和 E55××型焊条的手工焊	15MnV 钢 15MnVq 钢	—	≤16	350	350	300	205	220
			17～25	335	335	285	195	220
			26～36	320	320	270	185	220

注: 自动焊和半自动焊所采用的焊丝和焊剂,应保证其熔敷金属抗拉强度不低于相应手工焊焊条的数值。

螺栓连接的强度设计值(N／mm²)　　　　表 17-13

螺栓的钢号(或性能等级)和构件的钢号	构件钢材		普通螺栓						锚栓	承压型高强度螺栓	
			C 级螺栓			A 级、B 级螺栓					
	组别	厚度(mm)	抗拉 f_t^b	抗剪 f_v^b	承压 f_c^b	抗拉 f_t^b	抗剪(Ⅰ类孔) f_v^b	承压(Ⅰ类孔) f_c^b	抗拉 f_t^a	抗剪 f_v^b	承压 f_c^b
普通螺栓　Q235(3 号钢)	—		170	130	—	170	170	—	—	—	—
锚栓　Q235(3 号钢)	—		—	—	—	—	—	—	140	—	—
16Mn 钢	—		—	—	—	—	—	—	180	—	—
承压型高强度螺栓　8.8 级	—		—	—	—	—	—	—	—	250	—
10.9 级	—		—	—	—	—	—	—	—	310	—
构件　Q235(3 号钢)	第1～3组		—	—	305	—	—	400	—	—	465
16Mn 钢 16Mnq 钢		≤ 16	—	—	420	—	—	550	—	—	640
		17～25	—	—	400	—	—	530	—	—	615
		26～36	—	—	385	—	—	510	—	—	590
15MnV 钢 15MnVq 钢		≤ 16	—	—	435	—	—	570	—	—	665
		17～25	—	—	420	—	—	550	—	—	640
		26～36	—	—	400	—	—	530	—	—	615

注: 孔壁质量属于下列情况者为Ⅰ类孔;
　1. 在装配好的构件上按设计孔径钻成的孔;
　2. 在单个零件和构件上按设计孔径分别用钻模钻成的孔;
　3. 在单个零件上先钻成或冲成较小的孔径, 然后在装配好的构件上再扩钻至设计孔径的孔。

系的单角钢压杆应按最小回转半径计算, 当 $\lambda < 20$ 时, 取 $\lambda = 20$);

(2) 施工条件较差的高空安装焊缝和铆钉连接 0.90;

受弯构件的容许挠度　　　　表 17-14

项次	构　件　类　别	容许挠度
1	吊车梁和吊车桁架 (1)手动吊车和单梁吊车(包括悬挂吊车) (2)轻级工作制和起重量 Q ≤ 50t 的中级工作制桥式吊车 (3)重级工作制和起重量 Q ≥ 40t 的中级工作制桥式吊车	$l/500$ $l/600$ $l/750$
2	设有悬挂电动梁式吊车的屋面梁或屋架(仅用可变荷载计算)	$l/500$
3	手动或电动葫芦的轨道梁	$l/400$
4	有重轨(重量等于或大于 38kg／m)轨道的工作平台梁 有轻轨(重量等于或小于 24kg／m)轨道的工作平台梁	$l/600$ $l/400$
5	楼盖和工作平台梁(第 4 项除外)、平台板 (1)主梁(包括设有悬挂起重设备的梁) (2)抹灰顶棚的梁(仅用可变荷载计算) (3)除(1)、(2)项外的其它梁(包括楼梯梁) (4)平台板	 $l/400$ $l/350$ $l/250$ $l/150$
6	屋盖檩条 (1)无积灰的瓦楞铁和石棉瓦屋面 (2)压型钢板, 有积灰的瓦楞铁、石棉瓦等屋面 (3)其它屋面	 $l/150$ $l/200$ $l/200$
7	墙架构件 (1)支柱 (2)抗风桁架(作为连续支柱的支承时) (3)砌体墙的横梁(水平方向) (4)压型钢板、瓦楞铁和石棉瓦墙面的横梁(水平方向) (5)带有玻璃窗的横梁(竖直和水平方向)	 $l/400$ $l/1000$ $l/300$ $l/200$ $l/200$

注: l 为受弯构件的跨度 (对悬臂梁和伸臂梁为悬伸长度的二倍)。

(3) 沉头和半沉头铆钉连接 0.80；

当以上几种情况同时存在时，其折减系数应连乘。

计算钢结构变形时，可不考虑螺栓（或铆钉）孔引起的截面削弱。受弯构件的挠度不应超过表 17-14 所列的容许值。

第四节　钢材的应力集中

计算中认为，在受轴向力作用的杆件中，应力是沿截面均匀分布的，但实际上，在截面形状的改变处，如孔眼、缺口或加大部分附近，应力都是不均匀分布的，某些点的应力甚至形成高峰，这种在较小区域内应力突然增高的现象称为应力集中。

应力的不均匀分布，可通过力线的传递过程清楚地表示出来。如图 17-8，在离孔较远的部分，力线是均匀分布的直线，且平行于构件的轴线；而靠近圆孔的部分，力线的弯曲很大，密集且不均匀，所以靠近孔边的应力最大。

应力集中与截面外形改变的特征有关。图 17-9 表示三个同样截面的试件，当刻槽形状和尺寸不同时，其局部应力的变化也不相同。从图中可以清楚地看出，截面的改变愈突然，局部的应力集中愈大；当刻槽圆滑时，就比较小。因此在设计中应当避免截面的突然变化，要采用圆滑的形状和逐渐改变截面的方法，使应力集中现象趋于和缓。

在应力集中截面的高峰点处的应力虽然相当大，但由于受邻近应力较低处的约束，使该处应变不能发展，屈服点与抗拉极限都会提高，伸长率减小。因此，如结构仅承受静力荷载，符合规范的有关要求，具有正确的截面形状，避免突然的改变，设计中可不考虑应力集中问题。对于有尖锐的凹角、缺口和裂缝的截面，以及在动力荷载作用和低温下工作的结构则应特别注意。此外，应力集中也是重复应力作用下疲劳破坏的根源。

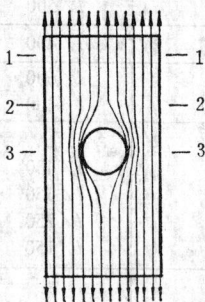

图 17-8　带圆孔试件的应力集中　　　　图 17-9　刻槽形状不同的应力集中

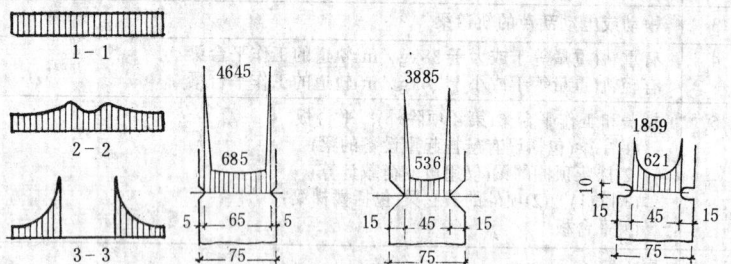

小　结

(1) 机械性能是衡量钢材质量的重要指标。衡量承重结构用钢材质量标准的机械性能共有五项，即：屈服点、抗拉强度、伸长率、冷弯性能和冲击韧性。

(2) 选用钢材时要注意钢材的化学成分。钢的基本元素是铁，此外尚有碳、锰、硅、硫、磷、氮、氧等。碳可使屈服点及抗拉强度提高，但降低伸长率及冲击韧性，锰和硅是钢中的有益元素；硫、磷、氮、氧是钢中的有害元素。

(3) 我国目前在建筑结构中最常用的是普通碳素钢中的 3 号钢（Q235），较重要的结构采用普通低合金钢，其中有 16 锰（16Mn）、15 锰钒（15MnV）、16 锰桥（16Mnq）、15 锰钒桥（15MnVq）等。普通碳素钢的牌号已有新的表示方法，但现行《钢结构设计规范》(GB17—88) 系采用旧标准，故本书仍需同时采用原表示方法。

(4) 钢结构采用以概率理论为基础的极限状态设计方法，用分项系数的设计表达式进行计算。但钢结构与钢筋混凝土及砌体结构不同的是，为考虑设计工作者的习惯。在按承载能力极限状态设计时，钢结构的设计表达式采用应力计算式。

(5) 在截面形状改变处，应力不能均匀分布，某些点甚至形成高峰，这种在较小区域内应力突然增高的现象称为应力集中。在结构仅受静力荷载的情况下，如注意避免截面形状的突然改变，设计中可不考虑应力集中问题，但在受动力荷载以及在低温下工作的结构则应特别注意。

思 考 题

1. 衡量结构用钢材质量标准的机械性能主要有哪几项？试逐项说明其意义。

2. 除铁（Fe）以外　钢材中还有哪几项化学元素？试简要说明这些元素对钢材性能的影响。

3. 我国建筑结构常用哪几种钢材？钢材的牌号怎样表示？规范对承重结构钢材选用的主要规定有哪几项？

4. 钢材有哪几种规格？型钢用什么符号表示？

5. 钢结构与钢筋混凝土结构、砌体结构相比，在设计表达式上有何不同？熟悉表 17–11、表 17–12 和表 17–13 以及与之有关的折减系数。

6. 什么是钢材的应力集中？

第十八章 钢结构的连接

第一节 钢结构的连接方法

钢结构的连接方法有铆钉连接、焊接和螺栓连接（图 18-1）。

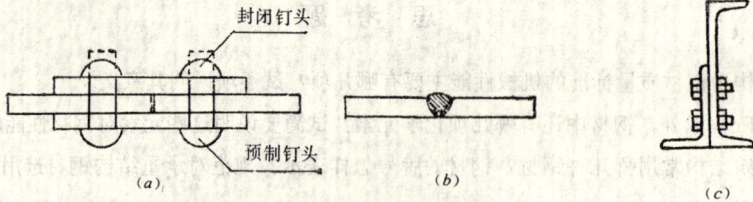

图 18-1 钢结构的连接方法

(a) 铆钉连接；(b) 焊接；(c) 螺栓连接

铆钉连接是将一端带有预制钉头的铆钉，插入被连接构件的钉孔中，利用铆钉枪或压铆机将另一端压成封闭钉头而成。铆钉连接因费钢费工、劳动条件差、成本高，现已很少采用。但因铆接的韧性及塑性较好、传力可靠、质量易于检查，故某些重型和经常受动力荷载作用的结构，有时仍采用铆钉连接。

焊接是钢结构最主要的连接方式。它的优点是构造简单、用钢省、加工简便、连接的密闭性好、刚度大、生产效率高，以及易于采用自动化操作等。目前，在工业与民用建筑钢结构中绝大部分的连接均已采用焊接。焊接连接的缺点是焊件会产生残余应力和残余变形；焊接结构对裂纹敏感，局部裂纹会迅速扩展到整个截面；焊缝附近材质变脆等。

螺栓连接分普通螺栓连接和高强度螺栓连接。普通螺栓连接主要用在安装连接和可拆装的结构中。普通螺栓有两种类型：一种叫粗制螺栓（称为 C 级），它制作精度较差，栓径与孔径之间的缝隙相差为 1～1.5mm，便于制作与安装；另一种叫精制螺栓（A 级或 B 级），其栓径与孔径之间的缝隙只有 0.3～0.5mm，受力性能较粗制螺栓好，但制作与安装费工、成本高，因此较少使用。

高强度螺栓传递剪力的机理与普通螺栓不同，它是靠被连接板件间的强大摩擦阻力传递剪力，这种螺栓采用强度较高的钢材制作。安装时，通过特制的扳手以较大的扭矩拧紧螺帽，螺杆中便产生了很大的预应力，使被连接的部件夹得很紧，在外力作用下，就可以通过部件间的摩擦力传递内力。高强度螺栓连接的优点是施工简单、受力好、耐疲劳且可以拆换以及在动力荷载作用下不致松动等。高强度螺栓连接是很有发展前途的连接方式。

第二节 焊接原理及焊缝的型式

一、手工电弧焊的原理及焊条

焊接连接有气焊、接触焊和电弧焊等方法。在电弧焊中又分手工焊、自动焊和半自动焊三种。目前，钢结构中常用的是手工电弧焊。

利用手工操作的方法，以焊接电弧产生的热量使焊条和焊件（即被连接的钢材）熔化，从而凝固成牢固接头的工艺过程，就是手工电弧焊。

焊接电弧是加热与熔化焊件和焊条的热源。如图18-2，手工焊接时，先将焊条与焊件很快地接触造成短路，然后稍稍提起，使焊条与焊件间的气体中通过强大的焊接电流。这样，由于焊接电压在两电极间的强烈作用而激发出电弧。电弧的温度很高，约为6000℃左右，能使焊条与焊件熔化。熔化后的焊条金属形成熔滴，脱离焊条端头向焊件过渡，并和溶化了的焊件金属形成液态的"焊接熔池"。熔池处于电弧作用的中心，熔池中的金属总是处于过热的液体状态，类似炼钢炉中的熔池，随着焊条的移动，焊接熔池处于不断的形成和不断的冷却、结晶过程中，就连续地形成了焊缝。

手工电弧焊是钢结构最常用的焊接连接方法，其优点是设备简单、适应性强，某些情况下（例如短焊缝、曲折焊缝，或施工现场高空焊接等）只能采用手工焊。但手工焊的缺点是，焊缝质量的波动性大、生产效率低、劳动条件差以及要求焊工要有较高的技术水平等。

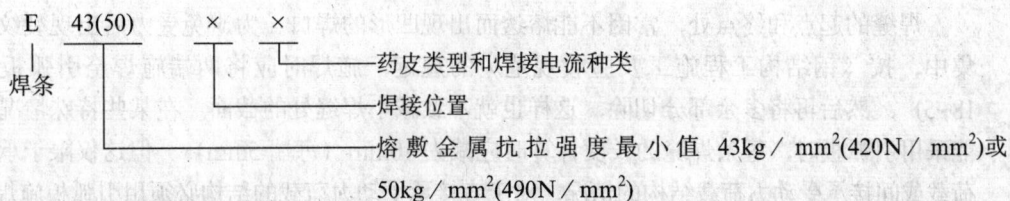

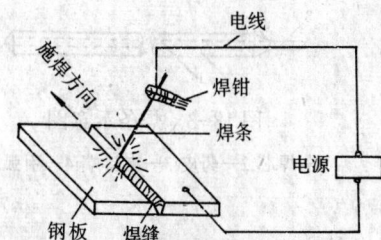

图18-2 手工电弧焊

焊缝的质量与焊条有直接的关系。图18-3为手工焊焊条示意图，焊条的外层为焊药药皮，焊条的药皮和焊芯同样都是影响焊接质量的主要因素。药皮的主要作用是：提高电弧燃烧的稳定性、形成保护性气体和熔渣、脱氧以及向焊缝金属中掺加必要的合金成分等。组成药皮的原料十分复杂，约有几十种成分，焊条的类型也相当多，但钢结构所用焊条仅是其中有限的几种。

我国建筑钢结构常用的焊条为E43××、E50××和E55××型，《钢结构设计规范》规定，手工焊接采用的焊条应符合现行标准《碳钢焊条》（GB5117—85）或《低合金钢焊条》（GB5118—85）的规定，选择的焊条型号应与主体金属强度相适应。碳钢焊条包括E43××和E50××，低合金焊条包括E50××-××和E55××-××。碳钢焊条和低合金钢焊条型号所代表的意义如下：

1. 碳钢焊条

$$E \quad 43(50) \quad × \quad ×$$

焊条
焊接位置
药皮类型和焊接电流种类
熔敷金属抗拉强度最小值 43kg／mm²(420N／mm²)或 50kg／mm²(490N／mm²)

2. 低合金钢焊条

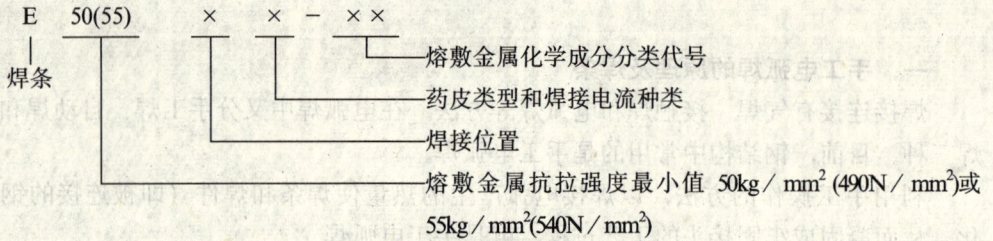

```
E    50(55)      ×    × - × ×
                             └── 熔敷金属化学成分分类代号
                       └───── 药皮类型和焊接电流种类
                   └───────── 焊接位置
 └── 焊条
 └─────────────── 熔敷金属抗拉强度最小值 50kg／mm² (490N／mm²)或
                   55kg／mm²(540N／mm²)
```

对于一般钢结构（重级工作制吊车梁、吊车桁架或类似结构除外），焊接 3 号钢时宜采用 E4300～E4313 型焊条，焊接 16Mn 钢或 16Mnq 钢时宜采用 E5001～E5014 焊条，焊接 15MnV 钢或 15MnVq 钢时宜采用 E5500～E5513 型焊条。

碳钢焊条的药皮类型和焊接电源见附录三。

二、自动焊

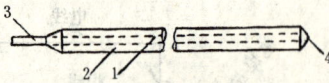

图 18-3 焊条示意图

1—焊芯；2—药皮；3—夹持端；4—引弧端

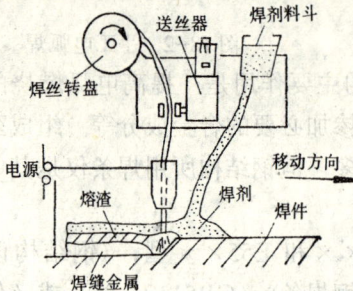

图 18-4 自动焊示意图

自动焊的主要设备是自动电焊机，如图 18-4 所示。自动电焊机可沿轨道按选定速度移动，通电引弧后，由于电弧的作用，使埋于焊剂下的焊丝和附近的焊剂熔化，熔渣浮在熔化的焊缝金属上面，使熔化金属不与空气接触，并供给焊缝金属以必要的合金元素。随着焊机的自动移动，颗粒状的焊剂不断地由料斗漏下，电弧完全被埋在焊剂之内，同时焊丝也自动地随熔化随下降，这就是自动焊的原理。自动焊的焊缝质量均匀、塑性好、冲击韧性高、抗腐蚀性能强。如自动电焊机靠人工移动前进时，则称为半自动焊。自动焊和半自动焊应采用与主体金属相适应的焊丝和焊剂，焊丝应符合《焊接用钢丝》(GB1300—77) 的规定。

三、焊缝的型式与构造

（一）对接焊缝

连接位于同一平面的构件采用对接焊缝，用对接焊缝连接的板件常开成各种型式的坡口，焊缝金属就填充在坡口内，所以对接焊缝实际上也就是被连接板件截面的组成部分。常用对接焊缝板边的构造要求见表 18-1。

焊缝的起点和终点处，常因不能熔透而出现凹形的焊口。为避免受力后出现裂纹及应力集中，按《钢结构工程施工及验收规范》的规定，施焊时应将两端施焊至引弧板上（图 18-5），然后再将多余部分切除，这样也就不致减小焊缝处的截面。在某些特殊情况下，不能采用引弧板时，每条焊缝的长度计算时应减去 10mm（每端 5mm）。但这仅限于承受静力荷载或间接承受动力荷载结构的情况，对于直接承受动力荷载的结构必须用引弧板施焊。

对接焊缝板边的构造要求(mm)   表 18-1

焊缝形式	简　图	构件适用厚度	附　注
Ⅰ 型缝		< 10	5 以下可单面焊， 6～10 应双面焊
Ⅴ 型缝		10～20	须补焊根部
Ⅹ 型缝		> 20	

对接焊缝的表面凸出部分，能起到弥补焊缝表面的粗糙和内部有夹渣、汽泡等缺陷的作用，但对受动力荷载的构件，凸出部分反而会降低疲劳强度，所以应顺受力方向把它加工平整。

当焊件的宽度不同或厚度相差 4mm 以上时，应分别在宽度方向或厚度方向从一侧或两侧做成坡度不大于 1/4 的斜角（图 18-6），形成平缓过渡。当厚度不同时，焊缝坡口形式应根据较薄焊件厚度按表 18-1 的要求取用。

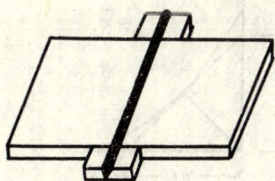

图 18-5　对接焊缝的引弧板

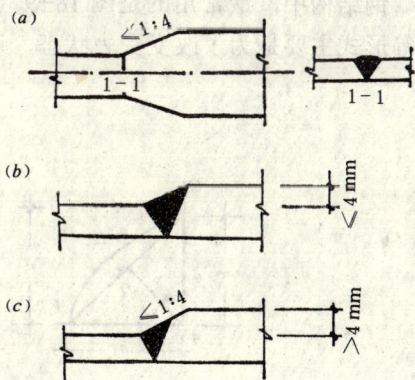

图 18-6　不同宽度或厚度钢板的拼接

(a) 改变宽度；(b)、(c) 改变厚度

当采用不焊透的对接焊缝时，钢结构规范规定，应在设计图中注明坡口的形式与尺寸，其有效厚度 h_e (mm) 不得小于 $1.5\sqrt{t}$，t 为坡口所在焊件的较大厚度 (mm)。在承受动力荷载的结构中，垂直于受力方向的焊缝不宜采用不焊透的对接焊缝。

对接焊缝的优点是用料经济，传力均匀、平顺，没有显著的应力集中，承受动力荷载

91

的构件最适于采用对接焊缝。缺点是施焊时焊件应保持一定的间隙，板边需要加工，施工不便。

（二）角焊缝

图 18-7 角焊缝

在相互搭接或丁字连接构件的边缘，所焊截面为三角形的焊缝，叫做角焊缝（图 18-7）。角焊缝按外力作用方向可分为平行于力作用方向的侧面角焊缝（图 18-8a）和垂直于力作用方向的正面角焊缝或称端焊缝（图 18-8b）。

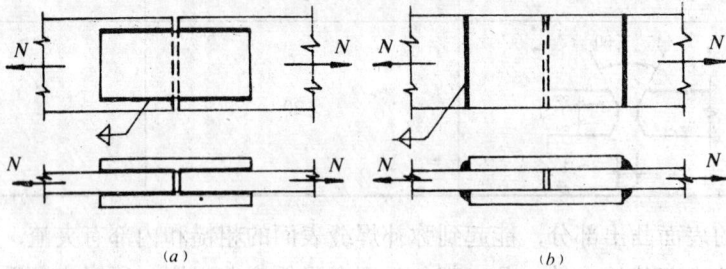

图 18-8　侧面角焊缝与正面角焊缝

角焊缝两边夹角为直角的称为直角角焊缝（图 18-9），夹角为锐角或钝角的称为斜角角焊缝（图 18-10）。钢结构规范规定，夹角 $\alpha > 120°$ 或 $\alpha < 60°$ 的斜角角焊缝不宜用作受力焊缝（钢管结构除外）。本书主要讲述直角角焊缝（简称角焊缝）的构造及计算。

钢结构中，最常用的是图 18-9（a）所示的普通直角角焊缝。其它如平坡、凹面或深熔等形式主要是为了改变受力状态，避免应力集中，一般多用于直接受动力荷载的结构。

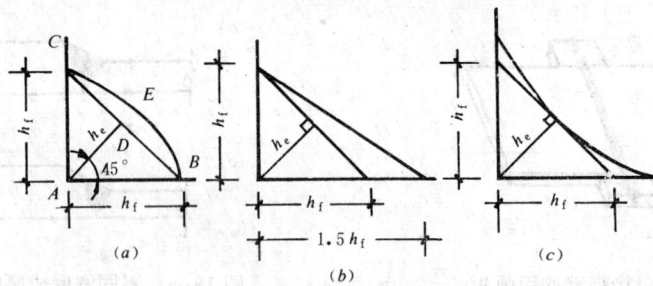

图 18-9　直角角焊缝

直角角焊缝的直角边称为焊脚尺寸，其中较小的焊脚尺寸以 h_f 表示，在以 h_f 为两直角边的直角三角形中，与 h_f 成 45° 的喉部的长度为焊缝的有效厚度 h_e，也就是角焊缝计算截面的有效厚度。在直角角焊缝中，$h_e = \cos45° \times h_f = 0.7h_f$。

对于角焊缝的尺寸，钢结构规范有如下规定：

（1）角焊缝的焊脚尺寸 h_f（mm）不得小于 $1.5\sqrt{t}$，t 为较厚焊件厚度（mm）。但对自动焊，最小焊脚尺寸可减小 1mm；对 T 形连接的单面角焊缝，应增加 1mm。当焊件厚度等于或小于 4mm 时，则最小焊脚尺寸应与焊件厚度相同。

(2) 角焊缝的焊脚尺寸不宜大于较薄焊件厚度的 1.2 倍（钢管结构除外），但板件（厚为 t）边缘的角焊缝最大焊脚尺寸，尚应符合下列要求：

当 $t \leqslant 6mm$ 时，$h_f \leqslant t$；

当 $t > 6mm$ 时，$h_f \leqslant t - (1 \sim 2)mm$。

圆孔或槽孔的角焊缝焊脚尺寸尚不宜大于圆孔直径或槽孔短径的 1/3。

(3) 角焊缝的两焊脚尺寸一般为相等。当焊件的厚度相差较大，且等焊脚尺寸不能符合上述二条要求时，可采用不等焊脚尺寸，与较薄焊件接触的焊脚边应符合上述第 2 项的要求；与较厚焊件接触的焊脚边应符合上述第 1 项的要求。

(4) 侧面角焊缝和正面角焊缝的计算长度不得小于 $8h_f$ 和 40mm。

(5) 侧面角焊缝的计算长度不宜大于 $60h_f$（承受静力荷载或间接承受动力荷载）或 $40h_f$（承受动力荷载）；当大于上述数值时，其超过部分在计算中不予考虑。若内力沿侧面角焊缝全长分布时，其计算长度不受此限。

在直接承受动力荷载的结构中，角焊缝表面应做成直线形或凹形，对正面角焊缝焊脚尺寸的比例宜为 1：1.5（长边顺内力方向），对侧面角焊缝可为 1：1。

在次要构件或次要焊缝连接中，如按计算所需要的焊缝长度过小时，可采用断续角焊缝。断续角焊缝之间的净距不应大于 15t（对受压构件）或 30t（对受拉构件）、t 为较薄焊件的厚度。

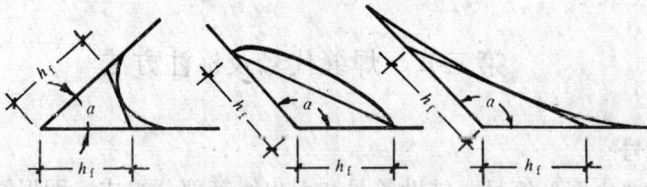

图 18-10　斜角角焊缝焊缝截面

当板件的端部仅有两侧面角焊缝连接时，每条侧面角焊缝长度不宜小于两侧面角焊缝之间的距离；同时两侧面角焊缝之间的距离不宜大于 16t（当 $t > 12mm$）或 200mm（当 $t \leqslant 12mm$），t 为较薄焊件厚度。

杆件与节点板的连接焊缝一般宜采用两面侧焊，也可用三面围焊；对角钢杆件还可采用 L 形围焊，但为不引起偏心，角钢背焊缝长度常受到限制，所以一般只适用于受力较小的杆件。所有围焊的转角处必须连续施焊。图 18-11 为杆件与节点板焊缝连接的示意图。

当角焊缝的端部在构件转角处作长度为 $2h_f$ 的绕角焊时，转角处必须连续施焊，如图 18-12。

在搭接连接中，搭接长度不得小于焊件较小厚度的 5 倍，并不得小于 25mm。

角焊缝的优点是焊件板边不必预先加工，也不需要校正缝距，施工方便。其缺点是应力集中现象比较严重；由于必须有一定的搭接长度，角焊缝连接在材料使用上不够经济。

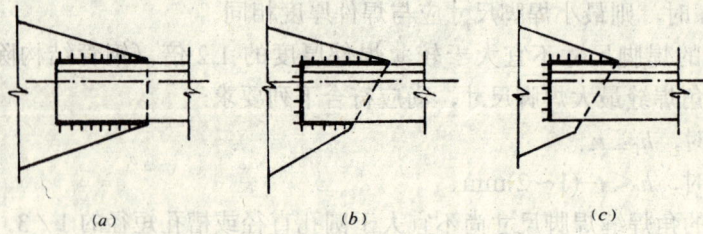

图 18-11 杆件与节点板的焊缝连接

(a) 两面焊缝；(b) 三面围焊；(c) L 形围焊

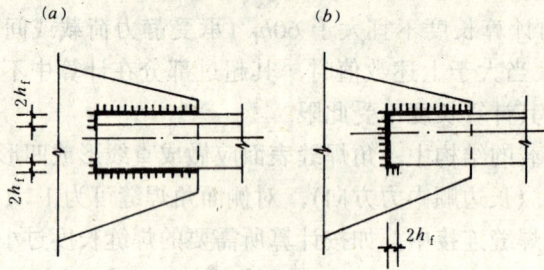

图 18-12 绕角焊缝

第三节 焊缝代号及标注方法

一、焊缝代号

焊缝代号主要由图形符号、辅助符号和引出线等部分组成。图形符号表示焊缝剖面的基本型式，如∨表示 V 形坡口对接焊缝，◺ 表示单面角焊缝等；辅助焊缝代表焊缝的辅助要求，如●表示熔透角焊缝，▶ 表示现场安装焊缝等；引出线由横线、斜线及箭头组成，横线的上面和下面用来标注各种符号和尺寸，斜线和箭头用来将整个焊缝代号指到图形上的有关焊缝处，引出线用细线绘制。

二、焊缝的标注

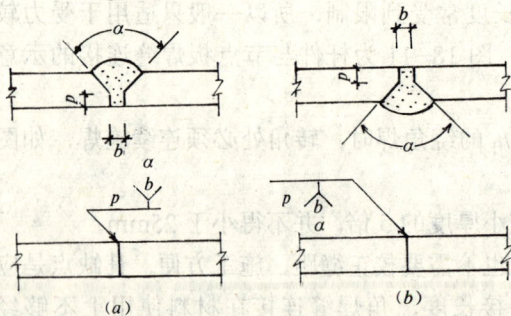

图 18-13 单面焊缝的标注

《建筑结构制图标准》（GBJ 105—87）规定，焊接钢结构的焊缝应按现行《焊缝符号表示法》（GB324—88）中的规定标注，同时做了如下若干规定：

（1）单面焊缝的标注（图 18-13），当箭头指向在焊缝所在的一面时，应将图形符号和尺寸标注在横线的上方；当箭头指在焊缝所在的另一面（相对应的那边）时，应将图形符号和尺寸标注在横线的下方。

94

（2）双面焊缝的标注（图 18-14），应在横线的上下方都标注符号和尺寸（图 18-14a），当两面尺寸相同时，只需在横线上方标注尺寸（图 18-14b、c、d）。

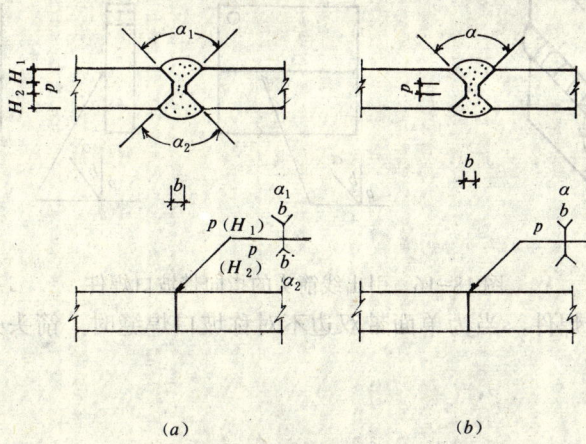

(a)   (b)

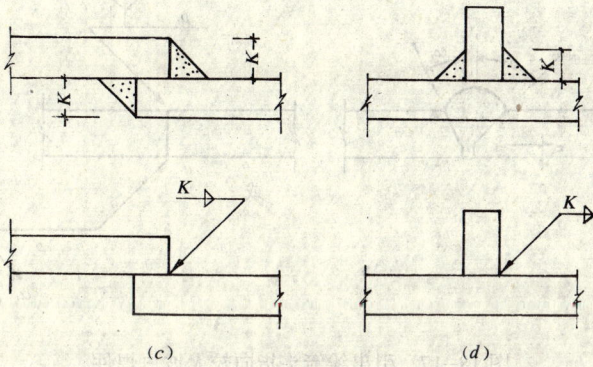

(c)   (d)

图 18-14　双面焊缝的标注

（3）三个和三个以上的焊件相互焊接的焊缝，不得作为双面焊缝标注，其符号和尺寸应分别标注（图 18-15）。

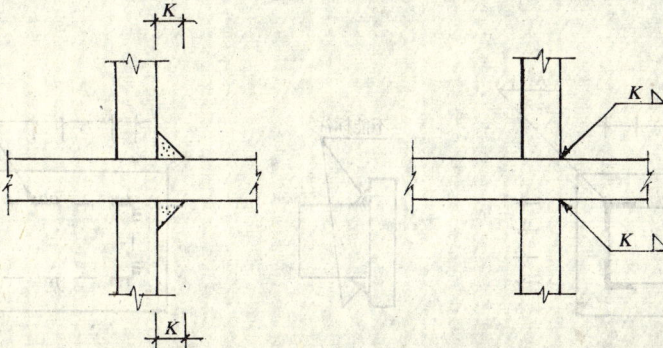

图 18-15　三个以上焊件的焊缝标注

（4）相互焊接的两个焊件中，当只有一个焊件带坡口时（如单边 V 形），箭头必须指向带坡口的焊件（图 18-16）。

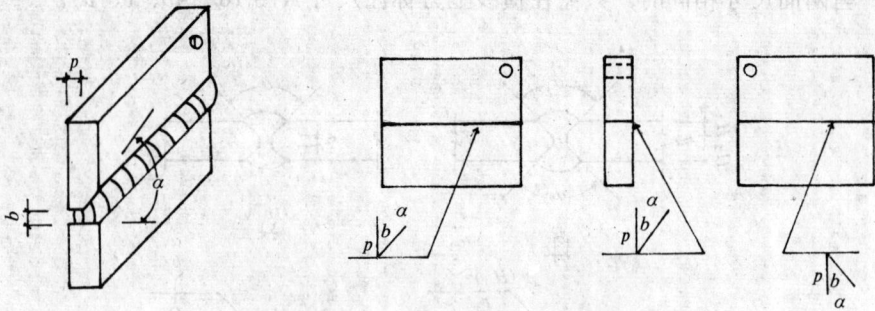

图 18-16 引出线箭头的指向带坡口焊件

相互焊接的两个焊件，当为单面带双边不对称坡口焊缝时，箭头必须指向较大坡口焊件（图18-17）。

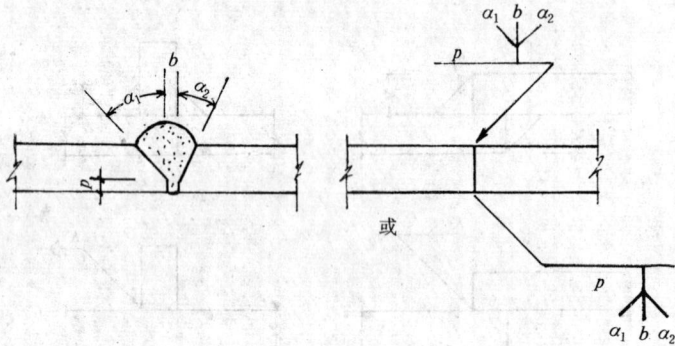

图 18-17 引出线箭头指向较大坡口焊件

（5）当焊缝分布不规则时，在标注焊缝代号的同时，宜在焊缝处加粗线（表示可见焊缝）或栅线（表示不可焊缝），如图18-18所示。如为双面焊缝则同时加粗线及栅线，如图18-11所示。

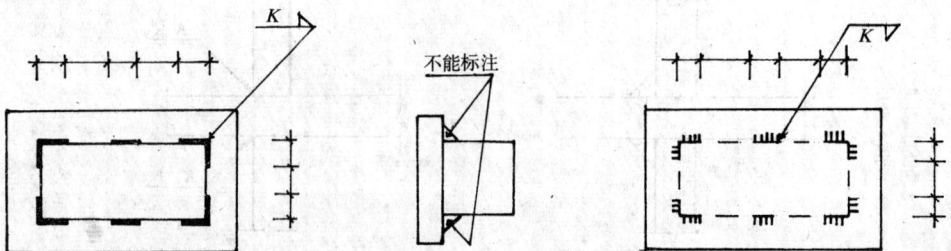

图 18-18 用粗线和栅线表示焊缝

（6）相同焊缝符号应按下列方法表示：

1）在同一图形上，当焊缝型式、剖面尺寸和辅助要求均相同时，可只选择一处标注代号，并加注"相同焊缝符号"（图 18-19a）。

2）在同一图形上，当有数种相同焊缝时，可将焊缝分类编号标注，在同一类焊缝中选择一处标注代号，分类编号采用 A、B、C······（图 18-19b）。

（7）图形中较长的角焊缝（如焊缝实腹梁的翼缘焊缝），可不用引出线标注，而直接在角焊缝旁标出焊缝高度 K 值，如图 18-20 所示。

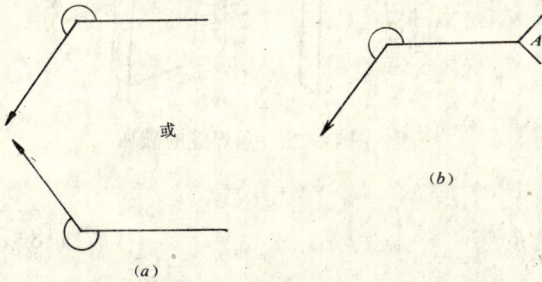

图 18-19　相同焊缝的标注

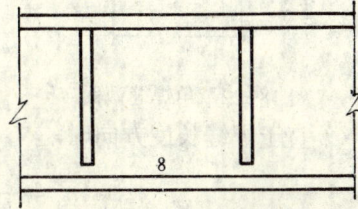

图 18-20　较长的角焊缝的标注

（8）熔透角焊缝符号应按图 18-21a 标注；局部焊缝应按图 18-21b 标注。

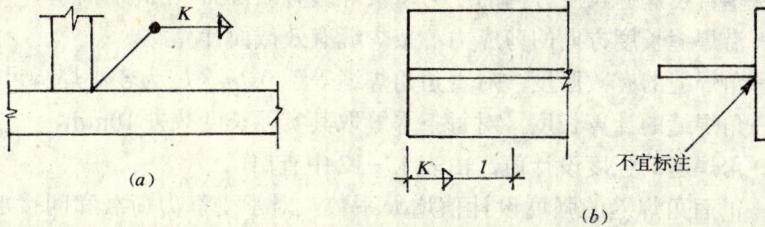

图 18-21　熔透角焊缝和局部焊缝的标注

第四节　焊　缝　的　计　算

一、角焊缝的计算

（一）角焊缝的受力特点

角焊缝的应力状态十分复杂，建立角焊缝的计算公式主要靠试验分析。通过对角焊缝的大量试验可得如下结论及计算原则：

（1）图 18-22 为角焊缝截面。试验表明，通过 A 点的任一辐射面都都可能是破坏截面，但侧焊缝的破坏大多在 45°线的喉部；

（2）设计计算时，不论角焊缝受力方向如何，均假定其破坏截面在 45°喉部截面处（图 18-22），即图 18-22 中的 AD 截面（不考虑余高 DE），称为计算截面，图中 h_e 称为角焊缝的有效厚度，$h_e = \cos 45° \cdot h_f = 0.7 h_f$；

（3）正面焊缝的破坏强度较高，一般是侧面焊缝的 1.35～1.55 倍；

（4）角焊缝的抗拉、抗压、抗剪强度设计值均采用同一指标，用 f_f^w 表示，见表 17-7。

（二）直角角焊缝在通过焊缝形心的拉力、压力或剪力作用下的计算强度

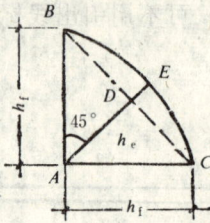

图 18-22　角焊缝截面

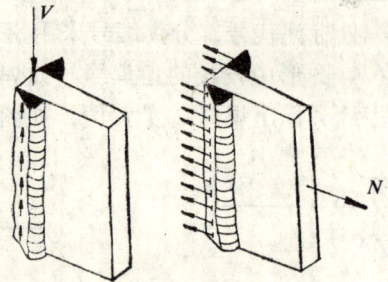

图 18-23　角焊缝的破坏

当力垂直于焊缝长度方向时，

$$\sigma_f = \frac{N}{h_e l_w} \leqslant \beta_f f_f^w \tag{18-1}$$

当力平行于焊缝长度方向时，

$$\tau_f = \frac{N}{h_e l_w} \leqslant f_f^w \tag{18-2}$$

式中　　σ_f——垂直于焊缝长度方向的应力，按焊缝有效截面（$h_e l_w$）计算；

τ_f——沿焊缝长度方向的剪应力，按焊缝有效截面计算；

h_e——角焊缝的有效厚度，对直角角焊缝等于 $0.7h_f$，h_f 为较小焊脚尺寸；

l_w——角焊缝的计算长度，对每条焊缝取其实际长度减去 10mm；

f_f^w——角焊缝的强度设计值，由表 17-12 中查出；

β_f——正面角焊缝的强度设计值增大系数：对承受静力荷载和间接承受动力荷载的结构，$\beta_f = 1.22$；对直接承受动力荷荷载的结构 $\beta_f = 1.0$。

（三）在各种力综合作用下角焊缝强度的计算

在各种力综合作用下，例如图 18-24 所示，采用角焊缝连接的 T 形构件，角焊缝受 M、V、N 共同作用时，N 引起垂直焊缝长度方向的应力 σ_f^N，V 引起沿焊缝长度方向的应力 τ_f，M 引起垂直焊缝长度方向按三角形分布的应力 σ_f^M，即

$$\sigma_f^N = \frac{N}{h_e l_w} \tag{18-3}$$

$$\sigma_f^M = \frac{M}{W_e} = \frac{6M}{h_e l_w^2} \tag{18-4}$$

$$\tau_f = \frac{V}{h_e l_w} \tag{18-5}$$

且

$$\sigma_f = \sigma_f^N + \sigma_f^M \tag{18-6}$$

则最大应力在焊缝的上端，其验算公式为：

$$\sqrt{\left(\frac{\sigma_f}{\beta_f}\right)^2 + \tau_f^2} \leqslant f_f \tag{18-7}$$

式中各符号的意义同前。

(四) 角钢连接中角焊缝的计算

用侧焊缝连接截面不对称的构件（如角钢与节点板的连接，见图18-25）时，由于截面重心到肢背与肢尖的距离不等，肢背与肢尖焊缝分担的力也不等，靠近重心的肢背焊缝承受较大的内力。设计时应将焊缝进行分配，使两侧焊缝截面的重心与构件重心一致或接近。

如图18-25，N_1、N_2分别为角钢肢背与肢尖承担的内力，由$\sum M = 0$可得：

$$N_1 = \frac{e_2}{b} N = K_1 N \tag{18-8}$$

$$N_2 = \frac{e_1}{b} N = K_2 N \tag{18-9}$$

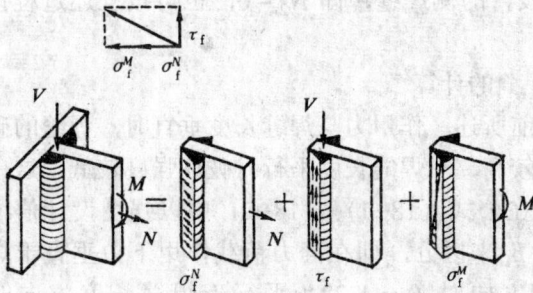

图18-24　各种力综合作用下的角焊缝　　　　图18-25　角钢与钢板的搭接连接

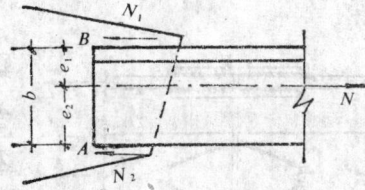

K_1、K_2称为焊缝内力分配系数，可按表18-2的近似值采用。

焊缝内力分配系数　　　　　　　　　　　　　　　　表18-2

角钢类型	连接形式	内力分配系数	
		肢背 K_1	肢尖 K_2
等肢角钢		0.7	0.3
不等肢角钢		0.75	0.25
不等肢角钢		0.65	0.35

当采用角钢为三面围焊时（图18-26a），可先按构造要求确定端焊缝的焊脚尺寸与焊缝长，求出端焊缝承担的内力N_3，然后再求出角钢肢背与肢尖焊缝分担的N_1及N_2，由

N_1、N_2 确定两侧焊缝的长度及焊脚尺寸。

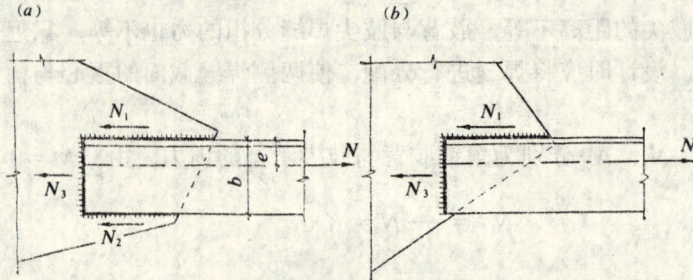

图 18-26　角钢围焊的计算

(a) 三面围焊；(b) L 形围焊

L 形围焊（图 18-26b）只有端焊缝和肢背的侧焊缝，即 $N_2=0$，也可按上述过程计算。

（五）作用力与焊缝长度成一定角度时焊缝的计算

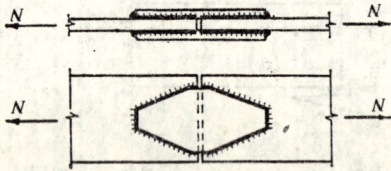

图 18-27　菱形盖板拼接

如前所述，作用力与焊缝长度垂直时，焊缝的破坏强度较高，与焊缝长度平行时破坏强度较低，这一差别已在公式（18-1）、（18-2）中以强度设计值增大系数 β_f 来区分，即在静力荷载作用下力垂直于焊缝长度方向时 $\beta_f=1.22$，平行于焊缝长度方向时 $\beta_f=1.0$。因此，当作用力与焊缝长度成一定角度时，增大系数 β_f 应在 1.0～1.22 之间。但在实际设计计算时为使计算简化，可不考虑作用力的方向，即偏于安全地取 $\beta_f=1.0$ 计算。如图 18-27 所示的菱形盖板的角焊缝，可全部取 $\beta_f=1.0$。

【例题 18-1】　设计一双盖板连接（图 18-28），钢板截面 500mm×10mm，承受轴向力 $N=1000$kN（静力荷载）钢材为 Q235（3 号钢），采用手工焊，焊条 E43 型。

【解】

盖板所需总截面面积应不小于被连接钢板的截面面积，即 500mm×10mm。现采用两块截面为 460mm×6mm 的钢板，则盖板的总截面面积为：

$$A=2\times460\times6=5520\text{mm}^2>500\times10=5000\text{mm}^2$$

由表 17-12 查得焊缝的强度设计值 $f_f^w=16$N／mm²。

采用如图 18-28（a）所示的围焊缝，取 $h_f=6$mm，因受静力荷载，端焊缝应考虑强度的提高，即 $\beta_f=1.22$（侧焊缝相当于 $\beta_f=1.0$）。

由公式（18-1）可得验算公式

$$\frac{N}{\Sigma\beta_f h_e l_w}\leqslant f_f^w$$

考虑在转角处连续施焊，计算时仅侧焊缝长度每端减去 5mm，则

$$\frac{N}{\Sigma\beta_f h_e l_w}=\frac{1000\times10^3}{4\times0.7\times6\times195+2\times1.22\times0.7\times6\times460}$$

$$= 125\text{N}/\text{mm}^2 < 160\text{N}/\text{mm}^2 \text{ 满足强度要求。}$$

为使传力均匀，也可采用切角盖板，如图 18-28 (b)。

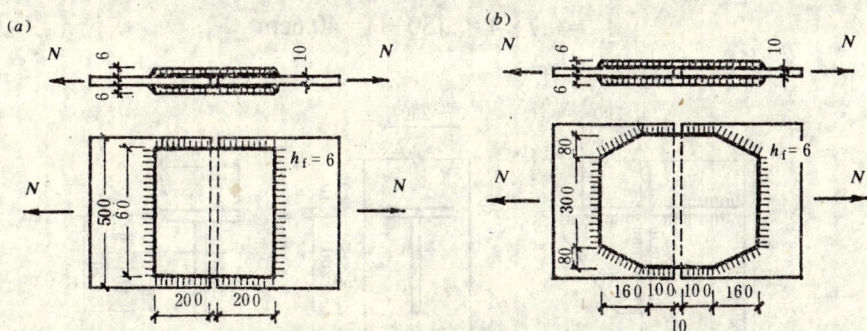

图 18-28　例题 18-1 附图

【例题 18-2】　　由 2∟140×90×8（长肢相连）组成的 T 形截面杆件与厚度为 12mm 的节点板以角焊缝相连，由静力荷载引起的轴向力 $N = 600$kN，采用 Q235（3 号钢），手工焊，E43 焊条，试设计其连接。

【解】

角钢肢背与肢尖焊脚尺寸 h_f 分别采用 $h_{f1} = 8$mm 及 $h_{f2} = 6$mm。

由表 18-2　肢背受力 $N_1 = 0.65 \times 600$kN

肢尖受力 $N_2 = 0.35 \times 600$kN

一个角钢所需焊缝长为：

肢背　$l_{w1} = \dfrac{\frac{1}{2}N_1}{0.7 h_{f1} f_f^w} = \dfrac{\frac{1}{2} \times 0.65 \times 600 \times 10^3}{0.7 \times 8 \times 160} = 218\text{mm}$

肢尖　$l_{w2} = \dfrac{\frac{1}{2}N_2}{0.7 h_{f2} f_f^w} = \dfrac{\frac{1}{2} 0.35 \times 600 \times 10^3}{0.7 \times 6 \times 160} = 156\text{mm}$

因需各增加 10mm 的焊口长，故肢背采用 230mm，肢尖采用 170mm，如图 18-29。

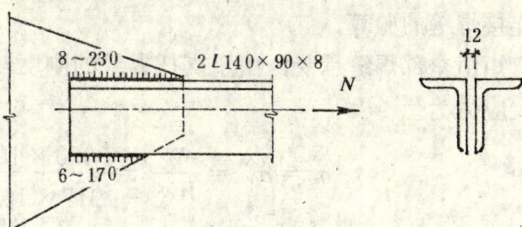

图 18-29　例题 18-2 附图

【例题 18-3】　钢柱与支托连接的构造和受力如图 18-30 所示，采用 Q235（3 号钢）、手工焊、E43 型焊条，试计算支托与钢柱的连接。

【解】

支托与钢柱的焊缝连接受弯矩和剪力共同作用

剪力　$V = 150$kN

弯矩　$M = 150 \times 20 = 3000$kN·cm

取 $h_f = 10$mm，其计算简图可近似用图 18-30 (b) 表示。

水平焊缝计算面积：

$$A_{f1} = 0.7 \times 1 \times 2(20-1) = 26.6\,\text{cm}^2$$

垂直焊缝计算面积：

$$A_{f2} = 0.7 \times 1 \times 2(30-1) = 40.6\,\text{cm}^2$$

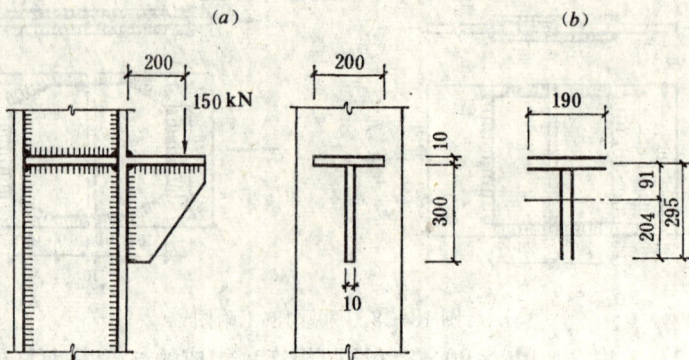

图 18-30　例题 18-3 附图

焊缝的全部计算面积

$$A_f = A_{f1} + A_{f2} = 26.6 + 40.6 = 67.2\,\text{cm}^2$$

焊缝重心位置：

$$y = \frac{1}{67.2}\left(40.6 \times \frac{29}{2} + 26.6 \times 29.5\right) = 20.4\,\text{cm}$$

焊缝的惯性矩和最小抵抗矩：

$$I_e = \frac{1}{12} \times 2 \times 0.7 \times 1 \times 29^3 + 40.6\left(20.4 - \frac{29}{2}\right)^2$$

$$+ 2 \times \frac{1}{12} \times 19 \times (0.7 \times 1)^3 + 26.6(29.5 - 20.4)^2$$

$$= 6460\,\text{cm}^4(\text{第三项甚小，未计})$$

$$W_e = \frac{6460}{20.4} = 317\,\text{mm}^3$$

连接焊缝的验算：

弯矩由全部焊缝承受；由于支托翼缘的刚度较小，假定剪力仅由垂直焊缝承受。焊缝的最大应力为：

由

$$\sigma_f = \sigma_f^M = \frac{M}{W_e} = \frac{3000 \times 10^4}{317 \times 10^3} = 94.6\,\text{N}/\text{mm}^2$$

$$\tau_f = \frac{V}{A_{f2}} = \frac{150 \times 10^3}{40.6 \times 10^2} = 36.9\,\text{N}/\text{mm}^2$$

则

$$\sqrt{\left(\frac{\sigma_f}{\beta_f}\right) + \tau_f^2} = \sqrt{\left(\frac{94.6}{1.22}\right)^2 + 36.9^2} = 85.87\,\text{N}/\text{mm}^2 < f_f^W = 160\,\text{N}/\text{mm}^2$$

二、对接焊缝的计算

（一）对接焊缝的型式及受力特点

对接焊缝有对接接头和 T 形接头两类；按焊缝是否被焊透，分焊透的对接焊缝和未焊透的对接焊缝两种，如图 18-31 所示。

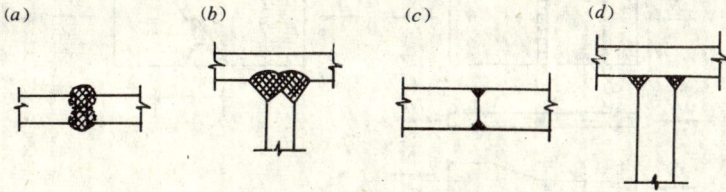

图 18-31 对接焊缝

(a)、(b) 焊透的对接焊缝；(c)、(d) 未焊透的对接焊缝

焊透的对接焊缝，其焊条金属充满整个连接截面并和母材熔成一体，焊缝的强度与被焊构件的强度基本相同（受拉时需根据焊缝质量检查情况确定强度）。当连接焊缝受力很小甚至不受力，但又要求焊接结构外观平齐时；或连接焊缝受力虽较大，但采用焊透的对接焊缝强度又不能充分利用时，则应采用未焊透的对接焊缝。钢结构中采用较多的是焊透的对接焊缝。

图 18-32 系坡口为 V 形的对接焊缝，在计算中不考虑焊缝截面高出被焊构件部分，只按被焊构件厚度计算，当厚度不同时则按最小厚度计算。由于对接焊缝的实际厚度都稍大于母材的厚度，因此有应力集中现象，但因焊缝的塑性较好，应力最后可趋于均匀分布。焊缝

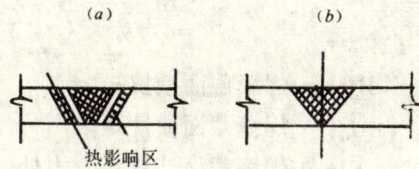

图 18-32 对接焊缝的破断位置

的破坏位置一般在母材的热影响区或在焊缝处破坏，如图 18-32 所示。

《钢结构工程施工及验收规范》对焊缝的质量检验标准分成三级：一、二级要求焊缝不但要通过外观检查，同时要通过 x 光或 γ 射线的一、二级检验标准；三级则只要求通过外观检查。能通过一、二级检验标准的焊缝，其质量为一、二级，焊缝的抗拉强度设计值与母材的抗拉强度设计值相同；未通过一、二级检验标准或只采用外观检查的对接焊接，其质量均属于三级，焊缝的抗拉强度为钢材抗拉强度的 0.85 倍。当对接焊缝承受压力或剪力时，焊缝中的缺陷对强度无明显影响，因此对接焊缝的抗压与抗剪强度设计值均与钢材的强度设计值相同。对接焊缝的强度设计值见表 17-12。

（二）焊透的对接焊缝的计算

图 18-33(a)为垂直于轴心拉力或轴心压力的对接焊缝，其强度应按下式计算：

$$\sigma = \frac{N}{l_w t} \leqslant f_t^w \text{ 或 } f_c^w \tag{18-10}$$

式中　N——轴心拉力或轴心压力；

l_w——焊缝长度；

t——对接接头中连接件的较小厚度(T 形接头中为腹板的厚度)；

f_t^w、f_c^w——对接焊缝的抗拉、抗压强度设计值。

当承受轴心力的板件用斜焊缝对接时（图 18-33b），如焊缝与作用力间的夹角 θ 符合 $tg\theta \leqslant 1.5$ 时，其强度可不计算。

当对接焊缝无法采用引弧板施焊时，每条焊缝的长度计算时应减去 10mm。

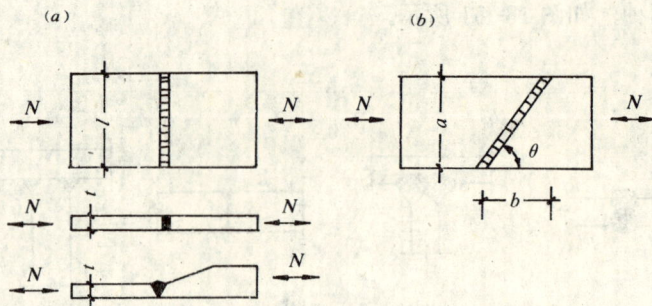

图 18-33 焊透的对接焊缝

(a) 直焊缝; (b) 斜焊缝

在对接接头和 T 形接头中，承受弯矩和剪力共同作用的对接焊缝（图 18-34a），其正应力和剪应力应分别按下式计算：

$$\sigma = \frac{M}{W_w} \leqslant f_t^w \tag{18-11}$$

$$\tau = \frac{V S_w}{I_w t} \leqslant f_v^w \tag{18-12}$$

式中　　W_w——焊缝截面抵抗矩；

　　　　I_w——焊缝截面惯性矩；

　　　　S_w——焊缝截面计算剪应力处以上部分对中和轴的面积矩；

　　　　t——构件的厚度；

　　　　f_t^w——对接焊缝抗拉强度设计值；

　　　　f_v^w——对接焊缝抗剪强度设计值。

如图 18-34(b)的工字形截面承受弯矩和剪力共同作用的对接焊缝中，在同时受有较大正应力和剪应力处（如图中梁腹板对接焊缝的端部），还应按下式验算折算应力：

$$\sqrt{\sigma^2 + 3\tau^2} \leqslant 1.1 f_t^w \tag{18-13}$$

式中 1.1 是考虑最大折算应力只在焊缝的局部出现时而将强度设计值提高的系数。

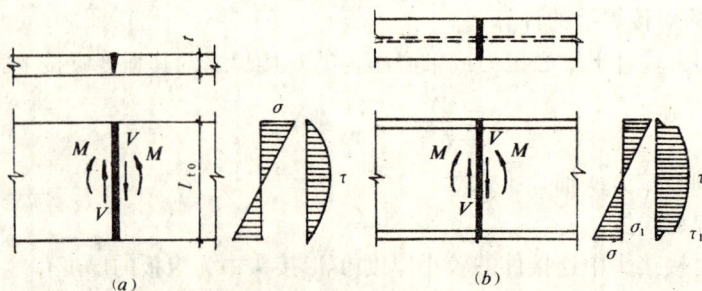

图 18-34　弯矩与剪力共同作用时的对接焊缝

【例题 18-4】　验算如图 18-35 所示的钢板对接焊接连接，$N = 700\text{kN}$（静力荷载），钢材为 Q235（3 号钢），焊条采用 E43 型，焊缝质量为 3 级，施工中不采用引弧板。

【解】

首先验算钢板的承载能力：

$$A \times f = 500 \times 8 \times 215 = 860000\text{N}$$

$$= 860\text{kN} > 700\text{kN}$$

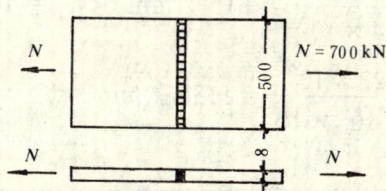

图 18-35　例题 18-4

验算对接焊缝的应力：

$$\sigma = \frac{N}{l_{\text{w}} t} = \frac{700 \times 10^3}{(500 - 10) \times 8} = 178.6\text{N}/\text{mm}^2 \leqslant f_{\text{t}}^{\text{w}} = 185\text{N}/\text{mm}^2$$

【例题 18-5】　　如图 18-36，将工字形牛腿采用焊透的对接焊缝焊于柱上，偏心力 $N = 400\text{kN}$，偏心距 $e = 25\text{cm}$，钢材为 Q235（3 号钢）、采用手工焊、E43 型焊条，焊缝质量为三级，试验算焊缝强度。

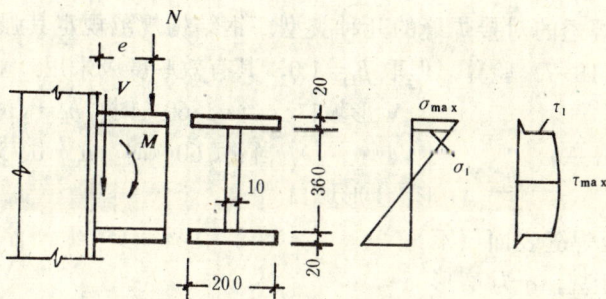

图 18-36　例题 18-5 附图

【解】

1. 焊缝受力

$$V = N = 400\text{kN}$$

$$M = Ne = 400 \times 25 = 10000\text{kN} \cdot \text{cm}$$

2. 焊缝截面几何特征

因系焊透的焊缝，所以焊缝计算截面与牛腿截面完全相同，故

$$I_{\text{x}} = \frac{1}{12} \times 1 \times 36^3 + 2 \times 2 \times 20 \times 19^2 = 32768\text{cm}^4$$

$$W_{\text{x}} = \frac{32768}{20} = 1638.4\text{cm}^3$$

翼缘对中和轴的面积矩

$$S_1 = 2 \times 20 \times 19 = 760\text{cm}^3$$

105

中和轴以上截面对中和轴的面积矩:

$$S_{max}=760+1\times18\times9=922cm^3$$

3. 验算最大正应力和最大剪应力

最大正应力在截面上、下边缘,最大剪应力在中和轴处:

$$\sigma_{max}=\frac{10000\times10^4}{1638.4\times10^3}=61N/mm^2<f_t^w=185N/mm^2$$

$$\tau_{max}=\frac{400\times922\times10^6}{32768\times10^4\times10}=113N/mm^2<f_v^w=125N/mm^2$$

4. 验算折算应力

工字型截面翼缘与腹板连接处正应力及剪应力均较大,应按公式(18-13) 验算折算应力,由:

$$\sigma_1=61\times\frac{18}{20}=55N/mm^2$$

$$\tau_1=\frac{400\times760\times10^6}{32768\times10^4\times10}=93N/mm^2$$

则该点的折算应力为:

$$\sqrt{\sigma_1^2+3\tau_1^2}=\sqrt{55^2+3\times93^2}=170N/mm^2 \leqslant1.1f_e^w=1.1\times185=203.5N/mm^2$$

(三) 不焊透的对接焊缝的计算

图 18-37 为不焊透的对接焊缝的几种类型。钢结构规范规定其强度应按角焊缝公式(18-1)、(18-2)、(18-7) 验算,但取 $\beta_f=1.0$,其有效厚度应采用:

$$V 形坡口: 当 \alpha\geqslant60° 时 \quad h_e=s$$
$$当 \alpha<60° 时 \quad h_e=0.75s$$
$$U 形、J 形坡口: \qquad h_e=s$$

s 为坡口根部至焊缝表面 (不考虑余高) 的最短距离;a 为 V 形坡口的角度。

当熔合线处焊缝截面边长等于或接近于最短距离 s 时 (图 18-37b、c、e),抗剪强度设计值应按角焊缝的强度设计值乘以 0.9。

在垂直于焊缝长度方向的压力作用下,强度设计值可采用角焊缝的强度值乘以 1.22。

在不焊透的对接焊缝中,由于存在着未施焊的缝隙,其两端有较严重的应力集中。焊缝有可能在此处发生脆断,因此钢结构规范规定,在承受动力荷载的结构中,垂直于受力方向的焊缝不宜采用不焊透的对接焊缝。

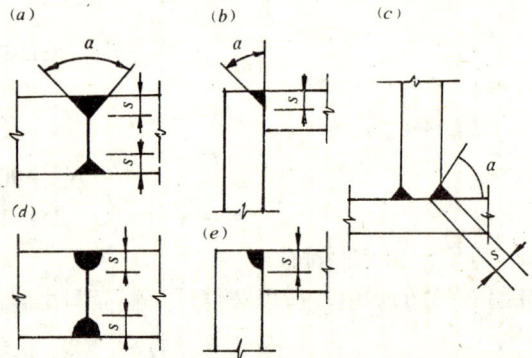

图 18-37 不焊透的对接焊缝截面

(a)、(b)、(c)V形坡口; (d)U 形坡口; J 形坡口

第五节　焊接应力与焊接变形

钢结构在焊接过程中，由于钢材局部受到剧烈的温度作用，各部分受热不均匀，加之焊缝冷却时收缩的不一致，致使构件产生变形，这种变形叫焊接变形，图 18-38 为焊接变形的示例。由于各焊件间的约束，整个构件不能自由变形，所以焊接后的构件在产生焊接变形的同时还存在焊接残余应力，简称焊接应力。焊接变形和焊接应力将影响结构的工作，使构件安装困难，严重时甚至无法使用。

为减少和限制焊接变形和焊接应力，可以采取以下措施：

(1) 在保证安全的前提下，避免不必要地增加焊缝的厚度和长度，尽可能减少构件上所焊零件的数量，焊缝在构件上应尽量对称布置。

(2) 采用合理的施焊次序。例如钢板对接时采用分段退焊，厚焊缝采用分层焊，工字形截面采用交错焊等，如图 18-39 所示。

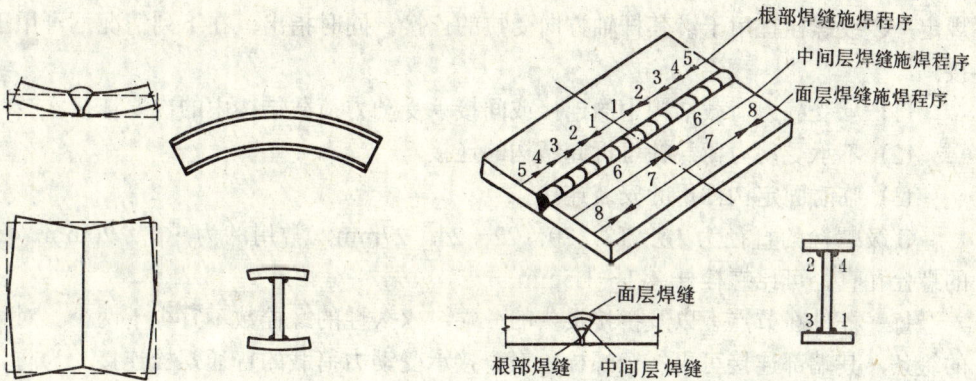

图 18-38　焊接变形

图 18-39　采用合理的焊接次序减少焊接变形

(3) 施焊前使构件有一个和焊接变形相反的预变形 (也称反变形)，使构件在焊接后产生的焊接变形与之抵消 (图 18-40)；或采用夹具夹紧后焊接，防止发生变形。

(4) 尽可能采用小电流以减少热影响区与焊件间的温度差。

图 18-40　焊件的反变形

(5) 小尺寸的焊件，在焊接后将焊件加热到 600℃ 左右，然后缓缓冷却，可消除焊接应力。采用焊前预热或焊接后锤击，也可以减小焊接应力与焊接变形。

(6) 采用机械校正法消除焊接变形。

为减小焊接应力与焊接变形，保证焊接结构的质量，既要在设计时做出合理且又可行的焊接结构设计，又要在制造、施工时进行正确的焊接工艺设计，把好各环节的质量关。

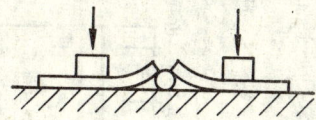

第六节 螺栓连接

一、普通螺栓连接

(一) 普通螺栓连接的性能与构造

螺栓连接施工简单，固定牢靠，无须专门设备，广泛用于临时固定构件及可拆卸结构的安装。按国际标准，螺栓统一用螺栓的性能等级来表示，如"4.6级"、"8.8级"、"10.9级"等。此处小数点前数字表示螺栓材料的最低抗拉强度 f_u，例如"4"表示 $400N／mm^2$，"8"表示 $800N／mm^2$ 等。小数点及以后数字 (0.6、0.8等) 表示螺栓材料的屈强比，即屈服点与最低抗拉强度的比值。普通螺栓是属于 4.6 级的螺栓，用 A3F (Q235) 钢制成。

普通螺栓连接有两种，一种是 C 级螺栓 (粗制螺栓) 连接，另一种是 A 级或 B 级螺栓 (精制螺栓) 连接。C 级螺栓加工粗糙、尺寸不够准确，只要求 II 类孔 (即在单个零件上一次冲成或不用钻模钻成设计孔径的孔)，成本低；A 级和 B 级螺栓经车削加工制成，尺寸准确，要求 I 类孔 (连接板件组装后，孔精确对准，内壁平滑，孔轴垂直于被连板件的接触面，见表 17-13)，其抗剪性能比 C 级螺栓好，但成本高，安装困难，较少使用。

C 级螺栓在传递剪力时，连接的变形较大，但传递拉力的性能尚好。因此钢结构规范规定，C 级螺栓宜用于沿其杆轴方向受拉的连接。同时指出，在下列情况下可用于受剪连接：

(1) 承受静力荷载结构中的连接或间接承受动力荷载结构中的次要连接；

(2) 不承受动力荷载的可拆卸结构的连接；

(3) 临时固定构件用的安装连接。

C 级螺栓的直径为 16、18、20、22、24、27mm，常用的为 16 及 20mm。C 级螺栓的螺栓孔直径可比螺栓杆大 1～1.5mm。

每一杆件在节点上以及拼接接头的一端，永久性的螺栓数不宜少于两个。对组合构件的缀条，其端部连接可用一个螺栓。对直接承受动力荷载的普通螺栓连接，为防止螺帽松动，应采用双螺帽或其他能防止松动的有效措施。

螺栓的排列有并列和错列两种形式 (图 18-41)，并列式简单、整齐，比较常用。

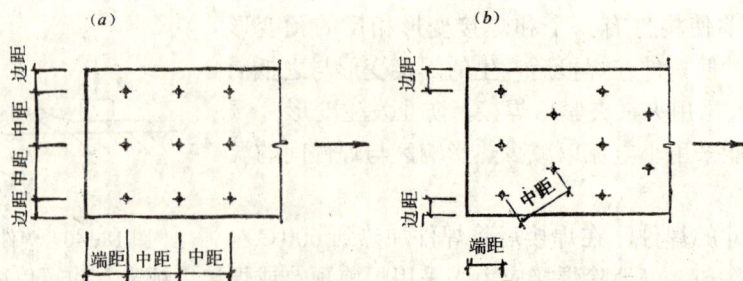

图 18-41 螺栓的排列

(a) 并列；(b) 错列

螺栓在构件上的排列应满足如下要求：

(1) 受力要求。从受力要求出发，螺栓间的距离不宜过大或过小。例如，受压构件顺作用力方向的中距过大时，构件易压屈鼓出；端距过小时，前部钢材则可能被挤压破坏。

(2) 构造要求。螺栓间距过大时，构件接触不严密，当空气湿度大时，易造成钢材锈蚀，所以从构造要求出发，螺栓间距不能过大。

(3) 施工要求。布置螺栓时，还要考虑用扳手拧螺栓的可能性，按扳手尺寸的要求，螺栓在任何方向间的距离均不得小于 $3d_0$（d_0 为螺栓的孔径）。

根据上述三个方面的要求，钢结构规范规定了螺栓排列的最大、最小容许距离，见表18-3。

螺栓或铆钉的最大、最小容许距离 表 18-3

名　称	位　置　和　方　向			最大容许距离 (取两者的较小值)	最小容许距离
中心间距	任意方向	外　排		$8d_0$ 或 $12t$	$3d_0$
		中间排	构件受压力	$12d_0$ 或 $18t$	
			构件受拉力	$16d_0$ 或 $24t$	
中心至构件边缘距离	顺内力方向			$4d_0$ 或 $8t$	$2d_0$
	垂直内力方向	切割边			$1.5d_0$
		轧制边	高强度螺栓		
			其它螺栓或铆钉		$1.2d_0$

注：1. d_0 为螺栓的孔径，t 为外层较薄板件的厚度。

2. 钢板边缘与刚性构件（如角钢、槽钢等）相连的螺栓或铆钉的最大间距，可按中间排的数值采用。

铆钉排列以及高强度螺栓的排列也均应符合表18-3的规定。

螺栓在角钢上的排列还要考虑螺帽和垫圈能布置在角钢肢的平整部分；为使角钢肢不致过分削弱，对螺栓孔的最大直径也要作一定限制。当肢宽在125mm以下时，应按单行排列；肢宽在125mm以上时可排成双行错列，160mm以上时可排成双行并列（图18-42）。

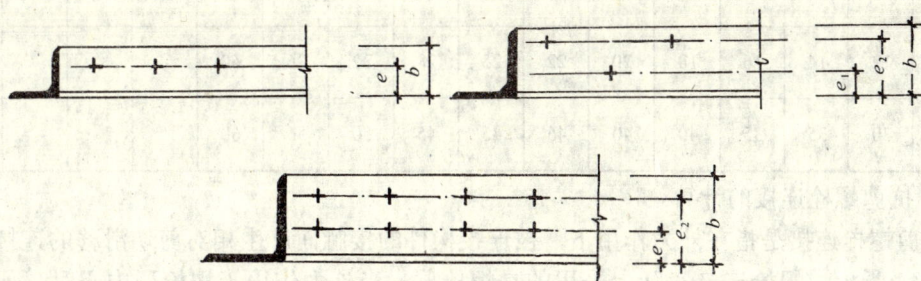

图18-42　角钢肢上螺栓的排列

角钢上螺栓（或铆钉）线距表见表18-4。

螺栓在工字钢和槽钢上的容许距离（图18-43）的规定见表18-5和表18-6。

螺栓及孔的图例见表18-7。

(二) 普通螺栓连接的计算

螺栓连接按受力性质分为抗剪螺栓连接与受拉螺栓连接两种基本形式。

角钢上螺栓或铆钉线距表(mm)　　　　表 18-4

肢宽		40	45	50	56	63	70	75	80	90	100	110	125	140	160	180	200
单行	e	25	25	30	30	35	40	40	45	50	55	60	70				
	d_0	12	13	14	15.5	17.5	20	21.5	21.5	23.5	23.5	26	26				
双行错列	e_1												55	60	70	70	80
	e_2												90	100	120	140	160
	d_0												23.5	23.5	26	26	26
双行并列	e_1														60	70	80
	e_2														130	140	160
	d_0														23.5	23.5	26

注: d_0—螺栓孔最大直径。

工字钢和槽钢腹板上的螺栓容许距离　　　　表 18-5

工字钢型号	12	14	16	18	20	22	25	28	32	36	40	45	50	56	63
线距 C_{min}	40	45	45	45	50	50	55	60	60	65	70	75	75	75	75
槽钢型号	12	14	16	18	20	22	25	28	32	36	40				
线距 C_{min}	40	45	50	50	55	55	60	65	70	75					

工字钢和槽钢翼缘上的螺栓容许距离　　　　表 18-6

工字钢型号	12	14	16	18	20	22	25	28	32	36	40	45	50	56	63
线距 a_{min}	40	40	50	55	60	65	65	70	75	80	80	85	90	95	95
槽钢型号	12	14	16	18	20	22	25	28	32	36	40				
线距 a_{min}	30	35	35	40	40	45	45	45	50	56	60				

1. 抗剪螺栓连接的计算

抗剪螺栓连接是指在外力作用下，被连接构件的接触面产生相对剪切滑移的连接，如图 18-44 所示。螺栓连接实际上采用的是螺栓群，当外力作用于螺栓群中心时，如外力不大，则构件间的摩擦力与外力保持平衡；外力克服摩擦力后，构件之间出现相对滑移，一部分螺栓杆开始接触孔壁面受剪。当连接变形处于弹性阶段时，螺栓群的应力分布是不均匀的，即每个螺栓所受剪力不相等，但是在出现塑性变形以后直到连接破坏，螺栓群应力的分布逐渐趋于均匀。因此，当外力作用于螺栓群中心时，可以认为每个螺栓所受剪力是相等的，这样，在实际计算中就可以先计算一个螺栓的承载力，然后再计算整个连接需要多少螺栓。

序 号	名 称	图 例	说 明
1	永久螺栓		
2	高强度螺栓		1. 细十线表示定位线
3	安装螺栓		2. 必须标注螺栓孔直径
4	圆形螺栓孔		
5	长圆形螺栓孔		

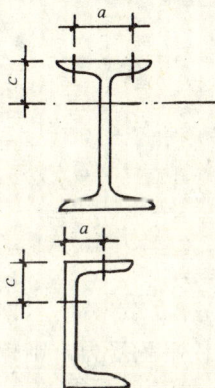

图 18-43 螺栓在工字钢和槽钢上的排列

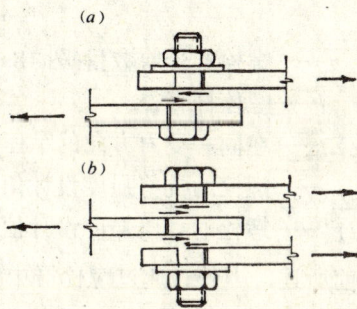

图 18-44 抗剪螺栓连接

(*a*) 单剪; (*b*) 双剪

普通抗剪螺栓连接（也包括铆钉连接和承压型高强度螺栓连接），可能有五种破坏形式：

(1) 当螺栓杆较细、板件较厚时，螺栓杆可能被剪断，如图 18-45 (*a*)。

(2) 当螺栓杆较粗、板件相对较薄时，板件可能先被挤压而破坏，如图 18-45 (*b*)。

(3) 当螺栓孔对板的削弱过于严重时，板件可能在削弱处被拉断，如图 18-45 (*c*)。

(4) 当端距太小时，板端可能受冲剪而破坏，如图 18-45 (*d*)。

(5) 当栓杆细长，螺栓杆可能发生过大的弯曲变形而使连接破坏，如图 18-45 (*e*)。

上述五种破坏中，第 (4)、(5) 两项主要通过构造措施来保证不发生破坏，例如表 18-3 规定了端距的最小容许距离以避免第 (4) 项破坏；规定螺栓连接的板叠厚度 $\Sigma t <$

$5d$ 即可防止发生第 (5) 项破坏。第 (1)、(2)、(3) 三项则需通过计算来保证。

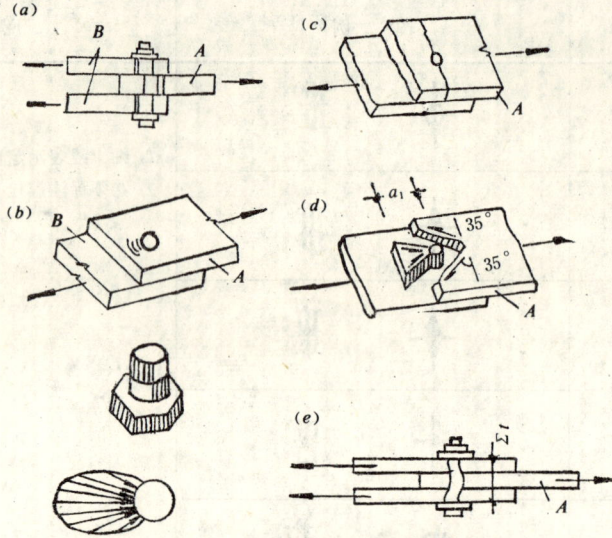

图 18-45 受剪螺栓连接的破坏形式

一个螺栓的受剪承载力设计值按下式计算：

$$N_v^b = n_v \frac{\pi d^2}{4} f_v^b \qquad (18-14)$$

一个螺栓的承压承载力设计值按下式计算：

$$N_c^b = d\Sigma t \cdot f_c^b \qquad (18-15)$$

式中　　n_v——螺栓的受剪数目(图 18-44a　$n_v = 1$，图 18-44b　$n_v = 2$)；

　　d——螺栓杆直径；

　　Σt——在同一受力方向的承压构件的较小总厚度；

　　f_v^b——螺栓的抗剪强度设计值 (表 17-13)；

　　f_c^b——螺栓的承压强度设计值 (表 17-13)。

如前所述，当外力通过螺栓群中心时，可以认为每个螺栓平均受力，则螺栓抗剪连接所需螺栓数为：

$$n = \frac{N}{N_{min}^b} \qquad (18-16)$$

式中　N——作用于连接件的轴向力；

　　N_{min}^b——N_v^b 和 N_c^b 中的较小值。

这样，即可保证不发生前述第 (1)、(2) 种破坏 (螺栓杆不被剪坏和板件不被挤压坏)。

由于螺栓孔削弱了构件的截面，因此尚应按下式验算构件的强度，以防止构件在净截面上被拉断 (即防止第 3 项破坏)：

$$\sigma = \frac{N}{A_n} \leqslant f \qquad (18-17)$$

式中　f——钢材的抗拉强度设计值；

A_n——构件的净截面面积。

在构件的节点处或拼接接头的一端，如螺栓沿受力方向的连接长度 l_1 过大时（图 18-46），各螺栓所分担的剪力相差也较大，两端的受力最大，会首先破坏，并将依次逐个破坏。因此钢结构规范规定，当 $l_1 > 15d_0$ 时，螺栓的承载力设计值应乘以折减系数 β 予以降低，防止端部螺栓提前破坏，β 按如下规定采用：

当 $60d_0 \geqslant l_1 > 15d_0$ $\qquad\qquad$ $\beta = 1.1 - \dfrac{l_1}{150d_0}$ $\qquad\qquad$ (18-18)

当 $l_1 > 60d_0$ 时 $\qquad\qquad$ $\beta = 0.7$

式中 d_0——螺栓孔径；

l_1——螺栓沿受力方向的连接长度，如图 18-46 所示。

图 18-46 螺栓沿受力方向的连接长度

钢结构规范还规定，在下列情况的连接中，螺栓的数目应予增加，即：

（1）一个构件借助填板或其他中间板件与另一构件连接的螺栓数目，应按计算增加 10%；

（2）搭接或用拼接板的单面连接，螺栓数目应按计算增加 10%；

（3）在构件的端部连接中，当利用短角钢连接型钢（角钢或槽钢）的外伸肢以缩短连接长度时，在短角钢两肢中的一肢上，所用的螺栓数目应按计算增加 50%。

2. 受拉螺栓连接的计算

受拉螺栓连接是指外力作用下，被连接构件的接触面将互相脱开而使螺栓杆受拉的连接（图 18-47）。

一个螺栓的抗拉承载力设计值为：

$$N_t^b = A_e f_t^b = \frac{\pi d_e^2}{4} f_t^b \qquad\qquad (18-19)$$

式中 d_e——螺栓在螺纹处的有效直径，见表 18-8；

A_e——螺栓在螺纹处的有效面积，见表 18-8；

f_t^b——螺栓的抗拉强度设计值，见表 17-13。

当外力 N 作用于螺栓群中心时，假定每个螺栓所受拉力相等，则所需螺栓数为

螺栓的有效直径及有效面积 $\qquad\qquad\qquad$ 表 18-8

螺栓直径 d(mm)	16	18	20	22	24	27	30
螺栓有效直径 d_e(mm)	14.12	15.65	17.65	19.65	21.18	24.18	26.71
螺栓有效面积 A_e(mm²)	156.7	192.5	244.8	303.4	352.5	459.4	560.6

$$n = \frac{N}{N_t^b} \tag{18-20}$$

二、高强度螺栓连接

(一) 高强度螺栓连接的受力特点

高强度螺栓是自 50 年代发展起来的一种新的连接形式，它具有施工简单、受力性能好、可拆换、耐疲劳以及在动力荷载作用下不致松动等优点，是很有发展前途的连接方法。

如图 18-48，用特制的扳手上紧螺帽，使螺栓产生巨大而又受控制的预拉力 P，通过螺帽和垫板，对被连接件也产生了同样大小的预压力 P。在预压力 P 作用下，沿被连接件表面就会产生较大的摩擦力，显然，只要 N 小于此摩擦力，构件便不会滑移，连接就不会受到破坏，这就是高强度螺栓连接的原理。

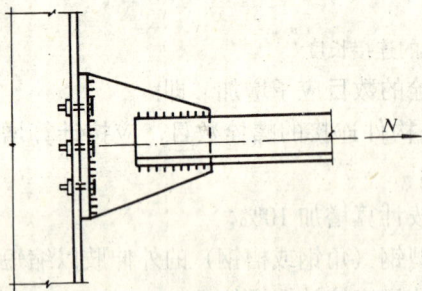

图 18-47　承受轴向拉力的螺栓连接　　　　图 18-48　高强度螺栓连接

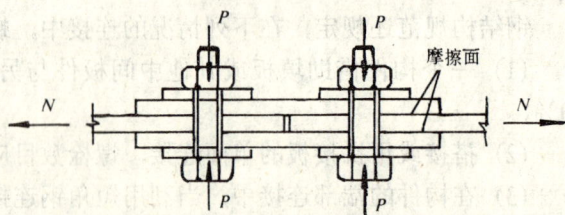

如上所述，高强度螺栓连接是靠连接件接触面间的摩擦力来阻力其相互滑移，为使接触面有足够的摩擦力，就必须提高构件的夹紧力和增大构件接触面的摩擦系数。构件间的夹紧力是靠对螺栓施加预拉力来实现的，但由低碳钢制成的普通螺栓，因受材料强度的限制，所能施加的预拉力是有限的，它所产生的摩擦力比普通螺栓的抗剪能力还小，所以如要靠螺栓预拉力所引起的摩擦力来传力，则螺栓材料的强度必须比构件材料的强度大得多才行，亦即螺栓必须采用高强度钢制造，这也就是称为高强度螺栓连接的原因。

高强度螺栓所用材料的强度约为普通螺栓的 4~5 倍，一般常用性能等级为 8.8 级和 10.9 级的钢材制造。8.8 级采用的为优质碳素钢的 45 号钢或 35 号钢；10.9 级采用的钢号为合金结构钢的 20MnTiB 钢；（20 锰钛硼钢）、40B 钢（40 硼钢）、35VB 钢（35 矾硼钢）。高强度螺栓有大六角头型和扭剪型两类。钢结构规范规定，高强度螺栓的材料应符合现行标准《钢结构用高强度大六角头螺栓、大六角螺母、垫圈型式尺寸与技术条件》或《钢结构用扭剪型高强度螺栓连接型式尺寸与技术条件》的规定。高强度螺栓的性能等级及所采用的钢号见表 18-9。

高强度螺栓的预拉力由螺栓材料的屈服强度和螺栓的有效面积并考虑一定的降低系数确定。钢结构规范规定的每个高强度螺栓的设计预拉力 P 见表 18-10。高强度螺栓的预拉力是通过施工时紧固螺帽建立的，紧固（即拧紧）螺帽的方法有如下几种：

螺栓种类	性能等级	采用的钢号	抗 拉 强 度 f_u	
			kgf／mm²	N／mm²
大六角头高强度螺栓	8.8 级	45 号钢、35 号钢	85～105	830～1030
	10.9 级	20MnTiB 钢 40B 钢 35VB 钢	106～126	1040～1240
扭剪型高强度螺栓	10.9 级	20MnTiB 钢	106～126	1040～1240

每个高强度螺栓的预拉力 P (kN) 表 18-10

螺栓的性能等级	螺 栓 公 称 直 径 (mm)					
	M16	M20	M22	M24	M27	M30
8.8 级	70	110	135	155	205	250
10.9 级	100	155	190	225	290	355

1. 扭矩法

根据扭矩 M 与预拉力成正比的关系，先用普通扳手将螺帽初步拧紧，然后采用可显示扭矩值的专用扳手拧至规定的扭矩值（发出响声或亮灯）。

2. 转角法

是根据板层间紧密接触以后，螺母的旋转角度与螺栓的预拉力成正比的关系确定的一种方法。施拧时先用短扳手将螺帽拧至不动位置（称为初拧），然后再用长扳手将螺帽从标记位置拧至规定位置，以达到规定的预拉力（称为终拧）。

3. 扭断螺栓尾部

用于扭剪型高强度螺栓，此螺

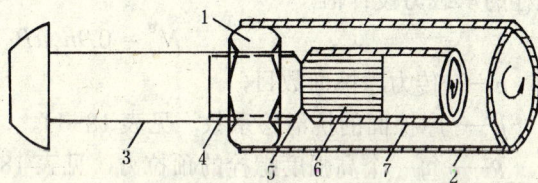

图 18-49 扭剪型高强度螺栓

1—螺母;2—大套筒;3—螺栓杆;4—螺纹;5—槽口;

6—螺栓尾部纵纹;7—小套筒

栓有一特制的尾部（图 18-49 螺栓中带纵纹部分），施拧时其专用扳手的两个套筒分别套住螺栓和螺栓尾部，一个套筒正转，另一个反转，在螺帽拧紧到一定程度时，螺栓尾部即拧断。由于螺栓尾部的槽口深度是按拧断扭矩和预拉力之间的关系确定的，所以拧断时就达到了相应的预拉力值。

高强度螺栓连接中，摩擦系数的大小对承载能力的影响很大。试验表明，摩擦系数与构件的材质（钢号）、接触面的粗糙程度、法向力的大小等都有直接的关系，其中主要是接触面的形式和构件的材质。为了增大接触面的摩擦系数，施工时应将连接范围内构件接触面进行处理，处理的方法有喷砂、用钢丝刷清理等。设计中，应根据工程情况，尽量采用摩擦系数较大的处理方法，并在施工图上清楚注明。各种摩擦面上的抗滑移系数 μ 见表 18-11。

除上述处理方式外，还有一种用手提式电动砂轮打磨接触面的处理方法，打磨方向要与受力方向垂直，其抗滑移系数相当于喷砂处理的数值。

应当指出，高强度螺栓实际上有摩擦型和承压型之分。摩擦型高强度螺栓承受剪力的准则是使设计荷载引起的剪力不超过摩擦力，以上所述就是指这一种；而承压型高强度螺栓则是以杆身不被剪坏或板件不被压坏为设计准则，其受力特点及计算方法等与普通螺栓基本相同，但由于螺栓采用了高强度钢材，所以具有较高的承载能力。

摩擦面的抗滑移系数 μ 表 18-11

在连接处构件接触面的处理方法	构件的钢号		
	Q235(3 号钢)	16Mn 钢或 16Mnq 钢	15MnV 钢或 15MnVq 钢
喷　砂	0.45	0.55	0.55
喷砂后涂无机富锌漆	0.35	0.40	0.40
喷砂后生赤锈	0.45	0.55	0.55
钢丝刷清理浮锈或未经处理的干净轧制表面	0.30	0.35	0.35

高强度螺栓的直径系列、排列及有关构造要求与普通螺栓连接相同。

(二) 摩擦型高强度螺栓的计算

1. 受剪高强度螺栓连接的计算

如图 18-48 所示，在抗剪连接中，每个摩擦型高强度螺栓的承载力与其传力摩擦面的摩擦系数和对钢板的预压力有关，即与作用于板叠接触面上的法向压力即螺栓的预拉力 P、接触面的抗滑移系数 μ 及传力摩擦面数 n_f 成正比，则一个摩擦型高强度螺栓在被连接板叠间产生的最大摩阻力为 $n_f \mu P$，再考虑螺栓材料的抗力分项系数即得一个摩擦型高强度螺栓的承载力设计值：

$$N_v^b = 0.9 n_f \mu P \tag{18-21}$$

式中　n_f——传力摩擦面数目；

μ——摩擦面的抗滑移系数，见表 18-11；

P——每一个高强度螺栓的预拉力，见表 18-10。

一个高强螺栓的承载力设计值求得后，即可按下式计算连接一侧所需的高强度螺栓的数目：

$$n \geqslant \frac{N}{N_v^b} \tag{18-22}$$

式中　n——连接一侧所需高强度螺栓数。

高强度螺栓连接的净截面强度计算与普通螺栓连接不同。如图 18-50，被连接钢板最危险截面在第一列螺孔处，但在这个截面上，每个螺栓所传的力的一部分，已由摩擦作用在孔前传递（称为孔前传力），因此净截面的实际拉力 $N' < N$。根据试验，每个高强度螺栓所分担的内力有 50% 已在孔前的摩擦面中传递，即孔前传力系数为 0.5。

如图 18-50，设连接一侧的螺栓数为 n，所计算截面（最外列螺栓处）上的螺栓数为 n_1，则构件净截面受力为：

$$N' = N - 0.5 \frac{N}{n} n_1 = N \left(1 - 0.5 \frac{n_1}{n} \right) \tag{18-23}$$

净截面强度计算公式为

$$\sigma = \frac{N'}{A_n} \leqslant f \tag{18-24}$$

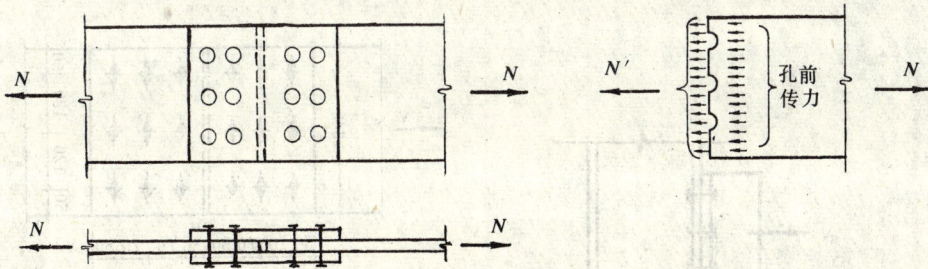

图 18-50　高强度螺栓连接的孔前传力

式中　A_n——构件的净截面面积。

应当指出，虽然 $A_n < A$，但因 $N' < N$，即构件强度也可能由毛截面控制，所以尚应按毛截面验算强度，即

$$\sigma = \frac{N}{A} \leqslant f \tag{18-25}$$

通过以上分析可以看出，采用高强度螺栓连接时，开孔对构件截面的削弱影响较普通螺栓连接小，有时可能无影响，这也是高强度螺栓连接的一个优点。

2. 受有拉力时高强度螺栓连接的计算

当高强度螺栓受到螺栓轴线方向的外拉力时，构件间的摩擦阻力将降低，当拉力大于螺栓的预拉力 P 时，螺杆将发生松弛，且拉力卸除后螺杆中的预拉力也将变小。根据试验，如拉力小于 $0.9P$，则不发生松弛，且拉力卸除后预拉力不变。为考虑安全，规范规定加于一个螺栓的外拉力不得大于 $0.8P$，所以，一个高强度螺栓抗拉承载力设计值为

$$N_t^b = 0.8P \tag{18-26}$$

高强度螺栓不被拉坏的条件为

$$N_t \leqslant N_t^b \tag{18-27}$$

式中　N_t——一个螺栓所受的拉力，如拉力作用于螺栓群中心，每个螺栓按平均受力计算。

摩擦型高强度螺栓由于比普通螺栓受力性能好，所以常用于同时承受摩擦面间剪切和螺栓杆轴方向的拉力连接中（图 18-51）。当一个高强度螺栓所受的拉力 N_t 不大于螺栓的预拉力 P 时，虽然不会发生松弛，但使构件接触面间的压力减小到 $P - N_t$，根据试验，此时接触面间的抗滑移系数 μ 也随之减小。为计算简便，钢结构规范规定 μ 仍取表 18-10 所规定之值；而将螺栓所受外拉力 N_t 乘以大于 1.0 的系数，以考虑此不利影响。因此摩擦型高强度螺栓在受剪同时又受拉时，一个螺栓的抗剪承载力设计值为：

$$N_v^b = 0.9 n_f \mu (P - 1.25 N_t) \tag{18-28}$$

式中　N_t——一个高强度螺栓在其杆轴方向的外拉力，其值不应大于 $0.8P$；

其余符号意义同前。

【例题 18-6】　如图 18-52，截面为 340mm × 12mm 的钢板采用双盖板普通螺栓连接（C 级），连接钢板厚为 8mm，钢材为 Q235（3 号钢）螺栓直径 $d = 20$mm，孔径 $d_0 = 21.5$mm，构件受力 $N = 600$kN。试进行螺栓连接计算。

【解】

1. 螺栓连接的计算

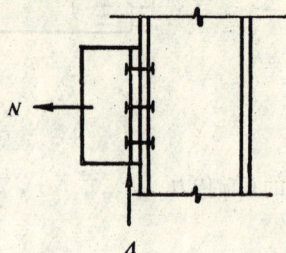

图 18-51　高强度螺栓的受拉受剪工作

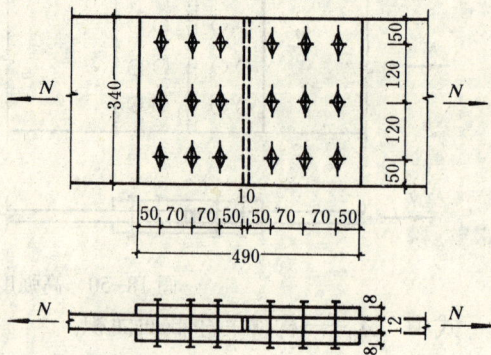

图 18-52　例题 18-6 附图

一个螺栓的受剪承载力设计值：

$$N_v^b = n\frac{\pi d^2}{4}f_v^b = 2 \times \frac{\pi \times 20^2}{4} \times 130 \quad = 81640N$$

一个螺栓的承压力承载设计值：

$$N_c^b = d\Sigma tf_c^b = 20 \times 12 \times 305 = 73200N$$
$$则\ N_{min}^b = 73200N$$

构件一侧所需螺栓数为：

$$n = \frac{N}{N_{min}^b} = \frac{600000}{73200} = 8.2\ 个$$

采用并列式排列，每侧用 9 个螺栓，按表 18-3 的规定确定排列距离（图 18-52）。

2. 构件强度验算

构件的净面积：

$$A_n = A - n_1 d_0 t = 340 \times 12 - 3 \times 21.5 \times 12 = 3306mm^2$$

式中　$n_1 = 3$　为第一列螺栓的数目。

构件的强度：

$$\sigma = \frac{N}{A_n} = \frac{600000}{3306} = 181.5N／mm^2 < f = 215N／mm^2$$

【例题 18-7】　将例题 18-6 改用高强度螺栓连接。采用 10.9 级 M22 高强度螺栓，螺栓孔为 23.5mm，构件接触面用钢丝刷清理浮锈。

【解】

1. 高强度螺栓连接的计算

一个高强度螺栓抗剪承载力设计值：

$$N_v^b = 0.9 n_f \mu P$$
$$= 0.9 \times 2 \times 0.3 \times 190 = 102.6kN$$

连接一侧所需高强螺栓数：

$$n = \frac{N}{N_v^b} = \frac{600}{102.6} = 5.84\ 个$$

取 6 个，排列如图 18-53 所示。

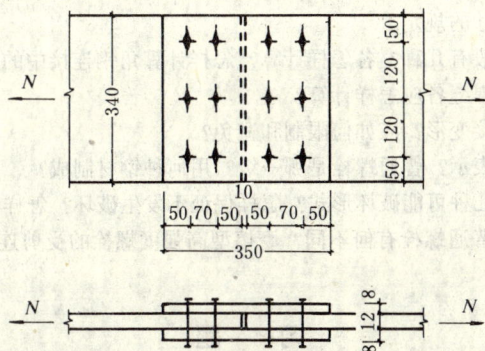

图 18-53 例题 18-7 附图

2. 截面验算

验算第一列螺栓孔处的危险截面强度：

$$N' = N\left(1 - 0.5\frac{n_1}{n}\right) = 600\left(1 - 0.5 \times \frac{3}{6}\right) = 450\text{kN}$$

$$\sigma = \frac{N'}{A_n} = \frac{450000}{340 \times 12 - 3 \times 23.5 \times 12} = 139.1\text{N}/\text{mm}^2 < f = 215\text{N}/\text{mm}^2$$

小　结

（1）钢结构的连接方法有铆接、焊接和螺栓连接。焊接是钢结构最主要的连接方式。焊接连接是通过对接焊缝或角焊缝将焊件连接在一起，其中直角角焊缝较为常用。

（2）角焊缝受力复杂，计算时不论角焊缝受力方向如何，均假定其破坏在 45° 截面处，即角焊缝的有效厚度为 $0.7h_f$；角焊缝的抗拉、抗压、抗剪强度设计值均采用同一指标（f_f^w）。对接焊缝常用焊透的对接焊缝，其计算与构件的计算方法类似。不焊透的对接焊缝较少采用。

（3）焊接变形及焊接应力影响钢结构的工作，使构件安装困难，严重者甚至无法使用。为保证焊接结构的质量，设计时要考虑合理的结构构造设计，同时要在构造上采取正确的工艺设计，如采用合理的施焊次序、施焊前的反变形、采用小电流、预热、机械校正等。

（4）常用的普通螺栓为 C 级螺栓（粗制螺栓）。根据受力要求、构造要求和施工要求，钢结构规范规定了螺栓排列的最大、最小距离。抗剪螺栓是螺栓连接的主要受力形式，其承载力设计值取受剪承载力设计值和承压承载力设计值中的较小值。由于螺栓孔削弱了构件的截面，所以螺栓连接中还应对构件的净截面进行验算。

（5）高强度螺栓靠按一定预拉力上紧螺栓，使连接件接触面间产生的摩擦力来阻止相对滑移。高强度螺栓有摩擦型和承压型。摩擦型高强度螺栓就是使设计荷载引起的剪力不超过摩擦力；而承压型高强度螺栓则是以杆身不被剪坏或板件不被压坏为准则，其计算方法与普通螺栓相同。高强度螺栓的直径系列、排列等与普通螺栓相同。

思 考 题

1. 焊条型号怎样表示？钢结构所用焊条根据什么原则选择？
2. 试述规范对角焊缝尺寸的规定。
3. 角焊缝的受力情形一般有几种？各怎样计算？怎样计算角钢连接中的角焊缝？
4. 焊透及不焊透的对接焊缝各应怎样计算？
5. 什么叫焊接应力与焊接变形？应如何限制和避免？
6. 螺栓的性能等级怎样表示？普通螺栓是哪一级？用何种钢材制成？
7. 普通抗剪螺栓连接有几种可能破坏形式？怎样保证不发生破坏？怎样计算一个螺栓的承载力？
8. 摩擦型高强度螺栓与普通螺栓有何不同？摩擦型高强度螺栓的受剪连接怎样计算？高强度螺栓连接的净截面强度怎样计算？

习 题

1. 两钢板截面 400mm×14mm，钢材为 Q235，采用盖板焊接连接，盖板截面 360×8mm，焊条为 E43 型，$N=1200kN$，试计算连接的直角角焊缝。

2. 某钢屋架端斜杆采用由 2∟100×80×10 组成的 T 形截面（长肢相连），并以直角角焊缝与节点板连接。杆件计算内力为 450kN，钢材 Q235，焊条 E43 型，试分别采用两边侧焊缝及三面围焊确定其焊缝的厚度及长度。

3. 设计如图 18-54 中节点板与预埋钢板间的角焊缝。偏心力 $P=150kN$，钢材 Q235，焊条 E43型。（提示：将 P 分解为沿焊缝轴线及垂直于焊缝轴线的剪力 V 及法向力 N，再将法向力 N 平移至焊缝中心得 N 及 M）。

4. 两钢板截面 500mm×10mm，采用对接焊缝连接。轴向拉力 $N=800kN$，钢材 Q235，焊条 E43型，施焊中不考虑用引弧板，试进行连接计算。

5. 两截面为 400mm×14mm 的钢板，受轴向力 $N=960kN$，采用双盖板普通螺栓连接，连接盖板厚8mm，钢材 Q235，螺栓 $d=20mm$，孔径 $d_0=21.5mm$，试进行设计。

6. 将上题改用高强度螺栓连接，高强度螺栓采用 10.9 级，直径 M20，孔径 $d_0=21.5mm$，连接接触面采用喷砂处理。

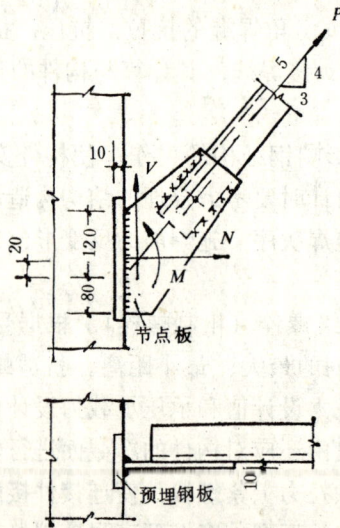

图 18-54 习题 3 附图

第十九章 钢结构构件的计算

第一节 轴 心 受 力 构 件

一、概述

轴心受力构件包括轴心受拉构件与轴心受压构件。在杆件体系结构如桁架、网架、塔架等结构中，因一般假设节点为铰接，所以其杆件均由轴心受拉或轴心受压构件组成。

钢屋架的下弦杆和一部分腹杆通常是轴心受拉杆，屋架的支撑以及柱间支撑也都按轴心受拉杆设计，常见的轴心受拉构件截面见图 19-1。钢屋架的上弦杆和一部分腹杆多为轴心受压杆，常见的轴心受压杆的截面型式见图 19-2。

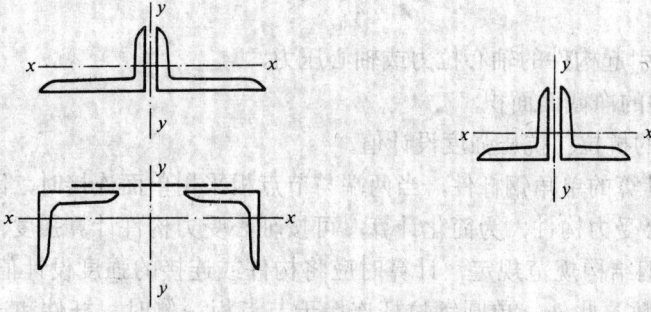

图 19-1 轴心受拉构件的截面型式

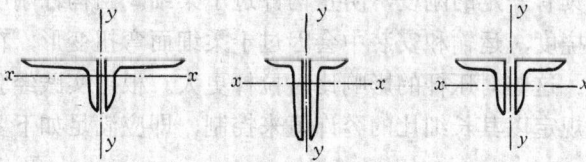

图 19-2 轴心受压构件的截面形式

轴心受压柱是用来支承梁、桁架等结构而将荷载传到基础的构件，工业建筑中的工作平台、栈桥以及管道支架的柱，一般都设计为轴心受压柱，如图 19-3a 所示，柱由柱头、柱身、柱脚三部分组成。

按柱身的构造型式，柱可分为实腹式（图 19-3b）及格构式两类，格构式又可分为缀板式（图 19-3c）及缀条式（图 19-3d、e）两种。

二、轴心受力构件的强度

轴心受拉和轴心受压构件的强度，都以截面应力到达屈服强度为极限，按下式进行计算

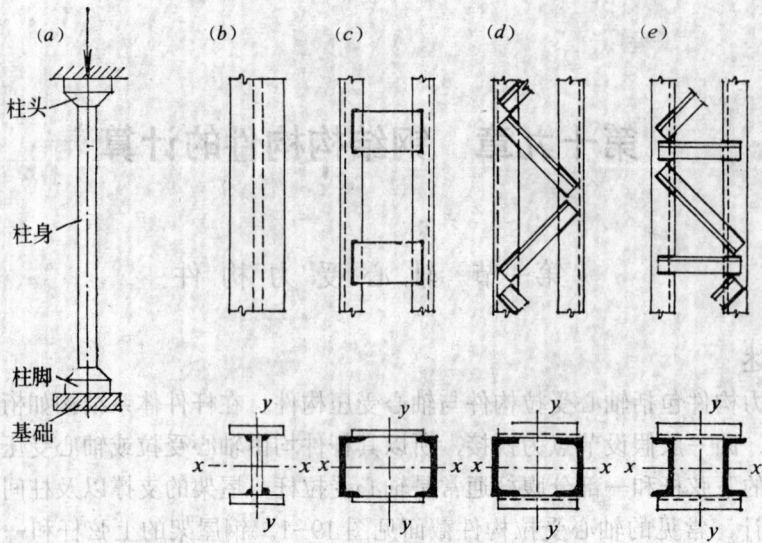

图 19-3 柱的组成及柱身的构造型式

$$\sigma = \frac{N}{A_n} \leqslant f \tag{19-1}$$

式中　　N——荷载引起构件的轴心拉力或轴心压力；

　　　　A_n——构件的净截面面积；

　　　　f——钢材的抗拉、抗压强度设计值。

按轴心受力计算的单角钢杆件，当两端与节点板采用单面连接时，因有构造偏心，实际上不可能是轴心受力构件，为简化计算，可按轴心受力构件计算强度，但需考虑偏心产生的不利影响。钢结构规范规定，计算时应将构件或连接的强度设计值降低 15%，即乘以 0.85 的折减系数。此外，单圆钢拉杆连接于节点板一侧时，杆件和连接可按轴心受拉构件计算强度，但强度设计值也应降低 15%。

三、轴心受力构件的长细比

轴心受力构件应具有一定的刚度，防止构件过于柔细。当构件刚度不足时，在自重作用下就会产生较大的挠度，运输和安装中会因过于柔细而弯扭变形；在动力荷载作用下还易发生较大的振动等。这些对压杆的影响比对拉杆更大。根据实践经验，对受拉构件及受压构件的刚度，规范规定以其长细比的容许值来控制，即应满足如下要求。

$$\lambda_x = \frac{l_{ox}}{i_x} \leqslant [\lambda] \tag{19-2}$$

$$\lambda_y = \frac{l_{oy}}{i_y} \leqslant [\lambda] \tag{19-3}$$

式中　　l_{ox}、l_{oy}——构件 x 及 y 轴的计算长度(桁架杆件的计算长度见表 20-1)；

　　　　i_x、i_y——构件截面 x 轴及 y 轴的回转半径；

　　　　$[\lambda]$——容许长细比，见表 19-1、19-2。

【例题 19-1】　验算设有重级工作制吊车厂房的钢屋架下弦（不等边角钢，两短边相连），其最大设计内力 $N=400$kN（拉力），截面如图 19-4 所示，计算长度 $l_{ox}=300$cm、、$l_{oy}=885$cm，材料 Q235（3 号钢）。

122

受压构件的容许长细比　　　　　　　　　　　　　　表 19-1

项 次	构 件 名 称	容许长细比
1	柱、桁架和天窗架构件	150
	柱的缀条、吊车梁或吊车桁架以下的柱间支撑	
2	支撑(吊车梁或吊车桁架以下的柱间支撑除外)	200
	用以减少受压构件长细比的杆件	

注：桁架（包括空间桁架）的受压腹杆，当其内力等于或小于承载能力的 50% 时，长细比限值可取为 200。

受拉构件的容许长细比　　　　　　　　　　　　　　表 19-2

项 次	构 件 名 称	承受静力荷载或间接承受动力荷载的结构		直接承受动力荷载的结构
		无吊车或有轻、中级工作制吊车的厂房	有重级工作制吊车的厂房	
1	架的杆件	350	250	250
2	吊车梁或吊车桁架以下的柱间支撑	300	200	—
3	支撑(第 2 项和张紧的圆钢除外)	400	350	—

注：1. 承受静力荷载的结构中，可仅计算受拉构件在竖向平面内的长细比。

2. 在直接或间接承受动力荷载的结构中，计算单角钢受拉构件的长细比时，应采用角钢的最小回转半径；在计算单角钢交叉受拉杆件平面外的长细比时，应采用与角钢肢边平行轴的回转半径。

3. 中、重级工作制吊车桁架下弦杆长细比不宜超过 200。

4. 在设有夹钳吊车或刚性料耙吊车的厂房中、支撑（表中第 2 项除外）的长细比不宜超过 300。

5. 受拉构件在永久荷载与风荷载组合作用下受压时，其长细比不宜超过 250。

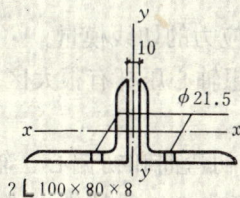

图 19-4　例题 19-1 附图

1. 强度验算

由型钢表中查得∟$100 \times 80 \times 8$ 截面面积 $A = 13.94 \text{cm}^2$，则此下弦杆净截面面积为：

$$A_n = 2(13.94 - 2.15 \times 0.8) = 24.44 \text{cm}^2 = 2444 \text{mm}^2$$

$$\therefore \sigma = \frac{N}{A_n} = \frac{400000}{2444} = 163.7 \text{N}/\text{mm}^2 < f = 215 \text{N}/\text{mm}^2$$

2. 长细比验算

由附录组合截面特性表查得：$i_x = 2.37 \text{cm}$，$i_y = 4.73 \text{cm}$

$$\therefore \lambda_x = \frac{l_{ox}}{i_x} = \frac{300}{2.37} = 127 < [\lambda] = 250$$

$$\therefore \lambda_y = \frac{l_{oy}}{i_y} = \frac{885}{4.73} = 187 < [\lambda] = 250$$

四、轴心受压杆稳定性的计算

细长的轴心受压杆件，往往当荷载还没有达到按强度考虑的极限数值，即应力还低于屈服点时，就会发生屈曲破坏，这就是轴心受压杆件失去稳定性的破坏，也叫做"失稳"。

由材料力学中的欧拉公式可知，两端铰接的轴心受压杆保持其直线稳定状态的临界力为

$$N_k = \frac{\pi^2 EI}{l_0^2}$$

(19-4)

式中　E——材料的弹性模量；

　　　I——构件毛截面的惯性矩；

　　　l_0——构件的计算长度。

由公式（19-4）可求得构件的临界应力为

$$\sigma_k = \frac{\pi^2 E}{\lambda^2}$$

(19-5)

当荷载达到临界力 N_k，即杆件应力达到临界应力 σ_k 时，轴心压杆只要受到任意微小的偏曲干扰，或荷载稍有增加，就会产生巨大的变形而破坏，所以临界应力 σ_k 就是稳定计算的极限应力。

欧拉公式的推导，是以杆件的材料是弹性并服从虎克定律为基础的，也就是说，公式（19-5）只当 $\sigma_k < f_p$（比例极限）时才正确。当 $\sigma_k > f_p$ 时，杆件进入弹塑性工作阶段，采用切线模量理论更接近试验结果，这时杆件的临界应力按下式计算：

$$\sigma = \frac{\pi^2 E \tau}{\lambda^2}$$

(19-6)

式中　$\tau = E_t / E$，E_t 是对应于临界应力的切线模量。

应当指出，实际轴心压杆与理想轴心压杆有很大区别，在杆件中常有各种影响稳定承载能力的因素，其中主要有：

(1) 初始缺陷。初始缺陷包括初弯曲和初偏心。轴心压杆在制造、运输和安装过程中，不可避免地会产生微小的初弯曲，一般杆件中点的挠曲矢高约为杆长的 1／500～1／2000。由于构造或施工的原因，还可能产生偶然形成的偏心。这样，在压力作用下，杆件侧向挠度从加载起就会不断增加，所以杆件除受有轴向力外，实际上还存在因杆件挠曲而产生的弯矩，从而降低了杆件的承载能力。

(2) 残余应力。残余应力是指结构在受力前，结构内部就已存在的自相平衡的初应力，例如焊接应力就是残余应力的一种，其它如钢材轧制、火焰切割、冷弯、变形矫正等过程中产生的塑性变形，也都会在结构中产生残余应力。残余应力的存在将使杆件提前进入弹塑性状态，降低了构件的刚度和承载能力。

由此可看出，真正的轴心受压构件并不存在，实际构件都具有一些初始缺陷和残余应力，它们对构件的稳定承载力有一定的影响。因此，目前在研究钢结构轴心受压构件的整体稳定时，已不采用理想轴心压杆的假定，而以具有初始缺陷和残余应力的偏心压杆作为研究的力学模型，亦即不采用屈曲临界力作为稳定设计的依据，而以稳定极限承载力作为依据。实际计算中，可应用电子计算机采用有限元概念，根据内、外力平衡条件，用数值

分析方法，模拟计算出压溃荷载，即轴心受压构件的稳定极限承载力 N_u，考虑抗力分项系数 γ_R 后，即得规范规定的计算稳定性的公式：

$$\sigma = \frac{N}{A} \leqslant \frac{N_u}{A\gamma_R} \cdot \frac{f_y}{f_y} = \varphi f \tag{19-7}$$

或

$$\frac{N}{\varphi A} \leqslant f \tag{19-8}$$

式中　N——轴心压力；

　　　A——构件的毛截面面积；

　　　f——钢材的抗压强度设计值；

　　　φ——轴心受压构件稳定系数，$\varphi = \dfrac{N_u}{Af_y} = \dfrac{\sigma_u}{f_y}$。

　　影响压杆稳定极限承载力的因素很多，轴心压杆的试验及理论计算结果常常很分散，图 19-5 表示对十二种不同情况的压杆进行稳定极限承载力理论计算后得到的各自的柱子曲线。从中可以看出，这些柱子曲线分布在一个很宽的带状范围内，实际上也可以说每一个轴心压杆都有各自的柱子曲线。规范本着经济合理、便于设计应用的原则，根据数理统计原理和可靠度分析，把承载能力相近的截面归纳为表 19-3 中 a、b、c 三类，取每类中柱子曲线的平均值作为代表曲线，图 19-6 即为 3 号钢的 a、b、c 三条曲线。图中的 φ 表示不同条件下稳定极限临界应力与其屈服点的比值，即轴心压杆的稳定系数。

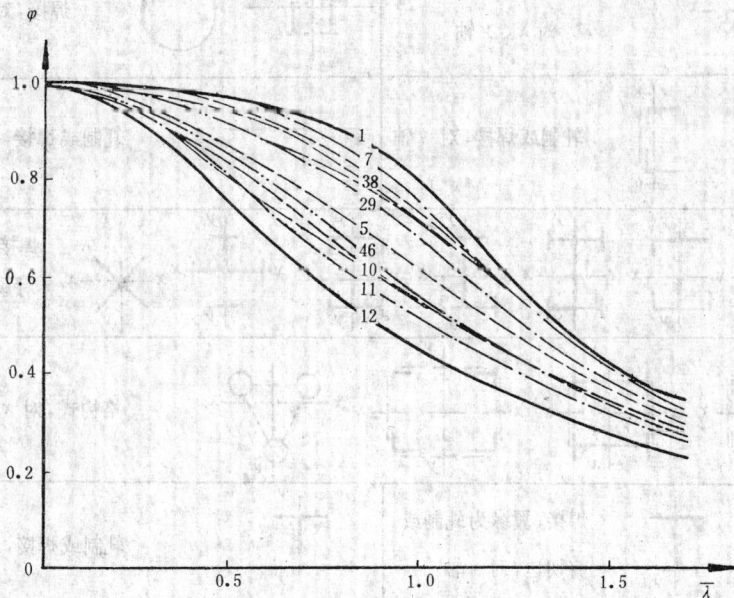

图 19-5　几种不同截面的柱子曲线

　　为便于应用，规范按 Q235（3 号钢）16Mn、16Mnq 钢和 15MnV、15MnVq 钢分别制定了 a、b、c 三类截面的轴心受压构件稳定系数表。Q235（3 号钢）见表 19-4，其他钢种见《钢结构设计规范》（GBJ17—88）。

轴心受压构件的截面分类 表19-3

截面形式和对应轴		类别
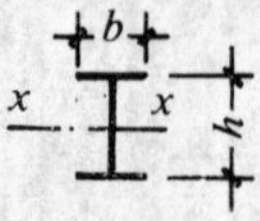 轧制，$b/h<0.8$ 对 x 轴	 轧制，对任意轴	a 类
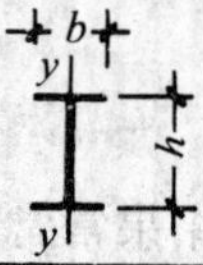 轧制，$b/h\leqslant 0.8$ 对 y 轴	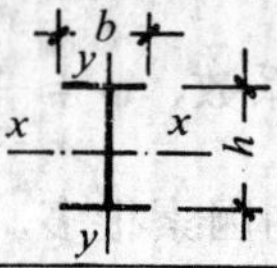 轧制，$b/h>0.8$ 对 x、y 轴	b 类
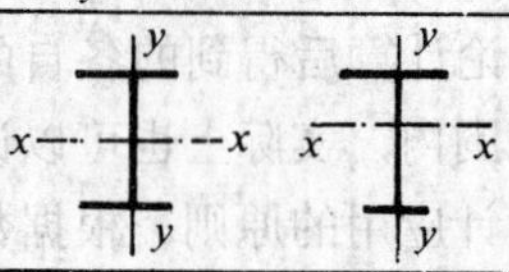 焊接、翼缘为焰切边，对 x、y 轴	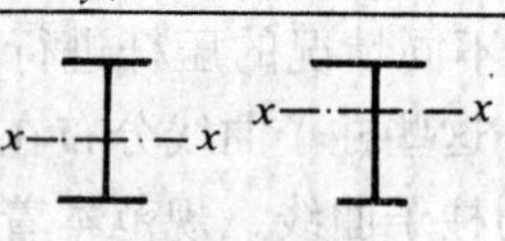 焊接，翼缘为轧制或剪切边，对 x 轴	
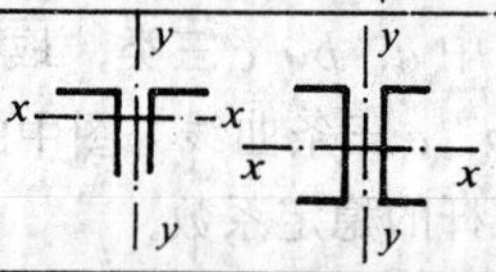 轧制对 x、y 轴	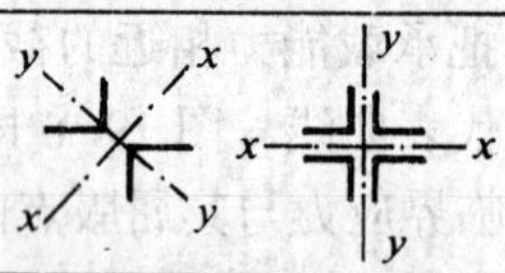 轧制，对 x、y 轴	
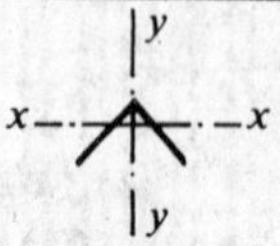 轧制，(等边角钢) 对 x、y 轴	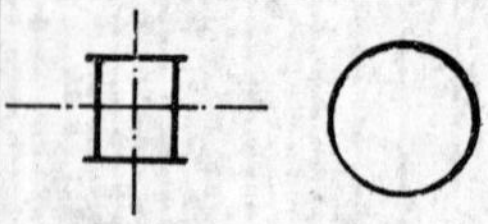 焊接，对任意轴	
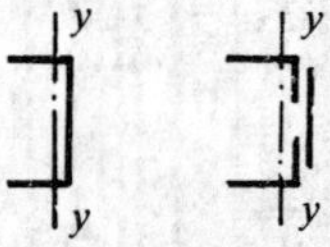 轧制或焊接，对 y 轴	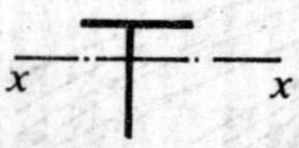 轧制或焊接，对 x 轴	
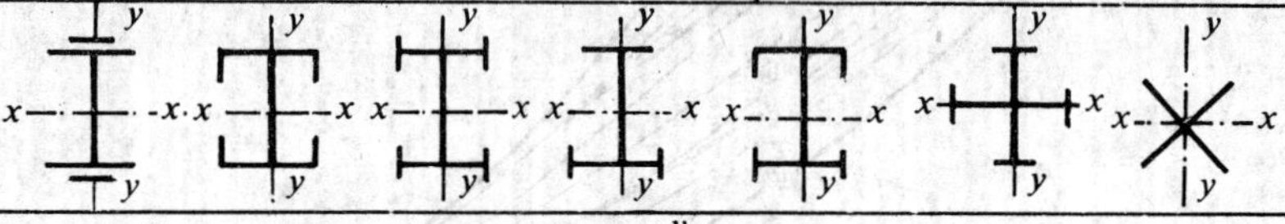 焊接 对 x、y 轴		
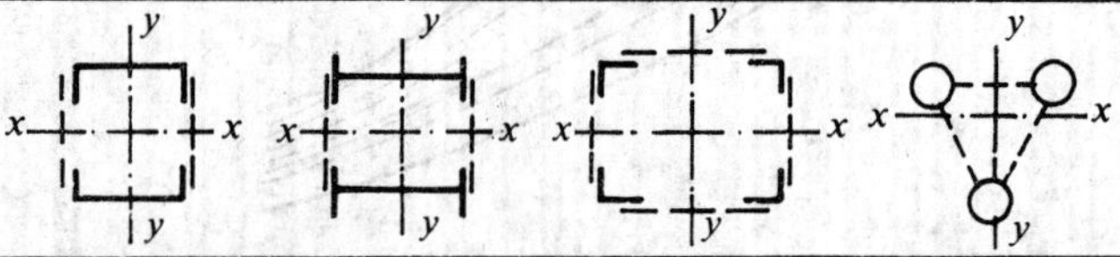 格构式，对 x、y 轴		
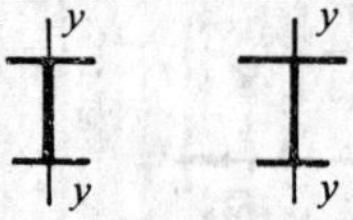 焊接，翼缘为轧制或剪切边，对 y 轴	 轧制或焊接，对 y 轴	c 类
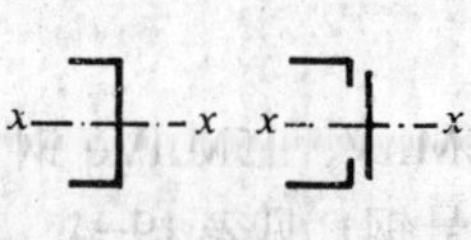 轧制或焊接，对 x 轴	无任何对称轴的截面，对任意轴；板件厚度大于 40 mm 的焊接实腹截面，对任意轴	

注：当槽形截面用于格构式构件的分肢，计算分肢对垂直于腹板轴的稳定性时，应按 b 类截面考虑。

126

Q235(3 号钢)　α 类截面轴心受压构件的稳定系数 φ

λ	0	1	2	3	4	5	6	7	8	9
0	1.000	1.000	1.000	1.000	0.999	0.999	0.998	0.998	0.997	0.996
10	0.995	0.994	0.993	0.992	0.991	0.989	0.988	0.986	0.985	0.983
20	0.981	0.879	0.977	0.976	0.974	0.972	0.970	0.968	0.966	0.964
30	0.963	0.961	0.959	0.957	0.955	0.952	0.950	0.948	0.946	0.944
40	0.941	0.939	0.937	0.934	0.932	0.929	0.927	0.924	0.921	0.919
50	0.916	0.913	0.910	0.907	0.904	0.900	0.897	0.894	0.890	0.886
60	0.883	0.879	0.875	0.871	0.867	0.863	0.858	0.854	0.849	0.844
70	0.839	0.834	0.829	0.824	0.818	0.813	0.807	0.801	0.795	0.789
80	0.783	0.776	0.770	0.763	0.757	0.750	0.743	0.736	0.728	0.721
90	0.714	0.706	0.699	0.691	0.684	0.676	0.668	0.661	0.653	0.645
100	0.638	0.630	0.622	0.615	0.607	0.600	0.592	0.585	0.577	0.570
110	0.563	0.555	0.548	0.541	0.534	0.527	0.520	0.514	0.507	0.500
120	0.494	0.488	0.481	0.475	0.469	0.463	0.457	0.451	0.445	0.440
130	0.434	0.429	0.423	0.418	0.412	0.407	0.402	0.397	0.392	0.387
140	0.383	0.378	0.373	0.369	0.364	0.360	0.356	0.351	0.347	0.343
150	0.339	0.335	0.331	0.327	0.323	0.320	0.316	0.312	0.309	0.305
160	0.302	0.298	0.295	0.292	0.289	0.285	0.282	0.279	0.276	0.273
170	0.270	0.267	0.264	0.262	0.259	0.256	0.253	0.251	0.248	0.246
180	0.243	0.241	0.238	0.236	0.233	0.231	0.229	0.226	0.224	0.222
190	0.220	0.218	0.215	0.213	0.211	0.209	0.207	0.205	0.203	0.201
200	0.199	0.198	0.196	0.194	0.192	0.190	0.189	0.187	0.185	0.183
210	0.182	0.180	0.179	0.177	0.175	0.174	0.172	0.171	0.169	0.168
220	0.166	0.165	0.164	0.162	0.161	0.159	0.158	0.157	0.155	0.154
230	0.153	0.152	0.150	0.149	0.148	0.147	0.146	0.144	0.143	0.142
240	0.141	0.140	0.139	0.138	0.136	0.135	0.134	0.133	0.132	0.131
250	0.130									

Q235(3 号钢)　b 类截面轴心受压构件的稳定系数 φ

λ	0	1	2	3	4	5	6	7	8	9
0	1.000	1.000	1.000	0.999	0.999	0.998	0.997	0.996	0.995	0.994
10	0.992	0.991	0.989	0.987	0.985	0.983	0.981	0.978	0.976	0.973
20	0.970	0.967	0.963	0.960	0.957	0.953	0.950	0.946	0.943	0.939
30	0.936	0.932	0.929	0.925	0.922	0.918	0.914	0.91	0.906	0.903
40	0.899	0.895	0.891	0.887	0.882	0.878	0.874	0.870	0.865	0.861
50	0.856	0.852	0.847	0.842	0.838	0.833	0.828	0.823	0.818	0.813
60	0.807	0.802	0.797	0.791	0.786	0.780	0.774	0.769	0.763	0.757
70	0.751	0.745	0.739	0.732	0.726	0.720	0.714	0.707	0.701	0.694
80	0.688	0.681	0.675	0.667	0.661	0.655	0.648	0.641	0.635	0.628
90	0.621	0.614	0.608	0.601	0.594	0.588	0.581	0.575	0.568	0.561
100	0.555	0.549	0.542	0.536	0.529	0.523	0.517	0.511	0.505	0.499
110	0.493	0.487	0.481	0.475	0.470	0.464	0.458	0.453	0.447	0.442
120	0.437	0.432	0.426	0.421	0.416	0.411	0.406	0.402	0.397	0.392
130	0.387	0.383	0.378	0.374	0.370	0.365	0.361	0.357	0.353	0.349
140	0.345	0.341	0.337	0.333	0.329	0.326	0.322	0.318	0.315	0.311
150	0.308	0.304	0.301	0.298	0.295	0.291	0.288	0.285	0.282	0.279
160	0.276	0.273	0.270	0.267	0.265	0.262	0.259	0.256	0.254	0.251
170	0.249	0.246	0.244	0.241	0.239	0.236	0.234	0.232	0.229	0.227
180	0.225	0.223	0.220	0.218	0.216	0.214	0.212	0.210	0.208	0.206
190	0.204	0.202	0.200	0.198	0.197	0.195	0.193	0.191	0.190	0.188
200	0.186	0.184	0.183	0.181	0.180	0.178	0.176	0.175	0.173	0.172
210	0.170	0.169	0.167	0.166	0.165	0.163	0.162	0.160	0.159	0.158
220	0.156	0.155	0.154	0.153	0.151	0.150	0.149	0.148	0.146	0.145
230	0.144	0.143	0.142	0.141	0.140	0.138	0.137	0.136	0.135	0.134
240	0.130	0.132	0.131	0.130	0.129	0.128	0.127	0.126	0.125	0.124
250	0.123									

λ	0	1	2	3	4	5	6	7	8	9
0	1.000	1.000	1.000	0.999	0.999	0.998	0.997	0.996	0.995	0.993
10	0.992	0.990	0.988	0.986	0.983	0.981	0.978	0.976	0.973	0.970
20	0.966	0.959	0.953	0.947	0.940	0.934	0.928	0.921	0.915	0.909
30	0.902	0.896	0.890	0.884	0.877	0.871	0.865	0.858	0.852	0.840
40	0.839	0.833	0.826	0.820	0.814	0.807	0.801	0.794	0.788	0.781
50	0.775	0.768	0.762	0.755	0.748	0.742	0.735	0.729	0.722	0.715
60	0.709	0.702	0.695	0.689	0.682	0.676	0.669	0.662	0.656	0.649
70	0.643	0.636	0.629	0.623	0.616	0.610	0.604	0.597	0.591	0.584
80	0.578	0.572	0.566	0.559	0.553	0.547	0.541	0.535	0.529	0.523
90	0.517	0.511	0.805	0.500	0.494	0.488	0.483	0.477	0.472	0.467
100	0.463	0.458	0.454	0.449	0.445	0.441	0.436	0.432	0.428	0.423
110	0.419	0.415	0.411	0.407	0.403	0.399	0.395	0.391	0.387	0.383
120	0.379	0.375	0.371	0.367	0.364	0.360	0.356	0.353	0.349	0.346
130	0.342	0.339	0.335	0.332	0.328	0.325	0.322	0.319	0.315	0.312
140	0.309	0.306	0.303	0.300	0.297	0.294	0.291	0.288	0.285	0.282
150	0.280	0.277	0.274	0.271	0.269	0.266	0.264	0.261	0.258	0.256
160	0.254	0.251	0.249	0.246	0.244	0.242	0.239	0.237	0.235	0.233
170	0.230	0.228	0.226	0.224	0.222	0.220	0.218	0.216	0.214	0.212
180	0.210	0.208	0.206	0.205	0.203	0.201	0.199	0.197	0.196	0.194
190	0.192	0.190	0.189	0.187	0.186	0.184	0.182	0.181	0.179	0.178
200	0.176	0.175	0.173	0.172	4.170	0.169	0.168	0.166	0.165	0.163
210	0.162	0.161	0.159	0.158	0.157	0.156	0.154	0.153	0.152	0.151
220	0.150	0.148	0.147	0.146	0.145	0.144	0.143	0.142	0.140	0.139
230	0.138	0.137	0.136	0.135	0.134	0.133	0.132	0.131	0.130	0.129
240	0.128	0.127	0.126	0.125	0.124	0.124	0.123	0.122	0.121	0.120
250	0.119									

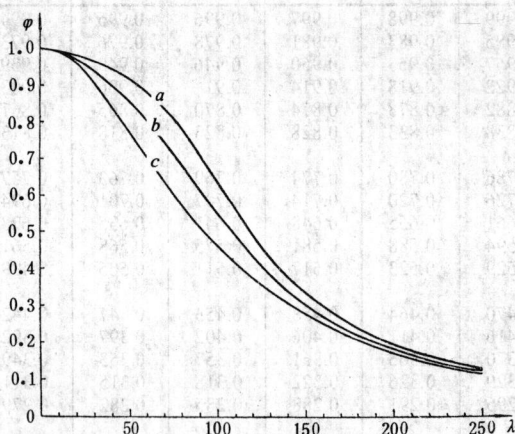

图19-6　3号钢的柱子曲线

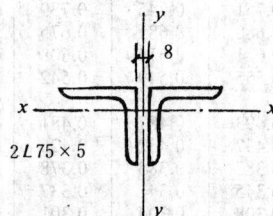

图19-7　例题19-2附图

【例题 19-2】　验算钢屋架的受压腹杆（图19-7）。$N=-148.5\text{kN}$，计算长度 $l_{ox}=229\text{cm}$，$l_{oy}=286.4\text{cm}$，材料为Q235（3号钢）。

对于轴心受压杆，当截面无孔眼的情况下，如符合公式（19-8）的稳定条件时，必然满足公式（19-1）的强度条件，所以不必进行强度验算。本题仅验算稳定性与长细比。

由附录组合截面特性表查得：

$$A = 14.82\text{cm}^2, \quad i_x = 2.32\text{cm}, \quad i_y = 3.36\text{cm}$$

长细比

$$\lambda_x = \frac{l_{ox}}{i_x} = \frac{229}{2.32} = 98.3 < [\lambda] = 150$$

$$\lambda_y = \frac{l_{oy}}{i_y} = \frac{286.4}{3.36} = 85 < [\lambda] = 150$$

由表 19-3 查得图 19-7 所示截面为 b 类，则由最大长细比 $\lambda = 98.3$ 按 b 类截面查表 19-4 得 $\varphi = 0.566$

$$\therefore \frac{N}{\varphi A} = \frac{148.5 \times 10^3}{0.566 \times 14.82 \times 10^2} = 178\text{N}/\text{mm}^2 < f = 215\text{N}/\text{mm}^2$$

五、实腹式受压柱

实腹柱可采用轧制工字钢柱或焊接组合工字形柱（图 19-8）。轧制工字钢的 i_y 比 i_x 小得多，当两个方向的计算长度相等时，杆件的截面由 y 轴的稳定性控制，所以不经济。当采用组合截面时，虽然 i_y 仍比 i_x 小，但相差已不悬殊，且制造方便，所以较为经济和常用。

实腹柱的截面尺寸一般由稳定条件控制，即按公式（19-8）设计。但在公式（19-8）中，当截面未确定时，φ 也是未知的，所以不能直接求得所需截面。通常需采用假定长细比的试算法设计截面，现以工字形柱为例，其要点如下。

首先根据经验假定长细比 λ，求在假定长细比条件下所需截面面积 A_s 及相应的回转半径 i_s。由于工字形截面回转半径 $i_x \approx 0.43h$，$i_y \approx 0.24b$，则可求出所需的截面轮廓尺寸，即 $h_s = \dfrac{i_x}{0.43}$，$b_s = \dfrac{i_y}{0.24}$。

然后，根据 A_s 及 h_s、b_s 初步确定截面尺寸，通常应使 $h \approx b$。确定翼缘和腹板尺寸要注意不使翼缘与腹板过薄，否则容易翘曲，失去局部稳定，而使整个柱子提前破坏。钢结构规范规定翼缘板自由外伸宽度与其厚度之比应符合如下要求：

$$\frac{b}{t} \leqslant (10 + 0.1\lambda)\sqrt{\frac{235}{f_y}} \tag{19-9}$$

式中 b——翼缘板自由外伸宽度；

t——翼缘板厚度；

λ——构件两方向长细比的较大值：当 $\lambda < 30$ 时，取 $\lambda = 30$；当 $\lambda > 100$ 时，取 $\lambda = 100$；

f_y——钢材的屈服强度。

规范同时规定，工字形截面腹板计算高度与其厚度之比应符合如下要求：

$$\frac{h_0}{t_w} \leqslant (25 + 0.5\lambda)\sqrt{\frac{235}{f_y}} \tag{19-10}$$

式中 h_0——腹板的计算宽度；

t_w——腹板的计算厚度；

截面尺寸初步确定之后，就可按公式（19—8）进行验算。但由于长细比是假定的，初次确定的截面常不易合理，所以要根据验算结果对截面进行调整，通常经过一、二次调整即可得合理的截面。当有设计经验时，也可采用先假设截面，然后验算、调整的方法。

六、格构式轴心受压柱

为提高轴心受压构件的承载能力，应在不增加材料用量的前提下，尽可能增大截面的惯性矩，并使两个主轴方向的惯性矩相同，即令 x 轴与 y 轴具有相等的稳定性。如图（19—9），格构式受压构件就是把肢杆布置在距截面形心一定距离的位置上，通过调整肢间距离以使两个方向具有相同的稳定性。肢杆之间用缀件（缀条或缀板）连接，以保证各肢杆的共同工作。截面上横惯柱肢的轴（图 19—9a 的 y 轴）叫实轴，与肢平行的轴（图 19—9a 的 x 轴）叫虚轴。图 19—9 (b)、(c) 中的 x、y 轴均为虚轴。

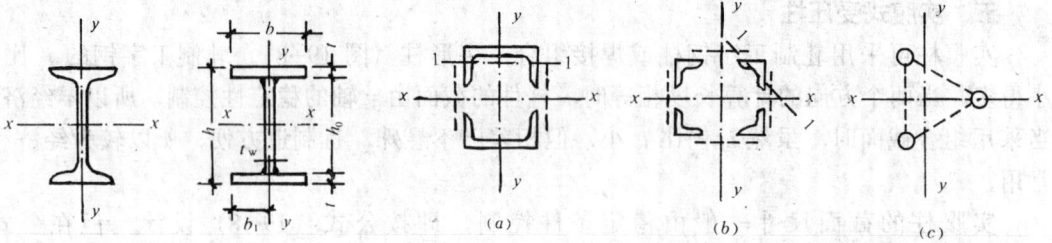

图 19—8　实腹柱截面　　　　　　图 19—9　格构柱截面

格构式柱常用两槽钢组成（图 19—9a），通常使翼缘朝内，这样，缀件长度较小，外部平整。当荷载较大时，也可用两工字钢组成。对荷载小但长度较大的杆件，例如桅杆、起重机臂等，其截面可用四个角钢组成，并在四个平面内都连以缀条或缀板（图 19—9b）。工地中的卷扬机架，受力小，构造上有特殊要求，常用三角形格构式柱，如图 19—9 (c) 所示。三角形格构柱的柱肢一般用钢管（也可用角钢）组成。

格构式构件制造复杂，由于柱肢只宜采用型钢（或钢管），所以其承载能力及应用也受到一定限制。

格构式轴心受压柱对实轴的稳定计算与实腹柱完全相同，因为它相当于两个并排的实腹式构件。但格构柱虚轴的稳定性却比具有同样长细比的实腹柱稳定性小，因为格构柱的分肢是每隔一定距离用缀件连接起来的，缀条或缀板的变形，助长了柱的屈曲破坏，所以与实腹柱相比，虚轴方向临界力较低。

为考虑缀件变形对临界力降低的影响，根据理论推导，设计计算时，采用加大的换算长细比来代替整个构件对虚轴的实际长细比，这样也就相当于降低了虚轴方向的临界力。采用换算长细比的办法使格构柱的计算大为简化，因为格构柱对实轴稳定计算已与实腹柱相同，而对虚轴的稳定计算，只需用换算长细比查取 φ 值，其余并无区别。

换算长细比按下列公式计算：

(1) 双肢组合构件（图 19—9a）

当缀件为缀板时
$$\lambda_{0x} = \sqrt{\lambda_x^2 + \lambda_1^2} \tag{19—11}$$

当缀件为缀条时
$$\lambda_{0x} = \sqrt{\lambda_x^2 + 27\frac{A}{A_{1x}}} \qquad (19-12)$$

式中　λ_x——整个构件对 x 轴的长细比;

　　　λ_1——分肢对最小刚度轴 1—1 的长细比, 其计算长度取为: 焊接时, 为相邻两缀板的净距离; 螺栓连接时, 为相邻两缀板边缘螺栓的距离;

　　　A——构件的毛截面面积;

　　　A_{1x}——构件截面中垂直于 x 轴的各斜缀条毛截面面积之和。

(2) 四肢组合构件 (图 19—9b)

当缀件为缀板时
$$\lambda_{0x} = \sqrt{\lambda_x^2 + \lambda_1^2} \qquad (19-13)$$
$$\lambda_{0y} = \sqrt{\lambda_y^2 + \lambda_1^2} \qquad (19-14)$$

当缀件为缀条时
$$\lambda_{0x} = \sqrt{\lambda_x^2 + 40\frac{A}{A_{1x}}} \qquad (19-15)$$
$$\lambda_{0y} = \sqrt{\lambda_y^2 + 40\frac{A}{A_{1y}}} \qquad (19-16)$$

式中　λ_y——整个构件对 y 轴的长细比;

　　　A_{1y}——构件截面中垂直于 y 轴的各斜缀条毛截面面积之和。

(3) 缀件为缀条的三肢组合构件 (图 19—9c)

$$\lambda_{0x} = \sqrt{\lambda_x^2 + \frac{42A}{A_1(1.5 - \cos^2\theta)}} \qquad (19-17)$$
$$\lambda_{0y} = \sqrt{\lambda_y^2 + \frac{42A}{A_1\cos^2\theta}} \qquad (19-18)$$

式中　A_1——构件截面中各斜缀条毛截面面积之和;

　　　θ——构件截面内缀条所在平面与 x 轴的夹角。

格构式受压构件的每一个分肢, 可看作是单独的实腹式轴心受压构件, 所以应保证分肢不能先于构件整体而失去稳定性。钢结构规范规定用控制分肢长细比的办法来保证分肢的稳定性, 即:

(1) 当缀件为缀条时, 其分肢的长细比 λ_1 不应大于构件两方向长细比 (对虚轴取换算长细比) 的较大值 λ_{max} 的 0.7 倍;

(2) 当缀件为缀板时, λ_1 不应大于 40, 并不应大于 λ_{max} 的 0.5 倍 (当 $\lambda_{max} < 50$ 时, 取 $\lambda_{max} = 50$)。

柱在轴心荷载下保持竖直状态时剪力为零, 但当格构式柱达临界状态绕虚轴弯曲时, 轴心力因挠度而产生弯矩, 从而引起横向剪力, 此剪力将由缀条或缀板承受。根据理论推导, 钢结构规范规定按下式计算最大剪力:

$$V = \frac{Af}{85}\sqrt{\frac{f_y}{235}} \qquad (19-19)$$

式中　$\sqrt{\dfrac{f_y}{235}}$ 是使用各种钢材时的转换系数, f_y 为钢材的屈服强度; 剪力 V 值可认为沿构件全长不变。

如图 19-10 (a)，采用缀条的格构柱可视为一个桁架，缀条的内力即按桁架的腹杆计算，不论横缀条或斜缀条均按轴心受压杆设计。图 19-10 (b) 采用缀板的格构柱则可视为一多层刚架，缀板可以看作是刚架体系的横梁，缀板截面即根据所受剪力及弯矩计算。钢结构规范指出，缀材面剪力较大或宽度较大的格构式柱，宜采用缀条柱。

格构柱的设计步骤如下：

(1) 通过对实轴整体稳定的计算，用与设计实腹柱相同的方法和步骤，选出柱的截面。

(2) 按对虚轴的计算确定两肢间的距离。为使虚轴与实轴两方向具有相等的稳定性，应使虚轴的换算长轴比与实轴的长细比相等，即 $\lambda_{0x} = \lambda_y$，由此可求出虚轴所需回转半径，再按照截面轮廓尺寸与回转半径的近似关系，即可确定肢间距离。

(3) 截面验算。包括强度验算、长细比验算、整体稳定验算和分肢稳定性验算。

(4) 缀件（缀条、缀板）和连接节点的设计。

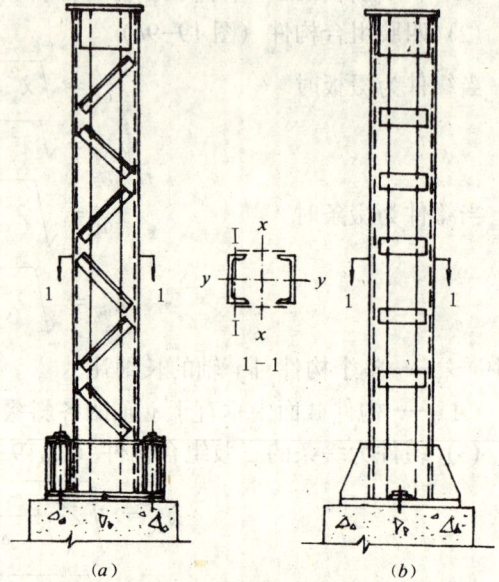

(a)　　　　　　(b)

图 19-10　缀条柱与缀板柱

七、轴心受压柱的柱头与柱脚

(一) 柱头

柱头是梁与柱的交接点，可分为铰接与刚接两种形式。轴心受压柱与梁的连接应采用铰接。如采用刚接将对柱产生弯矩，使柱成为压弯构件。以下介绍几种铰接柱头。

图 19-11 (a) 是最简单的实腹柱柱头，即在柱顶上用支承板来支承梁，梁的支承加劲肋与柱的翼缘相对。支承板厚为 20～30mm，支承板与柱身的连接按梁的支承压力计算。当荷载较大时，可将柱端铣平与支承板顶紧直接传力。

当梁端采用突缘支座时，柱头可用图 19-11 (b)、(c) 的型式。这种型式的优点是即使两侧梁的荷载不对称，柱的受力仍可视为轴心受压。当荷载较大时，为使压力分布均匀，也可在突缘加劲肋下设置垫板。

图中垫圈的厚度应较空隙小 2mm，以保证梁端在受力后可以轻微转动。

图 19-11 (d) 为轻型柱柱头，即在柱的腹板上设置角钢支托作为支承。这种柱头容许柱身长度可以有较大的公差。图中角钢支托沿柱身方向上的长度不宜过短，以保证梁的压力能逐渐由腹板传到柱的整个截面。

格构柱的柱头必须在柱肢间设置隔板以支持支承板（图 19-11e）。为增加柱头的刚度，不论是缀板柱还是缀条柱其上端均需设置缀板。

梁与柱的侧面连接可采用支托形式，如图 19-12。即梁端的压力通过梁端加劲肋以端面承压的形式传给支托，支托再通过焊缝传给柱身。支托一般应采用大号角钢并将伸出肢切去一部分，如图 19-12 (a)；或采用厚钢板，如图 19-12(b)。梁与柱之间应另用粗制螺栓连接，这种螺柱按构造设置，不必计算。

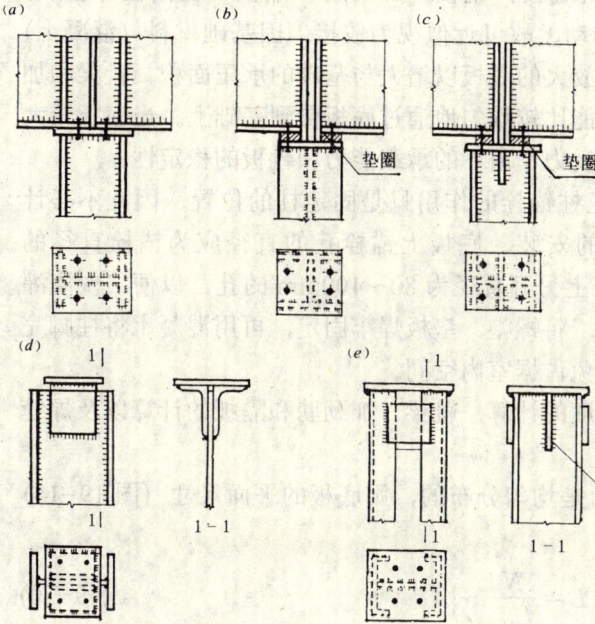

图 19-11 柱头

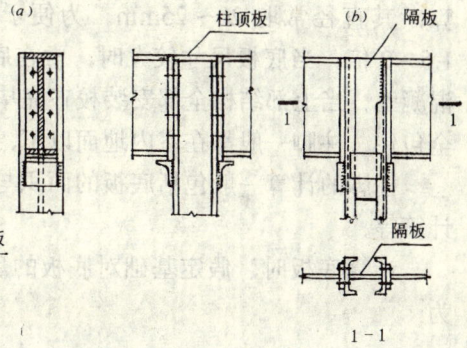

图 19-12 梁与柱的侧面连接

当梁与格构柱侧面连接时，必须在柱肢间设置隔板，隔板的高度应不小于梁端加劲肋的高度，如图 19-12 (b)。

柱头的设计主要是在明确传力过程的基础上计算连接焊缝，再根据连接焊缝的长度确定各部分的尺寸。

(二) 柱脚

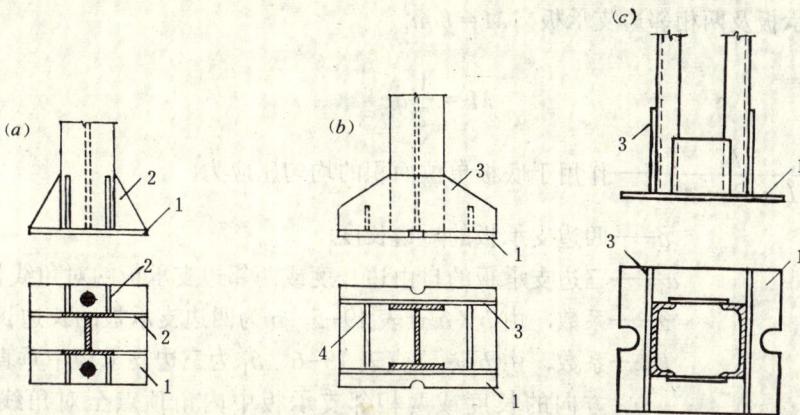

图 19-13 柱脚

1—底板；2—加劲肋；3—靴梁；4—隔板

中小型轴心受压柱一般均采用铰接柱脚。完全符合计算图式的铰接柱脚，制造复杂，安装困难，通常仅在要求较高的大跨度钢结构中才采用，一般的钢结构都采用平板式铰接柱脚，图19-13为几种柱脚的构造。

如图19-13所示，平板式铰接柱脚由底板、靴板、加劲肋、隔板以及锚栓等组成。由于锚栓只沿柱轴线设置，柱能绕此轴转动，故可近似视为铰接。因基础材料（混凝土）的抗压强度比钢材低，所以柱底必须加一放大的底板以增大与基础的承压面积。靴梁和加劲肋的作用是将柱身的端部放宽，使内力能比较均匀地通过底板传到基础上。当底板较大时，常采用隔板加强，以提高底板在基底反力作用下的承载能力和靴板的稳定性。

柱脚用锚栓固定在基础上。轴心受压柱锚栓的作用只是固定柱的位置，因此不必计算，其直径常取20～25mm。为便于柱的安装，底板上锚栓孔的直径应为锚栓直径的1.5～2倍。当底板尺寸较大时，常在底板上另开直径为80～100mm的孔，以便二次浇灌混凝土。当上部结构全部安装校正完毕后，将螺帽、垫板焊牢固定，再用混凝土将柱脚完全包住，柱脚一般都在室内地面以下，以免占据室内空间。

柱脚的计算一般包括底板的面积与厚度的计算，靴梁、加劲肋和隔板的计算以及焊缝计算等。

计算底板时，假定基础对底板的反力是均匀分布的，则底板的平面尺寸（图19-14）为：

$$B \cdot L = \frac{N}{f_{cc}} + A_0 \tag{19-20}$$

式中　f_{cc}——基础混凝土的抗压强度设计值；

A_0——锚栓孔面积；

N——柱轴心压力。

底板的厚度由抗弯强度确定，柱端、靴梁、隔板和加劲肋等均可视为底板的支承，所以底板就形成了如图19-14所示的四边支承板、三边支承板、悬臂板和两相邻边支承板（图19-15）等受力状态。各类底板单位宽度上的最大弯矩按下列公式计算：

四边支承板　　　　　　　　$M = \alpha q a^2$ \hfill (19-21)

三边支承板及两相邻边支承板　$M = \beta q a_1^2$ \hfill (19-22)

悬臂板　　　　　　　　　$M = \frac{1}{2} q c^2$ \hfill (19-23)

式中　$q = \dfrac{N}{L \cdot B - A_0}$——作用于底板单位面积的均匀压应力；

a——四边支承板的短边长度；

a_1——三边支承板的自由边长度或两邻边支承板的对角线长度；

α——系数，由b/a查表19-5，b为四边支承板的长边长度；

β——系数，由b_1/a_1查表19-6，b_1为三边支承板中垂直于自由边方向的长度或两相邻支承板中内角顶点至对角线的垂直距离；当三边支承板的$b_1/a_1 < 0.3$时，可按悬臂长为b_1的悬臂板计算。

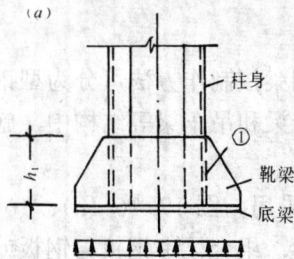

图 19-14 柱脚的尺寸

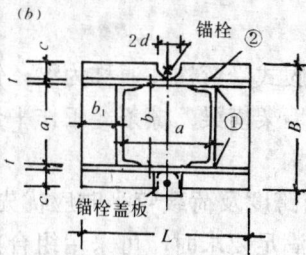

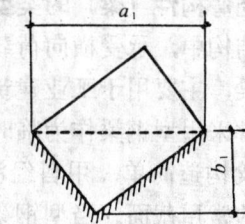

图 19-15 两邻边支承板

α 值 表　　　　　　　　　　　　　　　　　　表 19-5

b/a	1.0	1.1	1.2	1.3	1.4	1.5	1.6	1.7	1.8	1.9	2.0	3.0	>4.0
α	0.048	0.055	0.063	0.069	0.075	0.081	0.086	0.091	0.095	0.099	0.101	0.119	0.125

β 值 表　　　　　　　　　　　　　　　　　　表 19-6

b_1/a_1	0.3	0.4	0.5	0.6	0.7	0.8	0.9	1.0	1.2	>1.4
β	0.026	0.042	0.058	0.072	0.085	0.092	0.104	0.111	0.120	0.125

按以上各式求得各区格弯矩后，取其中最大者按下式确定底板的厚度：

$$t = \sqrt{\frac{6M_{max}}{f}}$$

(19-24)

为使底板设计合理，应使各区格板的弯矩基本相近，这可以通过调整底板尺寸和加设隔板或加劲肋等办法来解决。通常底板的厚度为 20～40mm。

靴梁可近似地看作是支承在柱身的双悬臂梁，截面为矩形板条，受由底板连接焊缝传来的均匀反力的作用，其厚度一般等于或略小于柱翼缘，其高度应由靴梁与柱身连接焊缝的长度决定。靴梁尺寸确定后，按抗弯及抗剪强度验算。

隔板可按简支梁计算，隔板上的荷载取其两侧底板上基底反力的一半计算。加劲肋按悬臂梁计算，一般可先假定其高与厚，然后按所受弯矩及剪力计算加劲肋的强度及其连接。

柱身的压力实际上一部分通过焊缝传给靴梁、隔板或加劲肋、再传给底板；另一部分经柱端直接传给底板。但在制造时，柱端不一定平齐，有时为调整柱长，柱端与底板间尚有不均匀缝隙，柱端与底板间的焊缝只以构造焊缝相连，焊缝质量不一定可靠，故计算中不考虑其传力。靴梁、隔板、加劲肋的底边可预先刨平，拼装时可调整位置，使其与底板密合，传力是可靠的，所以它们和底板间的焊缝按全部基底反力计算。

第二节 受 弯 构 件

一、受弯构件（梁）的类型

建筑结构中，承受横向荷载的实腹式受弯构件通称为梁。钢梁按制作方法可分为型钢梁及组合梁，主要用于工业建筑中的墙架横梁、檩条、工作平台梁和吊车梁等结构中，施工工地也常采用型钢梁作为临时性结构。

型钢梁构造简单、用料经济，当跨度及荷载较小时应优先采用。图 19-16（a）、（b）为型钢梁的常用截面。当型钢梁不能满足要求时，可采用组合梁，组合梁由钢板与钢板或钢板与型钢用焊接或铆接组合而成，常用工字型截面如图 19-16（c）、（d）、（e）所示。当荷载很大、梁高受限或抗扭要求较高时，可采用如图 19-16（f）所示的箱形截面。

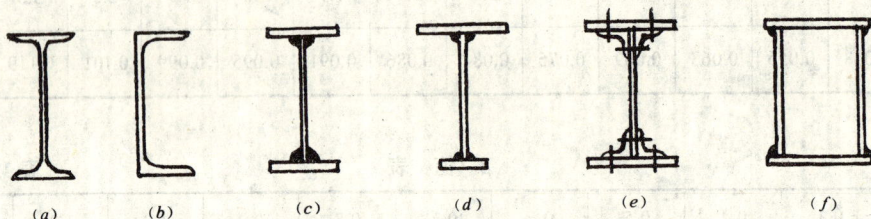

图 19-16　钢梁的截面类型

简支梁安装简便、支座沉陷不影响梁的工作、不受温度变化影响且修理与拆装方便。简支梁的用钢量虽然较连续梁或多跨静定梁大，但建筑中的钢梁主要还是采用简支梁。

钢梁按荷载作用情况的不同，还可分为仅在一个主平面内受弯的单向弯曲梁和在两个主平面内受弯的双向弯曲梁。双向弯曲梁也称斜弯曲梁。

二、梁的强度计算

梁在承受弯矩作用时，同时还有剪力作用，故应进行抗弯强度计算和抗剪强度计算。当梁的上翼缘受集中荷载作用，且该荷载处又未设置支承加劲肋时，还应进行局部承压强度计算，组合梁尚应进行折算应力计算。

（一）抗弯强度计算

梁在荷载作用下，横截面上正应力的分布如图 19-17 所示。钢材的应力在屈服点之前，其性质接近于理想的弹性体，而在屈服点之后又接近于理想的塑性体，因此钢材可以视为理想的弹塑性体。梁在弯矩作用下，截面上正应力的发展过程可分为三个阶段，即①弹性阶段（图 19-17a），此时正应力为直线分布，梁最外边缘的应力不超过屈服点（图 19-17b）；②弹塑性阶段（图 19-17c），弯矩继续增加，截面边缘区域出现塑性变形，但其中间部分仍保持弹性；③塑性阶段（图 19-17d），当弯矩再继续增加，梁截面塑性变形继续向内发展，整个截面全部进入塑性，截面将形成一塑性铰，此时梁的承载能力达到最大值。

把边缘纤维达到屈服强度视为梁的极限状态的标志叫弹性设计；在一定条件下，考虑塑性变形的发展，称为塑性设计。显然塑性设计比弹性设计更充分地发挥了材料的作用，但为了使梁的塑性变形不致过大，避免梁的早期破坏，保证塑性设计的正确性，规范对此做了规定和限制，并采用在弹性设计的基础上引入塑性发展系数的方式来计算。

钢结构规范规定，计算抗弯强度时，对直接承受动力荷载作用的受弯构件，不考虑截面塑性变形的发展，以边缘纤维屈服作为极限状态（图 19-17b）。对承受静力荷载或间接承受动力荷载作用的受弯构件，考虑截面部分发展塑性变形（图 19-17c）。其计算公式如下：

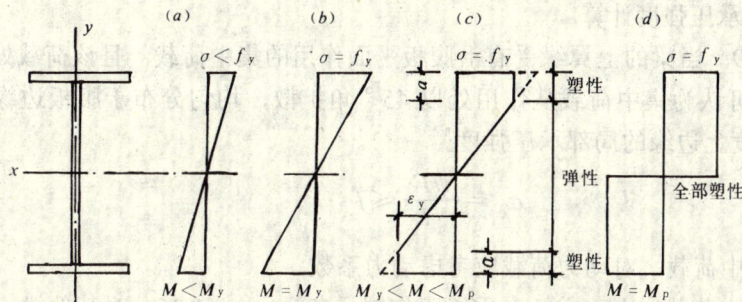

图 19-17 梁受荷时各阶段正应力的分布

（1）承受静力荷载或间接承受动力荷载时

单向弯曲时

$$\frac{M_x}{\gamma_x W_{nx}} \leqslant f \qquad (19-25)$$

双向弯曲时

$$\frac{M_x}{\gamma_x W_{nx}} + \frac{M_y}{\gamma_y W_{ny}} \leqslant f \qquad (19-26)$$

式中　　M_x、M_y——绕 x 轴和 y 轴的弯矩(对工字形截面：x 轴为强轴，y 轴为弱轴)；

　　W_{nx}、W_{ny}——对 x 轴和 y 轴的净截面抵抗矩；

　　γ_x、γ_y——截面塑性发展系数；对工字形截面 $\gamma_x = 1.05$，$\gamma_y = 1.20$；对箱形截面 $\gamma_x = \gamma_y = 1.05$；对其他截面，可按表 19-10 采用；

　　f——钢材的抗弯强度设计值。

当梁受压翼缘的自由外伸宽度与其厚度之比大于 $13\sqrt{235/f_y}$（但不超过 $15\sqrt{235/f_y}$）时，应取 $\gamma_x = 1.0$。f_y 为钢材的屈服强度：对 Q235（3 号钢），取 $f_y = 235 \text{N}/\text{mm}^2$；对 16Mn 钢、16Mnq 钢，取 $f_y = 345 \text{N}/\text{mm}$；对 15MnV 钢、15MnVq 钢，取 $f_y = 390 \text{mm}^2$。

（2）直接承受动力荷载时，仍按公式（19-25）、（19-26）计算，但应取 $\gamma_x = \gamma_y = 1.0$。

可以看出，取公式中的截面塑性发展系数为 1.0 就是以边缘纤维屈服作为极限状态的弹性设计。

（二）抗剪强度的计算

在主平面内受弯的实腹构件，其抗剪强度按下式计算（图 19-18）

$$\tau = \frac{VS}{It_w} \leqslant f_v \qquad (19-27)$$

式中　V——计算截面沿腹板平面作用的剪力；

137

S——计算剪应力处以上毛截面对中和轴的面积矩；

I——毛截面惯性矩；

t_w——腹板厚度；

f_v——钢材抗剪强度设计值。

型钢梁因腹板较厚，一般均能满足抗剪强度要求，如最大剪力处截面无削弱可不必计算。

（三）局部承压强度计算

如图 19-19，当梁的上翼缘受有沿腹板平面作用的集中荷载，且该荷载处又未设置支承加劲肋时，可认为集中荷载从作用处以 45°角扩散，均匀分布于腹板边缘，按下式计算腹板计算高度上边缘的局部承压强度：

$$\sigma_c = \frac{\psi F}{t_w l_z} \leqslant f \tag{19-28}$$

式中 F——集中荷载，对动力荷载应考虑动力系数；

ψ——集中荷载增大系数：对重级工作制吊车梁，$\psi = 1.35$；对其他梁，$\psi = 1.0$；

l_z——集中荷载在腹板计算高度上边缘的假定分布长度，按下式计算：

$$l_z = a + 2h_y \tag{19-29}$$

a——集中荷载沿梁跨度方向的支承长度，对吊车梁可取为 50mm；

h_y——自吊车梁轨顶或其他梁顶面至腹板计算高度上边缘的距离。

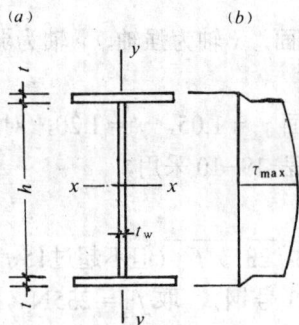

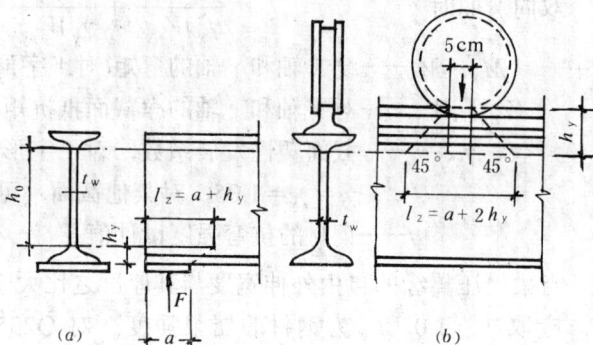

图 19-18 剪应力   图 19-19 梁在集中荷载作用下

在梁的支座处，当不设置支承加劲肋时，也应按公式 (19-28) 计算腹板计算高度下边缘的局部压应力，但 ψ 取 1.0。支座集中反力的假定分布长度应根据支座具体尺寸按公式 (19-29) 计算。

腹板的计算高度 (h_0) 规定如下：对轧制型钢梁，为腹板与上、下翼缘相接处两内弧起点间的距离；对焊接组合梁，为腹板高度；对高强度螺栓连接或铆接组合梁，为上、下翼缘与腹板连接的高强度螺栓（或铆钉）线间最近距离。

（四）折算应力的计算

在组合梁的腹板计算高度边缘处，若同时受有较大的正应力、剪应力和局部压应力（图 19-20），或同时受有较大的正应力和剪应力（如连续梁的支座处或梁的翼缘截面改变处等），其折算应力应按下式计算：

$$\sqrt{\sigma^2 + \sigma_c^2 - \sigma\sigma_c + 3\tau^2} \leqslant \beta_1 f \qquad (19-30)$$

式中　σ、τ、σ_c——腹板计算高度边缘同一点上同时产生的正应力、剪应力和局部压应力，τ 和 σ_c 按公式 (19-27)、(19-28) 计算，σ 按下式计算：

$$\sigma = \frac{M}{I_n} y_1 \qquad (19-31)$$

σ 和 σ_c 以拉应力为正值，压应力为负值；

I_n——梁净截面惯性矩；

y_1——所计算点至梁中和轴的距离；

β_1——考虑计算折算应力的部位处仅是梁的局部，对梁的危险性不大，因而将钢材强度设计值增大的系数。当 σ 与 σ_c 异号时，取 $\beta_1 = 1.2$；当 σ 与 σ_c 同号或 $\sigma_c = 0$ 时，取 $\beta_1 = 1.1$。

三、梁的刚度计算

梁的刚度用变形（即挠度）来衡量，变形过大不但会影响正常使用，也会造成不利的工作条件。

梁的截面一般常由抗弯强度决定，而截面大而跨度小的梁可能由抗剪强度控制，因此刚度一般是在经强度计算截面确定后进行验算，但如细长的梁则可能由刚度条件控制。

梁的刚度应满足：

$$v < [v] \qquad (19-32)$$

或

$$\frac{v}{l} \leqslant \frac{[v]}{l} \qquad (19-33)$$

式中　v——梁的最大挠度，按荷载标准值计算；

$[v]$——受弯构件的挠度限值，按规范的规定采用，见表 17-9。

计算挠度时，截面可不考虑由螺栓孔引起的减弱，即按毛截面计算。

对等截面的简支梁，可按下式计算：

$$\frac{v}{l} = \frac{5}{48} \cdot \frac{M_x l}{EI_x} \approx \frac{M_x l}{10EI_x} \leqslant \frac{[v]}{l} \qquad (19-34)$$

式中　I_x——跨中毛截面惯性矩；

M_x——荷载标准值作用下梁的最大弯矩。

四、梁的整体稳定

梁的强度计算时，认为荷载作用于梁截面的垂直对称轴（图 19-21 中的 y 轴）平面，即最大刚度平面，因此它只能产生沿 y 轴方向的弯曲变形。但实际上荷载不可能准确对称作用于梁的垂直平面，同时不可避免地也会有因各种偶然因素所产生的横向作用，所以梁不但产生沿 y 轴的垂直变形，也同时会有沿 x 方向的水平位移。梁在 x 方向的水平位移一般不大，但由于钢梁两个方向的刚度相差很悬殊，所以在 x 方向位移虽小，影响却很大。试验表明，在最大刚度平面内受弯的梁，远在钢材到达屈服强度前就可能因出现水平位移而扭曲破坏，如图 19-21 所示。梁的这种破坏就叫做丧失整体稳定性或称整体失稳。

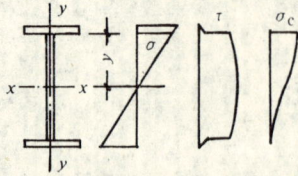

图 19-20 正应力、剪应力和局部压
应力的共同作用

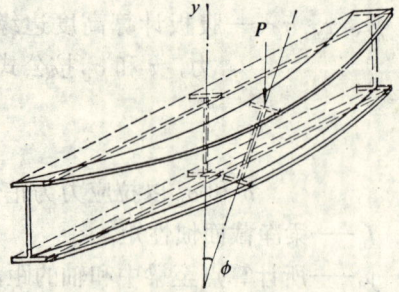

图 19-21 梁丧失整体稳定

梁丧失整体稳定是突然发生的，事先并无明显的预兆，因而比强度破坏更为危险，设计、施工中要特别注意。为提高梁的稳定承载能力，任何钢梁在其端部支承处都应采取构造措施，以防止其端部截面的扭转。当有铺板密铺在梁的受压翼缘上并与其牢固相连、能阻止受压翼缘的侧向位移时，梁就不会丧失整体稳定。

梁在丧失整体稳定时的荷载叫临界荷载，梁受压翼缘相应的最大应力就叫临界应力。整体稳定的计算就是要保证梁在荷载作用下产生的最大正应力不超过丧失稳定时的临界应力。临界应力 σ_{cr} 与钢材屈服强度 f_y 之比称为梁的整体稳定性系数，即：

$$\varphi_b = \frac{\sigma_{cr}}{f_y} \tag{19-35}$$

则计算整体稳定的公式为：

$$\sigma = \frac{M_x}{W_x} \leqslant \frac{\sigma_{cr}}{\gamma_k} = \frac{\sigma_{cr}}{f_y} \cdot \frac{f_y}{\gamma_k} = \varphi_b \cdot f \tag{19-36}$$

故规范规定按下式计算：

$$\frac{M_x}{\varphi_b W_x} \leqslant f \tag{19-37}$$

式中　M_x——绕强轴作用的最大弯矩；

　　　W_x——按受压纤维确定的梁毛截面抵抗矩；

　　　φ_b——梁的整体稳定系数。

梁丧失整体稳定的临界应力的大小，亦即梁的整体稳定系数的大小，根据试验与理论推导，主要与梁的刚度、跨度或侧向支承点间的距离、荷载的性质和作用位置等因素有关。梁的整体稳定系数 φ_b 的计算公式可由《钢结构设计规范》附录中查得。

对于均匀弯曲的双轴对称工字形截面（图 19-22）受弯构件，当 $\lambda_y \leqslant 120\sqrt{235/f_y}$ 时，其整体稳定系数 φ_b 可按以下近似公式计算：

$$\varphi_b = 1.07 - \frac{\lambda_y^2}{44000} \cdot \frac{f_y}{235} \tag{19-38}$$

式中　λ_y——梁在侧向支承点间对截面弱轴 $y-y$ 的长细比，$\lambda_y = l_1 / i_y$；

　　　l_1——梁受压翼缘侧向支承点间的距离（梁的支座处视为有侧向支承），对跨中无侧

140

向支承点的梁即为跨度；

i_y——梁毛截面对 y 轴的回转半径。

轧制普通工字钢简支梁，其截面几何尺寸有一定的比例关系，所以可将 φ_b 之值按工字钢型号和受压翼缘自由长度 l_1 制成表供直接查用，见表 19-7。

应当指出，上述整体稳定系数 φ_b 是假定材料为弹性工作，且未考虑残余应力影响，是按弹性理论推导的，故只适用于梁的弹性工作阶段。但大量的中等跨度的梁失稳时常处于弹塑性工作阶段，其分界点为 $\varphi_b = 0.6$，因此规范规定，当按规范附录所列计算 φ_b 的公式（包括上述公式 19-38）计算出的以及按表 19-7 查得的 $\varphi_b > 0.6$ 时，即认为梁已进入弹塑性工作阶段，此时应按表 19-8 查出相当的 φ'_b 代替 φ_b。

规范规定，当符合下列情况之一时，可不计算梁的整体稳定性：

(1) 有铺板（各种钢筋混凝土板和钢板）密铺在梁的受压翼缘上并与其牢固相连、能阻止梁受压翼缘的侧向位移时。

(2) 工字形截面简支梁受压翼缘自由长度 l_1 与其宽度 b_1 之比不超过表 19-9 所规定的数值时。

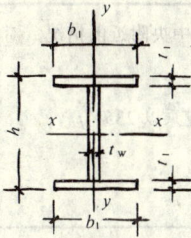

图 19-22 双轴对称工字型截面　　　　　图 19-23 平板的局部失稳

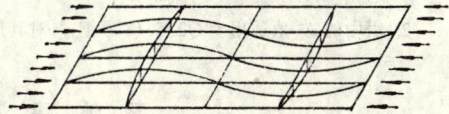

五、梁的局部稳定

从用材经济观点看，选择组合梁截面时总是力求采用高而薄的腹板以增大截面的惯性矩和抵抗矩，同时也希望采用宽而薄的翼缘以提高梁的稳定性，但是，当钢板过薄，亦即梁腹板的高厚比或翼缘的宽厚比增大到一定程度时，腹板或受压翼缘在尚未达到强度限值或在梁未丧失整体稳定前，就可能发生波浪形的屈曲，如图 19-23 所示，这种现象就叫做失去局部稳定或称局部失稳。

如果梁的腹板或翼缘出现了局部失稳，整个构件一般还不至于立即丧失承载能力，但由于对称截面转化为非对称截面而产生扭转、部分截面退出工作等原因，就使构件的承载能力大为降低。所以，梁丧失局部稳定的危险性虽然比丧失整体稳定的危险性小，但它往往是导致钢结构早期破坏的因素。

图 19-24 为梁的翼缘和腹板在各种应力作用下局部失稳现象的示意图。

为了避免梁出现局部失稳，第一种办法是限制板件的宽厚比或高厚比；第二种办法是在垂直于钢板平面方向，设置具有一定刚度的加劲肋。

对于梁的翼缘，只能采用第一种办法，规范规定梁受压翼缘自由外伸宽度 b 与其厚度 t 之比应符合下式要求：

轧制普通工字钢简支梁的整体稳定系数 φ_b

表 19—7

项次	荷载情况			工字钢型号	自由长度 l_1 (m)								
					2	3	4	5	6	7	8	9	10
1	跨中无侧向支承点的梁	集中荷载作用于	上翼缘	10~20	2.0	1.30	0.99	0.80	0.68	0.58	0.53	0.48	0.43
				22~32	2.4	1.48	1.09	0.86	0.72	0.62	0.54	0.49	0.45
				36~63	2.8	1.60	1.07	0.83	0.68	0.56	0.50	0.45	0.40
2			下翼缘	10~20	3.1	1.95	1.34	1.01	0.82	0.69	0.63	0.57	0.52
				22~40	5.5	2.80	1.84	1.37	1.07	0.86	0.73	0.64	0.56
				45~63	7.3	3.60	2.30	1.62	1.20	0.96	0.80	0.69	0.60
3		均布荷载作用于	上翼缘	10~20	1.7	1.12	0.84	0.68	0.57	0.50	0.45	0.41	0.37
				22~40	2.1	1.30	0.93	0.73	0.60	0.51	0.45	0.40	0.36
				45~63	2.6	1.45	0.97	0.73	0.59	0.50	0.44	0.38	0.35
4			下翼缘	10~20	2.5	1.55	1.08	0.83	0.68	0.56	0.52	0.47	0.42
				22~40	4.0	2.20	1.45	1.10	0.85	0.70	0.60	0.52	0.46
				45~63	5.6	2.80	1.80	1.25	0.95	0.78	0.65	0.55	0.49
5	跨中有侧向支承点的梁(不论荷载作用于截面高度何处)			10~20	2.2	1.39	1.01	0.79	0.66	0.57	0.52	0.47	0.42
				22~40	3.0	1.80	1.24	0.96	0.76	0.65	0.56	0.49	0.43
				45~63	4.0	2.20	1.38	1.01	0.80	0.66	0.56	0.49	0.43

注: 1. 项次1.2中的集中荷载是指一个或少数几个集中荷载位于跨度中央附近的情况,对其他情况的集中荷载应按均布荷载考虑;

2. 表中的 φ_b 值适用于 Q235 (3号钢)。对其他钢号,表中数值应乘以 $235/f_y$。

整 体 稳 定 系 数 φ'_b

表 19—8

φ_b	0.60	0.65	0.70	0.75	0.80	0.85	0.90	0.95	1.00
φ'_b	0.600	0.627	0.653	0.676	0.697	0.715	0.732	0.748	0.762
φ_b	1.05	1.10	1.15	1.20	1.25	1.30	1.35	1.40	1.45
φ'_b	0.775	0.788	0.799	0.809	0.819	0.828	0.837	0.845	0.852
φ_b	1.50	1.60	1.80	2.00	2.25	2.50	3.00	3.50	>4.00
φ'_b	0.859	0.872	0.894	0.913	0.931	0.946	0.970	0.987	1.000

工字形截面简支梁不需计算整体稳定的最大 l_1/b_1 值

表 19—9

钢 号	跨中无侧向支承点的梁		跨中有侧向支承点的梁,不论荷载作用在何处
	荷载作用在上翼缘	荷载作用在下翼缘	
Q235(3号钢)	13	20	16
16Mn 钢、16Mnq 钢	11	17	13
15MnV 钢、15MnVq	10	16	12

注: 1. 其他钢号的梁不需计算整体稳定性的最大 l_1/b_1 值,应取 Q235 (3号钢) 的数值乘以 $\sqrt{235/f_y}$。

2. 梁的支座处,应采取构造措施以防止梁端截面的扭转。

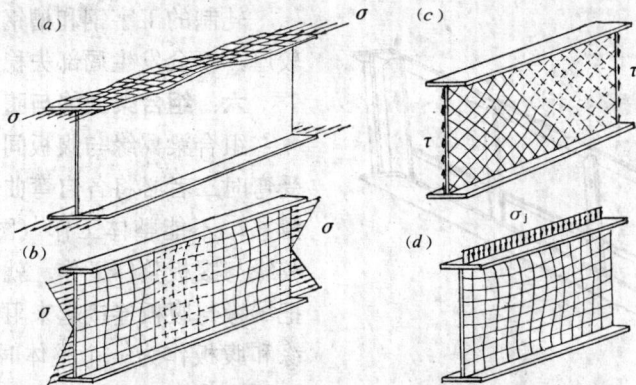

图 19-24 梁的局部失稳现象

(a) 翼缘的失稳; (b) 腹板在正应力作用下的失稳; (c) 腹板在剪应力作用下的失稳; (d) 腹板在轮压下的失稳

$$\frac{b}{t} \leq 15\sqrt{\frac{235}{f_y}} \tag{19-39}$$

式中 b——翼缘板自由外伸宽度,对焊接梁,取腹板边至翼缘板边缘距离;

t——翼缘厚度。

梁的腹板以承受剪力为主,按抗剪所需要的厚度一般很小,如果采用加厚腹板或降低梁高的办法来保证局部稳定,显然是不经济的。因此,组合梁的腹板主要是靠采用加劲肋来加强,也就是用加劲肋将腹板分隔成较小的区格来提高其抵抗局部屈曲的能力,加劲肋应在腹板两侧成对布置,如图 19-25。与梁跨度方向垂直的叫横向加劲肋,主要作用是用以防止因剪切使腹板产生的屈曲;也可以在配置横向加劲肋的同时,在腹板的受压区,顺梁跨度方向设置纵向加劲肋,其作用主要是用以防止因弯曲而使腹板产生的屈曲;还可以

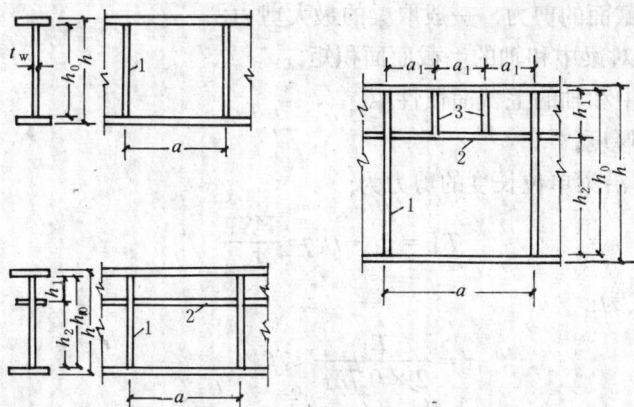

图 19-25 加劲肋的布置

1—横向加劲; 2—纵向加劲肋; 3—短加劲肋

在配置纵横加劲肋的同时在受压区配置短加劲肋。图 19-26 是同时设置纵横向加劲肋的组合梁示意图。

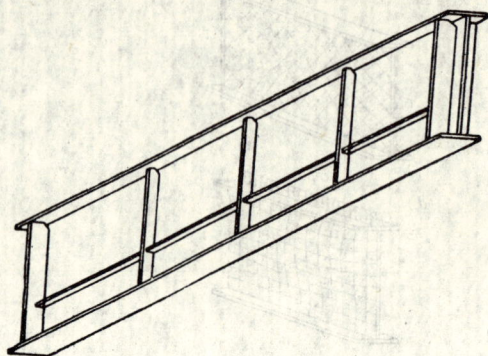

图 19-26 有纵横加劲肋的组合梁

轧制的工字钢和槽钢的翼缘和腹板都比较厚，不会发生局部失稳，不必采取措施。

六、组合梁翼缘与腹板的连接

组合梁翼缘与腹板间如果没有连接，梁受弯时二者必将各自弯曲，翼缘与腹板相互滑移，不能整体工作（图 19-27）。为保证翼缘与腹板整体工作，就需要有足够的焊缝把翼缘与腹板连接起来阻止这个错动。当翼缘和腹板作为一个整体时，焊缝所承受的，就是梁受弯时它们接触面间所产生的水平剪力（图 19-28）。

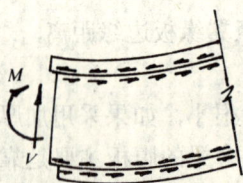

图 19-27 翼缘焊缝的作用

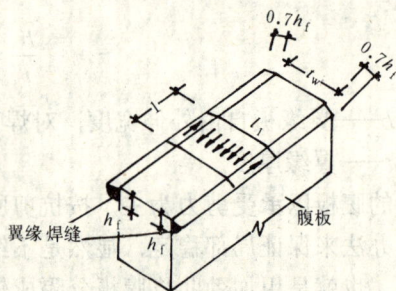

图 19-28 翼缘焊缝的工作

由材料力学可得翼缘与腹板连接处的剪应力为：

$$\tau_1 = \frac{V S_1}{I_x t_w} \tag{19-40}$$

式中 V——计算截面的剪力，一般取梁的最大剪力；

S_1——翼缘对梁中和轴的毛截面面积矩；

I_x——梁对中和轴的毛截面惯性矩；

t_w——腹板厚度。

由图 19-28，沿梁单位长度的剪力为：

$$T_1 = \tau_1 \cdot t_w = \frac{V S_1}{I_x} \tag{19-41}$$

焊缝计算公式为：

$$\tau = \frac{T_1}{2 \times 0.7 h_f} \leqslant f_f^w \tag{19-42}$$

则

$$h_f = \frac{V S_1}{1.4 f_f^w I_x} \tag{19-43}$$

对于吊车梁（图 19-29）或上翼缘受有固定集中荷载的一般梁，而该处又未设加劲肋时，梁的上翼缘与腹板的连接焊缝在承受剪力 T_1 作用的同时，还受有集中荷载产生的竖向剪力。梁单位长度上的竖向剪力为：

$$P = \sigma_c t_w = \frac{\psi F}{l_z} \tag{19-44}$$

式中 σ_c——按公式（19-28）计算。

F——集中荷载（吊车梁考虑动力系数）；

ψ——系数，重级工作制吊车梁 $\psi = 1.35$，其他梁 $\psi = 1.0$。

则得焊缝计算公式：

$$\tau = \frac{\sqrt{T_1^2 + P^2}}{2 \times 0.7 h_f} \leqslant f_f^w \tag{19-45}$$

即

$$h_f = \frac{1}{1.4 f_f^w} \sqrt{\left(\frac{VS_1}{I_x}\right)^2 + \left(\frac{\psi F}{\beta_f l_z}\right)^2} \tag{19-46}$$

式中 β_f 为正面角焊缝的强度设计值增大系数，见公式（18-1）。

【例题 19-3】 简支梁计算跨度 4m，采用型钢梁（I32a），采用 Q235（3 号钢）。承受均布荷载，其中永久荷载（不包括梁自重）标准值为 9kN／m，可变荷载（非动力荷载）标准值为 28kN／m，结构安全等级为 2 级。梁跨中上翼缘无支承点，铺板与梁无刚性联系。试进行验算。

【解】
由型钢表查得 I32a 的有关数值：

$$自重 \ 52.69 kg／m(516N／m)$$
$$W_x = 69.25 cm^3(69.25 \times 10^3 mm^3)$$
$$I_x = 11080 mm^4(11080 \times 10^4 mm^4)$$
$$S_x = 400.5 cm^3(400.5 \times 10^3 mm^3)$$
$$I_x／S_x = 27.7 cm = 277 mm$$

腹板厚 $t_w = 9.5 mm$

1. 荷载计算

$$由 \ q = \gamma_0(\gamma_G G_K + \gamma_{Q1} Q_{1k})$$
$$\gamma_0 = 1.0, \quad \gamma_G = 1.2, \quad \gamma_{Q1} = 1.4$$
$$G_k(永久荷载) = 9 + 0.516 = 9.516 kN／m$$

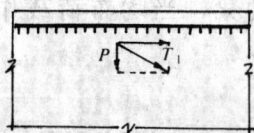

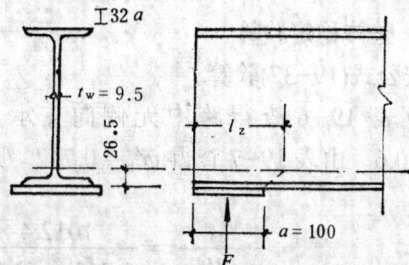

图 19-29 吊车梁上翼缘焊缝的受力   图 19-30 例题 19-3 附图

$$Q_{1k}(可变荷载)=28kN/m$$

$$q=1.0(1.2\times9.516+1.4\times28)=50.62kN/m=50.62N/mm$$

2. 抗弯强度验算

跨中最大弯矩 $\quad M_x=\dfrac{ql_0^2}{8}=\dfrac{1}{8}\times50.62\times4000^2=1012.4\times10^5N\cdot mm$

由公式(19-25)

$$\frac{M_x}{\gamma_x W_{nx}}=\frac{1012.4\times10^5}{1.05\times69.25\times10^3}=139.3<f=215N/mm^2$$

3. 抗剪强度验算

$$V_{max}=\frac{1}{2}ql=\frac{1}{2}\times50.62\times4=101.24kN$$

由公式(19-27)

$$\tau=\frac{VS}{It_w}=\frac{101.24\times10^3}{277\times9.5}=38.5<f_y=125N/mm^2$$

4. 局部承压强度验算

支座构造如图 19-30 所示，$F=V_{max}=101.24kN$

由型钢表查得内圆弧半径 $r_0=11.5mm$，翼缘平均厚 $t=15mm$，故

$$h_y=r_0+t=11.5+15=26.5mm$$

$$l_z=a+h_y=100+26.5=126.5mm$$

由公式(19-28)

$$\sigma_c=\frac{\psi F}{t_w l_z}=\frac{1.0\times101.24\times10^3}{9.5\times126.5}$$

$$=84.24<f=215N/mm^2$$

5. 刚度验算

刚度验算采用标准值，按公式（19-34）验算。

$$q=9.516+28=37.516N/mm$$

$$M_x=\frac{ql^2}{8}=\frac{1}{8}\times37.516\times4000^2=750.3\times10^5N\cdot mm$$

$$\frac{v}{l}=\frac{M_x l}{10EI_x}=\frac{750.3\times10^5\times4\times10^3}{10\times2.06\times10^5\times11080\times10^4}=\frac{1}{740}<\frac{[v]}{l}=\frac{1}{250}$$

6. 整体稳定验算

按公式(19-37)验算。

由表 19-6 查得跨中无侧向支承点的梁，当均布荷载作用于上翼缘时，$\varphi_b=0.93>0.6$，由表 19-7 查得 $\varphi'_b=0.742$。则

$$\frac{M_x}{\varphi'_b W_x}=\frac{1012.4\times10^5}{0.742\times69.25\times10^3}=197<215N/mm^2$$

第三节　偏心受力构件

一、偏心受力构件的类型

偏心受力构件有拉弯构件与压弯构件。

钢结构中，拉弯构件（图 19-31）较少。如钢屋架下弦，当节间作用有荷载时，杆件不但受拉，同时受弯，即为拉弯构件，或称偏心受拉构件。

压弯构件是钢结构中常见的构件，即杆件不但受压而且受弯。这种情况有由荷载偏心作用或端弯矩引起的，或由受压杆件中间作用的横向力引起的，如图 19-32 所示。

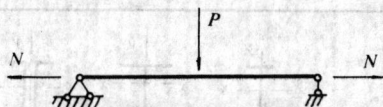

图 19-31　拉弯构件

压弯构件也称偏心受压构件。在工程上，如节间荷载作用下的屋架上弦、风荷载作用下的天窗架侧竖杆、自重及风荷载作用下的起重臂杆以及偏心荷载作用下的厂房柱等，均为压弯构件。

压弯构件的截面有工字形、T 形、箱形等，如图 19-33 所示。压弯构件截面中两个主轴方向的刚度一般不相等，抗弯刚度大的 $x-x$ 轴称为强轴，抗弯刚度小的 $y-y$ 轴称为弱轴。

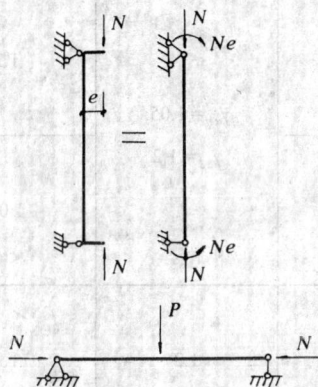

图 19-32　压弯构件

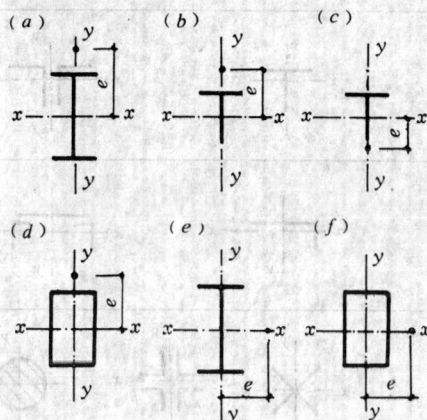

图 19-33　压弯构件的截面形式

拉弯构件要计算强度与刚度；压弯构件要计算强度、稳定性及刚度。拉弯构件与压弯构件的刚度均以容许长细比来控制。偏心受力构件的容许长细比〔λ〕与轴心受力构件的容许长细比相同，见表 19-1、表 19-2。

二、拉弯构件与压弯构件的强度计算

偏心受力构件的截面上，除有轴向力产生的拉应力或压应力外，还有弯矩产生的弯曲应力。把轴向力和弯矩产生的应力叠加，即得截面上任意点的正应力。截面设计时应按上边缘或下边缘正应力计算。

弯矩作用在主平面内的拉弯构件和压弯构件，其强度应按下列公式计算：

（一）承受静力荷载或间接承受动力荷载时

$$\frac{N}{A_n} \pm \frac{M_x}{\gamma_x W_{nx}} \leqslant f \qquad\qquad (19-47)$$

双向受弯时

$$\frac{N}{A_n} \pm \frac{M_x}{\gamma_x W_{nx}} \pm \frac{M_y}{\gamma_y W_{ny}} \leqslant f \qquad\qquad (19-48)$$

截面塑性发展系数 γ 值   表 19-10

项次	截面形式	γ_x	γ_y
1			1.2
2		1.05	1.05
3		$\gamma_{x1} = 1.05;$ $\gamma_{x2} = 1.2$	1.2
4			1.05
5		1.2	1.2
6		1.15	1.15
7		1.0	1.05
8			1.0

式中　　　　　N——轴心拉力或轴心压力；

A_n——构件的净截面面积；

M_x、M_y——绕 x 轴和 y 轴的弯矩；

W_{nx}、W_{ny}——对 x 轴和 y 轴的净截面抵抗矩；

γ_x、γ_y——截面塑性发展系数,按表 19—10 采用。

（二）直接承受动力荷载时

仍按公式（19—40）、（19—41）计算,但 $\gamma_x = \gamma_y = 1.0$。

三、压弯构件的稳定性计算

（一）弯矩作用平面内的稳定性

压弯杆件的失去稳定,是由于截面塑性发展到一定程度,构件突然屈曲而被压溃。根据理论推导,弯矩作用平面内的稳定性按下式计算

$$\frac{N}{\varphi_x A} + \frac{\beta_{mx} M_x}{\gamma_x W_{1x}\left(1 - 0.8\dfrac{N}{N_{Ex}}\right)} \leqslant f \qquad (19-49)$$

式中　　　N——所计算构件段范围内的轴心压力；

φ_x——弯矩作用平面内的轴心受压构件稳定系数；

A——构件的毛截面面积；

M_x——所计算构件段范围内的最大弯矩；

N_{Ex}——欧拉临界力,$N_{Ex} = \pi^2 EA / \lambda_x^2$；

W_{1x}——弯矩作用平面内较大受压纤维的毛截面抵抗矩；

β_{mx}——等效弯矩系数,按下列规定采用：

(1) 弯矩作用平面内有侧移的框架柱以及悬臂构件.$\beta_{mx} - 1.0$。

(2) 无侧移框架柱和两端支承的构件：

1) 无横向荷载作用时：$\beta_{mx} = 0.65 + 0.35\dfrac{M_2}{M_1}$,但不得小于 0.4,$M_1$ 和 M_2

为端弯矩,使构件产生同向曲率（无反弯点）时取同号,使构件产生反向曲率（有反弯点）时取异号,$|M_1| \geqslant |M_2|$；

2) 有端弯矩和横向荷载同时作用时：使构件产生同向曲率时,$\beta_{mx} = 1.0$；使构件产生反向曲率时,$\beta_{mx} = 0.85$；

3) 无端弯矩但有横向荷载作用时：当跨度中点有一个横向集中荷载作用时,$\beta_{mx} = 1 - 0.2\dfrac{N}{N_{Ex}}$；其他荷载情况时 $\beta_{mx} = 1.0$。

对于表 19—10 第 3、4 项中的单轴对称截面压弯构件,当弯矩作用在对称轴平面内且使较大翼缘受压时,较小翼缘有可能由于拉应力较大而首先屈服,因此,除应按公式（19—49）计算外,尚应对较小翼缘侧按下式计算：

$$\left| \frac{N}{A} - \frac{\beta_{mx} M_x}{\gamma_x W_{2x}\left(1 - 0.25\dfrac{N}{N_{Ex}}\right)} \right| \leqslant f \qquad (19-50)$$

式中 W_{2x}——对较小翼缘的毛截面抵抗矩。

（二）弯矩作用平面外的稳定性

当压弯构件在弯矩作用平面外的长细比较大时，容易首先在弯矩作用平面外失去稳定。如图 19-34。这种失稳，既有侧向弯曲，又有扭曲，是一种空间屈曲状态。弯矩作用平面外的稳定性按下式计算：

$$\frac{N}{\varphi_y A} + \frac{\beta_{tx} M_x}{\varphi_b W_{1x}} \leqslant f \tag{19-51}$$

式中 φ_y——弯矩作用平面外的轴心受压构件稳定系数；

φ_b——均匀弯曲的受弯构件整体稳定系数，对于双轴对称工字形截面可按公式（19-38）计算；对双角钢 T 形截面（弯矩作用在对称轴平面，绕 x 轴）：弯矩使翼缘受压时，$\varphi_b = 1 - 0.0017\lambda_y \sqrt{\dfrac{f_y}{235}}$；弯矩使翼缘受拉时，$\varphi_b = 1.0$；对箱形截面可取 $\varphi_b = 1.4$；

M_x——所计算构件段范围内的最大弯矩；

β_{tx}——等效弯矩系数，按下列规定采用：

（1）在弯矩作用平面外有支承的构件，应根据两相邻支承点间构件段内的荷载和内力情况确定：

1）所考虑构件段无横向荷载作用时：$\beta_{tx} = 0.65 + 0.33\dfrac{M_2}{M_1}$，但不得小于 0.4，$M_1$ 和 M_2 是在弯矩作用平面内的端弯矩，使构件段产生同向曲率时取同号，产生反向曲率时取异号，$|M_1| \geqslant |M_2|$；

2）所考虑构件段内有端弯矩和横向荷载同时作用时：使构件段产生同向曲率时，$\beta_{tx} = 1.0$；使构件段产生反向曲率时，$\beta_{tx} = 0.85$；

3）所考虑构件段内无端弯矩但有横向荷载作用时，$\beta_{tx} = 1.0$。

（2）悬臂构件，$\beta_{tx} = 1.0$。

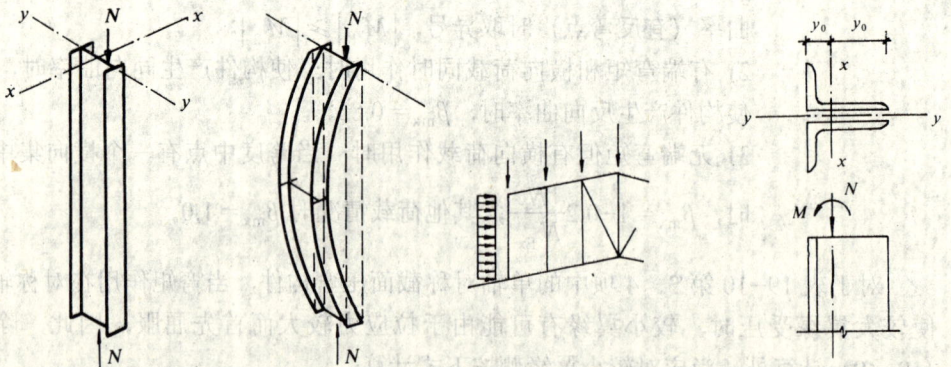

图 19-34 压弯构件在弯矩作用平面外失稳　　图 19-35 例题 19-4 附图(一)

【例题 19-4】 验算天窗架的侧竖杆，截面 2∟110×70×6(长肢相连，角钢缝隙为

10mm)，轴向压力 $N = 40\text{kN}$，由风压力及风吸力引起杆件中部的最大弯矩均为 $5.5\text{kN} \cdot$
m，$l_{0x} = l_{0y} = 325\text{cm}$，截面无减损，采用 Q235（3 号钢）。

【解】　因截面无减损，不必验算强度。

1. 在风压力作用下的稳定性验算（图 19-35）

由附录组合截面特性表中查得：

$$A = 21.27\text{cm}^2 \qquad I_x = 267\text{cm}^4$$
$$i_x = 3.54\text{cm} \qquad i_y = 2.88\text{cm}$$

构件长细比为：

$$\lambda_x = \frac{l_{0x}}{i_x} = \frac{325}{3.54} = 92 < [\lambda] = 150$$

$$\lambda_y = \frac{l_{0y}}{i_y} = \frac{325}{2.88} = 113 < [\lambda] = 150$$

重心距离：$y_0 = 3.53\text{cm}$，$y'_0 = 11 - 3.53 = 7.47\text{cm}$

截面抵抗矩：

$$W_{1x} = \frac{I_x}{y_0} = \frac{267}{3.53} = 75.6\text{cm}^3$$

$$W_{2x} = \frac{I_x}{y_0} = \frac{267}{7.47} = 35.7\text{cm}^3$$

由 $\lambda_x = 92$，$\varphi_x = 0.603$（3 号钢，b 类截面）

$$\beta_{mx} = 1.0, \quad \gamma_{x1} = 1.05, \quad \gamma_{x2} = 1.20$$

$$N_{Ex} = \frac{\pi^2 E A}{\lambda_x^2} = \frac{\pi^2 \times 206 \times 10^5 \times 21.57}{92^2} = 510000\text{N} = 510\text{kN}$$

验算弯矩作用平面内的稳定性

由公式(19-42)、(19-43)：

$$\frac{N}{\varphi_x A} + \frac{\beta_{mx} M_x}{\gamma_{x1} W_{1x} \left(1 - 0.8 \dfrac{N}{N_{Ex}}\right)}$$

$$= \frac{40 \times 10^3}{0.603 \times 21.27 \times 10^2} + \frac{1.0 \times 5.5 \times 10^6}{1.05 \times 75.6 \times 10^3 \left(1 - 0.8 \dfrac{40 \times 10^3}{510 \times 10^3}\right)}$$

$$= 31.19 + 73.71 = 104.9 < f = 215\text{N}/\text{mm}^2$$

$$\left| \frac{N}{A} - \frac{\beta_{mx} M_x}{\gamma_{x2} W_{2x} \left(1 - 1.25 \dfrac{N}{N_{Ex}}\right)} \right|$$

$$= \left| \frac{40 \times 10^2}{21.27 \times 10^2} - \frac{1.0 \times 5.5 \times 10^6}{1.2 \times 35.7 \times 10^3 \left(1 - 1.25 \dfrac{40 \times 10^3}{510 \times 10^3}\right)} \right|$$

$$= |18.8 - 142.65|$$

$$= 123.85 < f = 215\text{N}/\text{mm}^2$$

验算弯矩作用平面外的稳定性

由 $\lambda_y = 113$, $\varphi_y = 0.475$ (3号钢, b 类截面)

$$\varphi_b = 1 - 0.0017\lambda_y\sqrt{\frac{f_y}{235}} = 1 - 0.0017 \times 113 \times \sqrt{\frac{235}{235}} = 0.8$$

$$\beta_{tx} = 1.0$$

由公式(19-44):

$$\frac{N}{\varphi_y A} + \frac{\beta_{tx} M_x}{\varphi_b W_{1x}} = \frac{40 \times 10^3}{0.475 \times 21.27 \times 10^2} + \frac{1.0 \times 5.5 \times 10^6}{0.8 \times 75.6 \times 10^3}$$

$$= 39.59 + 90.94 = 130.53 < f = 215\text{N}/\text{mm}^2$$

2. 在风吸力作用下的稳定性验算(图19-36)

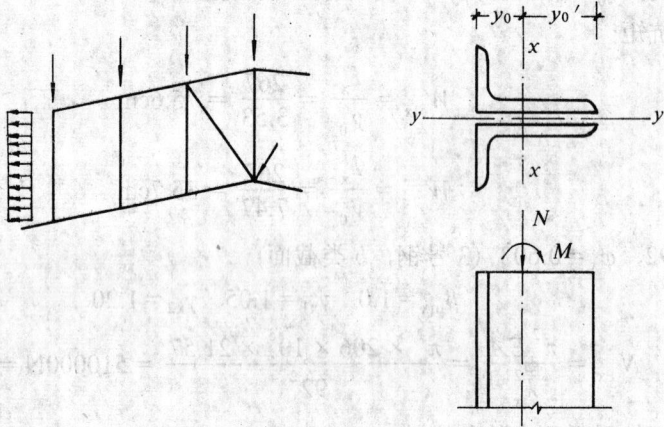

图19-36 例题19-4附图(二)

弯矩作用平面内的稳定性

$$\frac{N}{\varphi_x A} + \frac{\beta_{mx} M_x}{\gamma_{x2} W_{2x}\left(1 - 0.8\dfrac{N}{N_{Ex}}\right)} = \frac{40 \times 10^3}{0.603 \times 21.27 \times 10^2}$$

$$+ \frac{1.0 \times 5.5 \times 10^3}{1.2 \times 35.7 \times \left(1 - 0.8\dfrac{40 \times 10^3}{510 \times 10^3}\right)} = 31.19 + 136.58$$

$$= 167.77 < f = 215\text{N}/\text{mm}^2$$

弯矩作用平面外的稳定性

$$\frac{N}{\varphi_y A} + \frac{\beta_{tx} M_x}{\varphi_b W_{2x}} = \frac{40 \times 10^3}{0.475 \times 21.27 \times 10^2} + \frac{1.0 \times 5.5 \times 10^3}{1.0 \times 35.7}$$

$$= 39.59 + 154.06 = 193.65 < f = 215\text{N}/\text{mm}^2$$

小　结

(1) 轴心受拉构件需计算强度与长细比,轴心受压构件除上述计算外,最主要的是要计算稳定性。钢结构轴心受压构件稳定性的计算，是以具有初始缺陷和残余应力的偏心压杆作为力学模型来研究的，在实际计算中则引入轴心受压稳定系数 φ。φ 按钢号和截面类型可直接查表求得。

(2) 轴心受压柱有实腹柱及格构柱。实腹柱常采用焊接组合工字形柱；格构柱是通过调整两肢杆间距离，使两个方面具有相同的稳定性，肢杆之间则以缀件相连，以保证共同工作。柱头是梁与柱的交接点，轴心受压柱采用铰接柱头。柱头的计算主要是计算连接焊缝，根据焊缝长度再确定各部分尺寸。轴心受压柱一般采用铰接平板柱脚。柱脚的计算包括底板面积与厚度、靴梁、加劲肋、隔板以及焊缝的计算等。

(3) 受弯构件（梁）分型钢梁及组合梁。跨度及荷载较小时宜采用型钢梁。梁的计算包括抗弯强度计算、抗剪强度计算、局部承压强度计算、折算应力计算、刚度计算、整体稳定计算等。对于组合梁，还要考虑梁翼缘及腹板的局部稳定和翼缘焊缝的计算。翼缘采取限制其外伸宽度与厚度之比来保证局部稳定；腹板则是采取设置加劲肋，把腹板分成较小区格，提高其抵抗屈曲的能力，以保证局部稳定。

(4) 偏心受力构件包括拉弯构件及压弯构件。拉弯构件应进行强度计算，压弯构件除强度计算外，主要是要进行稳定性计算。压弯构件稳定性的计算包括弯矩作用平面内的稳定性计算及弯矩作用平面外稳定性的计算。

思 考 题

1. 怎样计算轴心受力构件的强度和刚度？轴心受压构件为什么要计算稳定性？怎样计算？

2. 实腹柱与格构柱常用何种截面？格构柱的肢间距离根据什么原则确定？什么叫换算长细比？简述格构柱的设计步骤。

3. 画出柱头及柱脚的构造各二种。怎样确定柱脚底板的面积及厚度？

4. 梁的强度需进行哪几项计算？试解释梁的抗弯强度计算中截面塑性发展系数的意义。

5. 什么是梁的整体稳定？在何种条件下可不计算梁的整体稳定？组合梁的翼缘和腹板各采取什么办法保证局部稳定？

6. 怎样计算压弯构件？

习 题

1. 验算图 19-37 所示屋架下弦截面，轴向拉力 $N=850\text{kN}$，$l_{ox}=300\text{cm}$，$l_{oy}=1500\text{cm}$，厂房设有轻级工作制吊车，钢材采用 Q235。

2. 钢屋架中一轴心受压杆 $N=1200\text{kN}$，$l_{ox}=150\text{cm}$，$l_{oy}=450\text{cm}$，节点板厚 12mm，试选择由两个不等肢角钢（短边相连）组成的 T 形截面，钢材为 Q235。

3. 简支梁跨度 $l=3\text{m}$，承受均布荷载，其中永久荷载标准值为 15kN／m（未包括梁自重），可变荷载标准值为 20kN／m，试选择普通工字钢截面，材料为 Q235，结构安全等级为 2 级。梁跨中上翼缘无支承点，铺板与梁无刚性联系。

4. 屋架上弦由 2∟100×80×8 组成（短肢相连，节点板厚 8mm），轴向压力 $N=180\text{kN}$，由檩条引起的弯矩 $M=4\text{kN}\cdot\text{m}$，$l_{ox}=240\text{cm}$，$l_{oy}=485\text{cm}$，采用 Q235，截面无减损，试进行验算。

图 19-37 习题 1 附图

5. 某天窗架侧柱承受轴心压力设计值 $N=85.8\text{kN}$，风荷载设计值 $M=\pm2.87\text{N}\cdot\text{m}$，计算长度 $l_{ox}=l=3.5\text{m}$，$l_{oy}=3\text{m}$，试选择其双角钢截面（材料 Q235）。

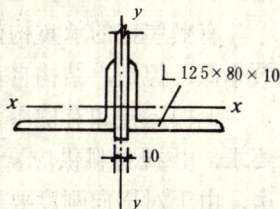

第二十章　钢　屋　盖

第一节　钢屋架的形式和尺寸

一、钢屋盖结构的组成形式

钢屋盖结构由屋面、屋架和支撑三部分组成。

根据屋面材料和屋架间距离的不同，钢屋盖可以设计成无檩屋盖或有檩屋盖，见图20-1。无檩屋盖是由钢屋架直接支承大型屋面板；有檩屋盖是在钢屋架上放檩条，在檩条上再铺设石棉瓦、预应力混凝土槽板、钢丝网水泥槽形板、大波瓦等轻型屋面材料，由于这些轻型屋面材料的适用跨度较小，故需要在屋架之间设置檩条。

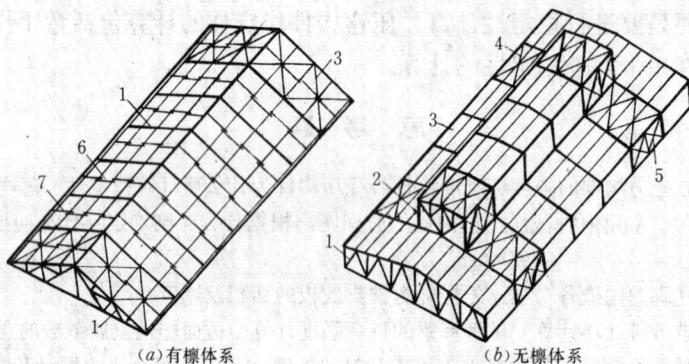

图 20-1　屋盖结构的组成
1—屋架；2—天窗架；3—大型屋面板；4—上弦横向水平支撑；5—垂直支撑；6—檩条；7—拉条

无檩屋盖的承重构件仅有钢屋架和大型屋面板，故构件种类和数量都少，安装效率高，施工进度快，便于做保温层，而且屋盖的整体性好，横向刚度大，能耐久，在工业厂房中普遍采用。但无檩屋盖也有不足之处，即大型屋面板自重大，用料费，运输和安装不便。

有檩屋盖的承重构件有钢屋架、檩条和轻型屋面材料，故构件种类和数量较多，安装效率低。但是，结构自重轻，用料省，运输和安装方便。

无檩屋盖和有檩屋盖各有其优点，设计时应首先根据建筑物的规模、受力特点和使用要求，并视材料供应、施工和运输条件等具体情况决定。一般中型厂房，特别是重型厂房，由于对横向刚度要求较高，所以宜采用大型屋面板的无檩屋盖；而对于中、小型特别是不需要做保温层的房屋，则宜采用具有轻型屋面材料的有檩屋盖。

二、确定屋架形式的原则

屋架的外形选择、弦杆节间的划分和腹杆布置，应根据房屋的使用要求、屋面材料、荷载、跨度、构件的运输条件以及有无天窗或悬挂式起重设备等因素，按下列原则综合考虑：

(1) 屋架的外形应与屋面材料所要求的排水坡度相适应。

例如，用大型屋面板时，要用卷材屋面和采用有组织排水，屋面的坡度宜小，所以，屋架上弦应平缓些，坡度一般为 $1/10 \sim 1/12$。用钢丝网水泥槽形板、大波瓦、瓦楞铁皮以及石棉瓦等屋面材料时，屋架上弦坡度应该陡一些，一般为 $1/3 \sim 1/5$，以利屋面的排水。

(2) 屋架的外形尽可能与其弯矩图相适应，使弦杆各节间的内力相差不大，当设计成定截面时，可得到较好的经济效果。

(3) 腹杆的布置要合理。腹杆的总长度要短，数目要少，并应使较长的腹杆受拉、较短的腹杆受压。尽可能使荷载作用于屋架的节点上，避免弦杆受弯。杆件的交角不宜太小，最好不小于 $30°$。

(4) 节点构造要简单合理、易于制造。当屋架的跨度或高度超过运输界限尺寸时，应有可能将屋架分为若干个尺寸较小的运送单元。

(5) 对于设有天窗或悬挂式起重运输设备的房屋，还要配合天窗架的尺寸和悬挂吊点的位置来划分节间和布置腹杆。

上述各项要求往往难以同时满足，设计时应根据具体情况，全面分析，找出矛盾的主要方面，从而确定合理的结构形式。例如，采用小波石棉瓦屋面时，由于受瓦材长度的限制，檩条的间距很小（约 0.8m），如果要求所有的檩条都放在屋架节点上，势必造成节点和腹杆的数目多，腹杆总长度过大，而且制造费工，故一般宁可使上弦受弯，而适当扩大其节间长度。反之，要采用重屋面（如预应力混凝土大型屋面板），则最好不要使上弦受弯。

三、常用的屋架形式

(一) 三角形桁架（图 20-2）

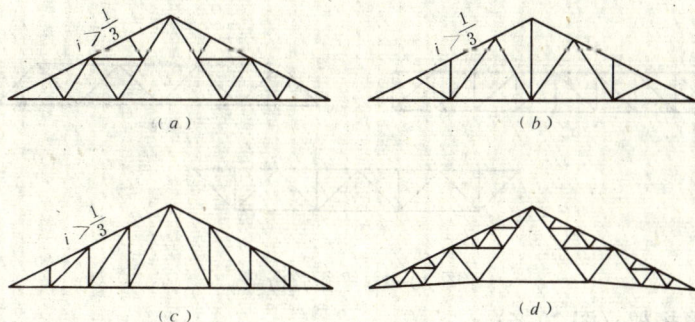

图 20-2　三角形桁架

当屋面坡度较大 $\left(i > \dfrac{1}{3}\right)$ 时采用。三角形桁架由于跨中高度较大，它的外形与均布荷载的弯矩图不相适应。因而弦杆内力沿屋架跨度分布很不均匀，故支座附近的弦杆内力较大，而跨中较小。此外，腹杆的长度也较大，用于中小跨度的轻屋面较适宜。若屋面太重或跨度很大，采用三角形桁架不经济。图 20-2（a）通常称为芬克式桁架，它的特点是较长的腹杆受拉，较短的腹杆受压，故腹杆所需的截面较小。此外，它可以分为三个运送单元（两个小三角形桁架和一段下弦杆），每个单元的长度和高度都较小，便于运输，故应用较广。

（二）梯形桁架（图20-3）

图20-3（a）、（b）为陡坡梯形桁架，与三角形桁架相比受力情况较好，一般用于屋面坡度小于1/3而跨度又较大的情况。

图20-3（c）、（d）为平坡梯形桁架，当采用卷材防水屋面时，由于坡度很小，宜采用这种形式的桁架。梯形桁架上弦节间长度应与屋面板的尺寸相配合（一般为1.5m或3.0m），尽可能使荷载作用于节点上。如果上弦节间太长，可以沿屋架全长或局部布置再分式腹杆，如图20-3（c）所示。

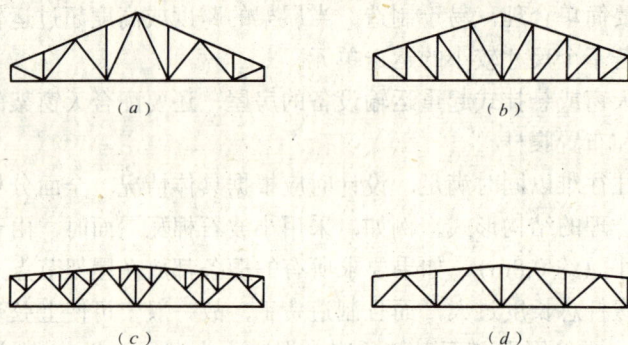

图20-3 梯形桁架

（三）平行弦桁架（图20-4）

当上下弦互相平行时，如图20-4所示为平行弦桁架，它的优点是上、下弦和腹杆等同类的杆件长度一致，节点的构造类型少，上、下弦杆的拼接数量可减少，因而能符合工业化制造的要求。这种桁架在屋盖结构中常用作托架。

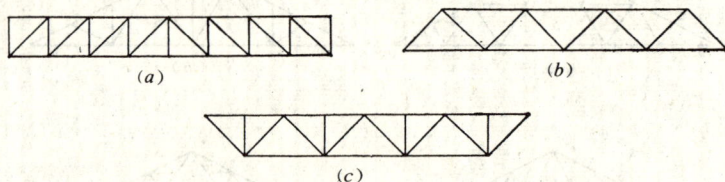

图20-4 平行弦桁架

（四）多边形桁架（图20-5）

当屋面坡度 $i=1/3～1/5$ 时，可以采用图20-5（a）、（b）所示的五边形桁架，它是由三角形桁架演变而来的。其优点是上、下弦相交的角度较大，故弦杆的内力较小，支座节点的构造也比较容易处理，在屋面坡度不大的情况下，它比三角形桁架的技术经济指标好一些。图20-5（a）为上弦弯折的五边形桁架，安装屋面时，可以把支座处的檩条垫高，使屋面仍保持在一个斜面上；图20-5（b）为下弦弯折的五边形桁架，用于不需要吊顶或没有悬挂式起重运输设备的房屋。

156

图 20-5 (c)、(d) 是由梯形桁架演变而来的多边形桁架，其优点是跨中高度较小，腹杆的总长度较短，当屋面坡度 $i>1/3$ 时，弦杆各节间受力比较均匀，故比梯形桁架经济；缺点是略有拱的推力作用。

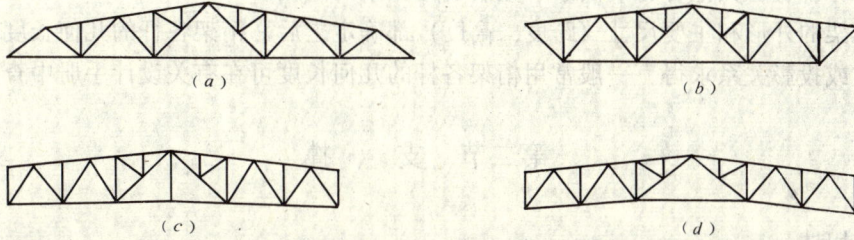

图 20-5 多边形桁架

四、屋架的主要尺寸

屋架的主要尺寸是指屋架的跨度和高度。屋架的跨度根据工艺和建筑要求来确定，普通钢屋架常用的跨度为 18m、21m、24m、27m、30m、36m 等。

简支于柱顶上的钢屋架，其计算跨度取决于屋架支座反力间的距离。根据房屋定位轴线及支座构造的不同，屋架计算跨度应作如下考虑；当支座为一般钢筋混凝土排架柱，且定位轴线为封闭结合，屋架简支于柱顶上，其计算跨度取房屋的标志跨度减去两端各 150~200mm，如图 20-6 (a) 所示；当柱的定位轴线与柱顶中轴线重合，且屋架简支于柱顶上时，其计算跨度取房屋轴线跨度（标志跨度），如图 20-6 (b) 所示；当采用钢柱并将屋架用连接板刚接于柱上时，其计算跨度为钢柱内侧面之间的距离，如图 20-6 (c) 所示。简支于纵墙上的屋架也可根据房屋定位轴线来确定屋架的计算跨度。

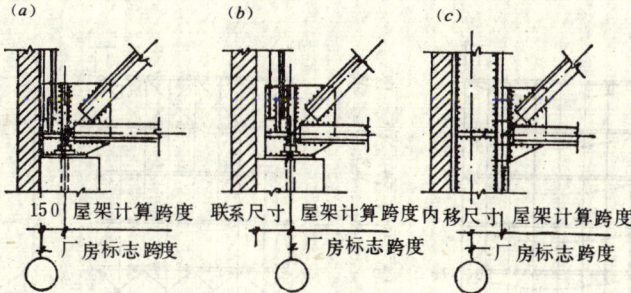

图 20-6 屋架的计算跨度

屋架的高度取决于经济、刚度要求和运输界限等三个方面，同时又和屋面坡度密切相关，有时还可能受到建筑要求的限制。从经济和刚度的要求来看，三角形屋架的高度一般取 $l/4$~$l/6$；梯形屋架的跨中高度一般取 $l/6$~$l/10$。l 为屋架的跨度。跨度越大，此比值应越小；屋面荷载越大。则此比值应越大从运输条件来看，屋架的高度一般不应超过 3.8m。

梯形屋架端部高度一般不宜小于 $l/18$；陡坡梯形屋架的端部高度一般为 500~1000mm，平坡梯形屋架端部高度一般为 1800~2100mm，当屋架跨度较小时取下限，屋架跨度越大，其端部高度的取值应越大。

设计时，通常按下述程序确定屋架的高度：

(1) 根据屋架的形式和设计经验确定出屋架的端部高度；

(2) 按屋面材料对屋面坡度的要求确定出屋架的跨中高度；

(3) 综合考虑其他各影响因素，最后确定屋架的高度。

当屋架的外形和主要尺寸（跨度、高度）都确定之后，桁架各杆的几何长度即可根据三角函数或投影关系求得。一般常用桁架各杆的几何长度可在有关设计手册中查得。

第二节 支 撑

一、概述

无论是无檩屋盖还是有檩屋盖，仅仅将简支在柱顶的钢屋架用大型屋面板或檩条连系起来，它仍是一种几何可变体系，这样的屋盖体系不稳定，承担不了水平风力的作用。当屋架之间只有檩条连系，而未布置支撑，则在风荷载或其他水平力的作用下，所有的屋架有向同一个方向倾倒的危险，如图 20-7 (a) 所示。此外，由于屋架上弦侧向支承点的间距太大，受压时容易发生侧向失稳现象，如图中虚线所示，其承载能力极低。如果在房屋的两端相邻桁架之间布置上弦横向支撑和垂直支撑（图 20-7 (b)），则整个屋盖结构形成一稳定的空间体系，其受力情况将大大改善。在这种情况下，上弦支撑与屋架弦杆组成的平面桁架可以传递山墙风力，同时，由于支撑节点可以阻止上弦的侧向位移，使其自由长度大大减小，如图 20-7 (b) 中的虚线所示，故上弦的承载力也可大大提高。垂直支撑还可以阻止屋架倾覆，并能保证安装工作的顺利进行。为了保证房屋的安全、适用和满足施工要求，就要保证结构的稳定性，提高房屋的整体刚度，在屋盖体系中就必须设置支撑，将屋架、天窗架、山墙等平面结构互相联系起来成为稳定的空间体系。

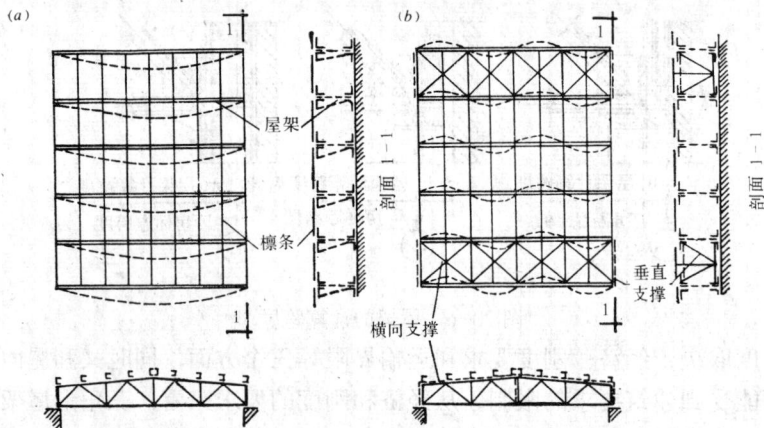

图 20-7 屋盖结构简图

(a) 屋架没有支撑时整体丧失稳定的情况；(b) 布置支撑后屋盖稳定、屋架上弦自由长度减小

由于支撑设置的部位和所起的具体作用不同，支撑分为上弦横向支撑、下弦水平支撑、垂直支撑和系杆等四种。图 20-8 和图 20-9 分别为有檩屋盖和无檩屋盖的支撑布置

示例。

二、支撑的类型、作用和布置

(一) 上弦横向支撑

图20-9 (a) 为在屋架上弦设置的横向支撑。上弦横向支撑由相邻屋架的上弦、交叉支撑和刚性系杆所组成。它的主要作用是保证屋架上弦出平面的稳定。用减小上弦出平面计算长度的办法 (图20-7) 提高上弦杆的承载能力。同时可作为山墙抗风柱的上部支承点，以保证山墙风荷载的可靠传递。

上弦横向支撑一般布置在房屋两端的第一个开间 (图20-8a) 和温度伸缩缝的

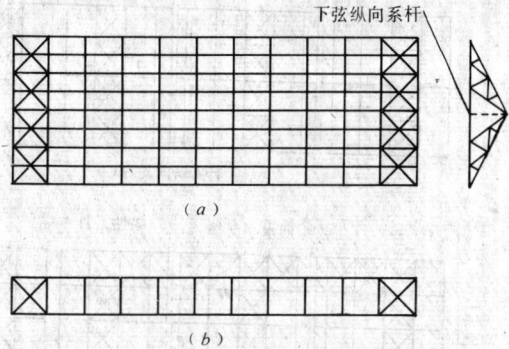

图20-8　支撑布置示例(有檩屋盖)
(a) 上弦横向支撑；(b) 垂直支撑

两侧，并沿房屋的纵向每隔60m左右增设一道 (图20-9a)。如果利用山墙搁置檩条或屋面板，则应将横向支撑移到房屋两端的第二开间 (当天窗不伸到温度伸缩缝区段的端部时，也这样处理)，如图20-9 (a) 所示。

关于大型屋面板能否兼作上弦横向支撑的问题，一般认为：如果大型屋面板和屋架上弦能保证在三个角上焊牢，屋面板就可起到上弦横向支撑的作用。不过，考虑到施工中可能漏焊，而且安装时为保证屋架稳定也需设置临时支撑，所以一般设计时仍宜布置上弦横向支撑。

在特殊情况下，还可设置屋架上弦纵向支撑，但因效果不明显，通常采用较少。

(二) 下弦水平支撑

下弦水平支撑包括下弦横向水平支撑和下弦纵向水平支撑 (图20-9b)。下弦横向水平支撑一般都是和上弦横向支撑成对地布置在同一开间，以便组成稳定的空间结构体系。下弦横向水平支撑的主要作用是承受由山墙通过抗风柱传来的风力；当下弦横向水平支撑布置在山墙端部第二个开间时，为了把山墙风力传至此横向水平支撑，需在第一个开间设置刚性水平系杆，如图20-9 (b) 所示。

凡符合下列条件之一者，均宜设置屋架下弦横向水平支撑：

(1) 屋架跨度≥18m时；

(2) 屋架下弦设有悬挂起重运输设备时；

(3) 采用下弦弯折的屋架以及山墙抗风柱支承于屋架下弦时；

(4) 设有桥式吊车等振动设备时。

下弦纵向水平支撑一般都布置在屋架的左右两端部节间，而且必须和屋架下弦横向水平支撑相连以形成封闭的支撑系统。下弦纵向水平支撑的主要作用是用来保证屋顶结构的空间工作，以及和下弦横向水平支撑一起加强房屋的整体刚度，当屋架支承于托架上时，还能保证托架的平面外稳定。

凡采用梯形屋架，且属于下列情况之一者，应设置下弦纵向水平支撑：

(1) 厂房跨度≥30m，轨顶标高≥15m并设有起重吨位较大的桥式吊车时；

(2) 厂房内设有5t以上锻锤或其他较大振动设备时；

(3) 厂房设有刚性料耙等特种桥式吊车以及设有壁行吊车或双层吊车时；

(4) 设有托架和中间屋架时。

(三) 垂直支撑

垂直支撑是形成稳定的屋盖空间结构不可缺少的构件，同时还能保证屋架在安装阶段的整体稳定，以及在下弦平面无横向支撑时作为下弦水平系杆的支承点。垂直支撑布置在设有上、下横向支撑的开间内。通常跨度不大于 30m 的梯形屋架，可在中央竖杆平面内（屋脊处）布置一道；跨度为 30m 或 30m 以上时，应在屋架跨度 1／3 左右的竖杆平面内各设置一道（如有天窗则布置在与天窗架两侧柱间同一垂直平面内）。梯形屋架两端支座处也应设置垂直支撑，使其与上、下弦横向支撑和所连的左右两榀屋架一起，构成几何不变的空间桁架体系（图 20-10），有效地保证屋架的稳定性和承受纵向水平力。

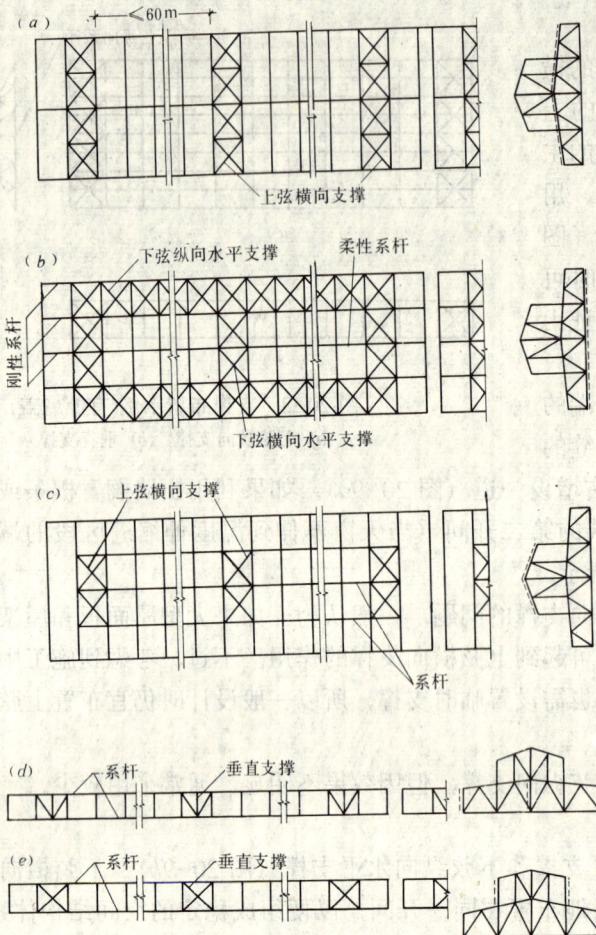

图 20-9　设有天窗的梯形屋架支撑布置示例(无檩屋盖)
(a) 屋架上弦横向支撑；(b) 屋架下弦水平支撑；(c) 天窗上弦横向支撑；
(d) 屋架跨中及支座处的垂直支撑；(e) 天窗架侧柱垂直支撑

当横向支撑相隔较远时，为保证安装时屋架的稳定和准确，每隔 4～5 榀屋架尚应加设垂直支撑。

屋架的垂直支撑（图 20-8b 和图 20-9d、e）也是一个平行弦桁架，其腹杆的形式应根据它在高、跨两个方面上的尺寸比例来确定，图 20-11 所示为几种主要的垂直支撑形式。

(四) 系杆

系杆分刚性和柔性两种。刚性系杆由双角钢组成，柔性系杆由单角钢组成。无论是刚性系杆还是柔性系杆，只有当它们与横向支撑的节点相连时才能起作用。屋架上弦平面和下弦平面均设置有系杆。系杆的作用如下：

(1) 保证无上弦横向支撑的各屋架的上弦杆的稳定性，减小上弦杆出平面的计算长度，从而提高上弦杆的承载力；

(2) 当横向支撑设于第二开间时，为山墙抗风柱提供上部支承点，以传递山墙风力；

160

(3) 减小屋架下弦杆出平面计算长度，使下弦杆的长细比在容许的范围内；

(4) 提高屋盖的整体性；

(5) 在屋架吊装过程中作为安装屋架时的架立杆。

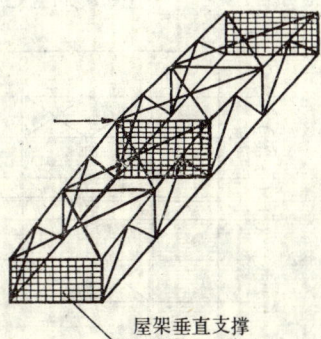

图 20-10　屋架垂直支撑　　　　　　　图 20-11　垂直支撑的形式

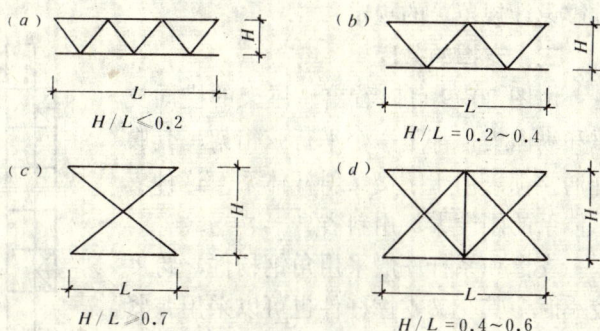

上弦平面内的系杆应按以下原则设置：

(1) 在无檩屋盖中，当无天窗时，应在设置垂直支撑的位置设置通长的柔性系杆。当有天窗时，还应在屋脊处增设一根通长的刚性系杆（不论在屋脊位置是否设置垂直支撑）。当上弦横向支撑设置在距山墙第二个开间内时，在第一开间内应设置刚性系杆将山墙抗风柱连接于屋架上弦横向支撑的节点处。

(2) 在有檩屋盖中，考虑到檩条能起系杆作用，因此在要求设置柔性系杆处，均可以檩条代替。当屋盖上有天窗时，应在天窗范围内的屋脊处，另行设置通长的刚性系杆。

下弦平面内的系杆应按以下原则设置：

(1) 在设置垂直支撑的平面内，均应设置通长的柔性系杆；

(2) 在梯形屋架及三角形屋架的支座处（柱顶）应设置通长的刚性系杆（在混合结构轻型厂房中与屋架或柱顶拉结的圈梁可以代替此项刚性系杆）；

(3) 跨度≥18m 的芬克式屋架，宜在主斜杆与下弦连接的节点处设置水平柔性系杆；

(4) 有弯折下弦的屋架，应在弯折点设置通长系杆。

系杆一般布置在屋架跨中，当采用梯形屋架时，在其上、下弦两端也要区别不同情况设置必要的系杆。系杆设置情况见图 20-8 和图 20-9。

当有天窗时，应设置和屋架类似的支撑（图 20-9c、d、e），即在天窗架两端的开间内，沿天窗两侧各设置一道垂直支撑。并在此开间的天窗架上弦设置上弦横向支撑，在其他所有开间的天窗中央节点和两端节点上各设置一道通长的水平系杆；当天窗的宽度在 12m 和 12m 以上时，还应在天窗架的中央节点增设一道垂直支撑（图 20-12），以上支撑均以和屋架支撑布置在同一开间内为宜。

综上所述，可以总结出各种支撑布置原则的内在联系如下：

(1) 上、下弦横向支撑一般都是成对地布置在同一开间；

(2) 凡是布置了上、下弦横向支撑的开间，必须同时布置垂直支撑；

(3) 如果根据需要布置了下弦纵向水平支撑，则此支撑应同下弦横向水平支撑设置在同一平面内且和横向水平支撑相连，以形成封闭的支撑系统。

(4) 系杆应和横向支撑的节点相连。

位于抗震设防烈度 6~9 度地区的厂房，其屋盖支撑布置尚应符合现行《建筑抗震设计规范》的规定。

三、支撑的截面

由图 20-9 可以看出，屋架的横向支撑和纵向支撑都是一个平行弦桁架，其腹杆通常都采用十字交叉斜杆体系。这种支撑体系的刚度大，用料省。

支撑和系杆一般采用角钢构件，跨度较小时，其交叉支撑杆件也可以采用张紧的圆钢拉条。

屋盖支撑的受力很小，一般不必计算，可根据构造要求和容许长细比选择截面。通常，凡十字交叉斜杆（图 20-11

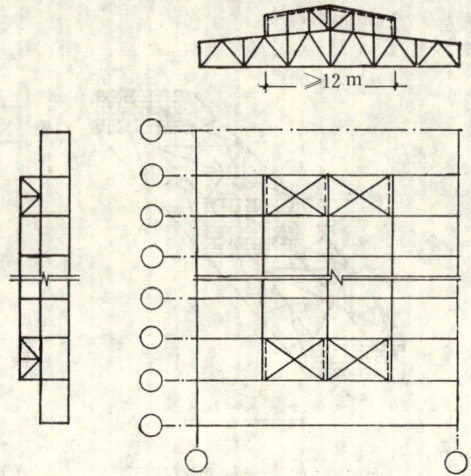

图 20-12　钢天窗架之间的支撑布置

（当天窗宽度≥12m 时）

c, d) 一般都采用单角钢，按拉杆设计，容许长细比取 400（重级工作制吊车的厂房中取 350）；纵向支撑的弦杆，以及垂直支撑的 V 形腹杆（图 20-11a, b），一般都采用由两个角钢组成的 T 形截面，按压杆设计，容许长细比取 200；刚性系杆一般采用两个角钢组成的十字形或 T 形截面，按压杆设计，容许长细比取 200；柔性系杆一般采用单角钢，按拉杆设计，容许长细比按 400 采用。

第三节　桁架杆件内力的计算

一、计算假定

桁架杆件内力的计算假定如下：

(1) 桁架各杆件的轴线都在同一平面内，各杆的轴线都为直线，且相交于节点的中心；

(2) 荷载都作用在桁架的节点上，且都在桁架平面内；

(3) 桁架各节点均为理想的铰接。

上述假定都属于理想情况，和实际情况是有差别的，尤其是最后一条假定出入更大。实际上，由于制造的偏差、运输安装的影响或构造原因，各杆件的轴线并非绝对平直，总有初弯曲，各杆的重心轴也不可能准确地相交于节点中心，以致总有偏心存在。由于钢桁架各杆并不能绕节点转动，即节点并非铰接，致使杆件产生次应力❶。节点的刚性对桁架的受力虽有影响，但对普通钢桁架，因为钢材有较好的塑性，在破坏之前节点产生较大的塑性变形，这就限制了次应力的进一步发展。由于次应力对普通钢桁架承载能力的影响不

---

❶ 由于桁架节点的刚性连接，而使其杆件弯曲的弯矩称为次弯矩，由此产生的应力称为次应力。

大，一般可忽略不计，因此计算桁架各杆件内力时，节点仍按理想的铰接考虑，即认为桁架的所有杆件只受轴向力的作用。

如果荷载作用在桁架上弦杆的节间，则需将其按比例分配在该节间邻近的左、右节点上，使其符合"荷载都作用在桁架的节点上"的计算假定，但在计算上弦杆时，还要考虑局部弯曲产生的影响。

二、节点荷载的计算

作用于桁架节点上的荷载，在有檩屋盖中通过檩条，在无檩屋盖中通过大型屋面板的纵肋作用在桁梁的节点上。如图 20-13 所示，屋架的间距为 s，上弦节点水平投影距离为 d，每一节点的荷载影响范围为 sd（图中阴影部分）。将阴影部分范围内的所有屋面荷载集中起来，即得作用在桁架上的节点荷载。

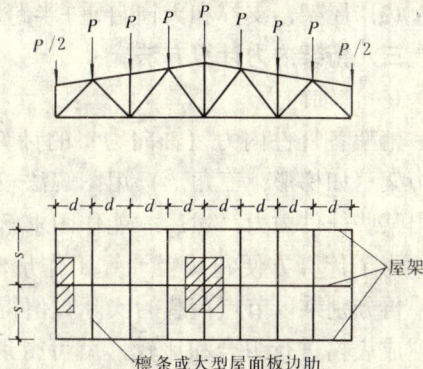

图 20-13 节点荷载汇集简图

作用在桁架上的荷载有两类：

（一）永久荷载

包括桁架、檩条（有檩时）和屋面结构自重，有时还有天窗或吊顶等结构自重。屋架及支撑自重（kN/m^2）按经验公式 $q_k = 0.12 + 0.011 \times$ 跨度（跨度单位为 m）估算，按水平投影面积计算。

当屋架上只作用有上弦节点荷载时，为简化计算，可将屋架自重全部并入上弦节点荷载中。如果下弦还有荷载（当有吊顶时），应把屋架自重平均分配于上、下弦节点荷载中。

（二）可变荷载

包括屋面均布活荷载、屋面积灰荷载、屋架上的悬挂吊车荷载、雪荷载及风荷载等。屋面均布活荷载与雪荷载不同时考虑（两者中取大值）。当屋面坡度 $\alpha \geqslant 50°$ 时，不考虑雪荷载。当屋面坡度 $\alpha < 30°$ 时，可不考虑风荷载（瓦楞铁等轻型屋面除外）。屋面均布活荷载、屋面积灰荷载、雪荷载等可变荷载，应按全跨和半跨均匀分布两种情况考虑，因为荷载作用于半跨对于桁架的中间斜腹杆可能是不利的。

各种均布荷载汇集成节点荷载的计算通式为：

$$p_i = \gamma_i \cdot p_i \cdot s \cdot d \tag{20-1}$$

式中　p_i——屋面水平投影面上的荷载标准值，对于某些恒载（如屋面自重），由于是沿屋

面斜面分布的，所以 $p_i = \dfrac{p_a}{\cos\alpha}$，其中 p_a 为沿该斜面分布的荷载标准值，α

为屋面坡度；

γ_i——荷载分项系数；

s——屋架间距（图 20-13）；

d——屋架弦杆节间水平长度。

桁架内力应根据其使用过程中可能同时作用的荷载按最不利的原则组合。荷载组合一

163

般考虑下列三种：

(1) 全跨永久荷载+全跨可变荷载；

(2) 全跨永久荷载+半跨可变荷载；

(3) 屋架、支撑和天窗自重+半跨屋面板重+半跨屋面活荷载。

三、桁架内力计算方法

（一）轴向力

桁架各杆件内力（轴向力）的计算，可以用图解法或数解法（节点法或截面法）。一般桁架（如梯形、三角形）用图解法较方便，有时在用图解法时，还需要借助数解法首先求出某些杆件内力，然后才能作图求解。

为了计算方便和减轻计算工作量，应先求出在单位力作用下的杆力（杆件内力）系数，再分别乘以节点荷载的实际数值得出相应的杆力，将各杆在上述节点荷载作用下的杆力列成表格进行组合和比较，就可得到桁架各杆在整个使用过程中的最不利杆力——计算内力。

用图解法求桁架在单位力作用下的杆力系数时，应注意两点：一是单位力的分布规律要和实际节点荷载的分布规律完全一致，数值也要相对应；二是要根据桁架形式的实际情况，利用图解对象的结构对称条件，以减轻图解工作量。

常用桁架的杆力系数也可在有关设计手册中查到。

（二）局部弯矩

当有集中荷载或均布荷载作用在上弦节间时，将使上弦杆节点和跨中节间产生局部弯矩。在一般情况下，上弦节点都比较大，而节点板又与其他杆件相互焊牢，有一定的刚度，对上弦杆负荷后的转动起了一定的约束作用；此外，节点板又使上弦各段的净跨远比计算简图中的跨度为小，这亦将减少上弦每段的弯矩值，故应把屋架上弦杆视为弹性支座上的连续梁来考虑。但按连续梁来计算局部弯矩较为复杂，为简化计算，节间荷载所产生的局部弯矩，可按近似法计算：1. 对无天窗架的屋架，当有节间荷载时，其端节间的跨中正弯矩和端节间的节点负弯矩取 $0.8M_0$，其他节间正弯矩及节点负弯矩（包括屋脊节点）均取 $0.6M_0$。M_0 为跨度等于节间长度的简支梁最大弯矩。当节间长度不等时，M_0 应按计算节间的实际长度计算，而计算节点负弯矩时，则取相邻 M_0 的较大值。2. 对于有天窗的屋架，当有节间荷载时，所有节间的节点和节间弯矩均取 $0.8M_0$。

第四节　桁架杆件截面的设计

一、杆件的计算长度

屋架杆件在轴力作用下的纵向弯曲，可能发生在桁架平面内，也可能发生在桁架平面外（即垂直于桁架的平面）。

在理想铰接桁架中，受压杆件在桁架平面内的计算长度等于节点中心间的距离。但普通钢屋架汇交于节点外的各杆是通过节点板连接在一起的，由于节点板有一定的刚性，以及节点处拉杆的牵制作用使之并非真正铰接，以致杆件的两端一般都是弹性嵌固（介于铰接与刚性嵌固之间）在相应的节点上，故其计算长度略小于节点中心间的距离。但对于弦杆、支座斜杆和支座竖杆，由于它们内力较大，截面相当大，在节点处其他杆件对它们的牵制作用相对显得较小，同时，考虑它们在整个桁架中的重要作用，所以其计算长度取 $l_0 = l$。对于其他受压杆件，考虑到在节点处受到受拉弦杆的牵制作用，其计算长度取 $l_0 = 0.8l$。

弦杆在桁架平面外的计算长度 l_1，一般取侧向固定点之间的距离。在有檩屋盖中，取横向支撑点间距离或与支撑连接的檩条及系杆之间的距离；在无檩屋盖中，当屋面板与屋架的连接有三点焊牢时，一般可取两块屋面板宽，但不超过 3.0m；在天窗范围内取与横向支撑连接的系杆间距离。

腹杆在桁架平面外的计算长度取节点中心间的距离。桁架弦杆和单系腹杆的计算长度按表 20-1 采用。

桁架弦杆和单系腹杆的计算长度 l_0   表 20-1

项次	弯曲方向	弦杆	腹 杆	
			支座斜杆和支座竖杆	其 他 腹 杆
1	在桁架平面内	l	l	$0.8l$
2	在桁架平面外	l_1	l	l
3	斜平面		l	$0.9l$

注: 1. l 为构件的几何长度（节点中心间距离）；l_1 为桁架弦杆侧向支承点之间的距离。

     2. 斜平面系指与桁架平面斜交的平面，适用于构件截面两主轴均不在桁架平面内的单角钢腹杆和双角钢十字形截面腹杆。

     3. 无节点板的腹杆计算长度在任意平面内均取其等于几何长度。

当桁架弦杆侧向支承点之间的距离为节间长度的二倍（图 20-14），且两节间的弦杆轴心压力有变化时，则该弦杆在桁架平面外的计算长度，应按下式确定（但不应小于 $0.5l_1$）：

$$l_0 = l_1 \left(0.75 + 0.25 \frac{N_2}{N_1} \right) \tag{20-2}$$

式中 N_1——较大的压力，计算时取正值；

       N_2——较小的压力或拉力，计算时压力取正值，拉力取负值。

桁架再分式腹杆体系的受压主斜杆及 K 形腹杆体系的竖杆，在桁架平面外的计算长度也应按公式（20-2）确定（受拉主斜杆仍取 l_1）；在桁架平面内的计算长度，由于此种杆件的上段（图 20-15 中的 ab 段）与受压斜杆相连，端部的约束作用较差，故该段的计算长度取节点中心间距离。

表 20-1 所列的腹杆计算长度，仅适用于单系腹杆，当为交叉腹杆（图 20-16）时，在桁架平面内的计算长度应取节点中心到交叉点间的距离，在桁架平面外的计算长度，则应按下列规定采用：

压杆: 1. 当相交的另一杆受拉，且两杆在交叉点均不中断 $0.5l$；

        2. 当相交的另一杆受拉，两杆中有一杆在交叉点中断，并以节点板搭接 $0.7l$；

        3. 其他情况 l；

拉杆: l_0。

其中 l——节点中心间距离（交叉点不作为节点考虑）。

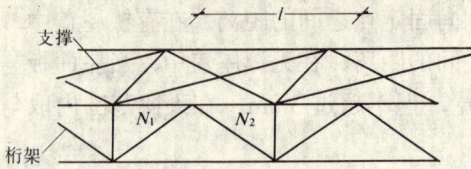

图 20-14 侧向支承点间弦杆压力有变化的桁架

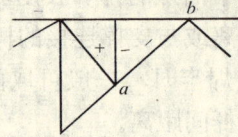

图 20-15 再分式桁架中的主受压斜杆

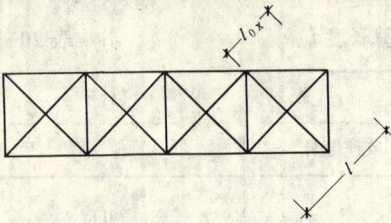

图 20-16 交叉式腹杆桁架的计算长度

二、容许长细比

杆件长细比的大小，对杆件的工作有一定影响。长细比太大，将使杆件在其自重的作用下产生过大的挠度。同时，在运输和安装时也容易因刚度不够而产生扭曲、损坏，在动力荷载作用下，还会引起较大的振动，这对杆件的工作都是不利的，对压杆尤其如此。所以，规范对压杆和拉杆都规定了容许的最大长细比，称为容许长细比。压杆和拉杆的容许长细比见表 20-2。

桁架杆件的容许长细比   表 20-2

杆 件 名 称	压 杆	拉 杆		直接承受动力荷载的结构
		承受静力荷载或间接承受动力荷载的结构		
		无吊车和有轻中级工作制吊车的厂房	有重级工作制吊车的厂房	
普通钢屋架的杆件			250	250
轻钢屋架的主要杆件	150	350	—	—
天窗构件			—	—
屋盖支撑杆件	200	400	350	—
轻钢屋架的其它杆件		350		—

注: 1. 承受静力荷载的结构中，可只计算受拉杆件在竖向平面内的长细比；
    2. 在直接或间接承受动力荷载的结构中，计算单角钢受拉杆件的长细比时，应采用角钢的最小回转半径，在计算单角钢交叉受拉杆件平面外的长细比时，应采用与角钢肢边平行轴的回转半径；
    3. 受拉构件在永久荷载与风荷载组合作用下受压时，长细比不宜超过 250；
    4. 张紧的圆钢拉杆和张紧的圆钢支撑，长细比不受限制；
    5. 桁架（包括空间桁架）的受压腹杆当其内力等于或小于承载能力的 50% 时，容许长细比可取为 200。

屋架杆件一般由两个角钢组成（图 20-17a），它的横截面的两个主轴分别在桁架平面内和桁架平面外，在这两个方向上，杆件的长细比应按下式验算；

$$\lambda_x = \frac{l_{0x}}{i_x} \leqslant [\lambda] \tag{20-3}$$

$$\lambda_y = \frac{l_{0y}}{i_y} \leqslant [\lambda] \tag{20-4}$$

屋架的腹杆，在某些情况下，也可能是单个角钢（图20-17b），有些竖杆为了便于连接屋架垂直支撑，用两个角钢组成十字形横截面（图20-17c）。在这两种情况下，横截面的主轴（x_0、y_0）既不在桁架平面内，也不在垂直于桁架的平面上，因此应该取截面的最小回转半径 $i_{\min}$（i_{y0}）验算杆件在斜平面上的最大长细比，即

$$\lambda = \frac{l_0}{i_{\min}} \leqslant [\lambda] \tag{20-5}$$

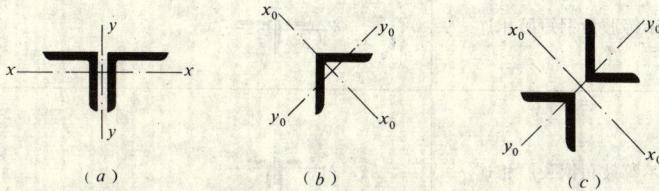

图20-17　杆件截面的主轴

三、杆件的截面形式及选择截面的原则

桁架杆件截面形式的选择，应从节约材料、便于和杆件相连和具有必要的刚度等几个方面进行考虑。普通钢屋架的杆件采用两个角钢组成的 T 形和十字形截面，它具有取材方便、构造简单、自重较轻、便于制造和安装、适应性强和易维护等许多优点，所以应用很广泛。

受压杆件的承载能力是由稳定条件决定的。从稳定方面考虑，应使所选截面满足压杆等稳定的要求，即沿截面两个主轴方向的长细比应相等：$\lambda_x = \lambda_y$。由角钢组合的常用截面 x-x、y-y 两个主轴的回转半径之比值列于表20-3，可根据各类杆件在两个主轴方向的计算长度，按照等稳定条件，选择截面形式。

屋架的上弦杆一般会遇到节间无荷载和有荷载两种情况。节间无荷载为轴心受压构件，因桁架平面外计算长度通常为桁架平面内计算长度的两倍，欲使 $\lambda_x = \lambda_y$，则 i_y / i_x 应等于2，因此上弦宜采用两个不等肢角钢短边相连的截面形式（表20-3第1项）。节间有荷载的上弦杆为偏心受压构件，为增强上弦在桁架平面内的抗弯能力，宜采用两个不等肢角钢长肢相连的截面形式（表20-3第2项）或两个等肢角钢组成的 T 形截面（表20-3第3项）。

对于屋架的支座斜杆，因其桁架平面内和桁架平面外的计算长度相等，当 $i_x = i_y$ 时，才能满足等稳定条件。所以，采用两个不等肢角钢长肢相连的 T 形截面（表20-3第2项）比较合适。

对于屋架的其他腹杆，因在桁架平面内的计算长度 l_x 等于在桁架平面外计算长度 l_y 的0.8倍，即 $l_y = 1.25l_x$，按照等稳定条件，要求 $i_y = 1.25i_x$。所以应采用两个等肢角钢组成的 T 形截面（表20-3第3项）。需和屋架垂直支撑相连的腹杆的截面形式宜采用两个等肢角钢组成的十字截面（表20-3第4项）。受力较小的腹杆可以采用单角钢，可交替放置在桁架平面两边（图20-18）。为节约钢材，避免连接处产生偏心，也可采用对称于节点板的切槽连接，此时回转半径 i_y 与 i_x 之比值为0.5（表20-3第5项），如图20-19所示。

屋架下弦拉杆的截面由强度条件控制，同时还应满足如下要求：

(1) 下弦拉杆在桁架平面外的计算长度大，应满足容许长细比的要求；

(2) 和上弦杆一样，都是屋架的外围杆件，应使屋架的侧向刚度尽可能大些；

(3) 为了同支撑体系连接，下弦杆的水平肢需要宽些。

角钢组合构件的近似回转半径比值　　　　　　　　　表 20-3

序　号	杆件截面的角钢类型	截　面　型　式	回转半径 i_y / i_x 比值
1	二个不等肢角钢短肢相连		2.0~2.5
2	二个不等肢角钢长肢相连		0.8~1.0
3	二个等肢角钢		1.3~1.5
4	二个等肢角钢十字形连接		1.0
5	一个等肢角钢对称于节点板		0.5

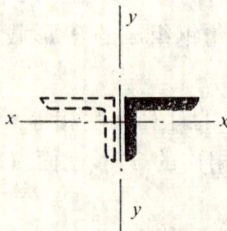

图 20-18　单角钢的放置　　　　　　图 20-19　单角钢切槽连接示意图

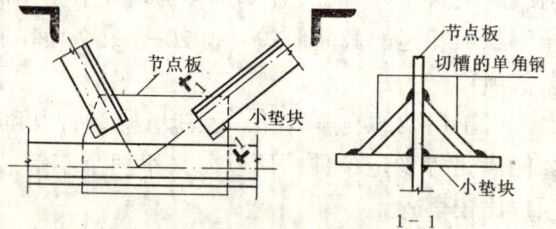

因此，下弦通常采用两个不等肢角钢短肢相连或由等肢角钢组成的水平肢在下的 T 形截面（图 20-20），后者多用于下弦有节间荷载作用的情况。

杆件截面选择的原则如下：

(1) 尽量选用肢宽而薄的角钢，以增大回转半径。因为它比等重的窄肢厚壁角钢具有

168

更大的刚性。但肢厚应不小于 4mm。

(2) 在一榀屋架内，避免选用肢宽相同而厚度不同的角钢，不得已时厚度相差应该大些，以防制造时弄错。

(3) 相近的角钢应尽量统一规格，以便于订货和下料。一榀屋架的角钢型号，一般不宜超过 5～6 种。

(4) 对于跨度不大的桁架，例如小于 24m 时，上、下弦杆的截面一般沿长度保持不变，按最大的杆力选择。如果跨度大于 24m，应根据弦杆

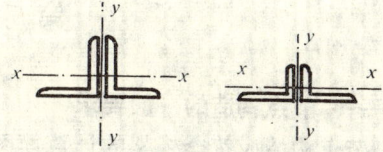

图 20-20 下弦杆截面形式

内力的大小，从节点部分开始改变截面，但应改变肢宽而保持厚度不变，以利拼接的构造处理。

(5) 为了防止杆件在运输和安装时产生弯扭及损坏，角钢最小尺寸规定为∟45×4 或∟56×36×4，采用螺栓连接时不得小于∟50×5。设置垂直支撑的屋架竖杆采用十字形截面，其最小角钢尺寸为∟63×5。采用螺栓与支撑或系杆连接的角钢肢宽应按表 20-4 采用；但垂直支撑或系杆与预先焊在竖杆和弦杆的连接板连接时，角钢的最小肢宽不受表 20-4 的限制。

用螺栓与支撑或系杆相连的角钢最小肢宽   表 20-4

螺栓直径 d(mm)	常用孔径 d_0(mm)	最小肢宽(mm)
16	17.5	63
18	19.5	70
20	21.5	75

(6) 当采用大型屋面板时，屋架上弦杆的角钢伸出肢的宽度不宜小于 70mm（采用 12m 长的大型屋面时，角钢伸出肢的宽度不宜小于 90mm），如不能满足，可在屋架支承大型屋面板处增设垫板。屋架上弦杆的角钢伸出肢的厚度应按表 20-5 采用。如小于表中数值，为防止局部弯曲，应对角钢的水平伸出肢加强，加强的作法如图 20-21 所示。当

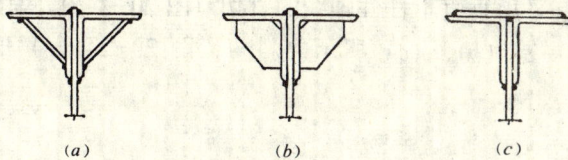

(a)   (b)   (c)

图 20-21 上弦角钢水平肢的加强

直接支承大型屋面板的上弦角钢厚度(mm)   表 20-5

每块屋面板的总荷载(包括自重) (kN)	30	40	55	75	100
Q235（3 号钢）	8	10	12	14	16
16 锰钢	8	8	10	12	14

采用斜撑板和竖直加劲板时（图 20-21a、b），其板厚一般取 8mm；当采用水平盖板时（图 20-21c），其增加的垫板厚度应按计算确定。采用斜撑板的加强办法虽涂漆困难，且有时防碍连接支撑等构件，但因施焊可靠，故仍常用。

<h2>第五节　桁架的节点</h2>

一、节点构造的一般要求

节点构造应符合桁架的计算简图，并应传力可靠、制作方便和节约钢材。对节点构造的一般要求如下：

(1) 杆件的重心线，原则上应与桁架计算简图中的几何轴线相重合，以避免杆件偏心受力，但为制作方便，焊接桁架常将型钢表中的重心距 z_0 值调整为 5mm 的倍数。当弦杆的截面沿长度有改变时，为了使屋面构件如檩条、屋面板保持在同一平面内，应将拼接点两侧的弦杆上表面对齐，此时应取两杆件重心线的中线为轴线，如图 20-22 所示。当受力较小杆件重心线与轴线的偏心距 e 等于或小于弦杆截面平均高度 5%时，对由于偏心连接而产生的节点弯矩可忽略不计。

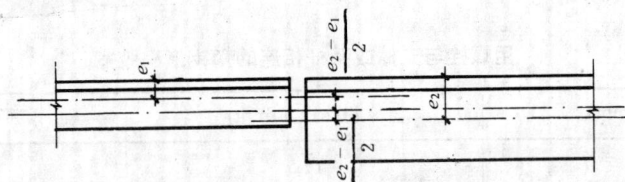

图 20-22　弦杆截面改变时的轴线位置

(2) 腹杆的端部应尽量靠近弦杆以增加桁架平面外的刚度，但节点中各杆件之间仍应留有一定的间隙，不使焊缝过分密集，避免钢材经多次烧焊而变脆或产生很高的应力集中。因此，在不直接受动力荷载作用的屋架中，腹杆与弦杆，以及腹杆与腹杆边缘之间的距离应不小于 15~20mm，焊缝净距不小于 10mm。上、下弦中部杆端空隙见图 20-23 所示。

(3) 角钢的截断宜采用垂直于杆件轴线的直切（图 20-24a）。有时为了减小节点板尺寸，也可采用如图 20-24 (b)、(c) 所示的斜切。图 20-24 (d) 的斜切方法是不正确的，应避免使用。

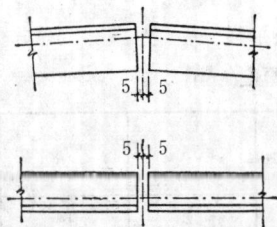

图 20-23　杆端空隙

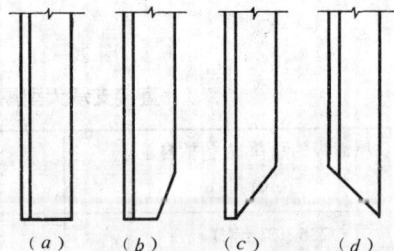

图 20-24　角钢的截断

（4）节点板的形状应简单规整，尽量减小切割边数。最好设计成矩形、有两个直角的梯形或平形四边形（图 20—25）。节点板不容许有凹角，以防产生严重的应力集中。节点板的位置应以节点为中心，其边缘与杆件轴线的夹角 α 不应小于 15°，且节点板的外形应尽量使连接焊缝中心受力（图 20—26）。图 20—26（b）所示的连接不正确，因其节点板左侧边缘应力可能过大，且焊缝偏心受力违背了应使焊缝中心受力的原则。

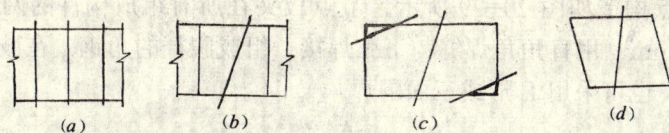

图 20—25　节点板形状

节点板应伸出上弦角钢肢背 10～15mm（图 20—30）以利施焊。也可缩进 5～10mm 进行槽焊。例如，在有檩屋盖中，由于构造上的需要，在屋架上弦相应于檩条的位置上要设置短角钢，以支托檩条，因此，在这些部位的节点板就不能外伸，应采用槽焊（图 20—27）。

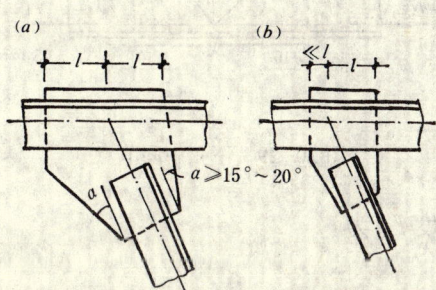

图 20—26　节点板形状对焊缝受力的影响
(a) 正确；(b) 不妥

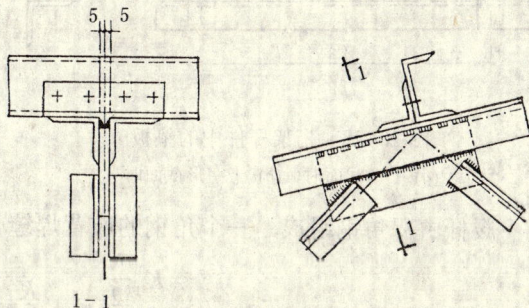

图 20—27　上弦角钢与节点板槽焊

节点板需要有适当的厚度，以承担桁架节点中各杆的杆力。节点板的受力十分复杂，一般不作计算。根据设计经验，节点板厚度可按表 20—6 采用。

节点板厚度选用表　　　　　　　　　　　　　表 20—6

梯形屋架腹杆最大杆力或三角形屋架弦杆端节间杆力(kN)	节点板钢号	Q235 钢(3 号钢)	<150	160～250	260～400	410～550	560～750	760～950
		16Mn 钢	<200	210～300	310～450	460～600	610～800	810～1000
中间节点板厚度	mm		6	8	10	12	14	16
支座节点板厚度			8	10	12	14	16	18

（5）为了使两个角钢组成的 T 形和十字形截面杆共同工作，在两角钢之间每隔一定的距离应焊上一块垫板，如图 20—28 所示。垫板厚度与节点板厚度相同，宽度 b 一般为 40～60mm，长度应伸出角钢边 20mm。当为十字形截面时，则宜缩进 10～20mm。垫板

间距离 l_z 在受压杆件中不应大于 $40i$；在受拉杆件中不应大于 $80i$。在 T 形截面中，i 为一个角钢对于平行于垫板的自身重心轴的回转半径；在十字形截面中，i 为一个角钢的最小回转半径（图 20-28）。同时，在受压杆件的两个侧向支承点之间的垫板数不宜少于两个。

二、节点的构造和计算

（一）下弦中间节点

下弦中间节点构造如图 20-29 所示。节点板夹在所有组成构件的两角钢之间，下边伸出肢背 10～15mm，用直角角焊缝与下弦焊接。组成腹杆的角钢，在肢尖和肢背两侧用直角角焊缝焊接，也可采用 L 形或三面围焊。

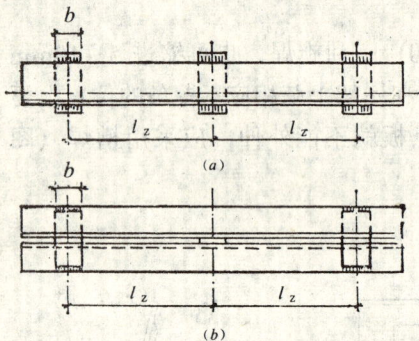

图 20-28　桁架杆件中的垫板

(a) T 形截面时；(b) 十字形截面时

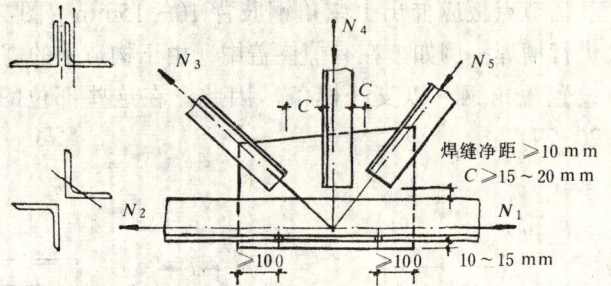

图 20-29　下弦中间节点

腹杆由双角钢组成，一个角钢的肢背焊缝长度 l'_w 为

$$l'_w \geqslant \frac{K_1 \dfrac{N}{2}}{h_e f_f^w} = \frac{K_1 N}{1.4 h_f f_f^w} \tag{20-6}$$

肢尖焊缝长度 l''_w 为

$$l''_w \geqslant \frac{K_2 \dfrac{N}{2}}{h_e f_f^w} = \frac{K_2 N}{1.4 h_f f_f^w} \tag{20-7}$$

式中　K_1、K_2——角钢肢背与肢尖的焊缝内力分配系数，见表 18-2；

　　　　h_f——直角角焊缝的焊脚尺寸。

计算时，可先假定较小的焊脚尺寸（肢尖处小于肢厚，肢背处约等于肢厚），再计算出各腹杆焊缝长度，即可按图 20-29 的轴线先安排好弦杆，再按规定的杆件距离 C，安排好斜腹杆及竖腹杆，然后按各杆需要的焊缝长度定出能容纳这些焊缝长度的节点板的边缘点，再考虑这些点和伸出肢背的边线，定出合理的节点板轮廓，并量出它的尺寸。

定出节点板尺寸后即可验算下弦角钢与节点板的焊缝强度。对于下弦角钢与节点板的焊缝，在无节点荷载情况下按承受节点两侧弦杆的内力差 $\Delta N = N_2 - N_1$ 验算，因 ΔN 一般不大，故常按构造决定，不必验算。

（二）上弦中间节点

172

无檩屋盖的屋架上弦节点如图 20–30 所示。由于上弦坡度很小，集中力 P 对上弦杆与节点板间焊缝的偏心一般很小，可认为该焊缝只承受集中力与杆力差。设计时先取 h_f，再按以下公式验算。

在弦杆内力差 ΔN 作用下，角钢肢背与节点板间焊缝所受的剪应力为：

$$\tau_{\Delta N} = \frac{K_1 \Delta N}{2 \times 0.7 h_f l_w} \tag{20-8}$$

式中　K_1——角钢背上的内力分配系数；

　　　l_w——每根焊缝的计算长度，取实际长度减 10mm。

在 P 力作用下，上弦与节点板间的四条焊缝平均受力（当角钢肢尖与肢背的焊缝高度相同时），其应力为：

$$\sigma_p = \frac{p}{4 \times 0.7 h_f l_w} \tag{20-9}$$

肢背焊缝受力最大，因 $\tau_{\Delta N}$ 与 σ_p 间夹角近于直角，所以应满足以下条件肢尖焊缝不必验算：

$$\sqrt{\tau_{\Delta N}^2 + \left(\frac{\sigma_p}{1.22}\right)^2} \leqslant f_f^w \tag{20-10}$$

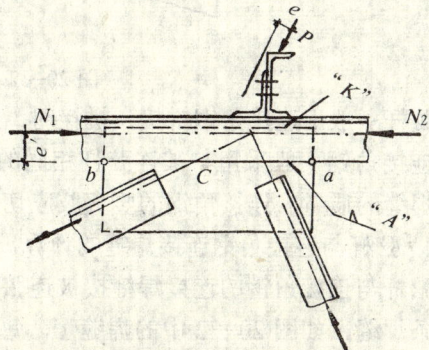

图 20–31 为有檩屋盖的上弦节点。这类屋架上弦一般坡度较大，节点集中荷载 P 相对于上弦焊缝有较大偏心 e，因此弦杆与节点板焊缝除受 ΔN、P 作用外，还受到偏心弯矩 $P \cdot e$ 的作用。考虑到角钢背与节点板间的槽焊缝不易保证质量，可采用如下近似方法验算，即假定槽焊缝"K"只均匀地承受 P 力作用，其它力和偏心弯矩均由角钢肢尖与节点板间的焊缝"A"承担，于是"K"焊缝的强度条件为：

$$\tau = \frac{P}{2 \times 0.7 h_f' l_w} \leqslant f_f^w \tag{20-11}$$

式中　$h_f' = \dfrac{t}{2}$，t 为节点板的厚度。

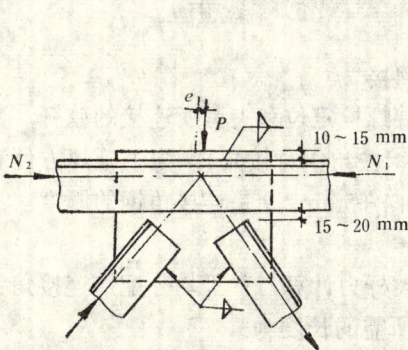

图 20–30　无檩屋架的上弦中间节点　　　图 20–31　有檩的屋架上弦中间节点

"A 焊缝承受的力有:

杆力差 $\Delta N = N_1 - N_2$ (当 $N_1 > N_2$ 时) 和偏心弯矩 $M = P \cdot e + \Delta N \cdot e'$, e' 为弦杆轴线到肢尖的距离, ΔN 在焊缝"A"中产生平均剪应力:

$$\tau_{\Delta N} = \frac{\Delta N}{2 \times 0.7 h_f l_w} \qquad (20-12)$$

由 M 产生的焊缝应力为:

$$\sigma_M = \frac{6M}{2 \times 0.7 h_f l_w^2} \qquad (20-13)$$

焊缝"A"受力最大的点在该焊缝的两端 a、b 点, 最大的合成应力应满足下式条件:

$$\sqrt{\tau_{\Delta N}^2 + \left(\frac{\sigma_M}{1.22}\right)^2} \leq f_f^w \qquad (20-14)$$

(三) 弦杆的拼接节点

屋架弦杆的拼接有工厂拼接和工地拼接。工厂拼接是为了接长型钢而设的杆件接头, 宜设在杆力较小的节间; 工地拼接是由于运输条件限制而设的安装接头, 通常设在节点处, 如图 20-32 所示。

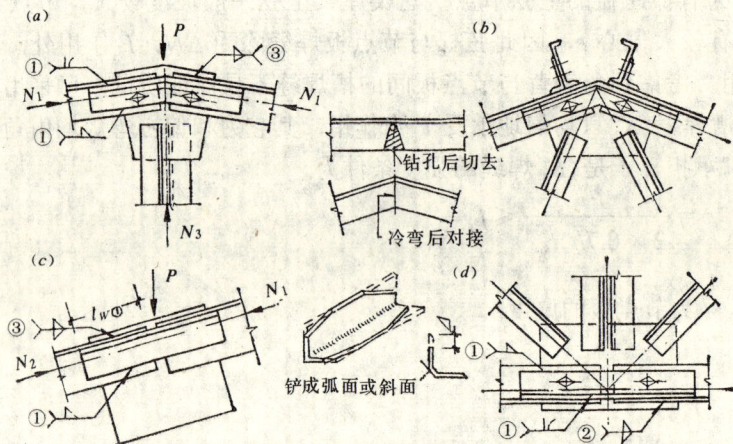

图 20-32 屋架的拼接节点

弦杆一般用连接角钢拼接。拼接时, 通过安装螺栓定位和夹紧所连接的弦杆, 然后施焊。连接角钢一般采用与被连弦杆相同的截面 (铲去角钢背棱角), 为了施焊方便和保证连接焊缝的质量, 连接角钢的竖直肢应切去 $\Delta = t + h_f + 5 \text{mm}$, t 是连接角钢的厚度。

1. 弦杆与连接角钢连接焊缝的计算

弦杆与连接角钢的连接焊缝按被连弦杆的最大杆力计算, 并平均分配给连接角钢肢尖的四条焊缝, 如图 20-32 中的焊缝①, 每条焊缝所需的长度为:

$$l_{w1} = \frac{N_{max}}{4 \times 0.7 h_f f_f^w} + 10 \text{mm} \qquad (20-15)$$

式中 N_{max}——拼接弦杆中最大杆力。

2. 下弦杆与节点板间的连接焊缝计算

连接角钢由于削棱切肢对截面的削弱一般不超过角钢面积的15%。面积的削弱虽将降低连接角钢的承载能力，但这部分降低的承载力可考虑由节点板承受，所以下弦杆与节点板的连接焊缝（图20-32②）应按下式计算：

$$\tau = \frac{K_1 \times \Delta N}{2 \times 0.7 h_f l_w} \leqslant f_f^w \tag{20-16}$$

式中　K_1——下弦角钢背上的内力分配系数；

　　　ΔN——相邻节间内力之差或弦杆最大内力的15%，两者取较大值。

3. 上弦杆与节点板间连接焊缝的计算

因为上弦截面是由稳定计算确定的，连接角钢面积的削弱一般不会降低承载能力，所以在图20-32所示的拼接接头处，上弦杆与节点板的焊缝可根据集中力 P 计算；在图20-32a、b 的脊节点处，则需根据节点上的平衡关系来计算，上弦杆与节点板间的连接焊缝③应承受接头两侧弦杆的竖向分力及节点荷载 P 的合力，焊缝③共8根，每根所需长度为：

$$l_{w3} = \frac{P - 2N_1 \sin\alpha}{8 \times 0.7 h_f f_f^w} + 10\text{mm} \tag{20-17}$$

上弦杆的水分平力由连接角钢本身承受。

连接角钢的长度应为 $l = 2l_{w1} + 10\text{mm}$，10mm 是空隙尺寸。考虑到拼接节点刚度，$l$ 应不小于 40~60cm，跨度大的屋架取较大值。如果连接角钢截面削弱超过受拉下弦截面的15%，宜采用比受拉弦杆厚一级的连接角钢，以免增加节点板的负担。

如弦杆肢宽在130mm 以上时，应将连接角钢肢斜切，以减少应力集中。根据节点构造需要，连接角钢需要弯成某一角度时，一般可采用热弯，如需弯成较大角度时，则采用先切肢后冷弯对焊的方法。

（四）支座节点

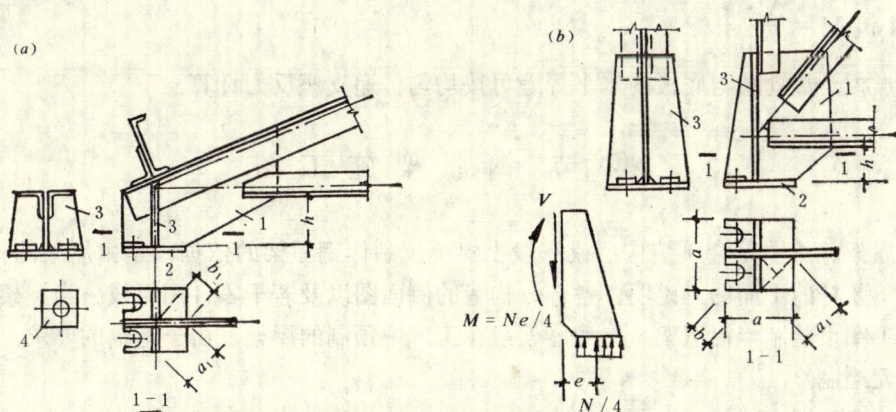

图 20-33　屋架的支座节点

(a) 三角形屋架的支座节点；(b) 梯形屋架的支座节点

1—节点板；2—底板；3—加劲肋；4—垫板

如图 20-33，支座节点包括节点板、加劲肋、支座底板及锚栓等。加劲肋的作用是加强支座底板刚度,以便均匀传递支座反力并增强支座节点板的侧向刚度。加劲肋要设在支座节点中心处。为了便于节点焊缝施焊,下弦杆和支座底板间应留有一定距离 h,h 不小于下弦水平肢的宽度,也不小于 130mm。锚栓预埋于钢筋混凝土柱中(或混凝土垫块中),直径一般取 20~25mm;底板上的锚栓孔直径一般为锚栓直径的 2~2.5 倍,可开成圆孔或开口椭圆孔,以便安装时调整位置。当屋架调整到设计位置后,将垫板套住锚栓然后与底板焊接以固定屋架。

支座节点的传力路线是:屋架杆件的内力通过连接焊缝传给节点板,然后经节点板和加劲肋把力传给底板,最后传给柱子。因此支座节点的计算包括底板计算、加劲肋及其焊缝计算与底板焊缝计算。支座底板所需净面积为:

$$A_n = \frac{N}{f_{cc}} \tag{20-18}$$

式中 N——屋架支座反力;

f_{cc}——混凝土的抗压强度设计值。

设 ΔA 为锚栓孔面积,则底板所需毛面积为:

$$A = A_n + \Delta A \tag{20-19}$$

考虑到开锚栓孔的构造需要,通常要求底板的短边尺寸不得小于 200mm。

底板厚度按下式计算

$$t = \sqrt{\frac{6M}{f}} \tag{20-20}$$

式中 M——两边为直角支承板时单位板宽的最大弯矩,$M = \beta q a_1^2$;其中 q 为底板单位板宽承受的计算线荷载,β 为系数,可由表 19-6 查得。

底板不易过薄,对普通钢屋架不得小于 14mm,对轻钢屋架不得小于 12mm。

加劲肋的高度由节点板尺寸确定,三角形屋架支座节点加劲肋应紧靠上弦杆水平肢并焊接(图 20-33a)。加劲肋厚度取与节点板相同。加劲肋板两条垂直焊缝承受内力为:$V = N / 4$ 和 $M = \frac{N \cdot e}{4}$。

节点板、加劲肋与底板的水平焊缝可按均匀传递支座反力计算。

第六节 钢屋架施工图

钢屋架施工图是金属结构厂或一般土建单位制作钢屋架的依据,是由屋架的正面图、上弦和下弦杆的平面图、说明、各部分构造的侧面图以及若干零件图组成。当屋架为对称时,施工图可绘制半榀屋架。大型屋架或在工厂中预制的屋架,由于运输的要求,往往按运送单元绘制。

绘制施工图应包括如下要求和内容:

(1)在图纸的左上角,绘制一屋架简图。图中注上屋架的主要外形尺寸,在屋架的一半杆件上注出杆件的轴线长度,另一半杆件上注以杆件内力的设计值。梯形屋架如跨度等于或大于 24m,三角形屋架如跨度等于或大于 15m,则在制造时需要起拱,拱度约为跨度的 1 / 500,应注在屋架简图中。

(2) 屋架详图部分，应绘制屋架正面图及上、下弦杆的平面图，必要数量的侧面和剖面图以及一些零件图。

(3) 钢屋架施工图通常用两种比例绘制。杆件和零件的尺寸一般要采用 1／10～1／15 的比例，才能将屋架的节点细节表示清楚，但如屋架的轴线长度也用这个比例，则图面太大，所以轴线长度常用更小的比例，一般为 1／20～1／30。

(4) 在施工图中，应特别注意把所有杆件和零件的定位尺寸注全。腹杆应注出杆端至节点中心的距离，节点板应注出上、下两边至弦杆轴线的距离以及左右两边至通过节点中心的垂线的距离等。

(5) 施工图中应列出材料表，把所有杆件和零件的编号、规格尺寸、数量（区别正、反）、重量都依次填入表中，并算出整榀屋架的总重量。

(6) 在工地上进行拼装或安装的构件上，必须设置安装螺栓孔，使安装构件先用螺栓固定，然后进行焊接，以保证安装质量。

(7) 施工图的"说明"部分包括：所选用的钢号，焊条型号和质量要求，加工精度，有无热处理和施工要求，以及图中未注明的焊缝和螺孔尺寸、油漆、运输要求和其他内容等。

第七节 轻型钢屋架

一、圆钢、小角钢轻型钢屋架

(一) 圆钢、小角钢轻型钢屋架的形式与应用

圆钢或小角钢（小于∟45×4 或∟56×36×4）组成的轻型钢屋架，具有自重较轻、用料较省、造价低和施工安装比较方便等优点，同时也具有一定的强度、刚度和稳定性，在一般条件下是安全可靠的。轻型钢屋架虽然用了一定数量的钢材，但却节约了其它材料，并大大减轻了结构自重和降低了造价。由于它轻便、便于施工安装，在加快施工速度、缩短建设周期方面尤其显得优越。当跨度较小，屋面较轻的情况下，这种屋架的用钢量则接近于钢筋混凝土屋架。

钢结构规范规定由圆钢、小角钢组成的轻型钢屋架适用于跨度不大于 18m、起重量不超过 5t 的轻、中级工作制桥式吊车的房屋，也能用于可拆装的活动房屋和临时性建筑。

应当指出，型钢组成的钢结构有个别次要杆件采用小角钢时，不属于轻钢结构，也不受轻钢结构规定的限制。

轻钢屋架的形式有梯形、梭形、双铰拱式、三铰拱式和芬克式等数种。梯形屋架上弦坡度平坦，只适用于卷材屋面，而轻型钢屋架由于屋面构件防水的需要，一般均要求有较陡的屋面坡度，故不宜采用梯形屋架。双铰拱式屋架虽有杆件内力较小、挠度较小和截面比较经济等优点，但其屋脊节点的构造不易处理，斜梁的下弦杆在不同部位有的受拉、有的受压，给截面选择带来一定困难，对制作安装的要求也较高，用作轻型钢屋架也不适宜。因此，目前轻型钢屋架常采用芬克式、三铰拱式和梭形三种形式，其中尤以芬克式、三铰拱式应用最多，其跨度大多为 9～18m，柱距一般为 4～6m。

1. 芬克式屋架

三角形芬克式屋架的形式如图 20-34 所示，一般均为平面桁架式，其外形和腹杆体系与普通钢屋架没有区别，只是下弦杆和腹杆的截面可以采用单角钢或圆钢（小跨度屋架，上弦杆也可以采用单角钢）。这种屋架的特点是构造简单、受力明确，长杆受拉、短杆受压；对屋面材料适应性较大；制作方便、易于划分运送单元。在一般坡度大的自防水屋盖结构中采用较多。屋面坡度一般为 1／2、1／2.5、1／3，常用 1／2.5。

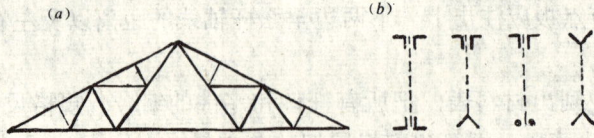

图 20-34　芬克式屋架的形式

2. 三铰拱屋架

三铰拱屋架的形式如图 20-35 所示。按斜梁的截面形式又可分为平面桁架式和空间桁架式两种。斜梁的截面形式见图 20-35b。拱拉杆采用圆钢或角钢，吊杆一般用圆钢。这种屋架的特点是杆件受力合理、斜梁腹杆短、取材方便，不论选用小角钢或圆钢都可以获得较好的经济效果。当斜梁为平面桁架时，杆件较少，构造简单、受力明确、用料较省，但其侧向

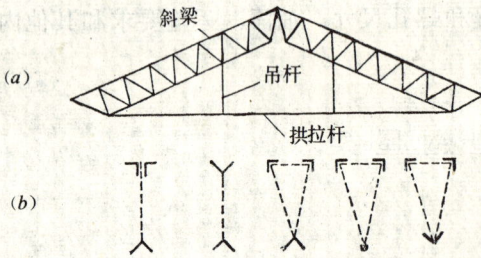

图 20-35　三铰拱屋架的形式

刚度较差，只宜用于小跨度和小檩距的屋盖中。

斜梁为空间桁架时，其截面一般为倒等腰三角形，杆件较多，构造较繁杂，制作费工。但其侧向刚度较好，宜用于中等跨度和檩距较大的屋盖中。为了满足整体稳定性的要求，斜梁的高跨比不得小于 1／18，一般用 1／15。宽高比不得小于 1／2.5，一般用 1／1.6～1／2.0。如满足以上构造要求，则斜梁在平面内和在平面外的整体稳定性就不必验算。

三铰拱屋架适用的屋面坡度及屋面材料与芬克式屋架相同。

3. 梭形屋架

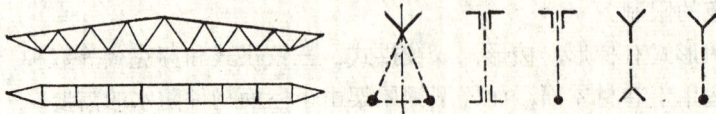

图 20-36　梭形屋架的形式

梭形屋架也分为平面桁架式和空间桁架式两种（图 20-36），在实际工程中多采用三角形空间桁架式。梭形屋架适用的屋面坡度为 1／15～1／10，跨度为 12～15m。这种屋架的特点是截面重心的位置较低，不容易倾覆，钢筋混凝土屋面板安设后屋面刚度较好，故梭形屋架可不设或少设支撑。

（二）圆钢、小角钢轻型钢屋架的计算和构造

轻型钢屋架仍应按普通钢屋架进行设计，但由于圆钢和小角钢的截面小，抵抗矩小，对偏心弯矩敏感，所以在设计轻型钢屋架时，应特别注意并尽量避免偏心的不利影响，这是轻型钢屋架不同于普通钢屋架的重要特点。

1. 内力计算

对于平面桁架体系的屋架，其内力应按平面桁架理论计算；对于空间桁架体系的屋架，可将其简化为平面桁架计算。图20-37表示某空间桁架式斜梁的横断面，由三榀平面桁架 A、B、C 组成，在荷载 P_1 和 P_2 的作用下，桁架 A 承受荷载 P'_1 和 P'_2，它们是 P_1 和 P_2 在平面 A 中的分力；桁架 B 承受荷载 P_1 在平面 B 中的分为 P''_1；桁架 C 承受载 P_2 在平面 C 中的分为 P''_2。然后各按平面桁架计算其内力。

对于空间体系的屋架，由于其杆件与竖直面的夹角不大，也可按假想平面桁架计算（图20-38），其误差很小，计算结果可满足工程设计的要求。

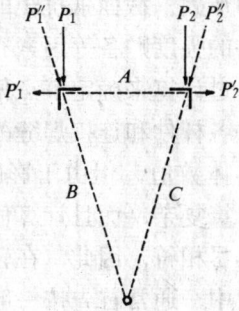

图 20-37　斜梁杆件的内力计算简图

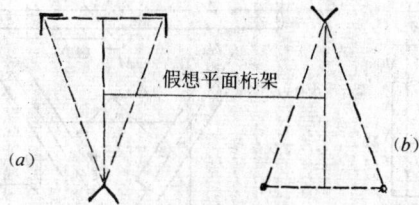

图 20-38　三角拱斜梁和棱形屋架截面的
计算图形

(a) 三角拱斜梁截面；(b) 棱形屋架截面

2. 杆件设计

轻型钢屋架的截面很小，并且有相当多的杆件采用圆钢，在制作、运输和安装过程中，容易发生弯曲变形；同时由于许多杆件处于偏心受力状态，节点构造和加工质量比普通钢屋架要差，这些不利因素都会降低结构的承载能力。为保证轻型钢屋架的安全和考虑构造偏心的不利影响，在设计轻钢屋架杆件时，其强度设计值应乘以下列折减系数：

(1) 拱的双圆钢拉杆及其连接　　　　　　　　　　　　　　　　0.85
(2) 平面桁架式檩条和三铰拱斜梁，其端部主要受压腹杆　　　　0.85
(3) 其它杆件和连接　　　　　　　　　　　　　　　　　　　　0.95

轴心受拉圆钢杆件应按一般拉杆设计。单圆钢拉杆连于节点板一侧时，杆件和连接可按轴心受拉构件计算强度，但考虑到构造偏心的不利影响，其强度设计值应降低15%。

轴心受压的圆钢杆件按一般轴心受压杆计算。单圆钢压杆连接于节点板一侧时，此圆钢杆件应按压弯构件计算其稳定性。连接计算时焊缝强度设计值应乘以0.85。

对于桁架的受压腹杆，可以采用圆钢。而受压弦杆是桁架的主要受力杆件，从经济合理和安全可靠的角度出发，不宜用圆钢作上弦压杆。

当杆件很小，需按容许长细比选用截面时，容许长细比应按轻型钢屋架的限值采用，见表20-2。

钢结构规范规定，轻型钢屋架所用钢板厚度不宜小于 4mm，圆钢直径不宜小于下列数值：

屋架杆件	12mm
檩条杆件与檩条间拉条	8mm
支撑杆件	16mm

3. 节点设计

(1) 节点偏心引起的偏心力矩。如前所述，由于圆钢、小角钢截面小，所以节点偏心对轻型钢屋架的影响不容忽视，这主要是因为构造上的原因造成节点处各杆件的重心线未能汇交于节点中心，以致产心节点偏心，引起偏心力矩。从图 20-39 可以看出，节点偏心有两种情况：一是偏心力矩在桁架平面内（图 20-39a）；二是偏心力矩在桁架平面外（图 20-39b）。

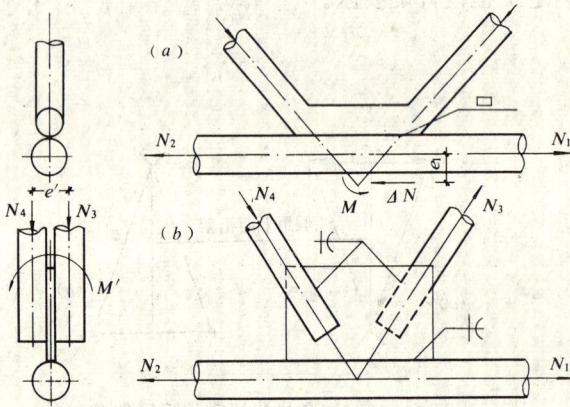

图 20-39 节点偏心引起的偏心力矩

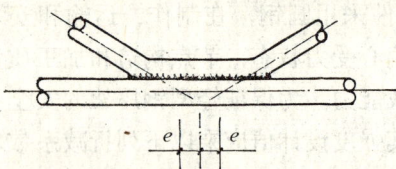

图 20-40 圆钢与圆钢连接的围焊缝

在桁架平面内的节点偏心，对各杆件的影响程度主要与杆件的截面形式、截面抵抗矩的大小以及杆件的强度贮备等因素有关。虽然可通过计算来确定节点偏心力矩对有关各杆件和连接焊缝的不利影响的具体数值，但由于影响因素较多，计算复杂，而且计算值和实测值也不尽相符，因此，在轻型钢屋架设计中，通常首先按一般设计方法选择杆件截面（不考虑偏心影响），然后设计节点。这时应在满足构造要求的前提下，尽可能使节点上所有杆件的重心线严格地对中，并汇交于节点中心，否则应考虑其偏心影响。

偏心力矩作用在桁架平面外，这往往是桁架的腹杆分别位于节点板二侧时的情况。由于节点在平面外方向比在平面内方向要薄弱得多，所以偏心的影响也较大，在构件设计时就必须考虑。

为了减少节点偏心产生的影响，在设计时宜采取下列措施：

1) 采用围焊，缩短焊缝长度，减小节点偏心；

2) 三铰拱斜梁下弦采用角钢截面（角钢抗弯能力比圆钢强）；

3) 如因截面改变或受材料长度限制，圆钢截面的腹杆在节点处需要断开时，应在上弦节点外断开（因上弦截面抗弯能力较强）；

4) 选择杆件截面时，宜留有一定的富余；

5) 节点中心至腹杆轴线与弦杆轴线交点的距离 e（图 20-40），应尽可能控制在 15mm 以下。

(2) 节点构造

1) 三铰拱屋架的节点构造（图 20-41）：

支座节点（图 20-41a）的构造是在上弦两角钢间设置一水平板，通过十字交叉的支座节点板和加劲肋与支座底板连成一刚劲的整体，以保证传力的安全可靠。

屋脊节点（图 20-41b）是把上弦两角钢间的水平板和竖板焊于端面板上，从而保证了端面板的侧向刚度，左右两斜梁的内力通过端面板间的垫块传递，可使各杆轴心受力，并能较好地符合三铰拱屋脊节点为铰接的计算简图。

圆钢拱拉杆与斜梁的连接节点如图 20-41（c），拱拉杆通过两块节点板（夹板）与斜梁下弦的节点板相连，这样既能使节点处的各杆均相交于一点，又能使拱拉杆位于桁架平面内。

桁架式斜梁的连接节点如图 20-41（d），腹杆是连续的圆钢，一端与上弦角钢连接，另一端与下弦圆钢拉杆连接。

这些节点的优点是受力明确，传力清楚，能较好地符合计算简图。其主要缺点是构造比较复杂，钢材用量较多。

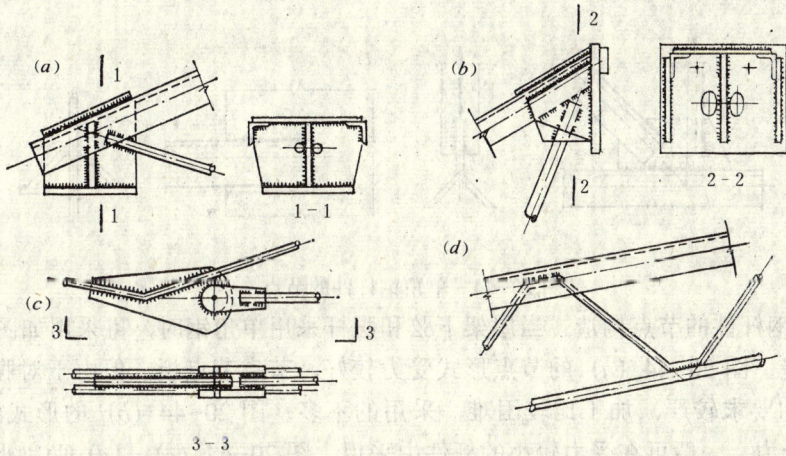

图 20-41 三铰拱屋架节点构造

2) 梭形屋架的节点构造。梭形屋架的支座节点如图 20-42 所示；梭形屋架的屋脊节点如图 20-43 所示。

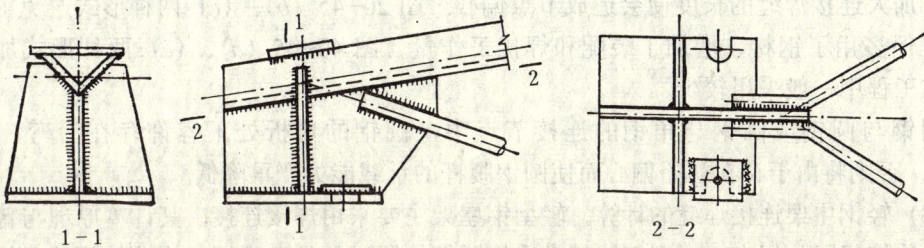

图 20-42 梭形屋架支座节点

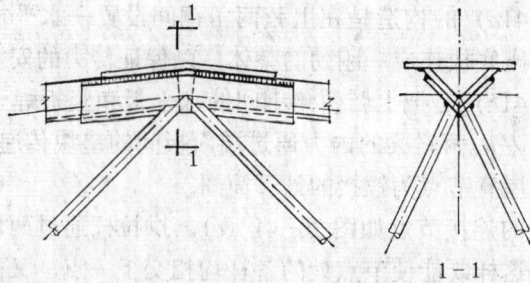

图 20-43　梭形屋架屋脊节点

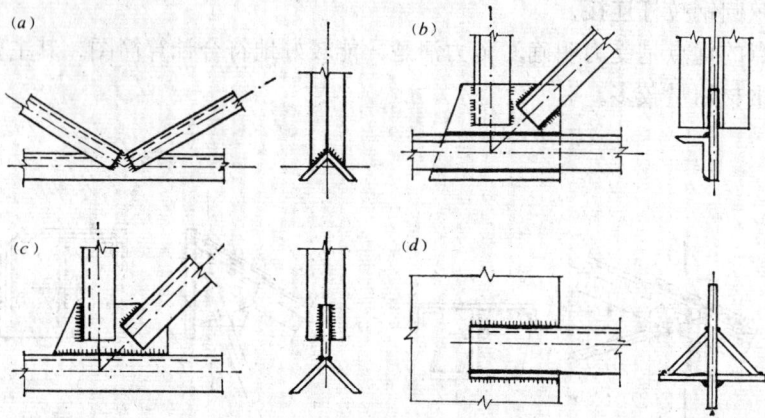

图 20-44　单角钢杆件的节点

3) 单角钢杆件的节点构造。当屋架下弦和腹杆采用单角钢时，可采用如图 20-44 所示的节点构造。图 20-44 (a) 的节点形式受力较好，节省节点板，但由于对腹杆的尺寸和杆端形状的要求较严、加工比较困难，采用的不多。图 20-44 (b) 的形式施工方便。但杆件偏心受力，一般可在受力较小的杆件中采用。图 20-44 (c)、(d) 两种形式，腹杆角钢要开口，而开口根部往往存在杆件截面削弱的情况，所以用于压杆比较适宜。

4) 圆钢杆件的节点构造。当屋架下弦和腹杆均采用圆钢时，可采用如图 20-45 所示的节点构造。其中图 20-45 (a) 的形式构造简单，施工方便，常用于轻型钢屋架的节点构造中，但实际上这种形式的节点很难做到图示的理想情况，因为焊缝的长度往往不足，而稍一加大连接焊缝的长度便会造成节点偏心。图 20-45 (b)、(c) 两种形式避免了节点偏心，但多用了钢材，增加了装配和焊接工作量。图 40-45 (d)、(e) 两种形式加工复杂，在工程中一般采用较少。

圆钢与圆钢或圆钢与角钢的连接节点中，圆钢的弯折处不容许存在活弯，见图 20-46，否则将由于存在初始偏心而使圆钢腹杆的承载能力严重降低。

(3) 轻钢屋架连接焊缝的计算。轻型钢屋架主要采用焊接连接，其计算原理与普通钢屋架的连接相同。但由于轻型钢屋架常采用圆钢，所以凡是和圆钢相连接的部件，就有一个如何计算焊缝的有效厚度的问题。归纳起来有两种情况：一是圆钢与圆钢之间的焊接连接；二是圆钢与平板（钢板或型钢的平板部分）之间的焊接连接。这两种情况都采用角焊缝，其抗剪强度均按下式计算：

$$\tau = \frac{N}{h_e l_w} \leqslant f_f^w \qquad (20-21)$$

式中　N——作用于连接处的轴心力；

　　　l_w——焊缝的计算长度；

　　　h_e——焊缝的有效厚度。

对于圆钢和圆钢的连接，h_e 按下式计算（图 20-47）。

$$h_e = 0.1(d_1 + 2d_2) - a \qquad (20-22)$$

式中　d_1——大圆钢直径；

　　　d_2——小圆钢直径；

　　　a——焊缝表面至两个圆钢公切线的距离。

对于圆钢与平板的连接，有效厚度 $h_e = 0.7h_f$（图 20-48）。

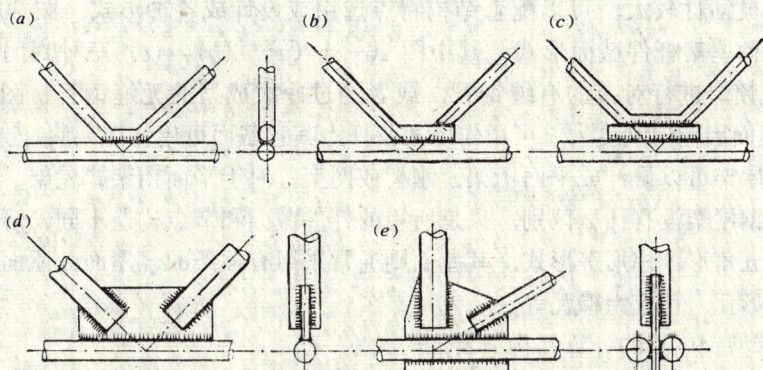

图 20-45　圆钢杆件的节点

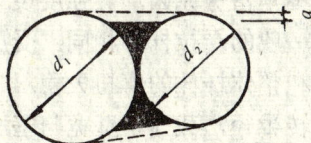

图 20-46　活弯　　　图 20-47　圆钢与圆钢之间的　　图 20-48　圆钢与钢板之间的
　　　　　　　　　　　　　　　焊缝　　　　　　　　　　焊缝

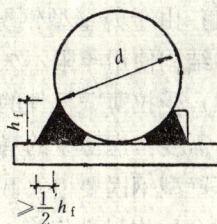

规范规定，圆钢和圆钢、圆钢与平板（钢板或型钢的平板部分）间焊缝的有效厚度，不应小于圆钢直径的 0.2 倍（当两圆钢直径不同时取平均直径）或 3mm，并不大于 1.2 倍平板的厚度，焊缝计算长度应不小于 20mm。

由于圆钢、小角钢轻型钢屋架轻巧、耐用和经济，在中小型建筑工程上，合理推广使用轻型钢屋架是有现实意义的，但在使用时必须根据它的特点，用其所长，避其所短。在设计方面，要重视结构的选材、选型和构造处理；在制造、运输和安装方面，要研究、改进制造工艺，控制焊接变形，减少运输中的变形和损坏；在使用方面，湿度较大的地区，要加强防锈维护措施。还应注意的是，在高温、高湿及具有侵蚀环境的厂房中，不宜采用这种屋架。这种屋架亦不宜直接承受动力荷载。

图 20-49 和图 20-50 为轻型钢屋架施工图实例。

二、薄壁型钢屋架

（一）概述

从压杆的稳定计算中可知，在压杆的截面面积和长度不变的前提下，回转半径愈大，压杆的承载能力愈高。增大回转半径的办法是将截面的轮廓尺寸增大，而减小壁厚。目前，国内外的钢结构设计日益趋向于薄壁化（即增大构件截面的宽厚比），薄壁型钢结构就是其中的一种形式。实践证明，对于不受强烈侵蚀作用的工业与民用房屋，采用薄壁型钢屋架是安全可靠而又经济的。当中小跨度的屋架采用轻屋面材料时，选用薄壁型钢屋架，其经济效果最好，用钢量仅 $2\sim4$ kg/m^2，结构自重约为普通钢结构的 $1/2\sim1/3$，为钢筋混凝土结构的 $1/10\sim3/10$。

薄壁型钢一般是用 $2\sim6$ mm 厚的热轧带钢或钢板经模压冷弯成型。截面形式由于制造上的便利，灵活性较大，可以配合结构特点选用或设计成各种形式。图 20-51 为几种常用的薄壁型钢屋架杆件截面形式。其中图 20-51 (a)、(b)、(c) 三种封闭截面是在冷弯成型后用高频焊进行对接的有缝钢管，或者经过冷拔成型的无缝钢管。图 20-51 (a)～(f) 六种截面因侧向刚度大，可用作屋架弦杆。其它截面可用作屋架腹杆。

薄壁型钢屋架可以设计成平面桁架、刚架或网架。对于平面桁架式屋架，其外形和腹杆体系与普通钢屋架没有什么区别，只是所用的杆件截面和节点构造不同。薄壁型钢屋架也有三角形、五角形、梯形等形式。其屋面则通常采用有檩条的轻屋面，屋面材料为石棉瓦、钢丝网波形瓦、预应力槽瓦等。

（二）薄壁型钢屋架的计算和构造特点

薄壁型钢的厚度很小，在计算和构造方面都有一些与普通钢屋架不同的特点，需要加以注意。

(1) 由于薄壁型钢壁厚的负公差❶ 和截面的局部缺陷对薄壁型钢构件比较敏感，以及这种结构使用年限不久，经验不丰富等原因，其强度设计值要比普通钢结构略低一些。

(2) 受拉薄壁杆件的计算与一般的受拉杆件相同。受压的薄壁杆件则与一般型钢杆件不同，需要考虑薄壁的局部失稳和整体杆件的弯扭失稳。

薄壁型钢因要增大截面的回转半径，截面中壁宽与壁厚的比值较大，当超过一定数值时，就会发生局部失稳，使该部分截面不能继续增加承载能力，故必须采用所谓"有效截面面积"（即将毛截面面积扣去一部分失效截面）来计算。

对于单轴对称的开口截面，如图 20-51 (d) ～ (h) 所示的截面，在轴心或偏心受压时，有可能发生弯扭失稳而破坏（弯扭失稳临界应力低于弯曲失稳临界应力）。因此，对于单轴对称开口截面受压构件还要进行弯扭屈曲验算。

有关计算规定详见《冷弯薄壁型钢结构技术规范》（GBJ18-87）。

(3) 薄壁型钢屋架一般不用节点板，其节点构造与所选的杆件截面形式有关，但应

---

❶ 负公差指轧制成的钢材实际截面尺寸比规定的截面尺寸小，但又在允许限度以内。

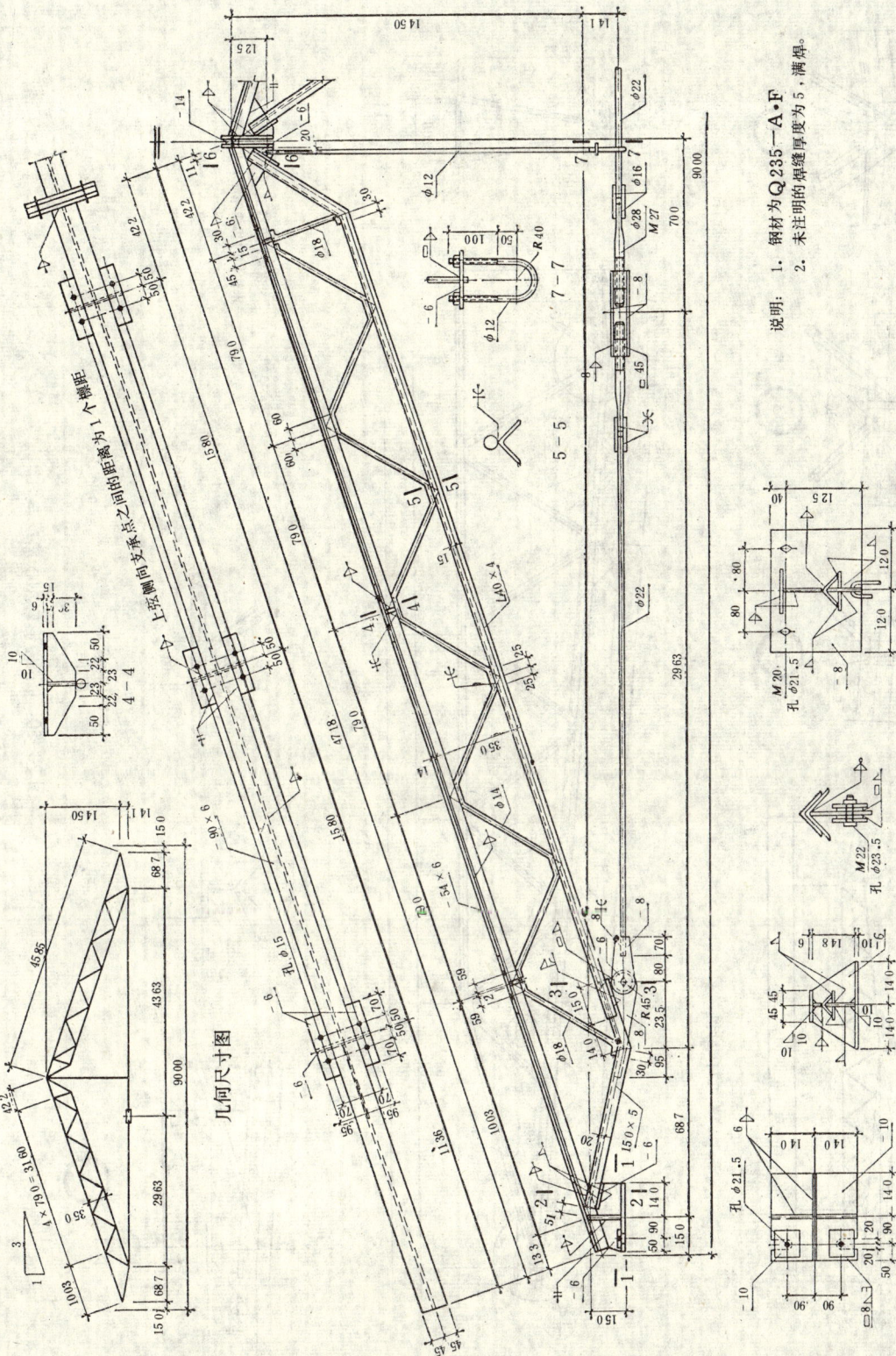

图 20-49　9m 三铰拱轻型钢屋架

几何尺寸图

说明：　1. 钢材为 Q235-A·F。
　　　　2. 未注明的焊缝厚度为 5，满焊。

4-4

5-5

6-6

7-7

3-3

2-2

1-1

上弦侧向支承点之间的距离为1个檩距

185

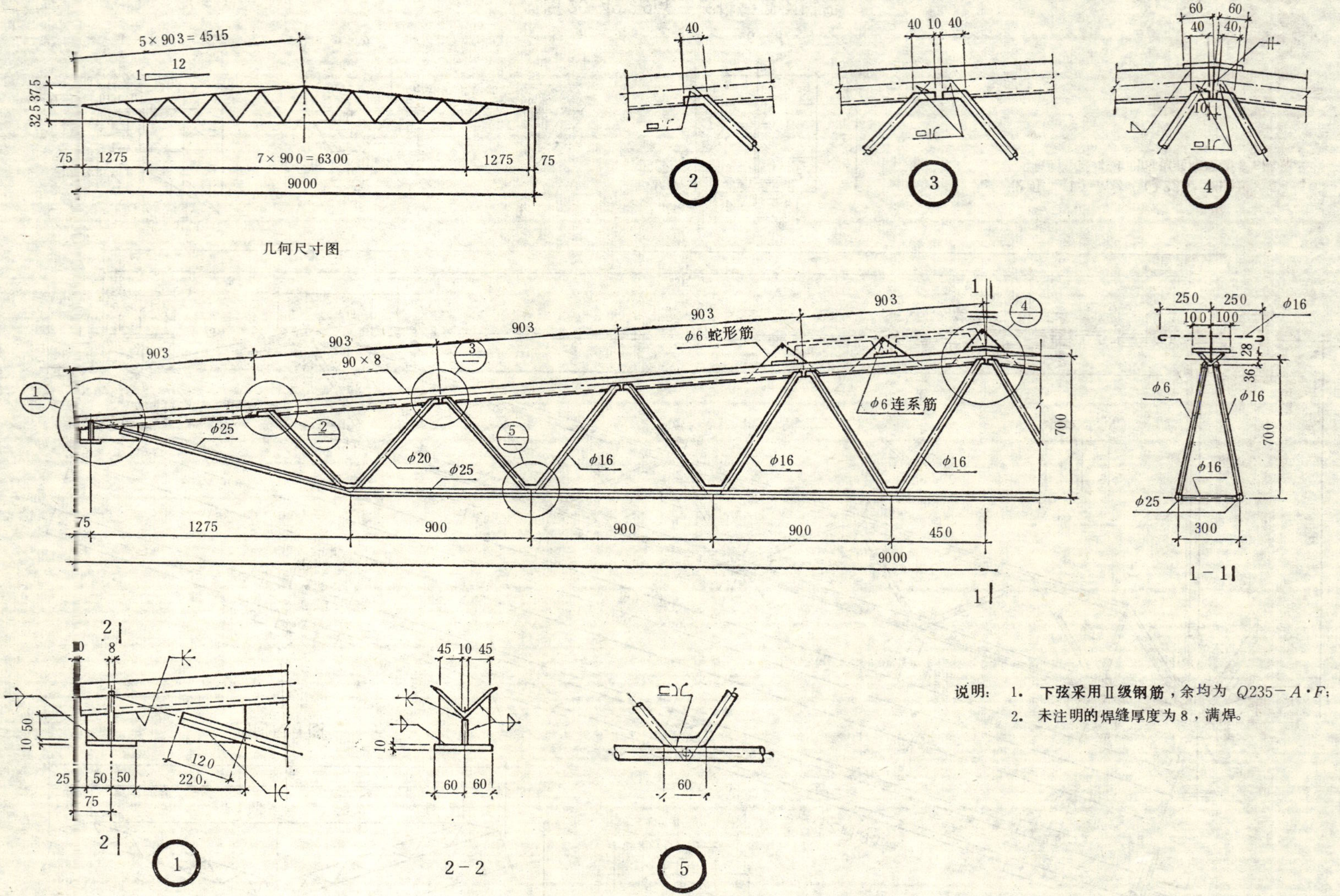

图 20—50 9m 梭形轻型钢屋架

说明：1. 下弦采用 Ⅱ 级钢筋，余均为 Q235—A·F；

　　　2. 未注明的焊缝厚度为 8，满焊。

避免杆件轴线的汇交点产生偏心，并应保证节点具有足够的刚度。图 20-52～图 20-56 分别为屋架中间节点、屋脊节点、支座节点和方管或圆管截面的对接接头等典型节点构造示例。

弦杆、腹杆都采用方管截面的节点，如它们的宽度相差不多，可将腹杆的端部直接焊于弦杆上（图 20-52a）。如它们的宽度相差大于 20mm 时，则在腹杆的端部加一块垫板来增加节点刚度，避免弦杆产生局部变形，并使传力可靠（图 20-53b）。圆管构件一般不会产生局部失稳现象，受压时其截面全部有效，故圆管屋架的用钢量最省，传力性能好。但当弦杆采用圆管时，腹杆端部的切割比较费工，制作精度要求高。圆管屋架的节点，一般都采用直接连接（图 20-53）。对于闭口截面杆件，为

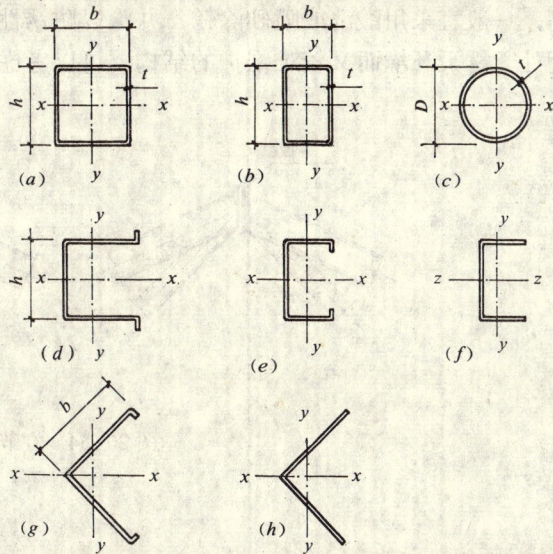

图 20-51　薄壁型钢屋架杆件常用截面形式

了防止潮湿空气或腐蚀性气体浸入钢管内部引起锈蚀，应将其端部焊上封板（图 20-54、图 20-55）或者将端部打扁（图 20-54b 中的竖杆）。当采用开口截面杆件时，应将开口

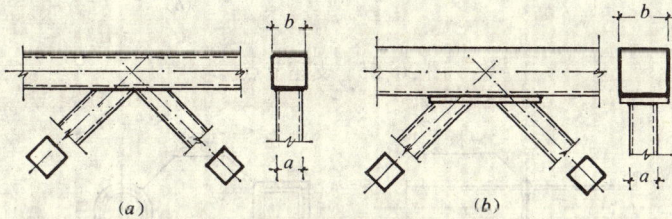

图 20-52　方管截面的中间节点
(a) (b-a)≤20mm 时；(b) (b-a)>20mm 时

边朝下放置，以免积灰、积水而引起腐蚀。上弦杆为开口截面时，其节点构造可参照图 20-52 (b) 和图 20-55，即在弦杆的开口边焊上一块垫板，将腹杆焊于垫板上。

图 20-56 (a) 为工厂接头，用来接长受压杆件，采用隔板焊接。但如杆件偏心受压而出现拉力时，则不宜采用，应改螺栓连接；如图 20-56 (b) 所示。

(三) 薄壁型钢屋架的制作和维护

薄壁型钢屋架在制作、维护方面也有一些与普通钢屋架不同的要求。例如，对型材或

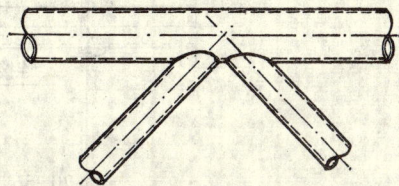

图 20-53　圆管截面的中间节点

构件矫正时，应采取有效措施，防止产生局部变形；焊接时应选用直径较小的焊条，焊接电流不宜太大，以免将构件烧伤或烧穿；构件在运输和安装过程中，应注意避免杆件撞瘪和防止产生过大的弯扭变形和局部变形；薄壁型钢屋架杆件的除锈和油漆也比普钢屋架要求高，一般宜采用酸洗或喷砂除锈，并涂以防锈性能较好的涂料；对于特别重要的结构或长期处于露天环境而又较难维护的结构，可以考虑采用镀锌防锈。

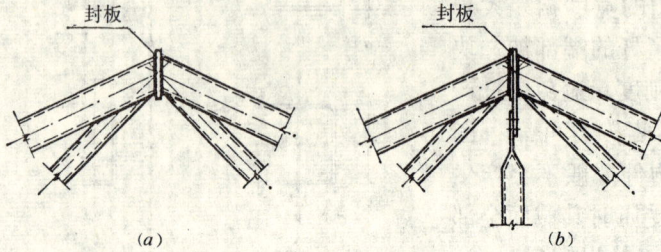

图 20-54　脊节点

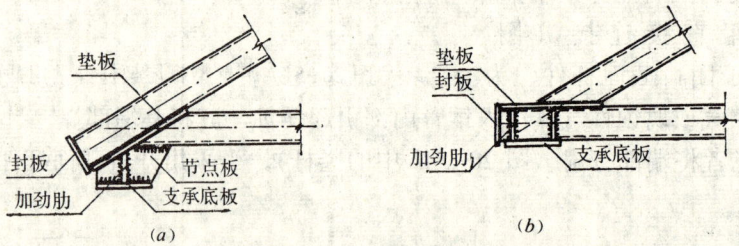

图 20-55　支座节点

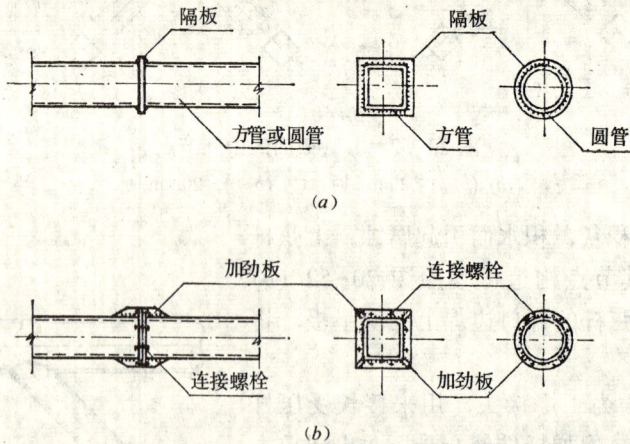

图 20-56　方管或圆管截面的对接接头

目前，薄壁型钢屋架由于型材生产不多，价格高昂，因而使用还受到一定的限制。特别是对于直接承受动力荷载的承重结构，例如吊车梁和设有悬挂吊车的屋架，以及对于设有较大锻锤和空气压缩机的车间，目前还缺乏使用经验，试验研究工作做得也不多，暂时还不宜采用。此外，受有强烈侵蚀作用的建筑物中也不宜采用薄壁型钢屋架。

第八节 网 架 结 构

一、网架结构的特点

网架结构是由许多杆件，沿平面或曲面按一定规律组成的高次超静定空间网状结构。它改变了一般桁架的平面受力状态，由于杆件之间互相支撑，所以结构的稳定性好。空间刚度大，能承受来自各个方向的荷载。网架结构的种类很多，按其外形可分为曲面网壳与平板网架；按其结构组成可分为单层和双层网架。最常用的是单层平板网架。

网架的结构优点是：

(1) 经济。网架结构由许多截面较小、形状尺寸都标准化的构件组成，构件类型少，钢材消耗低。

(2) 安全。网架结构是高次超静定结构，可承受相当大的集中荷载和非对称荷载，应力分布比较均匀，甚至局部发生破坏，也不会引起相邻部分发生连锁反应而导致整个结构的破坏，较其他类型结构安全。

(3) 跨度大。网架结构受力合理、刚度大、用料经济，是解决大跨度屋盖的有效方案，我国北京首都体育馆的屋盖即为网架结构，为91m×112.2m。

网架结构也适用于中、小跨度建筑。对

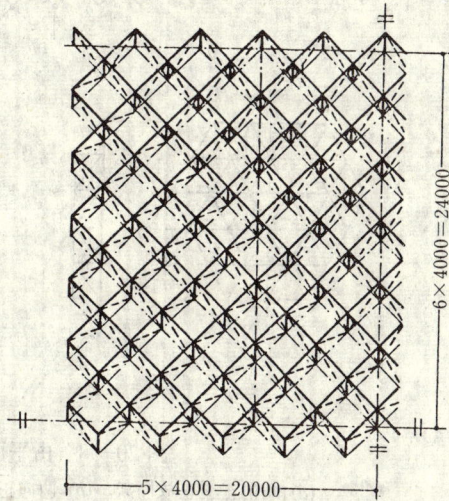

图 20-57 两向正交斜放网架示意图

于网架结构，大跨度为 60m 以上；中跨度为 30m～60m；小跨度为 30m 以下。

二、网架结构的类型

国内外采用的网架结构多为平板网架。平板网架的构造、设计、制造、安装都比较简单，建筑上也容易处理，常用的平板网架有由平面桁架系组成的网架、由四角锥体组成的网架和由三角锥体组成的网架。

(一) 由平面桁架系组成的网架

是由平行弦桁架纵横交叉联成的网状结构，其构造与普通平面桁架相似，构成的空间概念容易理解，如图 20-57 即为两向正交斜放网架的示意。由平面桁架系组成的网架有两向正交正放网架、两向正交斜放网架、两向斜交斜放网架、三向网架等，如图 20-58 所示。

(二) 由四角锥体组成的网架

四角锥网架只由弦杆与斜腹杆组成（无竖腹杆），图 20-59 为四角锥网架（局部）示意图。由四角锥体组成的网架有正放四角锥网架、正放抽空四角锥网架、棋盘形四角锥网架、斜放四角锥网架等，如图 20-60 所示。

(三) 由三角锥体组成的网架

是由许多三角锥体组成的网架，图 20-61 为蜂窝形三角锥网架（局部）示意图。由

三角锥体组成的网架有三角锥网架、抽空三角锥网架、蜂窝形三角锥网架，如图 20-62
所示。

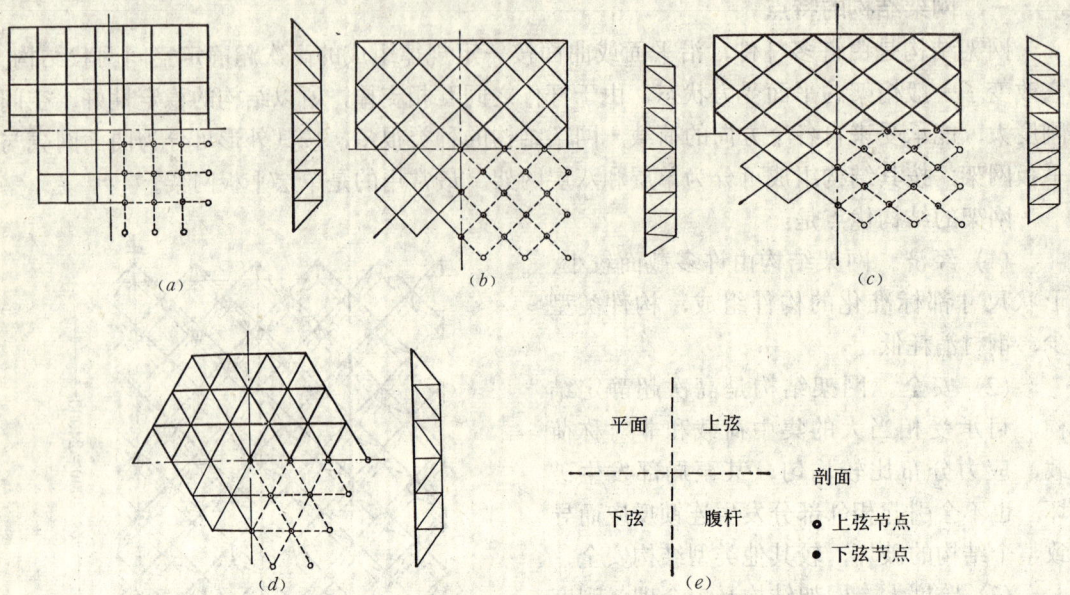

图 20-58　由平面桁架系组成的网架

(a) 两向正交正放网架；(b) 两向正交斜放网架；(c) 两向斜交斜放网架；

(d) 三向网架；(e) 图例

三、网架结构的杆件型式

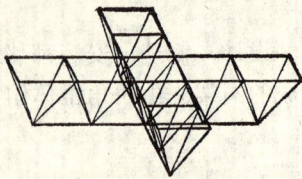

图 20-59　四角锥体网架(局部)示意图

网架结构采用的杆件型式有角钢与薄壁钢管。由于网架结构的每一个节点都有来自若干方向较多的杆件汇交在一起，因此采用角钢杆件并用节点板连接的方式构造复杂、耗钢量多、施工不便。在有条件的情况下，应尽量采用薄壁钢管杆件。钢管的几何形状简单，抗扭、抗弯、抗压性能好，没有方向性。抗压性能约比相同断面的角钢大三倍以上，连接也比较简便。当采用普通低合金钢薄壁钢管时，用钢量的降低更为显著。

四、网架结构的节点构造

网架结构的节点不同于平面桁架的节点，因为它是空间结构，汇交杆件多。网架上、下弦网格之间是靠腹杆联系组成的立体空间，由于网格只有三角形、四边形和六角形，所以由网格和腹杆组成的基本单元不外是立方体（六面体）、三角锥（四面体）、四角锥（五面体）和六角锥（七面体），如图 20-63 所示。网架结构就是由这几种最简单的基本单元组成的，由基本单元拼成网架也是网架结构制造和安装的重要方式。

网架结构的节点分为两类：角钢杆件采用板节点，钢管杆件采用球节点。

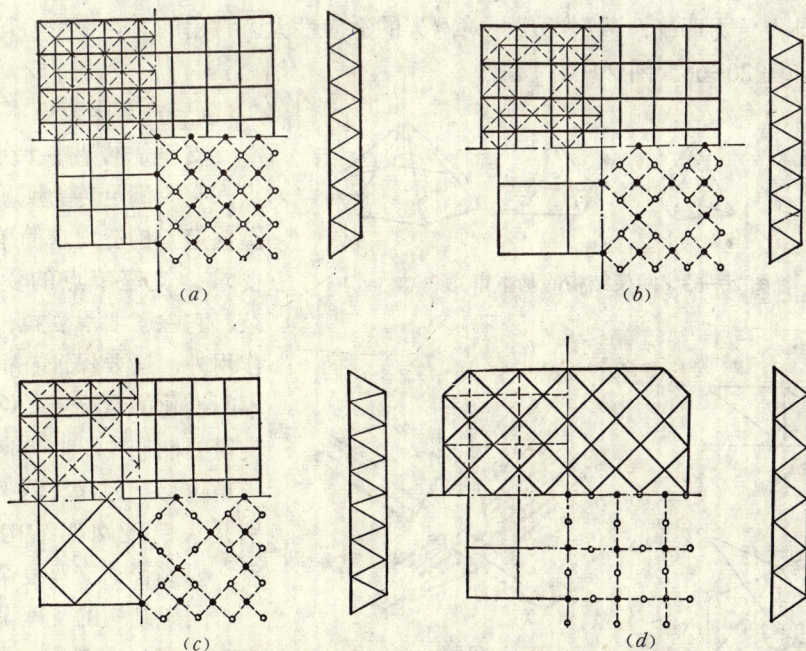

图 20-60　由四角锥体组成的网架(图例同图 20-58)

(a) 正放四角锥网架; (b) 正放抽空四角锥网架;

(c) 棋盘形四角锥网架; (d) 斜放四角锥网架

(一) 板节点

板节点是由平面桁架的节点发展起来的，这种节点的整体性能好、刚度大、焊接质量容易保证，适于两向交叉体系网架。

板节点的构造特点是利用十字交叉板和盖板作为弦杆的连接板，因其构造的不同，可分拼装板节点与焊接板节点，如图 20-64、图 20-65 所示。

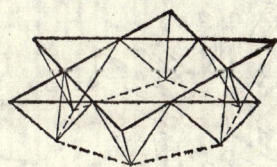

图 20-61　蜂窝形三角锥网架(局部)示意图

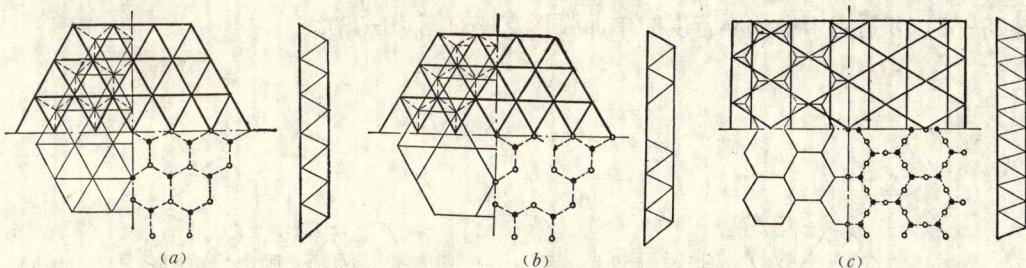

图 20-62　由三角锥体组成的网架(图例同图 20-58)

(a) 三角锥网架; (b) 抽空三角锥网架; (c) 蜂窝形三角锥网架

(二) 球节点

采用钢管作为网架的杆件，无论是截面特性、加工制造、维护防锈等都具有许多优越性，尤其是杆件的稳定没有平面内、外之分，更为合理。当采用钢管杆件时，应采用球形节点。球形节点传力明确、造型美观，对网架的适应性大。常用的有焊接空心球节点和螺栓球节点，如图20-66、图20-67所示。

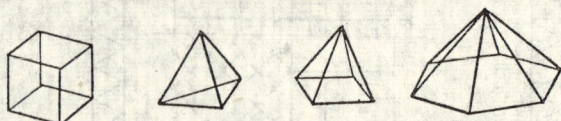

图 20-63　网架结构的基本单元

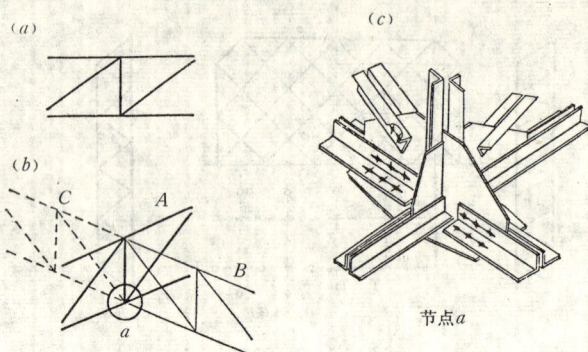

(a)

(b)

(c)

节点 a

图 20-64　拼装板节点

图 20-65　焊接板节点

（三）支座节点

支座是网架中十分重要的节点，它应满足传力明确、符合计算假定、构造力求简单等方面的要求。支座节点的受力比较复杂，它除了要承受拉、压、扭等作用外，还要保证在荷载、温度不断变化的情况下，网架结构在支座处能产生不同方向的线位移与角位移。因此，网架结构，特别是大跨度网架结构的支座节点，要比普通支座复杂得多。

网架结构的支座节点分为压力支座及拉力支座。常用的压力支座节点有平板支座（图20-68），适用于较小跨度网架；单面弧形支座（图20-69），适用于中、小跨度网架；双面弧形支座（图20-70），适用于大跨度网架；球铰支座（图20-71），适用于多支点大跨度网架；板式橡胶支座（图20-72），适用于大、中跨度网架。常用的拉力支座节点有适用于小跨度网架的平板支座（图20-68）和适用于中、小跨度的单面弧形支座（图20-73）。

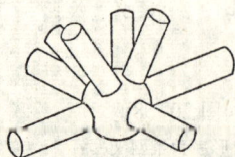

图 20-66　焊接空心球节点

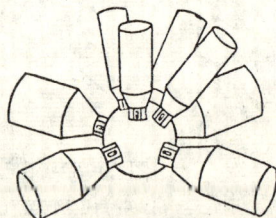

图 20-67　螺栓球节点

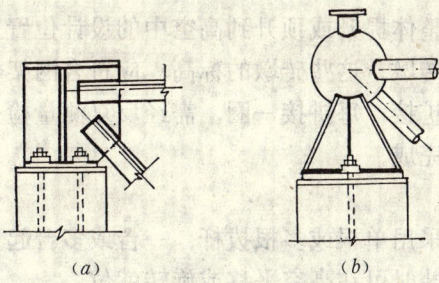

图 20-68 平板压力或拉力支座

(a) 角钢杆件; (b) 钢管杆件

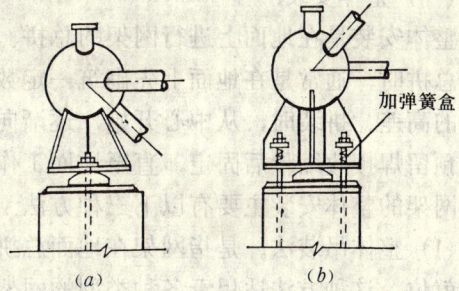

加弹簧盒

图 20-69 单面弧形压力支座

(a) 二个螺栓连接; (b) 四个螺栓连接

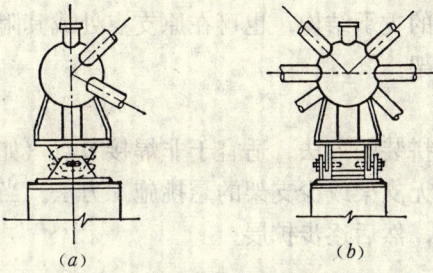

图 20-70 双面弧形压力支座

(a) 侧视图; (b) 正视图

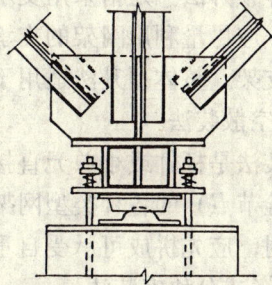

图 20-71 球铰压力支座

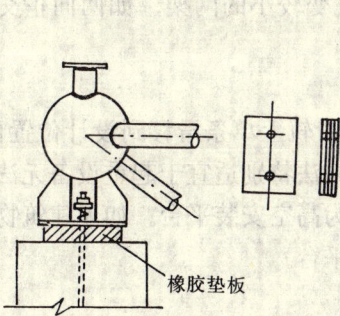

橡胶垫板

图 20-72 板式橡胶支座

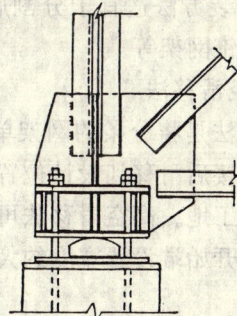

图 20-73 单面弧形拉力支座

五、网架结构施工简介

网架的制造与安装分为三个阶段,首先是制备杆件及节点,然后拼装成基本单元,最后在现场安装。

杆件与节点的制作均在工厂进行,和一般的钢结构相同。基本单元的拼装可在工厂或施工现场附近进行,单元体的大小视网格尺寸及运输条件而定,可以是一个网格,也可以是几个网格。

网架结构施工中最重要的一项,是网架的安装。其方法有整体安装、高空散装、分条或分块安装以及高空滑移法等。

（一）整体安装

整体安装是在地面上进行网架的总拼，然后整体提升或顶升到高空中的设计位置。在现场总拼时，通常是在地面上先砌筑一定数量的砖墩。这些砖墩的标高，应符合网架各相应点的高差。拼装时，从中心开始，逐渐向四周扩接，每拼接一圈，需经反复测量检查并考虑预留焊接收缩量后固定，直至地面工作全部完成。

网架的整体安装主要有以下三种方法：

（1）整体吊装法。是指网架在地面总拼后，采用单根或多根拔杆、一台或多台起重机吊装就位。这种方法适用于各种类型的网架，吊装时可在高空平移或旋转就位。

（2）整体提升法。是指在结构柱上安装提升设备直接提升网架，也可以在进行柱子滑模施工的同时提升网架（此时网架可做为操作平台）。这种方法适用于周边支承及多点支承网架，可用升板机、液压千斤顶等小型机具进行施工。

（3）整体顶升法。是指采用支承结构和千斤顶将网架顶升到设计位置的方法，采用整体顶升法时，应尽量利用网架的支承柱作为顶升的支承结构，也可在原支点处或其附近设置临时顶升支架。整体顶升法适用于多点支承网架。

（二）高空散装法

高空散装法是杆件或小单元直接在高空进行拼装的方法。适宜于非焊接节点（如螺栓球、高强螺栓节点）的各种类型网架，并宜采用无支架或少支架的悬挑施工方法。当采用悬挑法施工时，应先拼成可承受自重的结构体系，然后逐步扩展。

（三）分条或分块安装法

在地面上先将网架拼装成若干条状或块状单元，然后起吊到高空再拼成总体。由于分条或分块的大小取决于工地实际的吊装能力，所以不必使用特殊的吊装设备，可节省安装费用。这种安装方法适宜于分割后刚度和受力状况改变较小的网架，如两向正交正放网架、正放四角锥网架等。

（四）高空滑移法

高空滑移法是将分条的网架单元，在事先设置的滑轨上单条滑移到设计位置再拼装，或在滑轨上拼接后滑移到设计位置的安装方法。这种方法特别适宜于起重设备无法进入网架安装区域的工地。高空滑移法可利用已建建筑物作为高空安装平台。如无建筑物可利用时，可在滑移开始端设置宽度约大于两个节间的拼装平台。

第九节　钢屋架设计实例

一、设计资料

某建筑跨度 21m，长度 80m，柱距（屋架间距）5m（根据建筑要求确定，未按模数要求）。屋盖承重结构采用三角形芬克式钢屋架，屋架尺寸如图 20-74 所示，屋架出檐 0.72m（自支座中心算起）。钢材为 Q235，焊条采用 E43 型。屋面为波形石棉水泥瓦，加木丝板保温层。采用槽钢檩条，檩距 80cm（石棉瓦长度为 1.80m，搭接长度为 20cm）。

荷载：波形石棉水泥瓦 0.20kN／m^2，木丝板 0.25kN／m^2，檩条采用 8 号槽钢 0.08kN／m；屋面均布活荷载 0.30kN／m^2；基本雪压（北京地区）0.30kN／m^2。

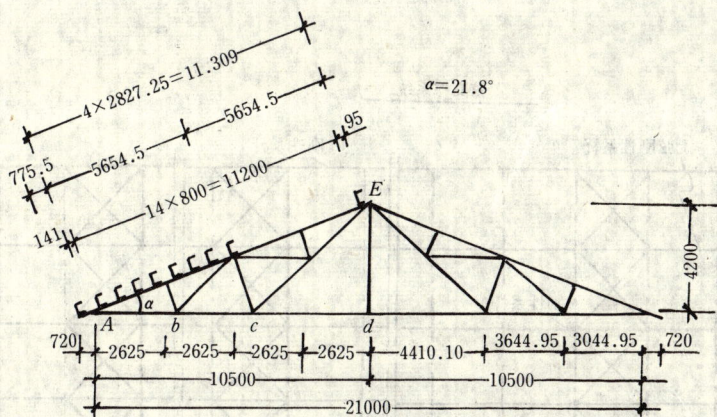

图 20-74 屋架尺寸

二、支撑布置

布置上弦横向支撑、下弦横向水平支撑及竖向支撑，并在下弦及上弦各布置三道系杆，如图 20-75 所示。

三、荷载计算

恒载

波形石棉水泥瓦及木丝板 $\dfrac{0.20+0.25}{\cos 21.8°}=0.4847\text{kN}/\text{m}^2$

檩条重量 $\dfrac{0.08}{0.8\cos 21.8°}=0.108\text{kN}/\text{m}^2$

屋架及支撑自重 $\dfrac{0.12+0.011\times 21=0.351\text{kN}/\text{m}^2}{0.9437\text{kN}/\text{m}^2}$

恒载设计值 $q_1=1.2\times 0.9437=1.1324\text{kN}/\text{m}^2$
活荷载设计值 $q_2=1.4\times 0.3=0.42\text{kN}/\text{m}^2$
雪荷载标准值 $s_k=\mu_r s_0$ $(s_0=0.3\text{kN}/\text{m}^2)$
根据荷载规范 $\mu_r=1.0$ $(\alpha=21.8°<25°)$
雪荷载设计值 $q_s=1.4\times 0.3=0.42\text{kN}/\text{m}^2$

活荷载及雪荷载应取其中较大值，故按 $0.42\text{kN}/\text{m}^2$ 计算，（本例不考虑风荷载和积灰荷载）。

节点荷载设计值

$$P=(1.1324+0.42)\times 5\times 10.5/4=20.4\text{kN}$$

四、内力计算

如图 20-76 所示，本例用节点单位力作用下的图解法求杆件内力系数，其中檐口节点（支座节点）荷载，考虑出檐部分 $P'=(1.1324+0.42)\times 5\times 0.72=5.59\text{kN}$。相当于中间节点荷载的 $P'/P=(5.59/20.4)=0.274$，$P'=0.274P$。故支座节点单位荷载应为 $(0.5+0.274)P=0.774P$。但从图中可以看出，不考虑出檐产生的弯矩时它不影响杆件的内力。

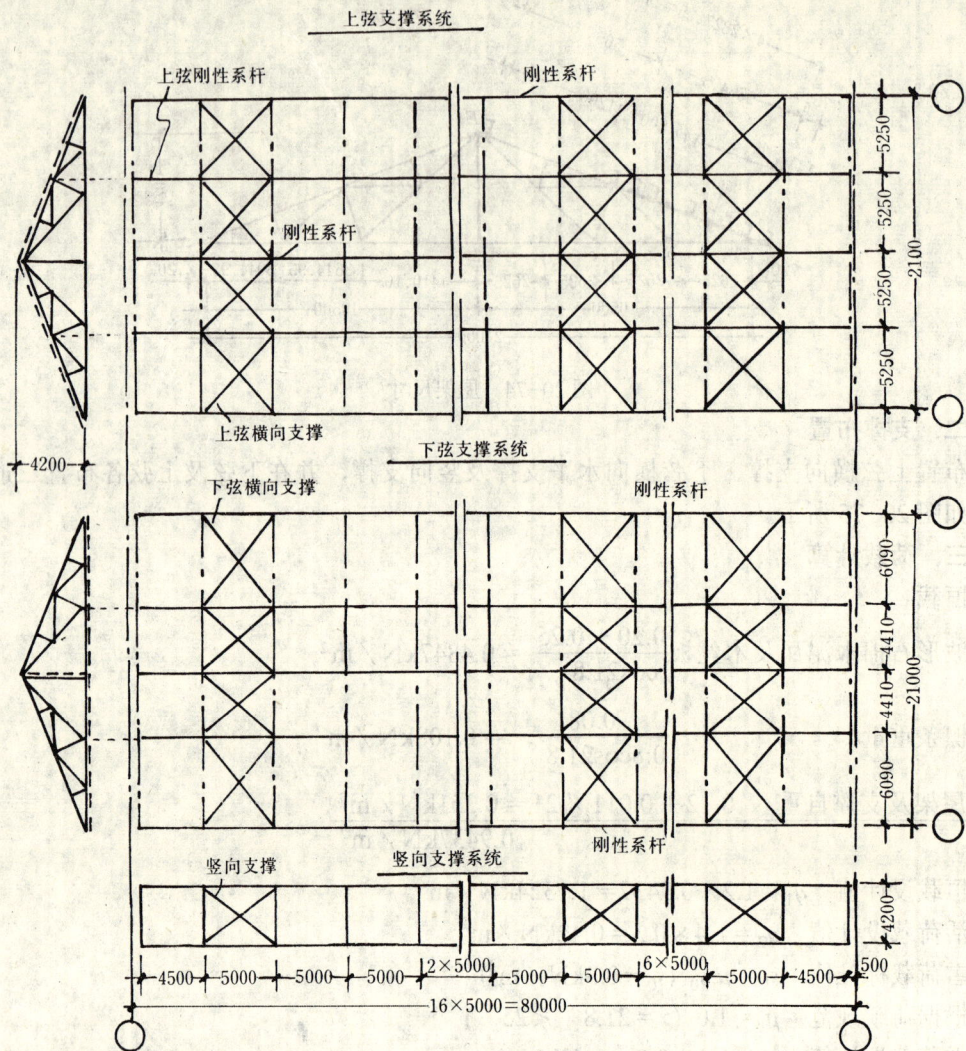

图 20-75 支撑布置

图解时先用数解法求出 cd 杆的内力系数为 5，然后进行图解作图。

经图解计算全跨荷载及半跨荷载内力系数如图 20-77 所示。因本例三角形芬克式屋架的腹杆在半跨荷载下内力不变号，故按全跨荷载计算。杆力组合表如表 20-7 所示。

上弦杆承受节间荷载的局部弯矩对端节间跨间正弯矩 M_1 及节点负弯矩 M_2 均取 $0.8M_0$，M_0 近似取 $\dfrac{Pa_1}{4}$（P 为节间荷载亦即节点荷载，a_1 为节间水平投影长度），故：

$$M_1 = 0.8M_0 = 0.8 \times \frac{Pa_1}{4} = 0.8 \times 20.4 \times 2.625 \times 0.25 = 10.71 \text{kN} \cdot \text{m}$$

$$M_2 = -10.71 \text{kN} \cdot \text{m}$$

196

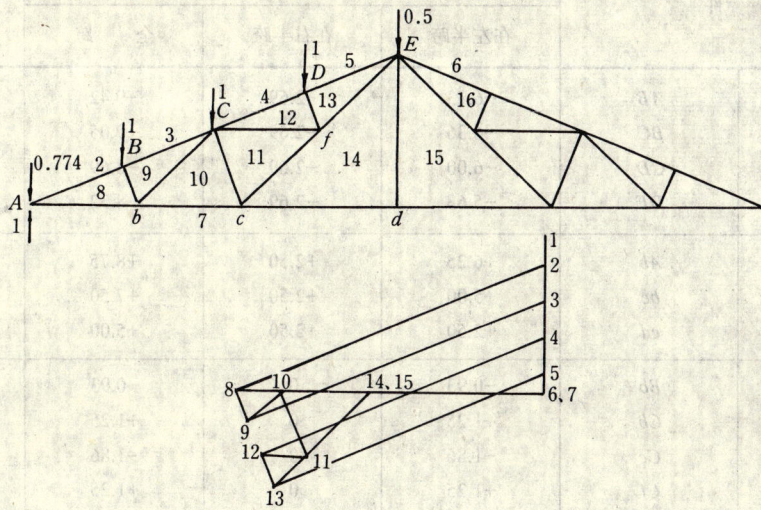

图 20-76　屋架内力图解

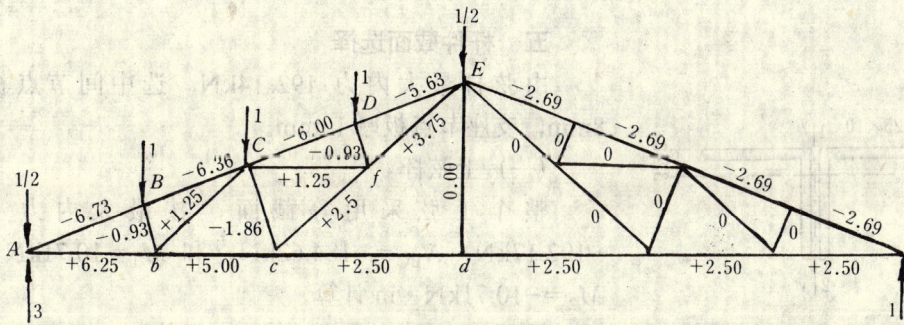

半跨荷载作用下

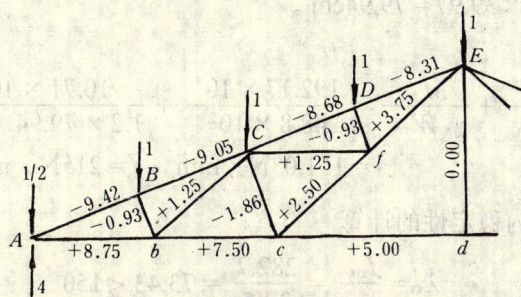

全跨荷载作用下

图 20-77　内力系数

杆 力 组 合 表 　　　　表 20-7

杆 件		内力系数 $P=1$			计算杆力 $P=20.4$kN
		在左半跨	在右半跨	全 跨	
上弦杆	AB	−6.73	−2.69	−9.42	−192.17
	BC	−6.36	−2.69	−9.05	−184.62
	CD	−6.00	−2.69	−8.69	−177.07
	DE	−5.63	−2.69	−8.32	−169.52
下弦杆	Ab	+6.25	+2.50	+8.75	+178.50
	bc	+5.00	+2.50	+7.50	+153.00
	cd	+2.50	+2.50	+5.00	102.00
腹杆	Bb	−0.93	0	−0.93	−18.97
	Cb	+1.25	0	+1.25	+25.50
	Cc	−1.86	0	−1.86	−37.94
	Cf	+1.25	0	+1.25	+25.50
	Df	−0.93	0	−0.93	−18.97
	fc	+2.50	0	+2.50	+51.00
	Ef	+3.75	0	+3.75	+76.50
	Ed	0	0	0	0.00

五、杆件截面选择

由弦杆最大内力 192.14kN，选中间节点板厚为 8mm，支座节点板厚10mm。

（一）上弦杆

整个上弦采用等截面，按最大内力 $N_{AB}=-192.17$kN，$N_{BC}=-184.62$kN，和 $M_1=10.71$kN·m，$M_2=-10.71$kN·m 计算。

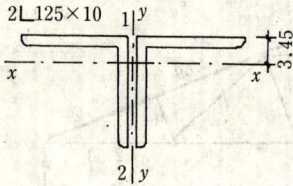

图 20-78　上弦杆截面

选用 2 125×10 组成的 T 形截面（见图 20-78）。

$A=2×24.37=48.8$cm^2，　$i_x=3.85$cm，　$i_y=5.45$cm，　$W_{1x}=2×\dfrac{I_x}{z_0}=2×\dfrac{361.7}{3.45}=209.68$cm^3，　$W_{2x}=2×39.97=79.94$cm^3，

1. 强度计算

$$\frac{N}{A_n}+\frac{M_x}{\gamma_x W_{nx}}=\frac{192.17×10^3}{48.8×10^2}+\frac{10.71×10^6}{1.2×79.94×10^3}$$
$$=151.03\text{N}/\text{mm}^2<f=215\text{N}/\text{mm}^2$$

2. 弯矩作用平面内稳定性的计算

$$\lambda_x=\frac{l_{ox}}{i_x}=\frac{282.7}{3.85}=73.43<150$$

$\varphi_x=0.729$ (按 b 类截面)

$$N_{Ex} = \frac{\pi^2 EA}{\lambda_x^2} = \frac{\pi^2 \times 206 \times 10^3 \times 48.8 \times 10^2}{73.43^2} = 1840092N = 1840.09kN$$

$\beta_{mx} = 0.85$（因上弦杆受端弯矩及横向力同时作用，并使构件产生反向曲率）

$$\therefore \frac{N}{\varphi_x A} + \frac{\beta_{mx} M_x}{\gamma_{x1} W_{1x}\left(1 - 0.8\dfrac{N}{N_{Ex}}\right)}$$

$$= \frac{192.17 \times 10^3}{0.729 \times 48.8 \times 10^2} + \frac{0.85 \times 10.71 \times 10^6}{1.05 \times 209.68 \times 10^3 \times \left(1 - 0.8\dfrac{192.17 \times 10^3}{1840.09 \times 10^3}\right)}$$

$= 54.02 + 45.14 = 99.16N/mm^2 < 215N/mm^2$

对单轴对称截面压弯构件，当弯矩作用在对称平面内且使较大翼缘受压时，除按上式计算外，尚应按下式计算，以保证较小翼缘一侧不致因受拉区的塑性变形而使构件失稳；

$$\left| \frac{N}{A} - \frac{\beta_{mx} M_x}{\gamma_{x2} W_{2x}\left(1 - 1.25\dfrac{N}{N_{Ex}}\right)} \right|$$

$$= \left| \frac{192.17 \times 10^3}{48.8 \times 10^2} - \frac{0.85 \times 10.71 \times 10^6}{1.2 \times 79.94 \times 10^3 \times \left(1 - 1.25\dfrac{192.17 \times 10^3}{1840.09 \times 10^3}\right)} \right|$$

$= |39.38 - 109.21| = 69.83N/mm^2 < 215N/mm^2$

3. 弯矩作用平面外稳定的计算

弯矩作用平面外的稳定由负弯矩控制（因 $M_1 = -M_2$，$W_{1x} > W_{2x}$）

$$l_{0y} = l_1\left(0.75 + 0.25\frac{N_2}{N_1}\right) = 2 \times 282.7 \times \left(0.75 + 0.25 \times \frac{184.62}{192.17}\right) = 559.8cm$$

$$\lambda_y = \frac{l_{0y}}{i_y} = \frac{559.8}{5.45} = 102.7 < 150$$

$$\varphi_y = 0.538$$
$$\varphi_b = 1.0 \text{（弯矩使翼缘受拉）}$$
$$\beta_{tx} = 0.85$$

$$\therefore \frac{N}{\varphi_y A} + \frac{\beta_{tx} M_x}{\varphi_b W_{2x}} = \frac{192.17 \times 10^3}{0.538 \times 48.8 \times 10^2} + \frac{0.85 \times 107.71 \times 10^5}{1.0 \times 19.94 \times 10^3}$$

$$= 73.20 + 113.88 = 187.08N/mm^2 < 215N/mm^2$$

（二）下弦杆

整个下弦采用等截面，按最大内力 $N_{Ab} = +178.50kN$ 计算。

屋架平面内计算长度按下弦最大节间 $l_{0x} = l_{cd} = 441cm$，屋架平面外计算长度 $l_{0y} = l_{Ac} = 2 \times 304.5 = 609cm$。

下弦所需截面积

$$A = \frac{N}{f} = \frac{178.5 \times 10^3}{215} = 830 \text{mm}^2$$

考虑下弦杆与支撑及系杆连接需开螺栓孔减弱，选用 2∟70×5（图 20−79），$A = 2 \times 6.88 \text{cm}^2$，$i_x = 2.16 \text{cm}$，$i_y = 3.16 \text{cm}$。

下弦与支撑及系杆连接螺栓采用 $d = 18 \text{mm}$（孔径 19.5mm），则下弦净截面积为：

$$A_n = 2 \times 6.88 - 2 \times 1.95 \times 0.5 = 11.81 \text{cm}^2$$

下弦强度验算：

$$\sigma = \frac{N}{A_n} = \frac{178.5 \times 10^3}{11.81 \times 10^2} = 151.14 \text{N} / \text{mm}^2 < f = 215 \text{N} / \text{mm}^2$$

长细比验算：

$$\lambda_x = \frac{l_{0x}}{i_x} = \frac{441}{2.16} = 204.2 < 350$$

$$\lambda_y = \frac{l_{0y}}{i_y} = \frac{609}{3.16} = 192.1 < 350$$

（三）腹杆

1. fc、Ef 杆

fc、Ef 杆为芬克式桁架的主斜杆，两杆采用相同截面，按最大内力 $N_{Ef} = +76.5 \text{kN}$ 计算。$l_{0x} = 304.5 \text{cm}$，$l_{0y} = 609 \text{cm}$。

桁架制作时分成两小榀，在工地拼装，采用安装螺栓 $d = 16 \text{mm}$（孔径 17.5mm），主斜杆考虑螺栓孔的减弱，选用 2∟63×4，如图 20−80 所示。

$$A_n = 2 \times 4.98 - 2 \times 1.75 \times 0.4 = 8.56 \text{cm}^2$$

$$i_x = 1.96 \text{cm}, \quad i_y = 2.87 \text{cm}$$

$$\sigma = \frac{N}{A_n} = \frac{76.5 \times 10^3}{8.56 \times 10^2} = 89.37 \text{N} / \text{mm}^2 < 215 \text{N} / \text{mm}^2$$

$$\lambda_x = \frac{l_{0x}}{i_x} = \frac{304.5}{1.96} = 155.4 < 350$$

$$\lambda_y = \frac{l_{0y}}{i_y} = \frac{609}{2.87} = 212.2 < 350$$

2. Cb、Cf 杆

$N_{Cb} = N_{Cf} = +25.5 \text{kN}$ $\quad l_{0x} = 0.8 \times 304.5 \text{cm}$，$l_{0y} = 304.5 \text{cm}$

选用 2∟45×4，$A = 2 \times 3.49 = 6.98 \text{cm}^2$，$i_x = 1.38 \text{cm}$，$i_y = 2.16 \text{cm}$。

$$\sigma = \frac{N}{A_n} = \frac{25.5 \times 10^3}{6.98 \times 10^2} = 36.5 \text{N} / \text{mm}^2 < f = 215 \text{N} / \text{mm}^2$$

$$\lambda_x = \frac{l_{0x}}{i_x} = \frac{0.8 \times 304.5}{1.38} = 176.5 < 350$$

$$\lambda_y = \frac{l_{0y}}{i_y} = \frac{304.5}{2.16} = 141 < 350$$

3. Cc、Bb、Df 杆

三杆均为压杆，选用相同截面，Bb、Df受力及长度均小于Cc，故按Cc计算。

$$N_{Cc} = -37.94\text{kN}$$

杆长　$l_{Cc} = \sqrt{609^2 - 565.5^2} = 226.03\text{cm}$

$l_{0x} = 0.8 \times 226\text{cm}$，$l_{0y} = 226\text{cm}$

选用 2∟45×4，$A = 6.98\text{cm}^2$，$i_x = 1.38\text{cm}$，$i_y = 2.16\text{cm}$

$$\lambda_x = \frac{l_{0x}}{i_x} = \frac{0.8 \times 226}{1.38} = 131 < 150$$

$$\lambda_y = \frac{l_{0y}}{i_y} = \frac{226}{2.16} = 104.9 < 150$$

按 b 类截面查表，$\varphi_x = 0.383$

$$\frac{N}{\sigma_x A} = \frac{37.94 \times 10^3}{0.383 \times 6.98 \times 10^2} = 141.9\text{kN}/\text{mm}^2 < f = 215\text{N}/\text{mm}^2$$

4. Ed 杆

Ed 杆为中央竖杆，$N_{Ed} = 0$，此杆应按构造考虑截面选择。

因中央竖杆需与垂直支撑以螺栓相连，螺栓直径 $d = 18\text{mm}$（孔径 19.5mm），故选用与下弦杆相同截面，即 2∟70×5，组成十字形截面，如图 20—81 所示，并按受压支撑验算其长细比。

$$i_{x0} = 2.73\text{cm}, \quad i_0 = 0.9 \times 420\text{cm}$$

$$\lambda = \frac{l_0}{i_{x0}} = \frac{0.9 \times 420}{2.73} = 138.5 < 200$$

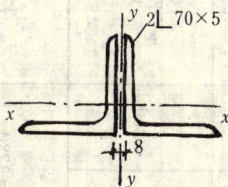

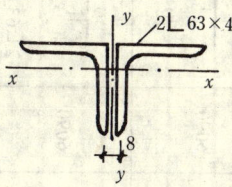

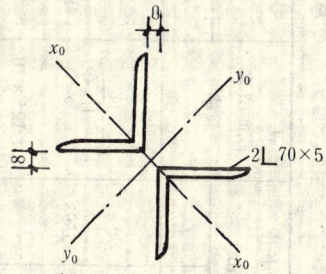

图 20—79　下弦杆截面　　　图 20—80　主斜杆 fC、Ef 截面　　　图 20—81　中央竖杆 Ed 截面

各杆件计算数据及计算结果列入屋架杆件截面选用表。

为保证两个角钢组成的 T 形及十字形截面共同工作，需每隔一定距离在两个角钢间设置垫板，垫板数按间距为 40i（压杆）及 80i（拉杆）计算，各杆件垫板数也列入杆件截面选用表中。

屋架中的一般杆件（轴心受压杆及轴心受拉杆）的截面选择，通常也可直接列表进行，不必列出计算式。

六、节点设计

（一）脊节点 E（图 20—82）

1. Ef 杆与节点板的连接焊缝

表 20-8

屋架杆件截面选用表

杆件名称	编号	内力设计值计算值 (kN)	几何长度 (mm)	计算长度 l_{0x} (mm)	计算长度 l_{0y} (mm)	截面型式规格	截面积 A (cm²)	截面积 A_n (cm²)	回转半径 i_x (cm)	回转半径 i_y (cm)	长细比 λ_x	长细比 λ_y	$[\lambda]$	φ_{min}	$\dfrac{N}{\varphi A}$	$\dfrac{N}{A_n}$	垫板数
上弦	AB	-192.7															1
	BC	($M_1=10.71$ kN·m	2827	2827	5598	$2\llcorner125\times10$	48.8	—	3.85	5.45	73.4	102.7	150	—	见计算书		1
	CD	$M_2=-10.71$ kN·m)															1
	DE																1
下弦	Ab	$+178.5$	3045														1
	bc		3045	4410	6090	$2\llcorner70\times5$	—	11.81	2.16	3.17	204.2	192.1	350	—	—	151.1	2
	cd		4410															2
腹杆	fc	$+76.5$	3045	3045	6090	$2\llcorner63\times4$	—	8.56	1.96	2.87	155.4	212.2	350	—	—	89.4	1
	Ef																1
	Cb	$+25.5$	3045	2436	3045	$2\llcorner45\times4$	6.98	6.98	1.38	2.16	176.5	141	350	—	—	36.5	2
	Cf																2
	Ce		2260		2260												2
	Bb	-37.94	1130	1808		$2\llcorner45\times4$	6.98	—	1.38	2.16	131	104.6	150	0.383	141.9		1
	Df		1130														1
	Ed	0	4200	$l_0=3780$		$2\llcorner70\times50$	13.76	11.81	$i_{x0}=2.73$		$i_{x0}=138.5$		200	—	—		2

取焊脚尺寸 $h_f=4mm$，焊缝长度为：

肢背
$$l_{w1} = \frac{0.7 \times 76.5 \times 10^3}{2 \times 0.7 \times 4 \times 160} + 10 = 70mm$$

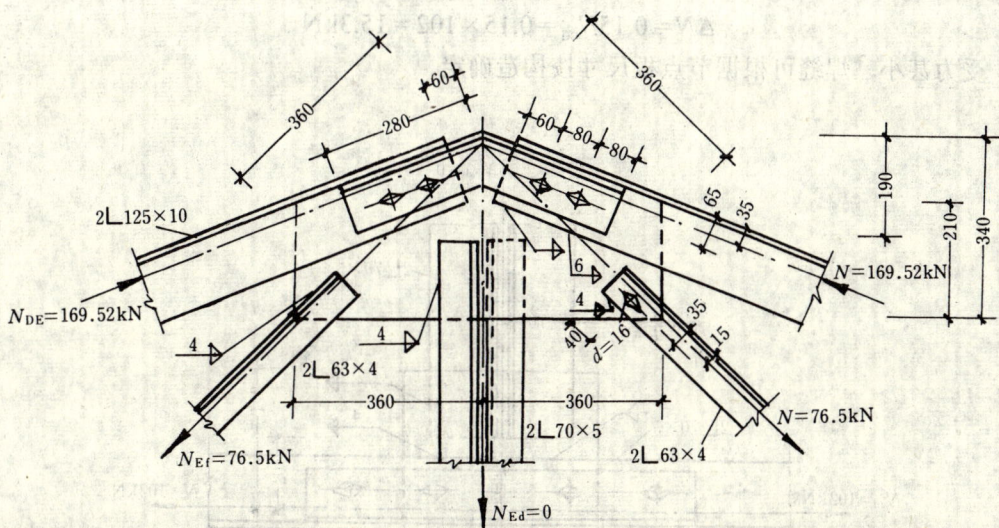

图 20-82　脊节点 E

肢尖
$$l_{w2} = \frac{0.3 \times 76.5 \times 10^3}{2 \times 0.7 \times 4 \times 160} + 10 = 36mm$$

考虑主斜杆设安装螺栓，按构造取肢背 $l_{w1}=110mm$，$l_{w2}=60mm$。

2. 中央竖杆 Ed 与节点板连接的焊缝

因 $N_{Ed}=0$，连接焊缝按构造取 $h_f=4mm$，$l_w=140mm$。

3. 拼接角钢与上弦连接的焊缝

拼接角钢采用与上弦相同截面的角钢，竖直肢切去 $\Delta=t+h_f+5mm$ $=10+6+5=21mm$，并将棱角削平。

拼接角钢一侧与上弦杆连接焊缝长度为（h_f 取 6mm）：

$$l_w = \frac{N_{DE}}{4 \times 0.7 h_f f_f^y} = \frac{169.52 \times 10^3}{4 \times 0.7 \times 6 \times 160} + 10 = 73mm$$

考虑设置安装螺栓，实际一侧采用 220mm。拼接角钢的长度为 $2 \times 220 + 2 \times 60 = 560mm$。

（二）下弦中央节点 d（图 20-83）

1. 拼接角钢与下弦连接的焊缝

$$N_{cd} = 102kN \quad 取 h_f = 4mm$$

拼接一侧每条焊缝的长度为：

$$l_w = \frac{102 \times 10^3}{4 \times 0.7 \times 4 \times 160} + 10 = 67mm$$

考虑拼接角钢上设置安装螺栓，拼接角钢长度取 400mm，因此连接一侧焊缝实际采用长度为 195mm。

拼接角钢与下弦采用相同截面 $2 \llcorner 70 \times 5$，其竖直肢切去长度为 $\Delta = t + h_f + 5\text{mm} = 5 + 4 + 5 = 14\text{mm}$。

2. 下弦杆与节点板连接焊缝的计算

因有节点拼接角钢传力，故按 $0.15 N_{cd}$ 计算：

$$\Delta N = 0.15 N_{cd} = 0.15 \times 102 = 15.3\text{kN}$$

受力甚小，焊缝可根据节点板尺寸按构造确定。

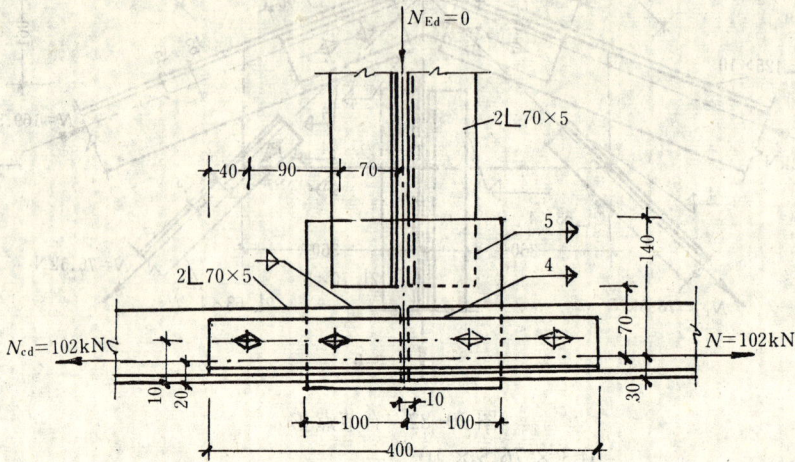

图 20—83 下弦中央节点 d

3. 中央竖杆 Ed 与节点板连接的焊缝

中央竖杆 $N_{Ed} = 0$，h_f 取 4mm，焊缝长度按构造确定，详见施工图。

（三）支座节点 A（图 20—84）

1. 下弦杆与节点板连接的焊缝

$$N_{Ab} = +178.5\text{kN} \quad 取 \ h_f = 5\text{mm}$$

肢背

$$l_{w1} = \frac{0.7 \times 178.5 \times 10^3}{2 \times 0.7 \times 5 \times 160} + 10 = 122\text{mm}$$

肢尖

$$l_{w2} = \frac{0.3 \times 178.5 \times 10^3}{2 \times 0.7 \times 5 \times 160} + 10 = 58\text{mm}$$

按构造实际采用焊缝长均为 140mm。

2. 上弦杆与节点板连接的焊缝

上弦与节点板的连接，肢背采用塞焊，考虑承受上弦节点作用的荷载（因受力较小，不必计算）；肢尖焊缝（取 $h_f = 5\text{mm}$）承受上弦杆的轴向力 N_{AB}（对肢尖焊缝为偏心作用）。

$$N_{AB} = -192.17\text{kN}$$

肢尖焊缝长取节点中心以右部分计算，即

$$l_w = \frac{580}{\cos 21.80} - 10 = 610\text{mm}$$

承受 $N = 192.17\text{kN}$

204

$$M = Ne = 192.17 \times (12.5 - 3.45) = 1739 \text{kN} \cdot \text{m}$$

$$\sqrt{\left(\frac{\sigma_f}{\beta_f}\right)^2 + \tau_f^2} = \sqrt{\left(\frac{1739 \times 10^4 \times 6}{1.22 \times 2 \times 0.7 \times 5 \times 610^2}\right)^2 + \left(\frac{192.17 \times 10^3}{2 \times 0.7 \times 5 \times 610}\right)^2}$$

$$= \sqrt{32.8^2 + 45^2} = 55.69 \text{N} / \text{mm}^2 < f_f^w = 160 \text{N} / \text{mm}^2$$

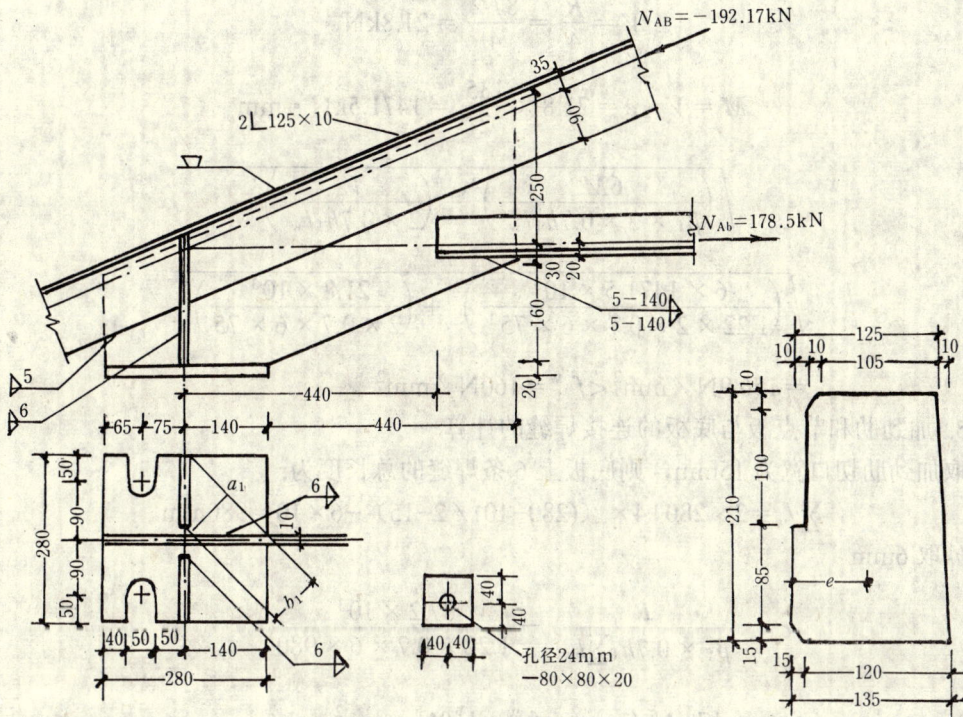

图 20-84 支座节点 A

3. 底板计算

支座反力 $R = 4.274P = 4.274 \times 20.4 = 87.2 \text{kN}$

取底板平面尺寸为 280mm×280mm，锚栓直径 $d = 22$mm，底板开孔尺寸如图所示。

采用 C20 混凝土柱 $(f_c = 10 \text{N} / \text{mm}^2)$

柱顶混凝土压应力（即底板所受均布荷载反力）为：

$$q = \frac{R}{A_n} = \frac{87.2 \times 10^3}{280 \times 280 - \pi \times 25^2 - 2 \times 50 \times 50} = 1.22 \text{N} / \text{mm}^2 < 10 \text{N} / \text{mm}^2$$

支座节点板厚取 10mm，支座加劲肋厚取 8mm，由图 20-84 得：

$$a_1 = \sqrt{(140-5)^2 + (140-4)^2} = 191.6 \text{mm}$$

$$b_1 = a_1 / 2 = 95.8 \text{mm}$$

则 $b_1 / a_1 = 0.5$，查表得 $\beta = 0.058$

$$M = \beta q a_1^2 = 0.058 \times 1.22 \times 191.6^2 = 2597.6 \text{N} \cdot \text{mm}$$

205

所需底板厚度

$$t = \sqrt{\frac{6M}{f}} = \sqrt{\frac{6 \times 2597.6}{215}} = 8.5\text{mm} \quad 取\ t = 20\text{mm}$$

4. 加劲肋焊缝的计算

加劲肋厚 8mm，$h_f = 6$mm，焊缝长 $l_w = 85-10 = 75$mm（不考虑加劲肋与上弦的焊缝）。

$$V = \frac{R}{4} = \frac{87.2}{4} = 21.8\text{kN}$$

$$M = V \cdot e = 21.8 \times \frac{135}{2} = 1471.5\text{kN} \cdot \text{mm}$$

$$\sqrt{\left(\frac{6M}{\beta_f \times 2 \times 0.7 h_f l_w^2}\right)^2 + \left(\frac{V}{2 \times 0.7 h_f l_w}\right)^2}$$

$$\sqrt{\left(\frac{6 \times 1471.5 \times 10^3}{1.22 \times 2 \times 0.7 \times 6 \times 75^2}\right)^2 + \left(\frac{21.8 \times 10^3}{2 \times 0.7 \times 6 \times 75}\right)^2}$$

$$= 156.9\text{N}/\text{mm}^2 < f_f^w = 160\text{N}/\text{mm}^2$$

5. 加劲肋和节点板与底板的连接焊缝的计算

取加劲肋切口宽为 15mm，则底板上 6 条焊缝的总长度为：

$$\sum l_w = 2 \times 280 + 4 \times \text{〔}(280-10)/2-15\text{〕} - 6 \times 10 = 980\text{mm}$$

h_f 取 6mm

$$\sigma_f = \frac{R}{\beta_f \times 0.7 h_f \sum l_w} = \frac{87.2 \times 10^3}{1.22 \times 0.7 \times 6 \times 980}$$

$$= 17.4\text{N}/\text{mm}^2 < f_f^w = 160\text{N}/\text{mm}^2$$

（四）下弦中间节点 C（图 2—85）

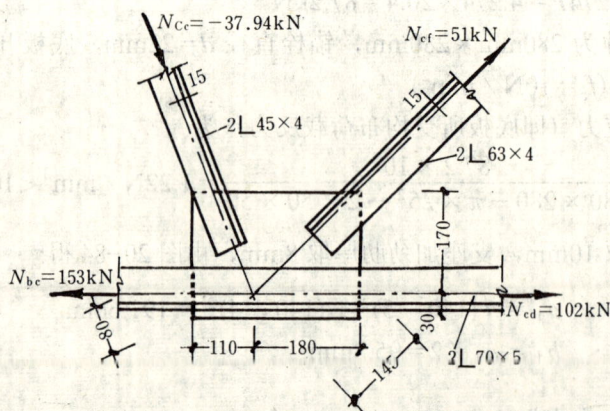

图 20—85　下弦中间节点 C

206

各杆与节点板连接焊缝均取 $h_f = 4mm$。

1. 腹杆 Cc 与节点板的连接

肢背
$$l_{w1} = \frac{0.7 \times 37.94 \times 10^3}{2 \times 0.7 \times 4 \times 160} + 10 = 39.6mm$$

取 60mm，肢尖亦取 60mm。

2. 腹杆 fc 与节点板的连接

肢背
$$l_{w1} = \frac{0.7 \times 51 \times 10^3}{2 \times 0.7 \times 4 \times 160} + 10 = 49.8mm$$

肢尖
$$l_{w2} = \frac{0.3 \times 51 \times 10^3}{2 \times 0.7 \times 4 \times 160} + 10 = 27mm$$

肢背取 80mm，肢尖取 50mm。

3. 下弦与节点板连接焊缝的计算：
$$\Delta N = N_{bc} - N_{cd} = 153 - 102 = 51kN$$

肢背与肢尖焊缝实际长度为 $l_w = 290 - 10 = 280mm$

肢背
$$\tau_f = \frac{0.7 \times 51 \times 10^3}{2 \times 0.7 \times 4 \times 280} = 27.78N / mm^2 < f_f^w = 160N / mm^2$$

肢尖
$$\tau_f = \frac{0.3 \times 51 \times 10^3}{2 \times 0.7 \times 4 \times 280} = 9.76N / mm^2 < f_f^w = 160N / mm^2$$

下弦中间节点 b 其腹杆内力及下弦杆内力差较节点 c 相应杆内力更小，故可仅按构造设置焊缝（h_f 均取 4mm），不必计算。

（五）节点 f（图 20-86）

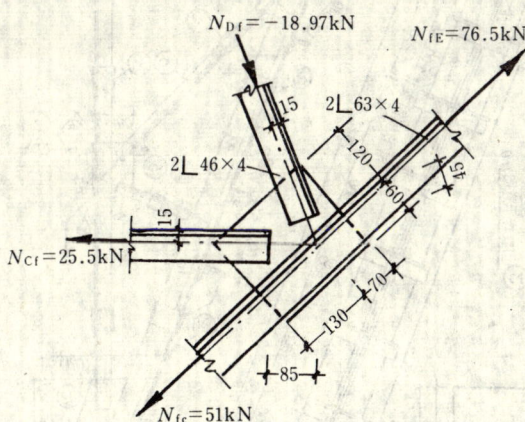

图 20-86 节点 f

各杆与节点板连接焊缝均取 $h_f = 4mm$。

1. 腹杆 Cf、Df 与节点板的连接

$N_{Cf} = 25.5kN$，$N_{Df} = 18.97kN$，与腹杆 Cc 及腹杆 fc 相比，内力均甚小，因此可不必计算，均可按构造肢背取焊缝长为 60mm，肢尖 50mm。

2. 主斜杆 fc、Ef 与节点板的连接

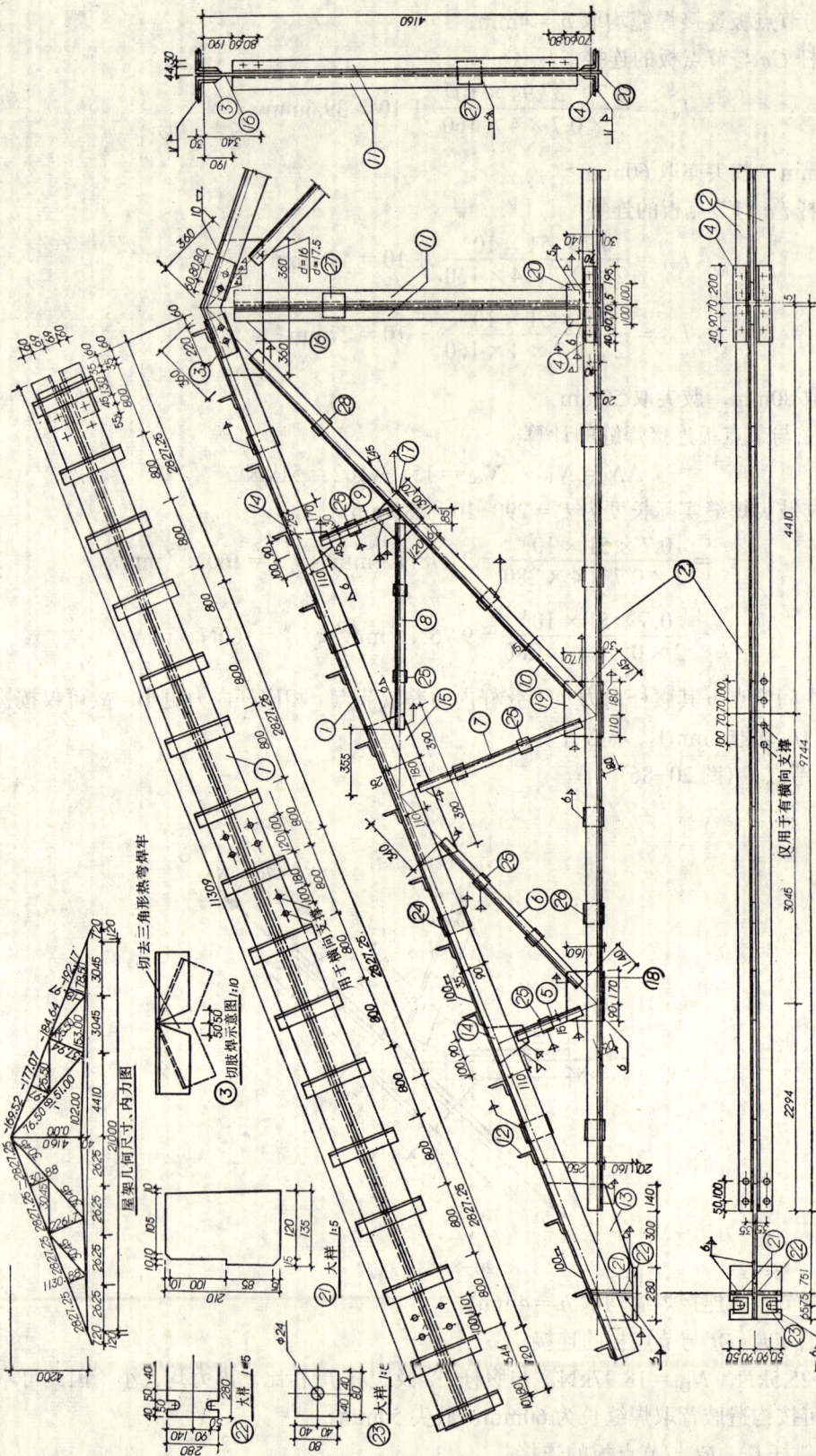

图 20-87 钢屋架施工图

$$\Delta N = N_{\text{fR}} - N_{\text{fc}} = 76.5 - 51 = 25.5 \text{kN}$$

焊缝实际长　$l_{\text{w}} = 190 \text{mm}$

肢背　　　$\tau_{\text{f}} = \dfrac{0.7 \times 25.5 \times 10^3}{2 \times 0.7 \times 4 \times 190} = 16.8 \text{N} / \text{mm}^2 < f_{\text{f}}^{\text{w}} = 160 \text{N} / \text{mm}^2$

肢尖不必计算。

其余节点详见屋架施工图（图 20—87）。

钢 屋 架 材 料 表　　　　　　　　表 20—9

零件号	零件断面或规格	长 度 (mm)	数 量		重 量 (kg)	
			正	反	每 个	共 计
1	∟125×10	11969	2	2	228.7	914.6
2	∟70×5	9744	2	2	52.6	210.5
3	∟125×104×10	560	2		10.7	21.4
4	∟70×56×5	400	2		2.1	4.2
5	∟45×4	930.9	4		2.6	10.2
6	∟45×4	2565	4		7.0	28.0
7	∟45×4	2071.8	4		5.7	22.8
8	∟45×4	2605	4		7.1	28.6
9	∟45×4	975.9	4		2.7	10.7
10	∟63×4	5585	4		21.8	87.3
11	∟70×5	3900	1	1	21.1	42.2
12	∟80×8	358	32		3.5	110.7
13	—465×10	720	2		20.9	41.8
14	—195×8	190	4		0.8	3.2
15	—205×8	780	2		7.5	15.0
16	—340×8	720	1		11.5	11.5
17	—180×8	200	2		1.7	3.4
18	—190×8	260	2		2.3	4.6
19	—200×8	290	2		2.7	5.4
20	—170×8	200	1		1.6	1.6
21	—135×8	210	4		1.8	7.2
22	—280×20	280	2		12.2	24.4
23	—80×20	80	4		1.0	4.0
24	—100×8	145	8		0.9	7.2
25	—60×8	65	26		0.2	5.2
26	—100×8	90	12		0.4	4.8
27	—120×8	100	2		0.6	1.2
28	—60×8	83	4		0.2	0.8

合计总重量　1630.3kg

施 工 图 说 明

(1) 本屋架钢材采用 Q235，焊条采用 E43 型。

(2) 上弦与节点板采用塞焊，所有未注明的贴角焊缝为 4mm，未注明的焊缝长度一律满焊，并≮60mm。

(3) 所有杆件的垫板在节点内等距离布置，并与杆件贴角满焊，厚 4mm。

(4) 屋架支座底板㉒与混凝土柱连接的锚固螺栓直径 $d=22$mm；屋架与支撑的连接、屋架安装螺栓及安装拼接用螺栓，其直径除注明者外，一律采用 $d=18$mm，孔径 $d_1=19.5$mm。

(5) 钢材防腐采用二度红丹打底，表面铅油二遍。

(6) 图中尺寸单位为 mm，杆件内力单位为 kN。

小　　结

(1) 钢屋架的外型应与屋面材料所要求的排水坡度相适应，同时要尽可能符合弯矩图形。要使较长腹杆受拉，较短腹杆受压；节点构造要简单合理、易于制造。常用的钢屋架有三角形、梯形、平行弦、多边形等形式。

(2) 为保证结构的稳定性，提高房屋的整体刚度，屋盖体系必须设置支撑，使屋架、天窗架、山墙等平面结构通过支撑而形成稳定的空间体系。钢屋盖的支撑类型有：上弦横向支撑、下弦横向水平支撑、下弦纵向水平支撑、垂直支撑以及系杆。此外，当有天窗时，尚应设置天窗架间支撑。

(3) 桁架内力的计算，应根据使用过程中可能同时作用的荷载按最不利原则进行组合。桁架各杆除受轴向力外，当上弦或下弦节间作用有荷载时，尚应考虑杆件的局部弯矩。

(4) 钢屋架的杆件一般采用由两个角钢组成的 T 型截面的形式，所选截面在两个主轴方向应满足等稳定的要求。由于杆件计算长度的不同，所以截面形式也不相同。上弦杆及下弦杆一般采用两不等肢角钢短肢相连；支座斜杆采用两不等肢角钢长肢相连；屋架的其他腹杆采用两等肢角钢组成的 T 形截面；中央竖杆采用两等肢角钢组成的十字形截面。

(5) 钢屋架的各个杆件通过节点处的节点板连接。在节点处，杆件重心线应交于一点。节点板的形状应规整、简单，节点板的厚度常为 10～12mm。节点设计计算时，一般常先假设焊脚尺寸，再求得焊缝长，根据焊缝长度确定节点板的尺寸。

(6) 轻型钢屋架包括采用圆钢和小于∟45×4、∟56×36×4 角钢组成的屋架以及薄壁型钢屋架。圆钢小角钢轻型屋架的类型有芬克式屋架，三铰拱屋架，梭形屋架等。由于杆件截面小、易弯曲变形和偏心受力的影响，杆件的强度设计值应乘以折减系数，规范同时规定了钢板的最小厚度和圆钢的最小直径。轻型钢屋架连接焊缝的计算与普通钢屋架的连接相同。

(7) 薄壁型钢是用 2～6mm 厚热轧带钢或钢板经模压冷弯成型，截面形式较多，可用来制作平面桁架、刚架或网架。薄壁型钢屋架压杆的计算与普通钢屋架不同，需按《冷弯薄壁型钢结构技术规范》的规定进行计算。薄壁型钢屋架的节点一般不采用节点板，杆件与杆件采用直接焊接的方法连接在一起。

(8) 网架结构是高次超静定空间网状结构。网架结构的结构稳定性好，空间刚度大，用料经济，是解决大跨度屋盖的有效方案。目前常用的网架结构为平板网架，平板网架又分为由平板桁架组成的网架、由四角锥体组成的网架和由三角锥体组成的网架。网架结构的杆件有角钢和薄壁钢管，节点有板节点和球节点。网架结构的安装方法有整体安装法、高空散装法、分条或分块安装法、高空滑移法等。

(9) 钢屋架施工图是制作钢屋架的依据。施工图的主要部分是屋架详图，包括正面图、上弦和下弦杆平面图、剖面图及零件图等。屋架详图一般用两种比例绘制。施工图尚应包括屋架简图、材料表和说明等。

思 考 题

1. 确定屋架形式需考虑哪些因素？常用的钢屋架形式有几种？

2. 钢屋盖共有几种支撑？分别说明各在什么情况下设置？设置在什么位置？怎样确定支撑的截面？

3. 计算桁架内力时考虑哪几种荷载组合？为什么？当上弦节间作用有集中荷载或均布荷载时，怎样确定其局部弯矩？

4. 桁架的各个杆件——上弦、下弦、腹杆，各应采用何种型式的截面？其确定的原则是什么？在杆件截面选择时还应考虑哪些原则？

5. 桁架节点的构造应符合哪些要求？试述各节点计算的要点。

6. 何谓轻型钢屋架？轻型钢屋架有几种类型？与普通钢屋架比较，轻型钢屋架在计算与构造上有何特点？

7. 试述网架结构的特点。平板网架有几种类型？看懂图 20-57～图 20-62 各图。网架的节点有几种？网架结构有几种安装方法？

8. 钢屋架施工图包括哪些内容？施工图的绘制有何要求？

第五篇 建筑结构抗震设计

第二十一章 抗震设计原则

第一节 构 造 地 震

在建筑抗震设计中，所指的地震是由于地壳构造运动（岩层构造状态的变动）使岩层发生断裂、错动而引起的地面振动。这种地震就称为构造地震，简称地震。

强烈的构造地震影响面广，破坏性大，发生频率高，约占破坏性地震总量[1]的90%以上。因此，在建筑抗震设计中，仅限于讨论在构造地震作用下建筑的设防问题。

地壳深处发生岩层断裂、错动的地方称为震源。震源至地面的距离称为震源深度（参见图21-1）。一般把震源深度小于60km的地震称为浅源地震；60～300km的称为中源地震；大于300km的称为深源地震。我国发生的绝大部分地震都属于浅源地震，其深度一般为5～40km。我国深源地震区分布十分有限，仅在个别地区发生过深源地震，其深度为400～600km。由于深源地震所释放出的能量，在长距离传播中大部分被损失掉，所以对地面上的建筑影响很小。

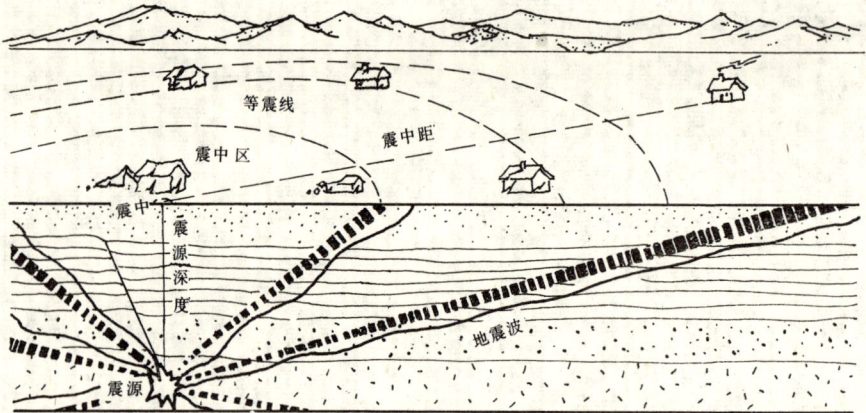

图 21-1 地震术语示意图

震源正上方的地面称为震中。震中邻近地区称为震中区。地面上某点至震中的距离称为震中距。

---

[1] 除构造地震外，还有由于火山爆发、溶洞陷落等原因引起的地震。

第二节 地震波、震级和地震烈度

一、地震波

当震源岩层发生断裂、错动时，岩层所积累的变形能突然释放，它以波的形式从震源向四周传播，这种波就称为地震波。

地震波按其在地壳传播的空间位置不同，分为体波和面波。

（一）体波

在地球内部传播的波称为体波。体波又分为纵波和横波。

纵波是由震源向四周传播的压缩波，又称 P 波。介质的质点的振动方向与波的传播方向一致。这种波的周期短，振幅小，波速快，在地壳内它的速度一般为 200～1400m／s。纵波引起地面垂直方向的振动。

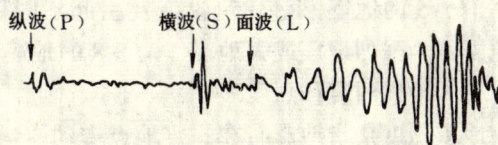

横波是由震源向四周传播的剪切波，又称 S 波。介质的质点的振动方向与波的传播方向垂直。这种波的周期长，振幅大，波速慢，在地壳内它的速度一般为 100～800m／s。横波引起地面水平方向的振动。

图 21-2 地震曲线图

（二）面波

在地球表面传播的波称为面波，又称 L 波。它是体波经地层界面多次反射、折射形成的次生波。其波速较慢，约为横波波速的 0.9。所以，它在体波之后到达地面。这种波的介质质点振动方向复杂，振幅比体波的大，对建筑物的影响也比较大。

图 21-2 为某次地震由地震仪记录下来的地震曲线图。由图中可见，纵波（P 波）首先到达，横波（S 波）次之，面波（L 波）最后到达。分析地震曲线图上 P 波与 S 波的到达时间差，可确定震源的距离。

二、震级

地震的震级是衡量一次地震大小的等级，用符号 M 表示。

由于人们所能测到的只是地震时传播到地表的振动，这也正是对我们有直接影响的那一部分地震能量所引起的地面振动。因此，也就自然地用地面振动振幅大小来度量地震的震级。1935 年里希特（Richte）首先提出了震级的定义：震级大小系利用标准地震仪（指固有周期为 0.8s，阻尼系数为 0.8，放大倍数 2800 的地震仪），在距震中 100km 处的坚硬地面上，记录到的以微米（$\mu m = 10^{-3} mm$）为单位的最大水平地面位移（振幅）A 的常用对数值；

$$M = \lg A \qquad\qquad (21-1)$$

式中　M——地震震级，一般称为里氏震级；

　　　A——由地震曲线图上量得的最大振幅（μm）。

例如，在距震中 100km 处坚硬地面上，用标准地震仪记录到的地震曲线图上的最大振幅 $A = 10mm$（$10^4 \mu m$）。于是，该次地震震级为：

$$M = 1gA = 1g10^4 = 4$$

实际上，地震时距震中 100km 处不一定恰好有地震台站，而且地震台站也不一定有上述的标准地震仪。因此，对于震中距不是 100km 的地震台站和采用非标准地震仪时，需按修正后的震级计算公式确定震级。

震级与地震释放的能量有下列关系：

$$1gE = 1.5M + 11.8 \tag{21-2}$$

式中　　E——地震释放的能量(尔格)。

由式（21-1）和（21-2）计算可知，当地震震级相差 1 级时，地面振幅增加约 10 倍，而能量增加近 32 倍。

一般说来，$M < 2$ 的地震，人们感觉不到，称为微震；$M = 2 \sim 4$ 的地震称为有感地震；$M > 5$ 的地震，对建筑物就要引起不同程度的破坏，统称为破坏性地震，$M = 7 \sim 8$ 的地震称为强烈地震或大地震；$M > 8$ 的地震称为特大地震。

三、地震烈度和烈度表

地震烈度是指地震时在一定地点震动的强烈程度。相对震源而言，地震烈度也可以把它理解为地震场的强度。

用什么尺度来衡量地震烈度？在没有地震仪器观测的年代，只能由地震宏观现象，如人的感觉、器物的反应、地表和建筑物的影响和破坏程度等，总结出的宏观烈度表来评定地震烈度。我国早期的"新中国地震烈度表"（1957）[1] 就属于这种宏观烈度表。由于宏观烈度表未能提供定量的数据，因此不能直接用于工程抗震设计。随着科学技术的发展，地震仪的问世，使人们有可能用记录到的地面运动参数，如地面运动加速度峰值、速度峰值来确定地震烈度，从而出现了含有物理指标的定量烈度表。但是由于不可能随处取得地震的仪器记录，所以用定量烈度表评定现场烈度还有一定的困难。最好的方法是将两种烈度表结合起来，使之兼有两者的功能，以便工程应用。

1980 年由国家地震局颁布实施的《中国地震烈度表（1980）》，就属于将宏观烈度与地面运动参数建立起联系的地震烈度表。所以，新烈度表既有定性的宏观标志，又有定量的物理标志，兼有宏观烈度表和定量烈度表两者的功能。《中国地震烈度表（1980）》见表 21-1。

四、烈度衰减规律和等震线

对应于一次地震，在其波及的地区内，根据烈度表可以对该地区内每一地点评定出一个烈度。我们将烈度相同的地区的外包线，称为等烈度线或等震线。理想化的等震线应该是一些规则的同心圆。但实际上，由于建筑物的差异,地形、地质的影响，等震线多是一些不规则的封闭曲线。等震线一般取地震烈度级差 1 度。一般说来，等震线的度数随震中距的增加而递减。但有时由于地形、地质的影响，也会在某一烈度区出现局部高于或低于该烈度区烈度 1 度的烈度异常区。

图 21-3 为 1976 年唐山地震的等震线。

我国有关单位根据 153 个等震线资料，经过数理统计，给出了地震烈度衰减规律表达式：

---

[1]　参见北京建筑工程学院、南京工学院合编《建筑结构抗震设计》，地震出版社，1981。

中 国 地 震 烈 度 表(1980)

表 21-1

烈度	人的感觉	一般房屋		其他现象	参考物理指标	
		大多数房屋震害程度	平均震害指数		水平加速度 (cm/s²)	水平速度 (cm/s)
1	无感					
2	室内个别静止中的人感觉					
3	室内少数静止中的人感觉	门、窗轻微作响		悬挂物微动		
4	室内多数人感觉。室外少数人感觉。少数人梦中惊醒	门、窗作响		悬挂物明显摆动，器皿作响		
5	室内普遍感觉。室外多数人感觉。多数人梦中惊醒	门窗、屋顶、屋架颤动作响，灰土掉落，抹灰出现微细裂缝		不稳定器物翻倒	31 (22~44)	3(2~4)
6	惊慌失错，仓惶逃出	损坏——个别砖瓦掉落、墙体微细裂缝	0~0.1	河岸和松软土上出现裂缝。饱和砂层出现喷砂冒水。地面上有的砖烟囱轻度裂缝、掉头	63 (45~89)	6 (5~9)
7	大多数人仓惶逃出	轻度破坏——局部破坏、开裂，但不妨碍使用	0.11~0.30	河岩出现坍方。饱和砂层常见喷砂冒水。松软土上地裂缝较多。大多数砖烟囱中等破坏	125 (90~177)	13 (10~18)
8	摇晃颠簸，行走困难	中等破坏——结构受损，需要修理	0.31~0.50	干硬土上亦有裂缝。大多数砖烟囱严重破坏	250 (178~353)	25 (19~35)
9	坐立不稳。行动的人可能摔跤	严重破坏——墙体龟裂、局部倒塌，复修困难	0.51~0.70	干硬土上有许多地方出现裂缝，基岩上可能出现裂缝。滑坡，坍方常见。砖烟囱出现倒塌	500 (354~707)	50 (36~71)
10	骑自行车的人会摔倒。处不稳状态的人会摔出几尺远。有抛起感	倒塌——大部倒塌，不堪修复	0.71~0.90	山崩和地震断裂出现。基岩上的拱桥破坏。大多数砖烟囱从根部破坏或倒毁	1000 (708~1414)	100 (72~141)
11		毁灭	0.91~1.00	地震断裂延续很长。山崩常见。基岩上拱桥毁坏		
12				地面剧烈变化、山河改观		

注: 1. 1~5度以地面上人的感觉为主，6~10度以房屋震害为主，人的感觉仅供参考，11、12度以地表现象为主。11、12度的评定，需要专门研究。

2. 一般房屋包括用木构架和土、石、砖墙构造的旧式房屋和单层或数层的、未经抗震设计的新式砖房。对于质量特别差或特别好的房屋，可根据具体情况，对表列各烈度的震害程度和震害指数予以提高或降低。

3. 震害指数以房屋"完好"为0，"毁灭"为1，中间按表列震害程度分级。平均震害指数指所有房屋的震害指数的总平均值而言，可以用普查或抽查方法确定。

4. 使用本表时可根据地区具体情况，作出临时的补充规定。

5. 在农村可以自然村为单位，在城镇可以分区进行烈度的评定，但面积以1平方公里左右为宜。
   烟囱指工业或取暖用的锅炉房烟囱。
   表中数量词的说明：个别：10%以下；少数：10%~50%；多数：50%~70%；大多数70%~90%；普遍，90%以上。

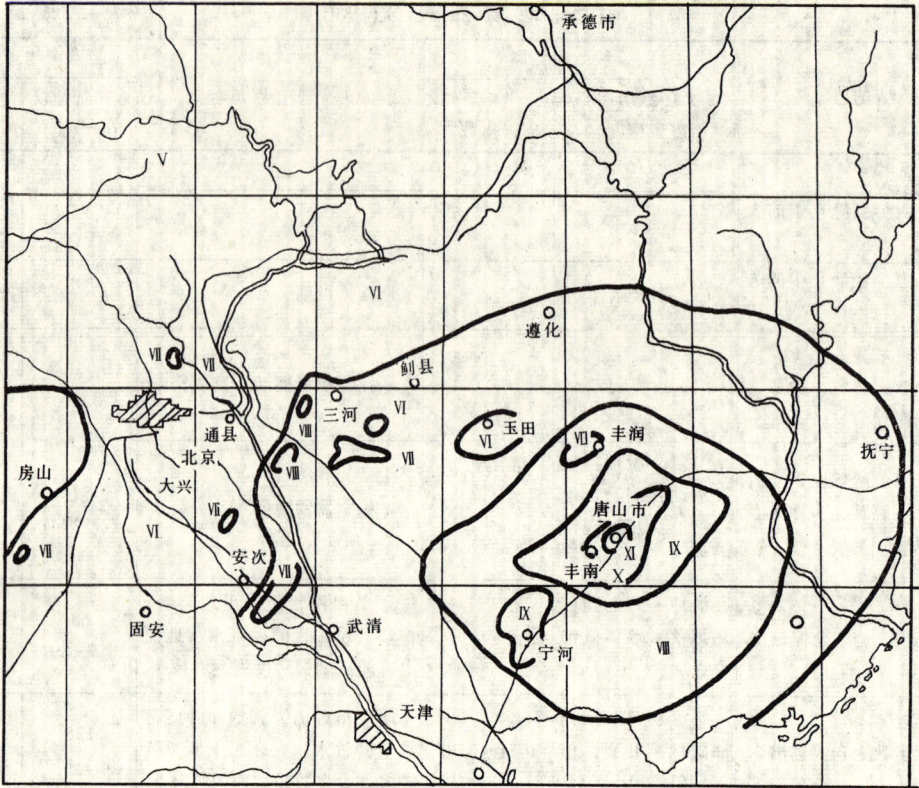

图 21-3 唐山地震等烈度线(1976)

$$I = 0.92 + 1.63\,M - 3.941\mathrm{g}R \qquad (21\text{-}3)$$

式中　I——地震烈度；

　　　M——地震震级；

　　　R——震中距。

第三节　基本烈度、近震和远震

一、基本烈度和烈度区划图

强烈地震是一种破坏性很大的自然灾害。它的发生具有很大的随机性。因此，采用概率统计方法预测某地区在未来一定时间内，可能遭遇的地震危险程度是具有工程意义的。为此，《建筑抗震设法规范》GBJ11—89 提出了新的基本烈度的概念。

一个地区的基本烈度是指该地区在 50 年期限内，一般场地条件下[1]，可能遭遇超越概率为 10%的地震烈度。

国家地震局和建设部于 1992 年联合发布了新的《中国地震烈度区划图》(1990)。该图给出了全国各地的基本烈度的分布[2]，可供国家经济建设和国土利用规划、一般工业与

---

[1]　一般场地条件是指地区内普遍分布的场地土质条件及一般的地形、地貌、地质构造等条件。

[2]　该图未包括我国海域部分及小的岛屿。

民用建筑抗震设计及制定减轻和防御地震灾害对策应用。

图 21-4 为北京地区地震烈度区划图 (1990)。

编制烈度区划图分两步进行：第一步先确定地震危险区，即未来 100 年内可能发震的地段，并估计每个危险地区可能发生的最大震级，从而确定震中烈度；第二步是预测这些地震的影响范围，即根据烈度衰减规律确定影响烈度。由此可见，烈度区划图上所标明的某一地点的基本烈度，总是相应于一定震源的，当然也包括几个不同震源所造成同等烈度的影响。

二、设计近震和设计远震

近年来的地震震害表明，某地区当遭受到来自大小不同的震级的地震，而其宏观烈度又大体相同时，则该地区不同动力特性的结构的震害是不同的。一般来讲，震级较大、震中距较远的地震对长周期的高柔结构的破坏，比同样宏观烈度的震级较小、震中距较近的破坏重。对周期较短的刚性结构的破坏，则有相反的趋势。

某一地区遭受到相同宏观烈度，而震级、震中距不同的地震，对具有不同周期的结构所造成的破坏差异的主要原因是，地震波频谱特性不同所致。地震研究表明，地震波中的高频分量随传播距离衰减比低频分量要快，即震级大、震中距长的地震波主要为低频分量。因此，长周期的高柔结构的地震反应就大。而震级小，震中距短的地震波，高频分量没有被衰减或衰减很少。因此，短周期的刚性结构的地震反应就大。

为了区别同样宏观烈度下不同震级和震中距的地震对不同动力特性的建筑的破坏作用，《建筑抗震设计规范》将烈度为 7 度和 8 度区划分为设计近震和设计远震（分别简称近震和远震）。烈度为 9 度区和 10 度区，一般震中距不会太大，故都属于近震。

如何划分近震和远震，《抗震规范》给出了定义：在烈度区划图中，比等震线中心最高烈度低 1 度或相等的地区，按近震考虑；比等震线中心最高烈度低 2 度和 2 度以上地区，按远震考虑 (图 21-5)。

根据上述原则，从现行的 1/300 万全国基本烈度区划图上，确定以下地区要考虑远震，其余地区按近震考虑。

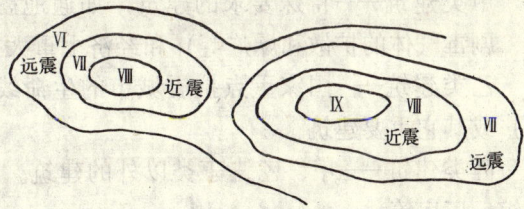

图 21-5　近震和远震的划分

国家地震主管部门责成中国建筑科学研究院工程抗震研究所，根据《建筑抗震设计规范》、烈度区划图及烈度衰减规律，提出了设计远震地区，如表 21-2 所示。其余地区按设计近震考虑。

考虑设计远震的市县　　　　　　　　表 21-2

烈 度	市　　　　　县	烈 度	市　　　　　县
8 度 远震	山东：郯城 江苏：新沂，邳县，睢宁 新疆：喀什，疏勒，疏附，独山子 西藏：林周，米林，林芝，隆子 四川：泸定，炉霍 甘肃：天祝	6 度 远震	黑龙江：肇源，肇州 辽宁：凌源，喀喇沁 河北：迁安，迁西，遵化，兴隆，易县，平泉， 　　　崇礼，丰宁，馆陶，广平 山东：东平，巨野，高密，胶南，胶州 江苏：涟水，灌南，淮安，洪泽，金湖

烈度	市 县	烈度	市 县
7度远震	山东: 临沭, 临沂, 苍山 江苏: 东海, 沭阳, 泗阳, 淮阴, 徐州, 灌云, 连云港 安徽: 灵璧, 泗县, 五河 内蒙: 托克托, 和林格尔, 武川 甘肃: 永登, 成县, 舟曲 青海: 达日, 兴海, 都兰 新疆: 新和, 拜城, 精河, 奎屯, 乌苏, 沙湾, 石河子, 玛纳斯, 伽师, 岳普糊 西藏: 墨竹工卡, 达孜, 曲水, 贡嘎, 措美, 丁青, 类乌齐, 尼玛 云南: 元江, 红河, 元阳, 个旧, 开远, 曲靖, 陆良, 弥勒, 安宁, 兰坪, 云龙, 华坪, 宁蒗 四川: 黑水, 会东, 布拖, 昭觉, 越西, 甘洛, 荥经, 天全, 丹巴	6度远震	安徽: 萧县, 淮北, 宿州, 怀远 广东: 大浦, 梅州, 五华, 揭西, 陆河 海南: 琼中, 万宁 山西: 五寨, 岚县, 中阳, 石楼, 大宁, 阳城, 陵州 陕西: 铜川, 淳化, 洛南, 南县, 柞水 河南: 卢氏, 洛宁, 渑池, 义马, 沁阳, 巩县, 密县 内蒙: 东胜, 伊金霍洛旗, 察右中旗, 四子王旗, 乌拉特后旗, 阿拉善左旗 甘肃: 安西, 泾川 青海: 共和 新疆: 哈密, 吐鲁番, 奇台, 沙雅, 皮山, 且末 云南: 墨江, 宜威 四川: 红原, 稻城, 键为, 筠连

第四节 建筑分类、建筑设防标准及设防目标

一、建筑重要性分类

在进行建筑抗震设计时, 应根据建筑的重要性不同, 采取不同的建筑抗震设防标准。《建筑抗震设计规范》将建筑按其重要性的不同, 分为以下四类:

甲类建筑——特殊要求的建筑, 如遇地震破坏会导致严重后果 (如防射性物质的污染、剧毒气体的扩散和爆炸等) 和经济上重大损失的建筑等。

乙类建筑——国家重点抗震城市的生命线工程的建筑 (如消防、急救、供水、供电等) 或其它重要建筑。

丙类建筑——甲、乙、丁类以外的建筑。如一般工业与民用建筑 (公共建筑、住宅、旅馆、厂房等)。

丁类建筑——次要建筑, 如遇地震破坏不易造成人员伤亡和较大经济损失的建筑 (如一般仓库、人员较少的辅助性建筑)。

甲类建筑应按国家规定的批准权限批准执行; 乙类建筑应按城市抗震救灾规划或有关部门批准执行。

二、抗震设防标准

抗震设防是对建筑进行抗震设计, 包括地震作用、抗震承载力计算、变形验算和采取抗震措施, 以达到抗震的效果。

抗震设防标准的依据是设防烈度。在一般情况下采用基本烈度。

各类建筑抗震设计, 应符合下列要求:

(1) 甲类建筑的地震作用, 应按专门研究的地震动参数计算; 其它各类建筑的地震作用, 应按本地区的设防烈度计算, 但设防烈度为6度时, 除《建筑抗震设计规范》有具体

规定外，可不进行地震作用计算

(2) 甲类建筑应采取特殊的抗震措施；乙类建筑除《建筑抗震设计规范》有具体规定外，可按本地区设防烈度提高一度采取措施，但设防烈度为 9 度时可适当提高；丙类建筑应按本地区设防烈度采取抗震措施；丁类建筑可按本地区设防烈度降低一度采取抗震措施，但设防烈度为 6 度时可不降低。

三、抗震设防目标、"小震"和"大震"

(一) 抗震设防目标

近十年来，不少国家抗震设计规范的抗震设防目标都采取了新的设计思想。总的趋势是，在建筑使用期间，对不同频度和强度的地震，要求建筑具有不同的抵抗能力。即对一般较小的地震，由于其发生的可能性大，因此要求遭遇到这种多遇地震时，结构不受损坏。这在技术和经济上都是可以做到的；对于罕遇的强烈地震，由于其发生的可能性小，当遭遇到这种强烈地震时，要求做到结构完全不损坏，这在经济上是不合算的。比较合理的做法是，应允许损坏，但在任何情况下，不应导致建筑倒塌。

基于国际上这一趋势，结合我国的具体情况，《建筑抗震设计规范》提出了"三水准"的抗震设防目标。

第一水准：当遭受到多遇的低于本地区设防烈度的地震（简称"小震"）影响时，建筑一般应不受损坏或不需修理仍能继续使用。

第二水准：当遭受到本地区设防烈度影响时，建筑可能有一定的损坏，经一般修理或不经修理仍能继续使用。

第三水准：当遭受到高于本地区设防烈度的罕遇地震（简称"大震"）时，建筑不致倒塌或发生危及生命的严重破坏。

在进行建筑抗震设计时，原则上应满足"三水准"抗震设防目标的要求，在具体做法上，为了简化计算起见，《抗震规范》米取了二阶段设计法，即

第一阶段设计：按小震作用效应和其它荷载效应的基本组合验算构件的承载力，以及在小震作用下验算结构的弹性变形。以满足第一水准抗震设防目标的要求。

第二阶段设计：在大震作用下验算结构的弹塑性变形，以满足第三水准抗震设防目标的要求。

至于第二水准抗震设防目标的要求，只要结构按第一阶段设计，并采取相应的抗震措施，即可得到满足。这已

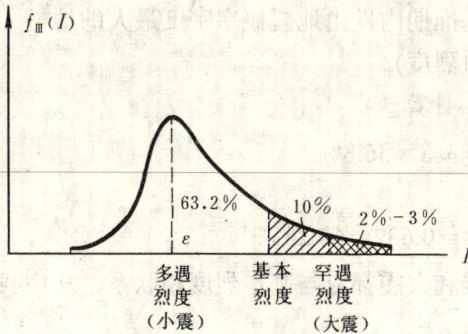

图 21-6 烈度概率密度函数

为工程实践所证实。

概括起来，"三水准、二阶段"的抗震设防目标的通俗说法是："小震不坏、中震可修、大震不倒"。

(二) 小震和大震的定义及其取值

按三水准、二阶段进行抗震设计时，首先遇到的问题是如何给小震和大震下定义，以

及在各基本烈度区小震和大震的烈度如何取值。

地震是自然界的随机现象。因此，抗震设计采用的小震和大震应采用概率方法进行定量分析。

根据地震危险性分析❶，一般认为，我国烈度概率密度函数符合极值Ⅲ型分布（图21-6）：

$$f_{\text{Ⅲ}}(I) = \frac{k(\omega - I)^{k-1}}{(\omega - \varepsilon)^k} \cdot e^{-\left(\frac{\omega - I}{\omega - \varepsilon}\right)^k} \qquad (21-4)$$

其分布函数

$$F_{\text{Ⅲ}}(I) = e^{-\left(\frac{\omega - I}{\omega - \varepsilon}\right)^k} \qquad (21-5)$$

式中　ω——地震烈度上限值，取 $\omega = 12$；

　　　ε——众值烈度，即烈度概率密度曲线上峰值所对应的烈度，由各地震区在设计基准期内统计确定。例如，北京地区 $\varepsilon = 6.19$；

　　　I——地震烈度；

　　　k——形状参数。

式（21-5）中参数 ω 和 ε 有明确的意义。现仅讨论参数 k 的确定方法。

由于不少国家以 50 年内超越概率为 10% 的地震强度作为设计标准，为了简化计算，可统一按这个概率水平来确定形状参数 k。

现以北京地区为例，说明按上述原则确定 k 的方法：

已知北京地区 $\varepsilon = 6.19$ 度，在 50 年内超越概率为 10% 的地震烈度为 7.82 度，而 $\omega = 12$ 度，$F(I) = 0.90$。将这些数值代入式（21-5），得 $k = 6.834$。即北京地区的烈度概率分布函数为：

$$F_{\text{Ⅲ}}(I) = e^{-\left(\frac{\omega - I}{\omega - \varepsilon}\right)^{6.834}} \qquad (21-6)$$

从概率意义上讲，小震的定义为在设计基准期内发生地震概率密度最大的地震。即在烈度概率密度曲线上峰值所对应的烈度（众值烈度）。

不超越众值烈度的概率，可由式（23-5）计算：

$$F_{\text{Ⅲ}}(\varepsilon) = e^{-1} = 0.368 = 36.8\%$$

而超越概率为

$$1 - F_{\text{Ⅲ}}(\varepsilon) = 1 - 0.368 = 0.632 = 63.2\%$$

基本烈度是抗震设防的依据。因此，小震和大震都应与基本烈度相联系，从中找出它们之间的关系。

根据我国有关单位对华北、西南、西北 45 个城镇的地震概率分析，基本烈度大体为在设计基准期内超越概率为 10% 的地震烈度，并得到在设计基准期内超越概率为 10% 的地震烈度与众值烈度差的平均值为 1.55 度。这样，我们可以认为，基本烈度与众值烈度差的半均值为 1.55 度。例如，对于基本烈度为 8 度地区，其众值烈度，即小震烈度可取

---

❶　地震危险性分析，是指用概率统计方法评价未来一定时间内，某工程场地遭受不同程度地震作用的可能性。

6.45 度。

地震的发生无论在时间、地点和强度方面都具有很大的随机性。强烈地震给人们生命和财产将造成极其严重的损失。对于确定在设计基准期内造成建筑倒塌的大震，从概率意义上讲，应为小概率事件，即在设计基准期内，相应大震烈度的超越概率应小于 5%。

《建筑抗震设计规范》取 2%～3% 的超越概率作为大震烈度的概率水准。由式 (21-5) 不难求得，相应于基本烈度 6、7、8 和 9 度的大震烈度约为 7 度强、8 度强、9 度弱和 9 度强。例如北京地区的大震烈度，如取在设计基准期内的超越概率为 2%，则可由式 (21-6) 算得大震烈度为 8.7174 度，即 9 度弱。这样，大震烈度比基本烈度高一度左右。

第五节 地震的破坏现象

一、地表的破坏现象

(一) 地裂缝

在强烈地震作用下，常常在地面产生裂缝。根据产生的机理不同，地裂缝分为重力地裂缝和构造地裂缝两种。重力地裂缝是由于在强烈地震作用下，地面作剧烈震动引起的惯性力超过了土的抗剪能力所致。这种裂缝长度可由几米到几十米，断续总长度可达几公里，但一般都不深，多为 1～2m。图 21-7 为唐山地震中的重力地裂缝情形。构造地裂缝是地壳深部断层错动延伸至地面的裂缝。美国旧金山大地震圣安德烈斯断层的巨大水平位移，就是现代可见断层形成的构造地裂缝。

图 21-7 唐山地震中的重力地裂缝

图 21-8 唐山地震中喷砂冒水

(二) 喷砂冒水

在地下水位较高、砂层或粉土层埋深较浅的平原地区，地震时地震波的强烈振动使地下水压力急剧增高，地下水夹带砂土或粉土经地裂缝或土质松软的地方冒出地面，形成喷砂冒水现象（图21-8）。喷砂冒水现象一般要持续很长时间，严重的地方可造成房屋不均匀下沉或上部结构开裂。

（三）地面下沉（震陷）

在强烈地震作用下，地面往往发生震陷，使建筑物破坏。图21-9为1976年唐山地震因地陷引起房屋破坏的情形。

（四）河岸、陡坡滑坡

在强烈地震作用下，常引起河岸、陡坡滑坡，有时规模很大，造成公路堵塞、岸边建筑物破坏。

二、建筑物的破坏

在强烈地震作用下，各类建筑物遭到严重破坏，按其破坏形态及直接原因，可分以下几类：

（一）结构丧失整体性

房屋建筑或构筑物都是由许多构件组成的。在强烈地震作用下，构件连接不牢，支承长度不够和支撑失稳等都会使结构丧失整体性而破坏。图21-10所示为某厂房在地震中由于屋架支承连接不牢，造成屋盖塌落。

图21-9　因地陷使房屋破坏　　　　图21-10　某厂房在地震中屋架塌落

（二）承重结构强度不足引起破坏

任何承重构件都有各自的特定功能，以适应承受一定的外力作用。对于设计时未考虑抗震设防或抗震设防不足的结构，在强烈地震作用下，不仅构件的内力增大很多，而且其受力性质往往也将改变，致使构件强度不足而破坏。图21-11为某建筑在强烈地震作用下因强度不足破坏的情形。

（三）地基失效

当建筑物地基内含饱和砂层、粉土层时，在强烈地面运动作用下，土中孔隙水压力急剧增高，致使地基土发生液化，地基承载力下降，甚至完全丧失，从而导致上部结构破坏。

三、次生灾害

地震除直接造成建筑物的破坏外，还可能引起火灾、水灾、污染等严重的次生灾害，有时这比地震直接造成的损失还大。在城市，尤其是在大城市这个问题越来越引起人们的关注。

例如，1923 年日本关东大地震，据统计，震倒房屋 13 万栋。由于地震时正值中午做饭时间，故许多地方同时起火，自来水管普遍遭到破坏，道路又被堵塞，致使大火蔓延，烧毁房间达 45 万栋之多。又如发生在 1995 年 1 月 17 日的板神大地震，发生火灾 122 起之多，烈焰熊熊，浓烟遮天蔽日。不少建筑物倒塌后又被烈火包围，火势入夜不减。这给救援活动带来极大的困难。1906 年美国旧金山大地震，在震后的三天火灾中，共烧毁 521 个街区的 28000 幢建

图 21-11　某建筑因构件强度不足破坏

筑物，使已被震坏但未倒塌的房屋，又被大火夷为一片废墟。1960 年发生在海底的智利大地震，引起海啸灾害，除吞噬了智利中、南部沿海房屋外，海浪还从智利沿大海以每小时 640km 的速度横扫太平洋，22h 之后，高达 4m 的海浪又袭击了距智利 17000km 远的日本。在本州及北海道，使海港和码头建筑遭到严重的破坏，甚至连巨船也被抛上陆地。

第六节　抗震设计的基本要求

在强烈地震作用下，建筑物的破坏机理和过程是十分复杂的。70 年代以来，人们在总结大地震灾害经验中提出了"概念设计"，并认为它比"数值设计"更为重要。

概念设计是指正确地解决总体方案、材料使用和细部构造，以达到合理抗震设计的目的。

我们掌握概念设计，将有助于明确抗震设计思想，灵活、恰当地运用抗震设计原则，使我们不致陷于盲目的计算工作，从而做到比较合理地进行抗震设计。

应当指出，强调概念设计重要，并非不重视数值设计。这正是为了给抗震计算创造有利条件，使计算分析结果更能反映地震时结构反应的实际情况。

根据概念设计原理，在进行抗震设计时，应遵下列一些要求：

一、选择对抗震有利的场地、地基和基础

选择建筑场地时，应根据工程需要，掌握地震活动情况和工程地质有关资料，作出综

合评价。宜选择有利地段，避开不利地段，无法避开时应采取适当的抗震措施；不应在危险地段建造甲、乙、丙类建筑。

建筑抗震有利地段，一般是指坚硬土或开阔平坦、密实均匀的中硬土等地段；不利地段，一般是指软弱土，液化土，条状突出的山嘴，高耸孤立的山丘，非岩质的陡坡，河岸和边坡边缘，在平面分布上成因、岩性、状态明显不均匀的土层（如故河道、断层破碎带、暗埋的塘浜沟谷及半填半挖地基）等地段；危险地段，一般是指地震时可能发生滑坡、崩塌、地陷、地裂、泥石流等及发震断裂带上可能发生地表位错的部位等地段。

同一结构单元不宜设置在性质截然不同的地基土上，也不宜部分采用天然地基，部分采用桩基。当地基内有软弱粘性土、液化土、新近填土或严重不均土层时，宜采取措施加强基础整体性和刚性。

二、选择对抗震有利的建筑平面和立面

为了避免地震时建筑物发生扭转和应力集中或塑性变形集中而形成薄弱部位，建筑平、立面布置宜规则对称，建筑质量分布和刚度变化宜均匀，楼层不宜错层。

体型复杂的建筑宜设防震缝。将建筑分成规则的结构单元，防震缝应根据烈度、场地类别、房屋类型等留有足够的宽度，其两侧的上部应完全分开；体型复杂的建筑不设防震缝时，应选用符合实际结构的计算模型，进行较精细的抗震分析，估计其局部的应力和变形集中及扭转影响，判别其易损部位，以便采取措施提高抗震能力。

伸缩缝、沉降缝应符合防震缝的要求。

三、选择技术上、经济上合理的抗震结构体系

抗震结构体系，应根据建筑的重要性、设防烈度、房屋高度、场地、地基、基础、材料和施工等因素，经过技术、经济条件比较综合确定。

1. 在选择建筑结构体系时，应符合以下要求：

(1) 应具有明确的计算简图和合理的地震作用传递途径。

(2) 宜有多道抗震防线，应避免因部分结构或构件破坏而导致整个体系丧失抗震能力或对重力的承载能力。

(3) 应具备必要的强度，良好的变形能力和耗能能力。

(4) 宜具有合理的刚度和强度分布，避免因局部削弱或突变形成薄弱部位，产生过大的应力集中或塑性变形集中，对可能出现的薄弱部位，应采取措施提高抗震能力。

2. 在选择抗震结构的构件时，应符合下列要求：

(1) 砌体结构构件，应按规定设置钢筋混凝土圈梁和构造柱、芯柱❶，或采用配筋砌体和组合砌体柱等，以改善结构的抗震能力。

(2) 混凝土结构构件，应合理地选择尺寸、配置纵向钢筋和箍筋，避免剪切破坏先于弯曲破坏、混凝土的压溃先于钢筋的屈服、钢筋锚固粘结先于构件破坏。

(3) 钢结构构件应合理控制尺寸，防止局部或整个构件失稳。

3. 在设计结构各构件之间的连接时，应符合下列要求：

(1) 构件节点的强度，不应低于其连接构件的强度。

(2) 预埋件的锚固强度，不应低于连接件的强度。

---

❶ 芯柱是指在中小砌块的竖孔内浇筑钢筋混凝土所形成的柱。

(3) 装配式结构的连接，应能保证结构的整体性。

四、处理好非承重结构构件和主体结构的关系

在抗震设计中，处理好非承重结构构件与主体结构构件之间的关系，可防止附加震害，减少损失。因此，附属结构构件，应与主体结构有可靠的连接和锚固，避免倒塌伤人或砸坏重要设备。围护墙和隔墙应考虑对结构抗震不利或有利影响。应避免设置不合理而导致主体结构的破坏。例如，框架或厂房柱间的填充墙不到顶，使这些柱子变成短柱。许多震害表明，这些短柱在地震中极易破坏，应予注意。

当需要装饰时，如贴镶或悬吊较重的装饰物应有可靠的防护措施。

五、注意材料的选择和施工质量

抗震结构在材料选用、施工质量，特别是在材料代用上，有特殊的要求。这是抗震结构施工中一个十分重要的问题。因此，在抗震设计和施工中应当引起足够的重视。

抗震结构对材料和施工质量的要求，应在设计文件上注明。

结构材料性能指标应符合下列最低要求：

(1) 粘土砖强度不宜低于 MU7.5，砖砌体的砂浆强度等级不宜低于 M2.5，砖烟囱的砂浆强度等级不宜低于 M5。

(2) 混凝土砌块的强度等级，中砌块不宜低于 MU10，小砌块不宜低于 MU5，砌块砌体砂浆强度等级不宜低于 M5。

(3) 混凝土强度等级，抗震等级为一级❶的框架梁、柱和节点不宜低于 C30，构造柱、芯柱、圈梁和基础（桩除外）不宜低于 C15，其它各类构件不宜低于 C20。

(4) 钢筋的强度等级，纵向钢筋宜采用Ⅱ、Ⅲ级变形钢筋，钢箍宜采用Ⅰ、Ⅱ级钢筋，构造柱、芯柱可采用Ⅰ级或Ⅱ级钢筋。

在钢筋混凝土结构中，往往因缺乏设计规定的钢筋规格型号，而需用另外规格型号代替时，应注意不宜以屈服强度更高的钢筋代替原设计中的主要钢筋。当需要替换时，宜按照构件截面实际屈服强度进行换算，并注意替代后的构件截面屈服强度不应高于原设计的截面屈服强度。这样，可以避免造成薄弱部位的转移，以及构件在有影响的部位混凝土发生脆性破坏，如混凝土被压碎、剪切破坏等。

构造柱、芯柱和底层框架砖房的砖填充墙和框架的施工，应先砌墙后浇混凝土柱。

砌体结构的纵、横墙交接处应同时咬槎砌筑或采取拉结措施，以免在地震中开裂或外闪倒塌。

小　结

(1) 构造地震是指由于地壳构造运动，使岩层发生断裂、错动而引起的地面振动，简称地震。因为这种地震影响面广、破坏性大、发震频率高，故在建筑抗震设计中仅限讨论构造地震的设防问题。

(2) 震级是衡量一次地震大小的级别。烈度是指地震时在某一地点振动的强烈程度。一次地震只有一个震级，而烈度则根据地区的不同而不同。在一般情况下，烈度随震中距

---

❶　钢筋混凝土框抗震等级划分见《建筑抗震设计规范》。

的增加而减小。

基本烈度是指某地区在今后 50 年期限内，在一般场地条件下可能遭遇超越概率为 10% 的地震烈度。《中国地震烈度区划图》(1990) 给出了全国各地基本烈度的分布，可供工程设计应用。设防烈度是作为一个地区抗震设防依据的地震烈度，取值一般可直接采用《中国地震烈度区划图》(1990) 的基本烈度。

(3) 近震和远震是建筑抗震设计新发展起来的概念。因为近震和远震对建筑物的破坏作用是不同的，所以在抗震设计中应加以区分。《抗震规范》规定：当建筑所在地区遭受的地震影响来自本设防烈度区或比该地区设防烈度大一度地区的地震时，抗震设计应按《抗震规范》有关近震的规定执行；当建筑所在地区遭受的地震影响可能来自设防烈度比该地区设防烈度大二度或二度以上地区的地震时，应按《抗震规范》有关远震的规定执行。

(4) 建筑按其重要性分为甲、乙、丙、丁类建筑。《抗震规范》提出了"三水准"的抗震设防要求，概括地说就是："小震不坏，可修，大震不倒"。它们在 50 年内的超越概率分别为 63.2%、10% 和 2%～3%。在进行建筑抗震设计时，原则上应满足三水准抗设防的要求，在具体做法上，《建筑抗震设计规范》采取了两阶段设计法。第一阶段设计为构件截面抗震承载力验算和弹性变形验算；第二阶段设计为弹塑性变形验算。

(5) 在强烈地震作用下，建筑的破坏机理和过程是十分复杂的，目前对它还没有充分认识。显然，要进行精确的抗震计算是很困难的。因此，我国抗震设计规范十分重视建筑总体抗震，按建筑的不同类别采取相应的抗震措施。这些措施是我国近 20 年来抗震经验的总结，是从我国实际情况出发，提高建筑抗震能力的有效方法。本章的"抗震设计的基本要求"就是集中反映了这方面内容的。

思 考 题

1. 什么是基本烈度和设防烈度？它们是怎样确定的？

2. 什么是近震和远震？区分它们的意义是什么？

3. 什么称为多遇地震和罕遇地震？

4. 建筑按其重要性分为哪几类？分类的作用是什么？

5. 《建筑抗震设计规范》"三水准"的设防要求是什么？什么是二阶段设计？并简述它的设计步骤。

6. 什么叫做概念设计，它都包括哪几方面内容？

第二十二章　场地、地基和基础

第一节　场　　地

国内外大量震害表明，不同场地上的建筑物，震害的差异是十分明显的。因此，研究场地条件对建筑物震害的影响是建筑抗震设计中一个重要课题。

一般认为，场地条件对建筑物震害影响的主要因素是：场地土的刚性（即坚硬或密实程度）大小和场地覆盖层厚度。震害经验表明，土质愈软、覆盖层愈厚，建筑物震害愈严重，反之愈轻。

土的刚性一般用剪切波速来衡量，因为剪切波速是土的重要动力参数，能比较好地反映场地土的动力特性。因此，以剪切波速表示土的刚性广为各国抗震规范所采用。

一、场地土的类型

场地土的类型，宜根据土层剪切波速按表 22—1 划分。

在表 22—1 中，v_s 为土层剪切波速；v_{sm} 为土层平均剪切波速，其值取地面下 15m 且不深于场地覆盖层厚度范围内各土层剪切波速的土层厚度加权平均值：

$$v_{sm} = \frac{\sum_{i=1}^{n} v_{si} d_i}{d} \tag{22-1}$$

式中　v_{si}——第 i 层土的剪切波速 (m／s)；

　　　d_i——第 i 层土的厚度 (m)；

　　　d——场地土计算厚度，取地面下 15m，但不深于场地覆盖层厚度 (m)；

　　　n——土层数目。

土层平均剪切波速 v_{sm}，也可根据地震波通过多层土层的时间与该波通过折算均匀土层所需的时间相等的条件求得（参见图 22—1a、b）。

场地土的类型划分　　　　表 22—1

场地土类型	土层剪切波速 (m／s)
坚硬场地土	$v_s > 500$
中硬场地土	$500 > v_{sm} > 250$
中软场地土	$250 > v_{sm} > 140$
软弱场地土	$v_{sm} < 140$

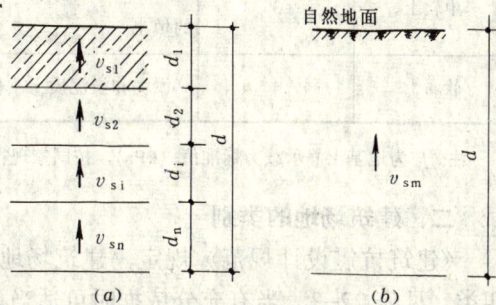

图 22—1

(a) 原来土层；(b) 折算土层

227

当场地土计算厚度范围内由 n 层性质不同的土组成时，设地震波通过各土层的波速分别为 v_{s1}、v_{s2}、$\cdots\cdots$、v_{sn}，各土层厚度分别为 d_1、d_2、$\cdots\cdots$、d_n，折算均匀土层厚度，即土层计算厚度 $d = \sum\limits_{i=1}^{n} d_i$，于是

$$\sum_{i=1}^{n} \frac{d_i}{v_{si}} = \frac{d}{v_{sm}}$$

经整理后，土层平均剪切波速为：

$$v_{sm} = \frac{d}{\sum\limits_{i=1}^{n} \dfrac{d_i}{v_{si}}} \tag{22-2}$$

当丙、丁类建筑无土层实测剪切波速资料时，可按表 22-2 划分土的类型，并可按下列原则确定场地土类型：当为单一土层时，土的类型即为场地土的类型；当为多层时，场地土类型可根据场地土计算厚度范围内各层土的类型及其厚度综合评定，即先按下式确定土的类型数码，然后按表 22-2 确定土的类型，亦即场地土的类型：

$$N = \frac{\sum\limits_{i=1}^{n} N_i d_i}{d} \tag{22-3}$$

式中　N_i——第 i 层土类型数码、按表 22-2 采用；

　　　　d_i——第 i 层土的厚度；

　　　　d——场地土计算厚度，取地面下 15m，但不深于覆盖层厚度；

　　　　N——多层土按厚度加权平均后的类型数码，按四舍五入取整数。

土 的 类 型 划 分 　　　　　　　　　　　表 22-2

土的类型	土的类型数码	岩 土 名 称 和 性 状
坚硬土	1	稳定岩石，密实的碎石土
中硬土	2	中密、稍密的碎石土，密实、中密的砾、粗、中砂，$f_k > 200$ 的粘性土和粉土
中软土	3	稍密的砾、粗、中砂，除松散外的细、粉砂，$f_k < 200$ 的粘性土和粉土，$f_k > 130$ 的填土
软弱土	4	淤泥和淤泥质土，松散的砂，新近沉积的粘性土和粉土，$f_k < 130$ 的填土

注：f_k 为地基土静承载力标准值（kPa），按国家现行《建筑地基基础设计规范》(GBJ7—89) 采用。

二、建筑场地的类别

《建筑抗震设计规范》规定，建筑场地的类别按场地土类型和场地覆盖层厚度划分为四类，见表 22-3。当有充分依据时可适当调整。

【例题 22-1】表 22-4 为某场地钻孔地质资料。试确定该场地类别。

【解】因为地面下 4.90m 以下土层剪切波速 $v_s = 500 m/s$，故土层计算厚度

$d = 4.90\text{m}$，于是，按式（22-1）算出：

$$v_{sm} = \dfrac{\sum\limits_{i=1}^{n} v_{si} d_i}{d} = \dfrac{200 \times 2.50 + 280 + 1.5 + 310 \times 0.9}{4.90}$$
$$= 244.7\text{m}/\text{s}$$

由表 22-1 查得，当 $v_{sm} = 244.7\text{m}/\text{s}$ 时，属于中软场地土，由表 22-3 查得，当 $3\text{m} < d_{ov} = 4.90\text{m} < 9\text{m}$ 和中软场地土时，场地类别属于 Ⅱ 类。

建 筑 场 地 类 别 划·分

表 22-3

场地土类型	场 地 覆 盖 层 厚 度 d_{ov}(m)				
	$d_{ov} = 0$	$0 < d_{ov} < 3$	$3 < d_{ov} < 9$	$9 \leqslant d_{ov} < 80$	$d_{ov} > 80$
坚硬场地土	Ⅰ				
中硬场地土		Ⅰ		Ⅱ	
中软场地土		Ⅰ	Ⅱ		Ⅲ
软弱场地土		Ⅰ	Ⅱ	Ⅲ	Ⅳ

注：场地覆盖层厚度应按地面至剪切波速大于 500m/s 土层或坚硬土顶面的距离确定。

〔例题 22-1〕附表

表 22-4

土层底部深度 （m）	土层厚度 d_i(m)	岩 土 名 称	剪切波速 v_s (m/s)
2.50	2.50	杂填土	200
4.00	1.50	粉 土	280
4.90	0.90	中 砂	310
6.10	1.20	砾 砂	500

【例题 22-2】 表 22-5 为某丙类建筑场地钻孔资料（无剪切波速资料）。试确定该场地类别。

〔例题 22-2〕附表

表 22-5

层底深度 （m）	土层厚度 d_i(m)	岩 土 名 称	地基土静承载力标准值 (kPa)
2.20	2.20	填 土	100
8.00	5.80	粉质粘土	140
16.20	8.20	粘 土	160
20.70	4.50	中密的细砂	—
25.00	4.30	基 岩	—

【解】 场地覆盖层厚度 $d_{ov} = 20.7\text{m} > 15\text{m}$，故取场地土计算厚度 $d = 15\text{m}$。

按式（22-3）计算 N 值：

由表 22-2 查得：填土 ($f_k=100\text{kPa}$) 的数码为 4；粉质粘土 ($f_k=140\text{kPa}$) 和粘土 ($f_k=160\text{kPa}$) 均属于粘性土且 $f_k<200\text{kPa}$，故它们的数码均为 3。于是得：

$$N=\frac{\sum_{i=1}^{n}N_id_i}{d}=\frac{4\times2.2+3\times5.8+3\times7.0}{15}=3.15$$

取 $N=3$，由表 22-2 可知，本例多层土属于中软场地土。由表 22-3 查得本例场地类型为 II 类。

第二节 强震地面运动

地震时地面运动加速度记录是地震工程的基本数据。在绘制加速度反应谱曲线和进行结构地震反应直接动力计算时，都要用到强震地面运动加速度记录。

强震地面运动可用强震仪测得。强震仪可测得其所在处加速度时程曲线。目前，绝大多数仪器记录的只是测点的两个水平向和一个竖向的地面加速度时程曲线。

图 22-2 所示是 1971 年美国圣费尔南多 (San Fernando) 6.5 级地震时地震仪记录下来的地面加速度三个方向的地面加速度时程曲线。

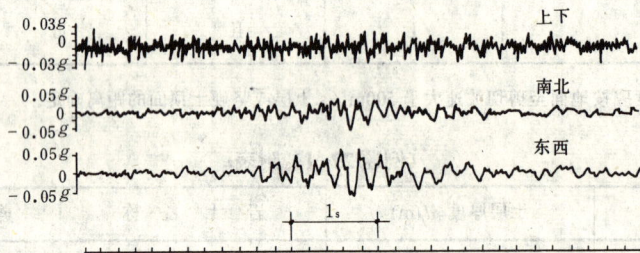

图 22-2 地面加速度三个分量的记录曲线

用什么物理量来描述一次强震地面运动？一般认为，可用加速度峰值、地震持续时间和地面运动主要周期❶ 三个特性参数来说明。一般说来，震级大，峰值加速度就高，持续时间就长，而主要周期则随场地类别、震中距远近而变化。场地类别愈高，震中距愈远，地面运动的主要周期愈长。

强震地面加速度各分量之间的关系，经统计大致有一个比例关系。从大多数测得的地震记录来看，地面加速度两个水平分量的平均强度大体相同，地面竖面加速度分量相当于水平分量的 $1/3\sim2/3$。

第三节 地基基础抗震验算

一、验算原则

在地震作用下，为了保证建筑物的安全和正常使用，对地基而言，与静力计算一样，

---

❶ 日本学者金井清认为地面运动主要周期即为场地的自振周期或卓越周期。

亦应同时满足地基承载力和地基变形的要求。但是，由于在地震作用下地基变形过程十分复杂，目前还没有条件进行这方面的定量计算。因此，《抗震规范》规定，只要求对地基抗震承载力进行验算，至于地基变形条件，则通过对上部结构或地基基础采取一定的抗震措施来弥补。

历次震害调查表明，一般天然地基上的下列一些建筑很少因为地基失效而破坏的。因此，《建筑抗震设计规范》规定，建造在天然地基上的这些建筑，可以不进行地基抗震承载力验算：

(1) 砌体房屋、多层内框架房屋、底层框架砖房，水塔；

(2) 地基主要受力层范围内不存在软弱粘性土层的一般单层厂房、单层空旷房屋以及多层民用框架房层和与其基础荷载相当的多层框架厂房；

(3) 7 度和 8 度时，高度不超过 100m 的烟囱；

(4) 7 度 I、II 类场地，两端均有山墙的柱高分别不超过 4.5m 和 10m 的单跨、等高多跨砖柱厂房和钢筋混凝土柱厂房（锯齿厂房除外）；

(5) 6 度时的建筑（建造于 IV 类场地上较高的高层建筑与高耸结构除外）。

软弱粘性土是指，7 度、8 度和 9 度时地基土静承载力标准值小于 80、100 和 120kPa 的土层。

震害调查还表明，承受竖向荷载为主的低承台桩基上的建筑，当地面下无液化土层，且桩承台周围无淤泥、淤泥质土和地基静承载力标准值小于 100kPa 的填土时，很少因受地震作用而破坏。因此，《建筑抗震设计规范》规定，以下建筑可不进行桩基抗震承载力验算：

(1) 上述一般天然地基上可不进行地基抗震承载力验算的 1、3、4 项规定的建筑；

(2) 7 度和 8 度时，一般单层厂房、单层空旷房层和多层民用框架房屋及与其基础荷载相当的多层框架厂房。

二、天然地基抗震承载力验算

(一) 验算公式

验算在地震作用下天然地基竖向承载力时，基础底面平均压力、边缘最大压力和基础底面受压宽度，应满足下列条件：

$$p \leqslant f_{sE} \tag{22-4}$$
$$p_{max} \leqslant 1.2 f_{sE} \tag{22-5}$$
$$b' \geqslant 0.75b \tag{22-6}$$

式中　p——基础底面地震组合的平均压力设计值；

　　p_{max}——基础边缘地震组合的最大压力设计值（图 22-3）；

　　f_{sE}——调整后的地基土抗震承载力设计值；

　　b'——基础底面受压宽度；

　　b——基础底面宽度。

(二) 地基土抗震承载力设计值

要确定地基土抗震承载力，就要研究动力荷载作用下土的强度，即土的动力强度（简称动强度）。动强度一般按动荷载和静荷载作用下，在一定的动荷载循环次数下，土样达到一定应变值（常取静荷载的极限应变值）时的总作用应力。因此，动强度与静荷载大小、脉冲次数、频率、允许应变值等因素有关。由于地震作用是低频（1～5Hz）的有限次（10～30次）的脉冲作用。此外，又考虑到强烈地震是一种偶然作用，历时短暂，所以对地基在地震作用下的可靠度的要求可较静力作用下时降低。这样，地基土抗震承载力，除十分软弱的土外，都较地基土静承载力高。地基土抗震承载力的取值，我国和世界上大多数国家都是采取在地基土静承载力的基础上乘一个调整系数的办法来确定的。

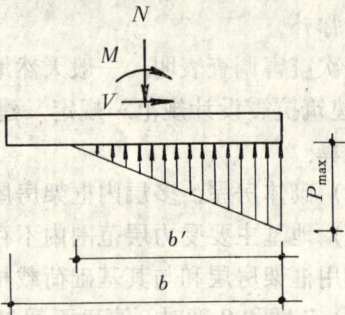

图 22-3

《建筑抗震设计规范》规定，地基土抗震承载力按下式计算：

$$f_{sE} = \zeta_s f_s \qquad (22-7)$$

式中　f_{sE}——调整后的地基土抗震承载力设计值；

　　　ζ_s——地基土抗震承载力调整系数，按表 22-6 采用；

　　　f_s——地基土静承载力设计值，按现行国家标准《建筑地基基础设计规范》GBJ7—89 采用。

地基土抗震承载力调整系数　　　　表 22-6

岩 土 名 称 和 性 状	ζ_s
岩石，密实的碎石土，密实的砾、粗、中砂，$f_k \geqslant 300$kPa 的粘性土和粉土	1.5
中密、稍密的碎石土、中密和稍密的砾、粗、中砂，密实和中密的细、粉砂，150kPa$\leqslant f_k < 300$kPa 的粘性土和粉土	1.3
稍密的细、粉砂，100kPa$\leqslant f_k < 150$kPa 的粘性土和粉土，新近沉积的粘性土和粉土	1.1
淤泥，淤泥质土，松散的砂，填土	1.0

第四节　场 地 土 的 液 化

一、液化的概念

地下水位以下的饱和的松砂和粉土在地震作用下，土颗粒之间有变密的趋势（图 22-4a)，但因孔隙水来不及排出，使土颗粒处于悬浮状态，形成如液体一样（图 22-4b)，这种现象就称为土的液化。

在近代地震史上，1964 年 6 月日本新泻地震使很多建筑的地基失效，就是饱和松砂发生液化的典型事例。这次地震开始时，使该城市的低洼地区出现了大面积砂层液化，地面多处喷砂冒水，继而在大面积液化地区上的汽车和建筑物逐渐下沉，而一些诸如水池一类的构筑物则逐渐浮出地面。其中最引人注目的是某公寓住宅群普遍倾斜，最严重的倾角竟达 80°之多。据目击者说，该建筑是在地震后 4 分钟开始倾斜的，至倾斜结束共历时 1 分钟。

新泻地震以后，土的动强度和土的液化问题更加引起国内外地震工作者的关注。

我国 1966 年的邢台地震，1975 年的海城地震，以及 1976 年的唐山地震，场地土都发生过液化现象，都使建筑物遭到不同程度的破坏。

根据土力学原理，砂土和粉土液化乃是由于饱和土在地震时短时间内抗剪强度为零所致。以饱和砂土为例，它的抗剪强度可写成

$$\tau_l = \bar{\sigma}\mathrm{tg}\varphi = (\sigma - u)\mathrm{tg}\varphi \tag{22-8}$$

式中　$\bar{\sigma}$——剪切面上有效法向压力（粒间压力）；

　　　σ——剪切面上总法向压力；

　　　u——剪切面上孔隙水压力；

　　　φ——土的内摩擦角。

地震时，由于场地土作强烈振动，孔隙水压力 u 急剧增高，直至与总法向压力 σ 相等，即法向有效压力 $\bar{\sigma} = \sigma - u = 0$ 时，砂土颗粒便呈悬浮状态。土体抗剪强度 $\tau_l = 0$，从而场地土失去承载能力。

二、影响土的液化因素

场地土液化与许多因素有关。因此需要根据多项指标综合分析判断土是否发生液化。震害表明，但当某项指标达到一定数值时，不论其它因素情况如何，土都不会发生液化，或即使发生液化也不会造成建筑物震害。我们称这个数值为该指标的界限值。因此，了解影响液化因素及其界限值是具有实际意义的。

（一）地质年代

土的地质年代的新老，表示土层沉积时间的长短。较老的沉积土，经过长时期的固结作用和历次大地震的影响，使土的密实程度增大外，还往往具有一定的胶结紧密结构。因此，地质年代愈久，土层的固结度、密实度和结构性也就愈好，抵抗液化的能力也就愈强。反之，地质年代愈新，则其抵抗液化能力就愈差。宏观震害调查表明，在我国和国外的历次大地震中，尚未发现地质年代属于第四纪晚更新世（Q_3）及其以前的饱和土层发生液化的。

（二）土中粘粒含量

粘粒是指粒径 $d < 0.005\mathrm{mm}$ 的土颗粒。理论分析和实践表明，当粉土内粘粒含量超过某一限值时，粉土就不会液化。这是由于土中随着粘粒的增加，使土的粘聚力增大，从而抵抗液化的能力增强的缘故。

图 22-5 为海城、唐山两个地震区粉土液化点粘粒含量与烈度关系分布图。由图中可见，液化点在不同烈度区的粘粒含量上限不同，由此可以得出结论，粘粒含量超过表 22-7 所列数值时就不会发生液化。

（三）上覆非液化土层厚度和地下水位深度

上覆非液化土层厚度是指，地震时能抑制可液化土层喷砂冒水的厚度。构成覆盖层的非液化层除天然土层外，还包括堆积五年以上，或地基承载力大于 100kPa 的人工填土层。当覆盖层中夹有软土层，对抑制喷砂冒水作用很小，且其本身在地震中很可能发生液化现象时，该土层应从覆盖层中扣除。覆盖层厚度一般从第一层可液化土层的顶面算至地表。

现场宏观调查表明，砂土和粉土当覆盖层厚度超过表 22-8 所列界限值时，未发现土

层发生液化现象。

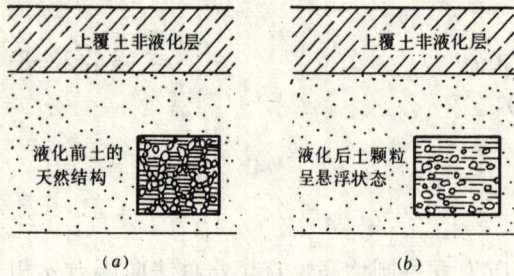

$$\rho_c\,(\%)$$

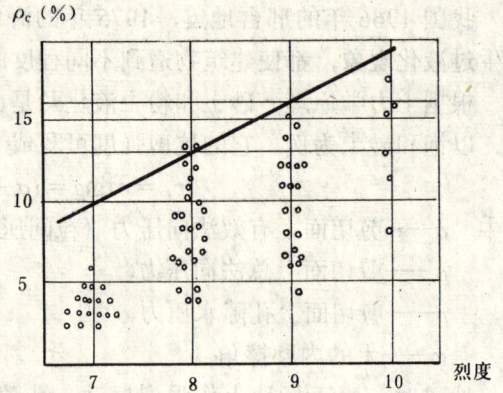

图 22-4　土的液化示意图　　　图 22-5　海城、唐山粉土液化点粘粒含量与烈度分布图

地下水位高低是影响喷砂冒水的一个重要因素。当砂土和粉土的地下水位不小于表 22-8 所列界限数值时，未发现土层发生液化现象。

粉土非液化粘粒含量界限值　　　　　　　　　　表 22-7

烈　　　　　度	粘粒含量 $\rho_c(\%)$
7	10
8	13
9	16

(四) 土的密实程度

砂土和粉土的密实程度是影响土层液化的一个重要因素。1964 年日本新泻地震现场分析资料表明，相对密度小于 50% 的砂土普遍发生液化，而相对密度大于 70% 的土层则未发生液化。

土层不考虑液化时覆盖层厚度和地下水位界限值 d_{uj} 和 d_{wj}　　　　　表 22-8

土类及项目	烈度	7	8	9
砂　土	d_{uj}(m)	7	8	9
	d_{wj}(m)	6	7	8
粉　土	d_{uj}(m)	6	7	8
	d_{wj}(m)	5	6	7

(五) 土层埋深

理论分析和土工试验表明，侧压力愈大，土层愈不易发生液化。测压力大小反映土层埋深的大小。现场调查资料表明，土层液化深度很少超过 15m 的。多数浅于 15m，更多的浅于 10m。

(六) 地震烈度和震级

234

烈度愈高的地区，地面运动强度就愈大，显然土层就愈容易液化。一般在 6 度及以下地区，很少看到液化现象。而在 7 度及以上地区，则液化现象就相当普遍。日本新泻在过去曾经发生过 25 次地震，在历史记载中，仅有三次地面加速度超过 0.13g 时才发生液化。1964 年那一次地震地面加速度为 0.16g，液化就相当普遍。

室内土的动力试验表明，土样振动的持续时间愈长，就愈容易液化。因此，某场地遭到相同烈度的远震比近震更容易液化，因为前者对应的大震持续时间比后者对应的中等地震持续时间要长。

三、土层液化的判别

《建筑抗震设计规范》根据分析影响土层液化的主要因素及现场调查资料，给出了土层液化的判别方法。

(一) 初步判别法

饱和的砂土或粉土，当符合下列条件之一时，可初步判别不液化或不考虑液化影响：

(1) 地质年代为第四纪晚更新世 (Q_3) 及其以前时，可判为不液化土；

(2) 粉土的粘粒含量百分率❶，7 度、8 度和 9 度❷ 分别为 10、13 和 16 时，可判为不液化土；

(3) 采用天然地基的建筑，当上覆非液化土层厚度和地下水位深度符合下列条件之一时，可不考虑液化影响：

$$d_u > d_0 + d_b - 2 \tag{22-9}$$
$$d_w > d_0 + d_b - 3 \tag{22-10}$$
$$d_u + d_w > 1.5 d_0 + 2 d_b - 4.5 \tag{22-11}$$

式中　d_w——地下水位深度 (m)，宜按建筑使用期内年平均最高水位采用，也可按近期
　　　　　内年最高水位采用；

　　　d_u——上覆非液化土层厚度 (m)，计算时宜将淤泥和淤泥质土层扣除；

　　　d_b——基础埋置深度 (m)，不超过 2m 时应采用 2m；

　　　d_0——液化土层特征深度，可按表 22-9 采用。

液 化 土 特 征 深 度 d_0 (m)　　　　　　　　　　　表 22-9

饱 和 土 类 别	烈　　　　　　　度		
	7	8	9
粉　　土	6	7	8
砂　　土	7	8	9

(二) 标准贯入试验判别法

当初步判别认为需进一步进行液化判别时，应采用标准贯入试验判别法。

---

❶ 用于液化判别的粘粒含量系采用六偏磷酸钠作分散剂测定，采用其它方法时应按有关规定换算；

❷ 饱和土液化判别和地基处理，6 度时一般情况下可不考虑；但对液化沉陷敏感的乙类建筑可按7度考虑；7～9 度时，乙类建筑可按原烈度考虑。

标准贯入试验设备，主要由贯入器、触探杆和穿心锤组成（图 22-6）。穿心锤重 63.5kg。操作时先用钻具钻至试验层标高以上 150mm，然后在锤落距为 760mm 的条件下，每打入 300mm 的锤击数记作 $N_{63.5}$。地面下 15m 深度范围内的液化土应符合下式要求：

$$N_{63.5} < N_{cr} \tag{22-12}$$

$$N_{cr} = N_0 \left[0.9 + 0.1(d_s - d_w) \right] \sqrt{\frac{3}{\rho_c}} \tag{22-13}$$

式中　$N_{63.5}$——饱和土标准贯入锤击数实测值（未经杆长修正）；

N_{cr}——液化判别标准贯入锤击数临界值；

N_0——液化判别标准贯入锤击数基准值，按表 22-10 采用；

d_s——饱和土标准贯入点深度（m）；

ρ_c——粘粒含量百分率，当小于 3 或砂土时，均应采用 3。

标准贯入锤击数基准值 N_0 表 22-10

近、远震		烈　　　　　度	
	7	8	9
近　震	6	10	16
远　震	8	12	—

四、液化地基的评价

（一）评价的意义

过去，对场地土液化问题仅根据判别式给出液化或非液化结论。因此，不能对液化危害性作出定量的评价，从而也就不能根据液化程度采取相应的抗液化措施。

（二）液化指数

为了鉴别场地土液化危害的严重程度，《抗震规范》给出了液化指数的概念。

在同一地震烈度下，液化层的厚度愈厚、埋藏愈浅、地下水位愈高、标准贯入锤击数实测值与临界值之差愈多，液化就愈严重，带来的危害性就愈大。液化指数比较全面地反映了上述各种因素的影响。

液化指数按下式确定：

$$I_{lE} = \sum_{i=1}^{n} \left(1 - \frac{N_i}{N_{cri}} \right) d_i w_i \tag{22-14}$$

式中　N_{lE}——液化指数；

n——15m 深度范围内每一个钻孔标准贯入试验点的总数；

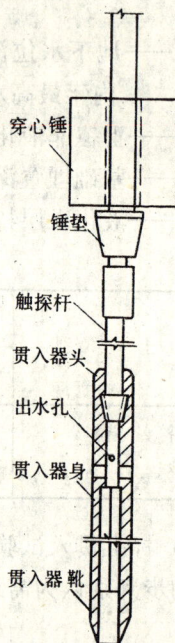

穿心锤

锤垫

触探杆

贯入器头

出水孔

贯入器身

贯入器靴

图 22-6　标准贯入试验设备(mm)

N_i、N_{cri}——分别为 i 点标准贯入锤击数实测值和临界值，当实测值大于临界值时应取临界值的数值；

　　d_i——i 点所代表的土层厚度 (m)，可采用与该标准试验点相邻的上、下两标准贯入试点深度差的一半，但上界不小于地下水位深度，下界不大于液化深度；

　　w_i——i 土层考虑单位土层厚度的层位影响权函数值（单位为 m^{-1}），当该层中点深度不大于 5m 时应采用 10，等于 15m 时采用零值，5～15m 时按线性内插法取值。即按下式计算：

当 $d_{si} < 5m$ 时，$w_i = 10$;

当 $d_{si} = 5～10m$ 时，$w_i = 15 - d_{si}$。

式（22-14）中 d_i、w_i 和 d_{si} 等数值，可参照图 22-7 确定。

现进一步分析式（22-14）的物理意义：

$$1 - \frac{N_i}{N_{cri}} = \frac{N_{cri} - N_i}{N_{cri}}$$

上式分子表示 i 点标准贯入锤击数临界值与实测值之差，分母为锤击数临界值。显然，分子差值愈大，即式（22-14）括号内的数值愈大，表示该点液化程度愈严重。

　　显然，液化层厚度愈厚，埋藏愈浅，它对建筑的危害性就愈大。式（22-14）中的 d_i 和 w_i 就是反映这两个因素的。我们可把 $d_i w_i$ 的乘积看作是数值 $\left(1 - \frac{N_i}{N_{cri}}\right)$ 的加权面积。

也就是说，表示土层液化严重程度的值 $\left(1 - \frac{N_i}{N_{cri}}\right)$ 随深度对建筑的影响是按图 22-7 的图形面积来加权计算的。

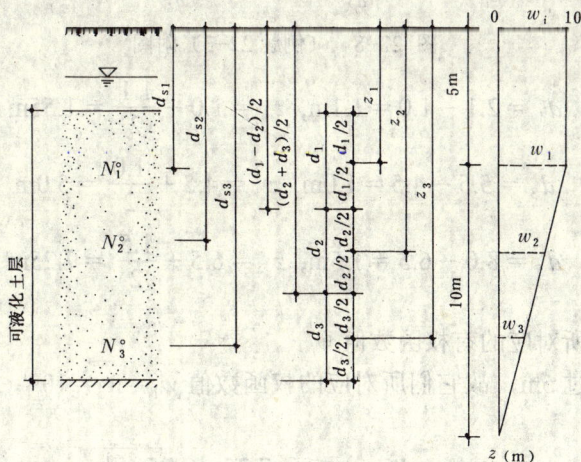

图 22-7　确定 d_i、d_{si} 和 w_i 的示意图

（三）地基液化的等级

存在液化土层的地基，根据其液化指数，按表 22-11 划分液化等级：

液　化　等　级　　　　　　　　　　　表 22-11

液 化 指 数	$0 < I_{lE} \leqslant 5$	$5 < I_{lE} \leqslant 15$	$I_{lE} > 15$
液 化 等 级	轻　微	中　等	严　重

【例题 22-3】 　试求图 22-8 柱状图所示地基液化指数及液化等级。地下水、土层顶面标高及各贯入点深度见表 22-12。该场地为 8 度区（近震）。

【解】

1. 求锤击数临界值 N_{cri}

由表 22-10 查得 $N_0 = 10$，将它与 $d_w = 1m$ 及各标准贯入点 d_s 值一并代入式 (22-13)，即可求得 N_{cri} 值。

例如，第 1 标准贯入点（$d_s = 1.4m$）:

$$N_{cri} = N_0 〔0.9 + 0.1(d_s - d_w)〕 = 10 〔0.9 + 0.1(1.4 - 1)〕 = 9.4$$

其余各点的 N_{cri} 值，见表 22-12。

2. 求各标准贯入点所代表的土层厚度 d_i 及其中点的深度 z_i

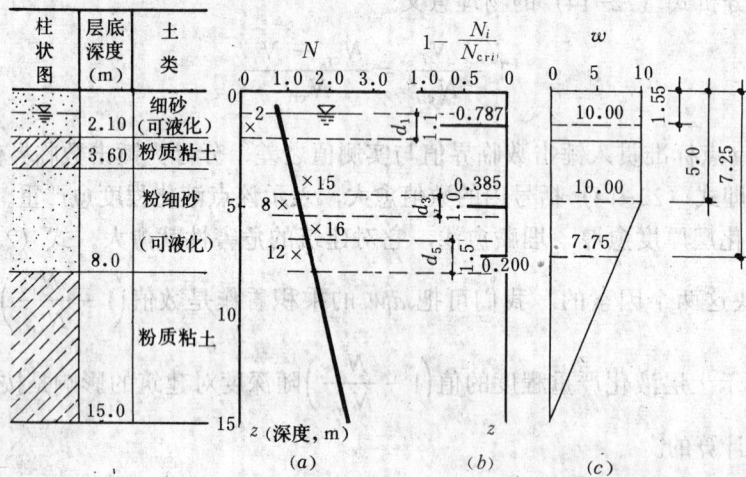

图 22-8 　〔例题 22-3〕附图

$$d_1 = 2.1 - 1.0 = 1.1m, \quad z_1 = 1.0 + \frac{1.1}{2} = 1.55m$$

$$d_3 = 5.5 - 4.5 = 1.0m, \quad z_3 = 4.5 + \frac{1.0}{2} = 5.0m$$

$$d_5 = 8.0 - 6.5 = 1.5m, \quad z_5 = 6.5 + \frac{1.5}{2} = 7.25m$$

3. 求 d_i 层中点所对应的有权函数值 w_i

z_1 和 z_3 均不超过 5m，故它们所对应的权函数值 $w_1 = w_3 = 10^{-1}$，$z_5 = 7.5m$，故它所对应的权函数值为:

$$w_5 = 15 - z_5 = 15 - 7.25 = 7.75m^{-1}$$

4. 求液化指数 I_{lE}:

$$I_{iE} = \sum_{i=1}^{n} \left(1 - \frac{N_i}{N_{cri}}\right) d_i w_i = \left(1 - \frac{2}{9.4}\right) \times 1.1 \times 10 + \left(1 - \frac{8}{13}\right) \times 1 \times 10$$

$$+ \left(1 - \frac{12}{15}\right) 1.5 \times 7.75 = 14.84$$

5. 判断液化等级

根据液化指数 $I_{lE} = 14.84$，由表 22-11 知它在 5～15 之间，故该地基的液化等级属于中等。

上述计算过程可按表 22-12 进行。

五、地基抗液化措施

地基抗液化措施应根据建筑的重要性、地基的液化等级，结合具体情况综合确定。当液化土层较平坦且均匀时，可按表 22-13 选用；除丁类建筑外，不应将未经处理的土层作为天然地基的持力层。

表 22-13 中所指全部消除地基液化沉陷措施，应符合下更要求：

〔例题 22-3〕计算附表　　　　　　　　　　　　　　　　　　表 22-12

柱　状　图	标准贯入点的编号 i	锤击数实测值 N_i	贯入试验深度 d_{si} (m)	锤击数临界值 N_{cri}	$1 - \dfrac{N_i}{N_{cri}}$	标准贯入点所代表的土层厚度 d_i(m)	d_i 的中点深度 z_i (m)	与 z 相对应的权函数 w_i	$\left(1 - \dfrac{N_i}{N_{cri}}\right)$ $\times d_i w_i$	液化指数 I_{lE}
±0.00 细砂 −1.0 −2.1② 粉质粘土 −3.6 15② 粉细砂 8② 16② 12② −8.0	1	2	1.40	9.4	0.787	1.10	1.55	10	8.66	
	2	15	4.00	12	—	—	—	—	—	14.84
	3	8	5.00	13	0.385	1.00	5.00	10	3.85	
	4	16	6.00	14	—	—	—	—	—	
	5	12	7.00	15	0.200	1.50	7.25	7.75	2.33	

抗　液　化　措　施　　　　　　　　　　　　　　表 22-13

建筑类别	地　基　的　液　化　等　级		
	轻　微	中　等	严　重
乙　类	部分消除液化沉陷，或对基础和上部结构处理	全部消除液化沉陷，或部分消除液化沉陷且对基础和上部结构处理	全部消除液化沉陷
丙　类	对基础和上部结构处理，亦可不采取措施	对基础和上部结构处理，或更高要求的措施	全部消除液化沉陷，或部分消除液化沉陷且对基础和上部结构处理
丁　类	可不采取措施	可不采取措施	基础和上部结构处理，或其他经济的措施

（1）采取桩基时，桩端伸入液化深度以下稳定土层中的长度（包括桩尖部分），应按计算确定，且对碎石土、砾、粗、中砂、坚硬粘性土尚不应小于 0.5m，对其它非岩石土尚不应小于 2m。

（2）采用深基时，基础底面埋入液化深度以下稳定土层中的深度，不应小于 0.5m。

（3）采用加密法（如振冲、振动加密、砂桩挤实、强夯等）加密时，应处理至液化深度下界，且处理后土层的标准贯入锤击数的实测值，应大于相应的临界值。

（4）挖除全部液化砂层。

表中部分消除地基液化沉陷的措施，宜符合下列要求：

（1）处理深度应使处理后的地基液化指数不大于 4，对独立基础与条形基础，尚不应小于基础底面下 5m 和基础宽度的较大值。

（2）处理深度范围内，应挖除其液化土层或采用加密法加固，使处理后土层的标准贯入锤击数实测值大于相应的临界值。

为了减轻液化对建筑的影响，基础和上部结构可综合考虑采取下列各项措施：

（1）选择合适的基础埋置深度。

（2）调整基础底面积，减小基础偏心。

（3）加强基础的整体性和刚性，如采用箱基、筏基或钢筋混凝土十字形基础，加设基础圈梁、基础系梁等。

（4）减轻荷载、增强上部结构的整体刚度和均匀对称性，合理设置沉降缝，避免采用对不均匀沉降敏感的结构形式等。

（5）管道穿过建筑处应预留足够尺寸或采用柔性接头等。

第五节　软弱粘性土地基和不均匀地基

软弱粘性土的特点是地基承载力低、压缩性大，所以房屋的沉降和不均匀沉降较大。如设计不周，施工质量不好，就会使房屋大量下沉，造成上部结构开裂。这样，在地震时就会加剧房屋的震害。如 1976 年唐山地震时，天津市望海楼住宅群的震害就说明了这一点。该住宅群中有 16 栋 3 层、10 栋 4 层建筑，采用筏板基础，基础埋置深度为 0.6m，地基承载力为 30～40kPa，而实际采用 57kPa，于 1974 年建成。其中 4 层建筑震后总沉降量为 253～540mm，震前震后沉降差为 141～203mm。震前倾斜为 1‰～3‰，震后为 3‰～6‰，3 层建筑震后总沉降量为 288～852mm，震前震后沉降差为 146～325mm，震前倾斜 0.7‰～19.8‰，震后为 0.7‰～45.1‰。

由此可见，对于软弱粘性土地基上的建筑，在正常荷载作用下，就要采取有效措施，做到减小房屋的沉降，避免在地震时产生过大的附加沉降或不均匀沉降，而使上部结构破坏。

不均匀地基是指位于故河道、暗藏沟坑边缘地带、边坡地的半填半挖地段，以及成因、岩性或状态明显不同的地基。不均匀地基在地震时容易使地基失效，造成房屋破坏。因此，应尽量避免在不均匀地基上进行建筑。如无法避开时，应详细查明地质、地形、地貌情况，以便采取适当措施。

小　结

(1) 场地土按其剪切波速划分为四类，即坚硬场地土、中硬场地土、中软场地土和软弱场地土。当无土层剪切波速资料时，对于丙、丁类建筑，可按岩土的名称和性状将土进行分类：坚硬土、中硬土、中软土和软弱土。当为单一土层时，土的类型即为场地土的类型；当为多层土时，场地土类型则根据土层计算厚度范围内各土层类型及其厚度综合评定。

建筑场地的类别，按场地土类型和覆盖层厚度划分四类：Ⅰ、Ⅱ、Ⅲ和Ⅳ类。

(2) 历次震害调查结果表明，建造在天然地基上的砌体房屋，多层内框架砖房，水塔等建筑，很少因地基失效而破坏的。因此，《建筑抗震设计规范》规定，对这些建筑可不进行地基抗震承载力验算。

验算在地震作用下天然地基竖向承载力时，应满足下列条件：$p < f_{sE}$、$p_{max} \leqslant 1.2 f_{sE}$ 和 $b' \geqslant 0.75b$。

(3) 地下水位以下的松砂和粉土，在地震作用下土颗粒有可能处于悬浮状态，形成土的液化。

土层液化的判别分两步进行：初步判别和标准贯入试验判别。当初步判别认为需进一步进行液化判别时，再按标准贯入试验法判别，否则即认为不液化或不考虑液化。

存在液化土层的地基的液化等级，根据液化指数按表22-11划分三级：轻微、中等和严重。根据建筑的重要性和地基液化等级采取抗液化措施。

(4) 在地震区软弱粘性土地基和不均匀地基上进行建筑时，应注意采取有效措施，防止地基震害。

思　考　题

1. 场地土分哪几类？它们是如何划分的？

2. 什么是场地？怎样划分建筑场地的类别？

3. 简述地基基础抗震验算的原则。哪些建筑可不进行天然地基和基础的抗震承载力验算？为什么？

4. 什么是土的液化现象？怎样判断土的液化？如何确定土的液化严重程度？并简述抗液化措施？

5. 在软弱粘性土地基和不均匀地基上进行建筑时，应注意哪些问题？

第二十三章　地震作用和结构抗震验算

第一节　概　　述

地震释放的能量，以地震波的形式向四周扩散。地震波到达地面后引起地面振动，使地面原来处于相对静止的建筑物受到动力作用而产生强迫振动。在振动过程中，作用在结构上的惯性力就是地震荷载。这样，地震荷载可以理解为一种能反映地震影响的等效荷载。实际上，地震荷载是由地震引起的动态作用，按照《建筑结构设计通用符号、计量单位和基本术语》GBJ83—85 的规定，不应称为"地震荷载"，而应改称"地震作用"。

当地震作用效应和其它荷载效应的基本组合超过结构构件的承载力，或在地震作用标准值作用下结构的侧移超过允许值时，建筑物就会遭到破坏，乃至倒塌。因此，在建筑抗震设计中，确定地震作用是个十分重要的问题。

地震作用与一般荷载不同，它不仅取决于地震烈度的大小和近、远震情况，而且与建筑结构的动力特性有密切关系。而一般荷载与结构动力特性无关，可以独立地确定。因此，确定地震作用比确定一般荷载复杂得多。

目前，在我国和其它许多国家的抗震设计规范中，广泛采用反应谱理论确定地震作用。这种计算理论的依据是加速度反应谱。所谓加速度反应谱，就是单质点弹性体系在一定的地面运动作用下，最大加速度反应（一般用相对值表示）与体系自振周期的关系曲线。如果已知体系的自振周期，那么利用反应谱曲线就可很方便地确定体系的加速度反应，进而求出地震作用。

应用反应谱理论不仅可以解决单质点体系的地震反应❶ 计算问题，而且还可以计算多质点体系的地震反应。

在工程上，除采用反应谱理论计算结构地震作用外，对于高层建筑和特别不规则建筑，还常采用时程分析法来计算结构的地震反应。这个方法是先选定地震地面加速度曲线，然后用数值积分方法求解运动方程，算出每一时间增量时的结构反应，如位移、速度和加速度反应。

本章只介绍反应谱法。

第二节　单质点弹性体系的地震反应

一、运动方程的建立

为了研究单质点弹性体系的地震反应，我们首先建立体系在地震作用下的运动方程。图 23-1 表示单质点弹性体系的计算简图。所谓单质点弹性体系，是指可以将结构参与振动的全部质量集中于一点，用无重量的弹性直杆支承于地面上的体系。例如，水塔、单层

---

❶　结构由地震引起的振动称为结构的地震反应。一般地震反应包括位移、速度和加速度。

房屋，由于它们的质量大部分集中于结构的顶部，所以通常将这些结构都简化成单质点体系。

目前，计算弹性体系的地震反应时，一般假定地面不产生转动，而把地面运动分解为一个竖向和两个水平向的分量，然后分别计算这些分量对结构的影响。

图 23-2 (*a*) 表示单质点弹性体系在地震时地面水平运动分量作用下的运动状态。其中 $x_g(t)$ 表示地面水平位移，是时间 t 的函数，它的变化规律可从地震时地面运动实测记录求得；$x(t)$ 表示质点对地面的相对弹性位移或相对位移反应，它也是时间 t 的函数，是待求的未知量。

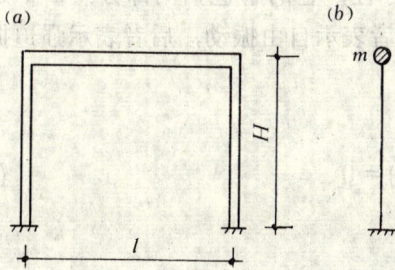

图 23-1　单质点弹性体系计算简图　　　图 23-2　地震时单质点体系运动状态

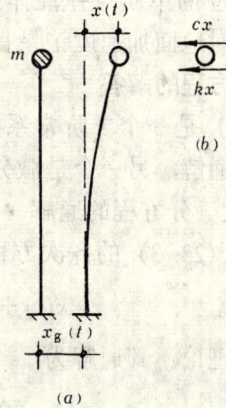

为了确定质点的相对位移反应 $x(t)$，下面来建立运动方程。

取质点 m 为隔离体，并绘出受力图 (图 23-2*b*)，由动力学知道，作用在它上面的力有：

1. 弹性恢复力 S

这是使质点从振动位置回到平衡位置的一种力，其大小与质点 m 的相对位移 $x(t)$ 成正比，即

$$S = -kx(t) \tag{23-1a}$$

式中 k 为弹性直杆的刚度系数，即质点发生单位水平位移时在质点处所施加力，负号表示 S 力的指向总是和位移方向相反。

2. 阻尼力 R

体系在振动过程中，由于外部介质阻力，构件和支座部分连接处的摩擦和材料的非弹性变形，以及通过地基散失能量（由地基振动引起）等原因，结构的振动将逐渐衰减。这种使结构振动衰减的力就称为阻尼力。在工程计算中一般采用粘滞阻尼理论确定阻尼力，即假定阻尼力与速度成正比：

$$R = -c\dot{x}(t) \tag{23-1b}$$

式中 c 为阻尼系数；$\dot{x}(t)$ 为质点速度，负号表示阻尼力与速度 $\dot{x}(t)$ 的方向相反。

显然，在地震作用下，质点绝对加速度为 $\ddot{x}_g(t)+\ddot{x}(t)$。根据牛顿第二定律，质点运动方程可写作：

$$m\left[\ddot{x}_g(t)+\ddot{x}(t)\right] = -kx(t)-c\dot{x}(t) \tag{23-2a}$$

243

经整理后，得：

$$m\ddot{x}(t)+c\dot{x}(t)+kx(t)=-m\ddot{x}_{g}(t) \tag{23-2b}$$

为了使 (23-2b) 进一步简化，设

$$\omega^2=\frac{k}{m}, \; \zeta=\frac{c}{2\sqrt{km}}=\frac{c}{2\omega m}$$

将上列公式代入式 (23-2b)，经整理后得：

$$\ddot{x}(t)+2\zeta\omega\dot{x}(t)+\omega^2 x(t)=-\ddot{x}_{g}(t) \tag{23-3}$$

上式就是要建立的单质点弹性体系在地震作用下的运动方程，其中 $\ddot{x}_{g}(t)$ 为地面运动加速度，可由地震时地面加速度记录得到。

二、运动方程的解答

式 (23-3) 是一个二阶常系数线性非齐次微方程，它的解包括两部分：一个是对应于齐次方程的通解；另一个是微分方程的特解。前者表示自由振动，后者表示强迫振动。

(一) 齐次微分方程的通解

对应方程 (23-3) 的齐次方程为

$$\ddot{x}(t) + 2\zeta\omega\dot{x}(t) + \omega^2 x(t) = 0 \tag{23-4}$$

根据微分方程理论，其通解为

$$x(t) = e^{-\zeta\omega t}(A\cos\omega't + B\sin\omega't) \tag{23-5}$$

式中 $\omega' = \omega\sqrt{1-\zeta^2}$，$A$、$B$ 为常数，其值可按问题的初始条件确定。当阻尼为零时，即 $\zeta=0$，于是式(23-5)变成：

$$x(t) = A\cos\omega t + B\sin\omega t \tag{23-6}$$

这是无阻尼单质点体系自由振动的通解，表示质点作简谐振动。这里 $\omega = \sqrt{k/m}$ 为无阻尼自振频率。对比式 (23-5) 和式 (23-6) 可知，有阻尼单质点体系的自由振动为按指数函数衰减的等时振动，其频率为 $\omega' = \omega\sqrt{1-\zeta^2}$，故 ω' 称为有阻尼的自振频率。

根据初始条件来确定常数 A 和 B。当 $t=0$ 时，

$$x(t) = x(0), \; \dot{x}(t) = \dot{x}(0)$$

其中 $x(0)$ 和 $\dot{x}(0)$ 分别为初始位移和初始速度。将 $t=0$ 和 $x(t) = x(0)$ 代入式 (23-5) 得

$$A = x(0)$$

再将式 (23-5) 对时间 t 求一阶导数，并将 $t=0$ 和 $\dot{x}(t) = \dot{x}(0)$ 代入得

$$B = \frac{\dot{x}(0) + \zeta\omega x(0)}{\omega'}$$

将所求得的 A、B 值代入式 (23-5)，得到：

$$x(t) = e^{-\zeta\omega t}\left[x(0)\cos\omega't + \frac{\dot{x}(0) + \zeta\omega x(0)}{\omega'}\sin\omega't\right] \tag{23-7}$$

上式就是式 (23-4) 在给定的初始条件的解答。

由 $\omega' = \omega\sqrt{1-\zeta^2}$ 和 $\zeta = c/2m\omega$ 可以看出，有阻尼自振频率 ω' 随阻尼系数 c 增大而减小，即阻尼愈大，自振频率愈低。当阻尼系数达到某一数值 c_r 时，也就是

$$c = c_r = 2m\omega = 2\sqrt{km}$$

即 $\zeta=1$ 时，则 $\omega'=0$，表示结构不再产生振动。这时的阻尼系数 c_r 称为临界阻尼系数。它是由结构的质量 m 和刚度 k 决定的。不同的结构有不同的临界阻尼系数。根据这种分析，

$$\zeta = \frac{c}{2m\omega} = \frac{c}{c_r} \tag{23-8}$$

表示结构的阻尼系数 c 与临界阻尼系数 c_r 之比，所以 ζ 称为临界阻尼比，简不阻尼比。

在建筑抗震设计中，常采用阻尼比 ζ 表示结构的阻尼参数。由于阻尼比 ζ 的数值很小，它的变化范围在 $0.01\sim0.1$ 之间，计算时通常取 $\zeta=0.05$。因此，有阻尼自振频率 $\omega'=\omega\sqrt{1-\zeta^2}$ 和无阻尼自振频率 ω 很接近，即 $\omega'\approx\omega$。即在计算体系自振频率时，通常可不考虑阻尼的影响。

阻尼比 ζ 值可通过对结构的振动试验确定。

（二）运动方程的特解

根据微分方程理论，式 (23-3) 的特解为：

$$x(t) = -\frac{1}{\omega'}\int_0^t \ddot{x}_g(\tau)e^{-\zeta\omega(t-\tau)}\sin\omega'(t-\tau)d\tau \tag{23-9}$$

它与式 (23-7) 之和就是运动方程 (23-3) 的通解。但是，由于结构阻尼的作用，自由振动很快就会衰减，故式 (23-7) 的影响通常可以忽略不计。于是，单质点弹性体系的地震位移反应可按 (23-9) 计算。

第三节　单质点弹性体系水平地震作用的计算——反应谱法

一、水平地震作用基本公式

作用在质点上的惯性力等于质量 m 乘以它的绝对加速度，方向与绝对加速度的方向相反，即

$$F(t) = -m\left[\ddot{x}_g(t) + \ddot{x}(t)\right] \tag{23-10}$$

式中　$F(t)$——作用在质点上的惯性力。

其余符号意义同前。

若将式 (23-2a) 代入式 (23-10)，并考虑到 $c\dot{x}(t)\ll kx(t)$ 而略去不计，则得：

$$F(t) = kx(t) = m\omega^2 x(t) \tag{23-11}$$

或

$$x(t) = F(t)\frac{1}{k} = F(t)\delta \tag{23-12}$$

式中 $\delta = \frac{1}{k}$ 为杆件柔度系数，即杆端作用单位水平力时在该处产生的侧移。

现在来分析式 (23-12)。等号左端 $x(t)$ 为地震时质点产生的相对位移，而等号右端 $F(t)\delta$ 为该瞬时惯性力使质点产生的相对位移。因此，可以认为在某瞬时地震使结构产生

的相对位移是由该瞬时的惯性力引起的。这也就是为什么可以将惯性力理解为一种能反映地震影响的等效荷载的原因。

将式（23-9）代入式（23-11），并忽略 ω' 与 ω 之间的微小差别，则得

$$F(t) = -m\omega\int_0^t \ddot{x}_g(\tau)e^{-\zeta\omega(t-\tau)}\sin\omega(t-\tau)d\tau \qquad (23-13)$$

由上可见，水平地震作用（即惯性力）是时间 t 的函数，它的大小和方向随时间 t 而变化。在结构抗震设计中，并不需要求出每一时刻的地震作用数值，而只需求出水平地震作用的最大绝对值。设 F 表示水平地震作用的最大绝对值，由式（23-13）得：

$$F = m\omega\left|\int_0^t \ddot{x}_g(\tau)e^{-\zeta\omega(t-\tau)}\sin\omega(t-\tau)d\tau\right|_{\max} \qquad (23-14)$$

或
$$F = mS_a \qquad (23-15)$$

这里

$$S_a = \omega\left|\int_0^t \ddot{x}_g(\tau)e^{-\zeta\omega(t-\tau)}\sin\omega(t-\tau)d\tau\right|_{\max} \qquad (23-16)$$

令

$$S_a = \beta|\ddot{x}_g|_{\max}$$

$$|\ddot{x}_g|_{\max} = kg$$

并将其代入式（23-15），同时以 F_{Ek} 代替 F，则得：

$$F_{EK} = mk\beta g = k\beta G \qquad (23-17)$$

式中　F_{EK}——水平地震作用标准值；

　　　S_a——质点加速度最大值；

　　$|\ddot{x}_g|_{\max}$——地震时地面运动加速度最大值；

　　　k——地震系数；

　　　β——动力系数；

　　　G——建筑的重力荷载代表值，应取结构和构、配件自重标准值和各可变荷载组合值之和，各可变荷载组合值系数按表23-1采用。

组 合 值 系 数　　　　　　　　　　　　　　　　表 23-1

可 变 荷 载 种 类		组 合 值 系 数
雪 荷 载		0.5
屋面积灰荷载		0.5
屋面活荷载		不 考 虑
按实际情况考虑的楼面活荷载		1.0
按等效均布活荷载考虑的楼面活荷载	藏书库、档案库	0.8
	其它民用建筑	0.5
吊车悬吊物重力	硬钩吊车	0.3
	软钩吊车	不 考 虑

246

式（23-17）就是计算水平地震作用的基本公式。由此可见，求作用在质点上的水平地震作用。关键在于求出地震系数 k 和动力系数 β 值。

二、地震系数 k

地震系数 k 是地面运动最大加速度与重力加速度之比，即

$$k = \frac{|\ddot{x}_g|_{max}}{g} \tag{23-18}$$

也就是以重力加速度为单位的地面运动最大数加速度。显然，地面加速度愈大，地震的影响就愈强烈，即地震烈度愈大。所以，地震系数与地震烈度有关，都是表示地震强烈程度的参数。例如，地震时在某处地面加速度记录的最大值，就是这次地震在该处的 k 值（以重力加速度 g 为单位）。如果同时根据该处的地表破坏现象、建筑损坏程度等，按地震烈度表评定该处的宏观烈度 I，就可提供他们之间的一个对应关系。根据许多这样的资料，就可确定出 I-k 的对应关系。许多统计结果表明，烈度每增大一度，k 值大致增大一倍。《建筑抗震设计规范》参照我国过去的已有资料，并作了适当调整，给出了 I-k 关系值，如表 23-2 所示。

地震烈度 I 与地震系数 k 的关系   表 23-2

烈度 I	6	7	8	9
地震系数 k	0.050	0.100	0.200	0.400

三、动力系数 β

动力系数 β 是单质点弹性体系在地震作用下最大加速度反应与地面最大加速度之比，即

$$\beta \frac{S_a}{|\ddot{x}_g|_{max}} \tag{23-19}$$

也就是质点最大加速度反应比地面最大加速度放大的倍数。将式（23-16）代入式（23-19），得：

$$\beta = \frac{\omega}{|\ddot{x}_g|_{max}} \left| \int_0^t \ddot{x}_g(\tau) e^{-\zeta\omega(t-\tau)} \sin\omega(t-\tau)d\tau \right|_{max} \tag{23-20}$$

在结构抗震计算中，通常将频率用自振周期表示，即 $\omega = 2\pi / T$。所以，上式又可写成：

$$\beta = \frac{2\pi}{T} \frac{\omega}{|\ddot{x}_g|_{max}} \left| \int_0^t \ddot{x}_g(\tau) e^{-\zeta\frac{2x}{T}(t-\tau)} \sin\frac{2\pi}{T}(t-\tau)d\tau \right|_{max} \tag{23-21}$$

由上可知，动力系数 β 与地面运动加速度记录 $\ddot{x}_g(t)$ 特征、结构的自振周期 T 以及阻尼比 ζ 有关。当地面加速度记录 $\ddot{x}_g(t)$、阻尼比 ζ 给定时，就可根据不同的 T 值算出动力系数 β[1]。从而得到一条 β-T 曲线。这条曲线就称为动力系数反应谱曲线。因为动力系数是单质点 m 最大加速度反应 S_a 与地面最大加速度 $|\ddot{x}_g|_{max}$ 之比，所以 β-T 曲线实质上是

---

[1] 式（23-21）中 $x_g(t)$ 一般不能用简单的解析式表示，通常用数值积分法由电子计算机计算。

加速度（相对值）反应谱曲线。

图 23-3 是根据某次地震时地面加速度记录 $\ddot{x}_g(t)$ 和阻尼比 $\zeta=0.05$ 绘制的动力系数反应谱曲线。

由图 23-3 可见，当结构自振周期 T 小于某一数值 T_g 时，β 反应谱曲线将随 T 的增加急剧上升；当 $T=T_g$ 时，动力系数达到最大值；当 $T>T_g$ 时，曲线波动下降。这里的 T_g 就是对应反应谱曲线峰值的结构自振周期，它与地面运动主要周期相符合，因此，当结构的自振周期与地面运动主要周期相等或相近时，结构地震反应最大。这种现象与结构在动荷载作用下的共振相似。因此，在结构抗震设计中，应使结构的自振周期远离地面运动主要周期，以免发生类共振现象。

分析表明，虽然每次地震测得的地面加速度曲线各不相同，从外观上看极不规律，但根据它们所绘制的动力系数反应谱曲线却十分相似，具有共同的特征。这样，就给应用反应谱曲线确定地震作用提供了可能性。从而根据结构的自振周期 T，就可以很方便地求出动力系数 β 值。

但是，上面所说的加速度反应谱曲线是根据一次地震的地面加速度记录 $\ddot{x}_g(t)$ 绘制的。不同的地震记录会有不同的反应谱曲线，尽管它们形状相似和具有共同的特征，但仍有差别。在结构抗震设计中，不可能预知建筑物将遭到怎样的地面运动，因而也就无法知道 $\ddot{x}_g(t)$ 是怎样的变化曲线。因此，在结构抗震设

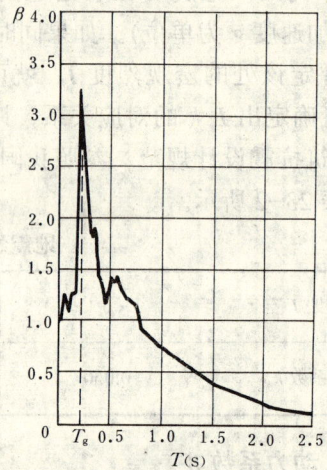

图 23-3 β 反应谱曲线

计中，只采用按某一次地震记录 $\ddot{x}_g(t)$ 绘制的反应谱曲线作为设计的依据是没有意义的。

根据对不同的地面运动记录的统计分析表明，场地特征，震中距远近，对 β 反应谱曲线有比较明显的影响。例如，场地愈软，震中距愈远，曲线主峰值愈向右移，曲线主峰愈扁平；地震烈度愈大，曲线峰值愈高。因此，应按场地类别、近震和远震分别绘出反应谱曲线，然后根据统计分析，从大量的 β 反应谱曲线中找出每种场地和近、远震有代表性的平均反应谱曲线，作为设计用的标准反应谱曲线。

四、地震影响系数

为了简化计算，将上述地震系数 k 和动力系数 β 以其乘积表示，称为地震影响系数，即

$$\alpha = k\beta \tag{23-22}$$

这样，式 (23-17) 可以写成

$$F_{EK} = \alpha G \tag{23-23}$$

因为

$$\alpha = k\beta = \frac{|\ddot{x}_g|_{\max}}{\ddot{g}} \cdot \frac{S_\alpha}{|\ddot{x}_g|_{\max}} = \frac{S_a}{\ddot{g}} \tag{23-24}$$

248

所以，地震影响系数 α 是单质点体系在地震时最大加速度反应（以重力加速度为单位）。

另一方面，若将式（23-23）写成 $\alpha = \dfrac{F_{Ek}}{G}$，则可以看出，地震影响系数乃是作用在质点上的地震作用与结构重力荷载代表值之比。

《建筑抗震设计规范》就是以地震影响系数 α 作为设计参数的，并以图 23-4 的地震影响系数曲线（经平滑处理和适当调整）作为设计依据。

现说明图 23-4 地震影响系数曲线的一些特征及一些参数的取值。

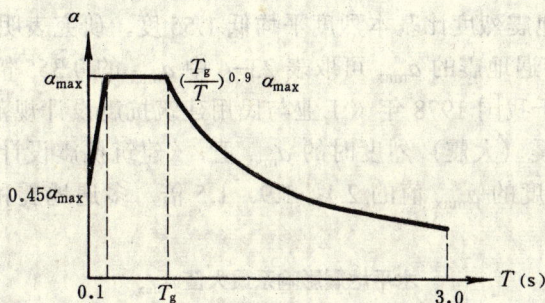

图 23-4　地震影响系数曲线

（1）当 $T_g \leqslant T \leqslant 3.0s$ 时，α 按下式双曲线变化：

$$\alpha = \left(\frac{T_g}{T}\right)^{0.9} \alpha_{max} \tag{23-25}$$

式中　α——地震影响系数；

$\quad T_g$——特征周期，根据场地类别和近震、远震，按表 23-3 采用；

$\quad a_{max}$——地震影响系数最大值；

$\quad T$——单质点弹性体系的自振周期，按下式确定：

特征周期值 $T_g(s)$ 表 23-3

近、远震	场 地 类 别			
	I	II	III	IV
近　震	0.20	0.30	0.40	0.65
远　震	0.25	0.40	0.55	0.86

$$T = 2\pi \sqrt{\frac{G\delta}{g}} \quad \text{❶} \tag{23-26}$$

式中　G——质点重力荷载代表值；

$\quad \delta$——单位水平力使质点产生的侧移。

---

❶　单质点弹性体系的自振频率为 $\omega = \sqrt{k/m}$，而其自震周期为 $T = 2\pi/\omega$，将前者代入后者，并注意 $m = \dfrac{G}{g}$ 和 $k = \dfrac{1}{\delta}$，经整理后即得式（23-26）。

(2) 地震资料统计结果表明，动力系数最大值 β_{max} 与地震烈度、场地和近、远震关系不大，《建筑抗震设计规范》取 $\beta_{max}=2.25$。将 $\beta_{max}=2.25$ 和表 23-2 所列的 k 值代入式 (23-22)，便得出不同基本烈度的 a_{max} 值，参见表 23-4。

基本烈度 I 与 a_{max} 值关系　　　　　　表 23-4

基本烈度	6	7	8	9
α_{max}	0.113	0.23	0.45	0.90

如前所述，多遇地震烈度比基本烈度平均低 1.55 度，研究表明，其 a_{max} 比基本烈度时的低 0.355 倍，故多遇地震的 a_{max} 可取表 23-4 中 a_{max} 的 0.355 倍。按这个数值计算的地震作用大体上相当于我国 1978 年《工业与民用建筑抗震设计规范》《TJ11-78)● 的设计水准。至于罕遇地震（大震）烈度时的 a_{max} 值，《建筑抗震设计规范》分别大致取表 23-4 中对应 7、8、9 度的 a_{max} 值的 2.1、1.9、1.5 倍。多遇地震和罕遇地震的 a_{max} 值，参见表 23-5。

水平地震影响系最大值 a_{max}　　　　　　表 23-5

地震类别＼烈度	6	7	8	9
多遇地震	0.04	0.08	0.16	0.32
罕遇地震	—	0.50	0.90	1.40

(3) 关于当 $T=0$ 时，$\alpha=0.45\alpha_{max}$

因为 $\alpha=k\beta$，当 $T=0$（即刚性体系）时，$\beta=1$（不放大），即 $\alpha=k\cdot1=k$，

而 $$\alpha_{max}=k\beta_{max}\quad\text{即}\quad k=\frac{\alpha_{max}}{\beta_{max}}$$

于是 $$\alpha=k=\frac{\alpha_{max}}{\beta_{max}}=\frac{\alpha_{max}}{2.25}\approx0.45\alpha_{max}$$

(4) α 反应谱曲线在 $0.1s\leqslant T\leqslant T_g$ 一段，作了平滑处理，为安全计，这一段取水平线，即均按 α_{max} 取值。在 $0<T\leqslant0.1s$ 一段，α_{max} 按直线变化，即按 $0.45\alpha_{max}$ 和 α_{max} 之间线性插入取值。

(5) 关于 α_{min} 的取值

为了保证结构具有最低限变的抗震能力，《抗震规范》规定，α 值的下限不应小于其最大值 α_{max} 的 20%，即取 $\alpha_{min}=0.2\alpha_{max}$。至于限制 $T<3.0s$ 的问题，主要考虑当 $T<3.0s$ 时，α 反应谱曲线准确性有保证，当 $T>3.0s$ 时，应作专门研究。

(6) 绘制 α 反应谱曲线时，阻尼比 ζ 取 0.05。

【例题 23-1】 单层钢筋混凝土框架计算简图如图 23-5a 所示。集中在屋盖处的重力荷载代表值 $G=1200$kN(图 23-5b)，梁的抗弯刚度 $EI=\infty$，柱的截面尺寸 $bh=350$mm×350mm，混凝土强度等级为 C20，Ⅱ类场地，设防烈度为 8 度（近震）。试确定按第一阶

● 以下简称《78 抗震规范》。

段设计的横向水平地震作用标准值，并绘出相应地震剪力和弯矩图。

【解】 1. 求水平地震作用标准值

柱的截面惯性矩

$$I = \frac{1}{12} bh^3 = \frac{1}{12} \times 0.35 \times 0.35^3 = 1.25 \times 10^{-3} \text{m}^4$$

按式（23-26）计算框架的自振周期

C20 混凝土的弹性模量 $E = 25.5 \text{kN}/\text{mm}^2$，$\overline{M}$ 图见图 23-5c。

$$\delta = \frac{1}{EI} \int \overline{M}^2 dx = \frac{1}{EI} \cdot 4\omega_1 y_1 = \frac{4}{25.5 \times 10^6 \times 1.25 \times 10^{-3}}$$

$$\times \frac{1}{2} \times 1.25 \times 2.5 \times \frac{2}{3} \times 1.25 = 1.6 \times 10^{-4} \text{m}$$

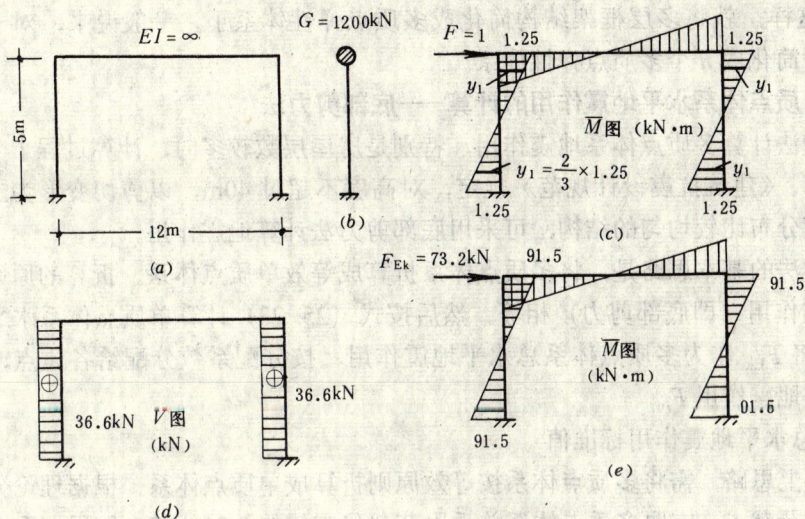

图 23-5　例题 23-1 附图

$$T = 2\pi \sqrt{\frac{G\delta}{g}} = 2\pi \sqrt{\frac{1200 \times 1.6 \times 10^{-4}}{9.81}} = 0.88 \text{s}$$

查表 23-5，当设防烈度为 8 度、多遇地震时，$\alpha_{max} = 0.16$；查表 23-3，当 II 类场地、近震时，$T_g = 0.30 \text{s}$

按式（23-25）计算地震影响系数

$$\alpha = \left(\frac{T_g}{T}\right)^{0.9} \alpha_{max} = \left(\frac{0.30}{0.88}\right)^{0.9} \times 0.16 = 0.061 < \alpha_{max} = 0.16$$

且大于 $0.2\alpha_{max} = 0.2 \times 0.16 = 0.032$，故取 $\alpha = 0.061$

按式（23-23）计算水平地震作用标准值

$$F_{Ek} = \alpha G = 0.061 \times 1200 = 73.2 \text{kN}$$

2. 求地震内力标准值，并绘出内力 V 和 M 图

求得水平地震作用标准值 $F_{Ek} = 73.2 \text{kN}$ 后，就可把它加到框架横梁标高处，按静载

计算框架地震剪力 V 和弯矩 M。

V 图和 M 图参见图 23-5d、e。

第四节 多质点弹性体系水平地震作用的计算

一、计算简图

前面讨论了单质点弹性体系的地震反应及水平地震作用。在实际工程中，除有些结构可以简化成单质点体系外，很多工程结构，象多层和高层建筑等，则应简化成多质点体系来计算，这样才能得出比较切合实际的结果。

对于图 23-6a 所示的多层框架结构，应按集中质量法，将 $i-i$ 和 $(i+1)-(i+1)$ 之间的结构重力荷载（包括结构自重和楼面或屋面可变荷载）集中于楼面或屋面标高处。设它们的质量为 m_i $(i=1，2，3\cdots，n)$，并假设这些质点由无重量的直杆支承于地面上（图 23-6b）。这样，就将多层框架结构简化成多质点弹性体系了。一般说来，对于具有 n 层的房屋，可简化成 n 个多质点弹性体系。

二、多质点体系水平地震作用的计算——底部剪力法

按精确法计算多质点体系地震作用，特别是房屋层数较多时，计算过程十分冗繁。为了简化计算，《建筑抗震设计规范》规定，对高度不超过 40m，以剪切变形为主且质量和刚度沿高度分布比较均匀的结构，可采用底部剪力法计算地震作用。

这个方法的基本思路是，将多质点体系折算成等效单质点体系。折算的原则是两体系的水平地震作用（即底部剪力）相等。然后按式（25-23）计算单质点体系水平地震作用 F_{Ek}。最后将 F_{Ek} 作为多质点体系总水平地震作用，按分配系数分配给各质点，即得各质点上的水平地震作用 F_i。

（一）总水平地震作用标准值

按照以上思路，需将多质点体系按等效原则折算成单质点体系。根据理论分析，单质点等效重力荷载 G_{eq} 应取多质点体系总重力荷载代表值的 0.85；其自振周期取多质点体系的基本周期[●]（图 23-7）。这样，结构总水平地震作用标准值，可按下式确定：

$$F_{Ek} = \alpha_1 Geq \tag{23-27}$$

式中　α_1 ——相应于结构基本周期 T_1 的水平地震影响系数，砌体房屋、底层框架和多层内框架砖房，取 $\alpha_1 = \alpha_{max}$。

G_{eq}——结构等效总重力荷载，多质点体系取总重力荷载代表值的 0.85。

T_1 ——结构基本周期，可按下式计算：

$$T_1 = 2\sqrt{\frac{\sum_{i=1}^{w} G_i \Delta_i^2}{\sum_{i=1}^{n} G_i \Delta_i}} \tag{23-28}$$

[●] 理论分析表明，对于 n 个质点的弹性体系，振动时含有 n 个自振频率，即有 n 个自振周期，其中最长的一个自振周期称为基本周期。

G_i——质点 i 的重力荷载代表值；

Δ_i——假定各 G_i 为水平力同时分别作用于相应质点上，质点 i 产生的侧移。

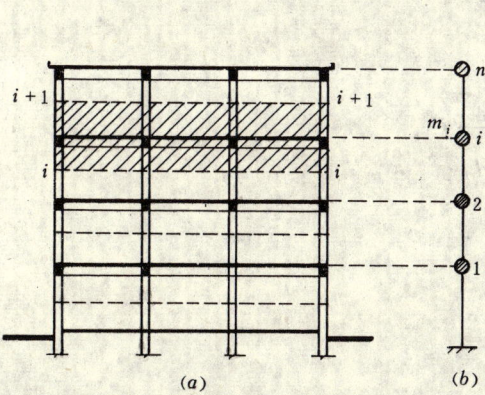

图 23-6 多质点弹性体系计算简图

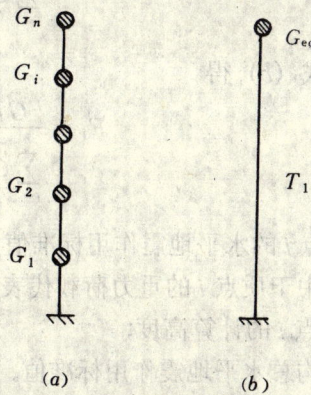

图 23-7

(a) 多质点体系；(b) 单质点体系

（二）质点水平地震作用标准值

在确定质点 i 的水平地震作用标准值时，假定地震时各质点的加速度 $S_{ai}(i=1,\ 2,\ \cdots\cdots,\ n)$ 呈倒三角形分布，见图 23-8b。于是质点 i 的加速度可写成：

$$S_{ai} = \eta H_i \qquad (i=1,2,\cdots\cdots n) \tag{a}$$

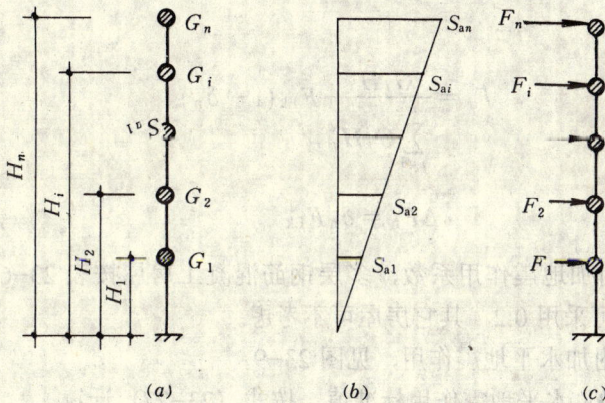

图 23-8

(a) 多质点体系；(b) 各质点加速度分布；(c) 质点 i 水平地震作用

其中 η 为比例常数。根据牛顿第二定律，质点 i 的地震作用（即惯性力）为：

$$F_i = \eta \frac{G_i}{g} H_i \tag{b}$$

而结构总水平地震作用标准值（即结构底部剪力）可写成

$$F_{Ek} = \sum_{i=1}^{n} F_i = \frac{\eta}{g} \sum_{i=1}^{n} G_i H_i \tag{c}$$

或写成

$$\frac{\eta}{g} = \frac{1}{\sum\limits_{i=1}^{n} G_i H_i} F_{Ek} \qquad (d)$$

将式 (d) 代回式 (b) 得

$$F_i = \frac{G_i H_i}{\sum\limits_{i=1}^{n} G_i H_i} F_{Ek} \qquad (e)$$

式中　F_i——质点 i 的水平地震作用标准值；

　　　G_i——集中于质点 i 的重力荷载代表值；

　　　H_i——质点 i 的计算高度；

　　　F_{Ek}——结构总水平地震作用标准值。

由式 (e) 可见，质点 i 的水平地震作用标准值，等于结构总水平地震作用标准值乘以分配系数 $G_i H_i / \sum\limits_{i=1}^{n} G_i H_i$。

对于基本周期比较长的多层钢筋混凝土房屋及多层内框架房屋，经计算发现，在房屋顶部的地震剪力按底部剪力法计算结果较精确法偏小。为了减小这一误差，《抗震规范》采取调整各质点分配的地震作用数值的办法，使顶层地震剪力有所增加。

对于上述两种建筑，《建筑抗震设计规范》规定，按下式计算质点 i 的水平地震作用标准值：

$$F_i = \frac{G_i H_i}{\sum\limits_{j=1}^{n} G_j H_j} F_{Ek}(1 - \delta_n) \qquad (23-29)$$

$$\Delta F_n = \delta_n F_{Ek} \qquad (23-30)$$

式中　δ_n——顶部附加地震作用系数，多层钢筋混凝土房屋按表 23-6 采用；多层内框架房屋可采用 0.2，其它房屋可不考虑。

　　　ΔF_n——顶部附加水平地震作用，见图 23-9。

　　　F_{Ek}——结构的总水平地震作用标准值，按式 (23-27) 计算。

顶部附加地震作用系数 σ_n　　　　　　　　　　表 23-6

$T_g(s)$	$T_1 > 1.4 T_g$	$T_1 \leqslant 1.4 T_g$
< 0.25	$0.08 T_1 + 0.07$	
$0.3 \sim 0.4$	$0.08 T_1 + 0.01$	不考虑
> 0.55	$0.08 T_1 - 0.02$	

注：T_g 为特征周期；T_1 为结构基本自振周期。

震害表明，突出屋面的屋顶间（如电梯间、水箱间）、女儿墙、烟囱等，它们的震害比下面主体结构严重。这是由于出屋面的这些建筑的质量和刚度突然变小，地震反应随之

254

增大的缘故。在地震工程中，把这种现象称为"鞭端效应"。因为这种情况在底部剪力法中未加以考虑，故《建筑抗震设计规范》规定，采用底部剪力法时，对上述这些出屋面建筑的地震用效应，宜乘以增大系数 3，此增大部分不应往下传递。

【例题 23-2】 某二层钢筋混凝土框架（图 23-10a），集中于楼盖和屋盖处的重力荷载代表值 $G_1 = G_2 = 1200\text{kN}$（图 23-10b），柱的截面尺寸 350mm×350mm，采用 C20 的混凝土，梁的抗弯刚度 $EI = \infty$，Ⅱ类场地，设防烈度 8 度（近震）。试确定小震作用下横向水平地震作用，并绘出地震剪力图和弯矩图。

【解】 1. 求结构基本周期

求柔度系数 δ_{ik}

$\overline{M}_1$ 和 $\overline{M}_2$ 图见图 23-10c、d，根据求结构位移的图乘法

$$\delta_{11} = \int \frac{\overline{M}_1^2}{EI}\,dx = \frac{1}{EI}\left(4 \times \frac{1}{2} \times \frac{h}{4} \times \frac{h}{2} \times \frac{2}{3} \times \frac{h}{4}\right) = \frac{h^3}{24EI} = \delta$$

$$\delta_{12} = \delta_{21} = \int \frac{\overline{M}_1\,\overline{M}_2}{EI}\,dx = \frac{h^3}{24EI} = \delta$$

$$\delta_{22} = \int \frac{\overline{M}_2}{EI}\,dx = 2\delta$$

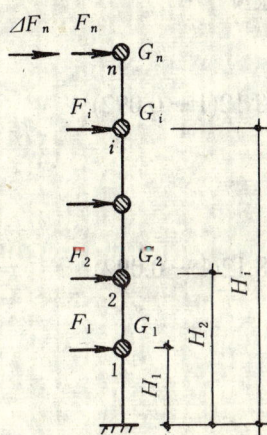

图 23-9

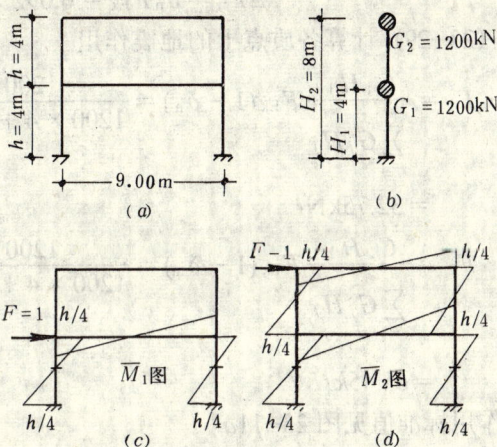

图 23-10 例题 23-2 附图

其中 $E = 25.5\text{kN}/\text{mm}^2$，$I = \frac{1}{12}bh^3 = \frac{1}{12}0.35^4 = 1.25 \times 10^{-3}\text{m}^4$

求 G_1 和 G_2 水平作用时结构的侧移

$$\Delta_1 = G_1\delta_{11} + G_2\delta_{12} = 1200 \times \frac{4^3}{24 \times 25.5 \times 10^6 \times 1.25 \times 10^{-3}} + 1200$$

$$\times \frac{4^3}{24 \times 25.5 \times 10^6 \times 1.25 \times 10^{-3}} = 0.201\text{m}$$

$$\Delta_2 = G_1\delta_{21} + G_2\delta_{22} = 1200 \times \frac{4^3}{24 \times 25.5 \times 10^6 \times 1.25 \times 10^{-3}} + 1200$$

$$\times \frac{2 \times 4^3}{24 \times 25.5 \times 10^6 \times 1.25 \times 10^{-3}} = 0.301\text{m}$$

按式（23-28）计算结构基本周期

$$T_1 = 2\sqrt{\frac{\sum\limits_{i=1}^{n} G_i \Delta_i^2}{\sum\limits_{i=1}^{n} G_i \Delta_i}} = 2\sqrt{\frac{1200 \times 0.201^2 + 1200 \times 0.301^2}{1200 \times 0.201 + 1200 \times 0.301}} = 1.022s$$

2. 求总水平地震作用标准值（即底部剪力）

由表23-5查得，当设防烈度为8度、多遇地震时 $\alpha_{max} = 0.16$；由表23-3查得，当Ⅱ类场地、近震时，$T_g = 0.30s$。

按式（23-25）计算地震影响系数

$$\alpha_1 = \left(\frac{T_g}{T_1}\right)^{0.9} \alpha_{max} = \left(\frac{0.30}{1.022}\right)^{0.9} \times 0.16 = 0.053$$

$$F_{Ek} = \alpha_1 G_{eq} = 0.053 \times 0.85(1200 + 1200) = 108.12kN$$

3. 求作用在各质点上的水平地震作用标准值

由表23-6查得，当 $T_g = 0.3s$，$T_1 = 1.022s > 1.4 \times T_g = 1.4 \times 0.3 = 0.42s$ 时，

$$\delta_n = 0.08T_1 + 0.01 = 0.08 \times 1.022 + 0.01 = 0.092$$

按式（23-30）计算顶部附加水平地震作用

$$\Delta F_n = \delta_n F_{Ek} = 0.092 \times 108.12 = 9.95kN$$

按式（23-29）计算各质点上的地震作用

$$F_1 = \frac{G_1 H_1}{\sum\limits_{j=1}^{n} G_j H_j} F_{Ek}(1 - \delta_n) = \frac{1200 \times 4}{1200 \times 4 + 1200 \times 8} \times 108.12(1 - 0.092)$$

$$= 32.75kN$$

$$F_2 = \frac{G_2 H_2}{\sum\limits_{j=1}^{n} G_j H_j} F_{Ek}(1 - \delta_n) = \frac{1200 \times 8}{1200 \times 4 + 1200 \times 8} \times 108.12(1 - 0.092)$$

$$= 65.45kN$$

地震作用标准值见图23-11a

4. 绘地震内力图

地震剪力图和弯矩图见图23-11b、c

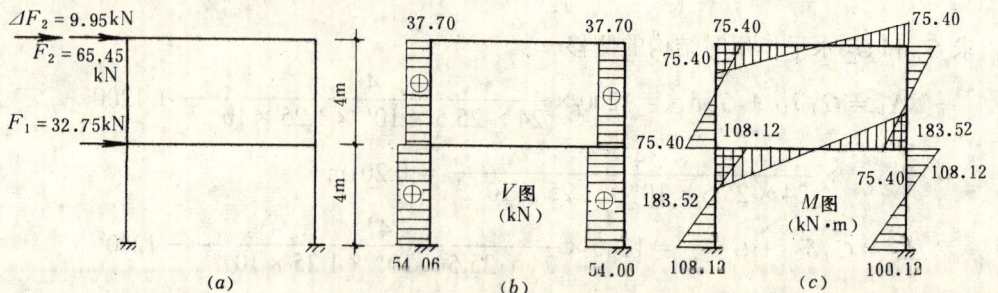

图 23-11

第五节　竖向地震作用的计算

一、概述

宏观震害和理论分析表明，在高烈度区，竖向地震作用对建筑，特别是对高层建筑、高耸结构及大跨结构的影响是很显著的。

例如，对一些高层建筑和高耸结构的地震计算分析发现，竖向地震应力 σ_v 和重力荷载应力 σ_G 的比值 $\lambda_v = \sigma_v / \sigma_G$，均沿建筑高度向上逐渐增大。对高层建筑，在 8 度强地区，房屋上部的比值 λ_v 可超过 1；对烟囱及类似高耸结构，在 9 度区，其上部的比值 λ_v 也达到或超过 1。即在上述情况下，高层建筑，高耸结构在其上部将产生拉应力。

因此，近年来，国内外一些学者对结构的竖向地震反应的研究，日益重视。各国抗震设计规范对竖向地震作用也都有所反映。我国《建筑抗震设计规范》规定，8 度和 9 度时的大跨结构、长悬臂结构、烟囱和类似高耸结构，9 度时的高层建筑，应考虑竖向地震作用。

二、竖向地震作用的计算

关于竖向地震作用的计算，各国所采用的方法不尽相同。我国《建筑抗震设计规范》根据建筑类别不同，分别采用竖向反应谱法和静力法。兹分述如下：

（一）竖向反应谱法

1. 竖向反应谱

《建筑抗震设计规范》根据搜集到的 203 条实际地震记录绘制了竖向反应谱，并按场地类别进行分组，分别求出它们的平均反应谱，其中 I 类场地的竖向平均反应谱，如图 23-12 实线所示。图中虚线为水平地震反应谱。

由统计分析结果表明，同类场地的竖向反应谱 β_v 与水平反应谱 β_H 相差不大。因此，在竖向地震作用计算中，可近似采用水平反应谱。另据统计，地面竖向最大加速度与地面水平最大加速度的比值为 $1/2 \sim 2/3$。对震中距较小地区宜采用较大数值。所以，竖向地震系数与水平地震系数之比可取 $k_v / k_H = 2/3$，因此，竖向地震影响系数

$$\alpha_v = k_v \cdot \beta_v = \frac{2}{3} k_H \beta_H = \frac{2}{3} \alpha_H \approx 0.65 \alpha_H$$

其中 k_v、k_H 分别为竖向和水平地震系数；β_v、β_H 分别为竖向和水平动力系数；α_v、α_H 分别为竖向和水平地震影响系数。

由上可知，竖向地震影响系数，可取水平地震影响系数的 0.65。

2. 竖向地震作用的计算

烟囱和类似的高耸结构，以及高层建筑，其总竖向地震作用标准值，可按反应谱法计算，由于竖向基本周期较短，$T_{v1} = 0.1 \sim 0.2\text{s}$，故 $\alpha_{v1} = \alpha_{vmax}$，即

$$F_{Evk} = \alpha_{vmax} G_{eq} \tag{23-31}$$

式中　F_{Evk} —— 结构总竖向地震作用标准值；

α_{vmax} —— 竖向地震影响系数最大值，可取水平地震影响系数最大值的 65%；

G_{eq} —— 结构等效总重力荷载，可取其重力荷载代表值的 75%。

楼层的竖向地震作用，即分配给各质点的地震作用，可按下式计算：

$$F_{vi} = \frac{G_i H_i}{\sum_{j=1}^{n} G_j H_j} F_{Ekv} \tag{23-32}$$

式中 F_{vi}——质点 i 的竖向地震作用标准值。

其余符号意义同前。

（二）静力法

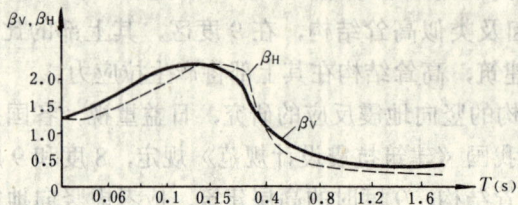

图 23-12 竖向、水平平均反应谱（Ⅰ类场地）

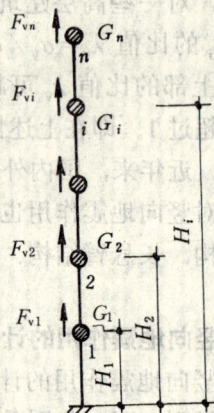

图 23-13 结构竖向地震作用简图

根据对跨度 24～60mm 的平板钢网架和 18m 以上的标准屋架，以及大跨结构竖向地震理论分析表明，竖向地震作用的内力和重力荷载作用下的内力比值，一般比较稳定。因此，《建筑抗震设计规范》规定，对平板型网架屋盖、跨度大于 24m 屋架、长悬臂结构及其它大跨度结构的竖向地震作用标准值，可按静力法计算，即

$$F_{vi} = \lambda G_j \tag{23-33}$$

式中 F_{vi}——质点 i 竖向地震作用标准值；

　　　λ——竖向地震作用系数，平板型网架、钢屋架、钢筋混凝土屋架，可按表 23-7 采用；长悬臂结构及其它大跨度结构，8 度、9 度可分别取 0.10 和 0.20；

　　　G_j——构件重力荷载代表值。

竖 向 地 震 作 用 系 数 λ　　　　　　　　　　表 23-7

结 构 类 别	烈 度	场 地 类 别			
		Ⅰ	Ⅱ	Ⅲ	Ⅳ
平板型网架、钢屋架	8	不考虑	0.08	0.10	0.10
	9	0.15	0.15	0.20	0.20
钢筋混凝土屋架	8	0.10	0.13	0.13	0.13
	9	0.20	0.25	0.25	0.25

第六节　地震作用计算的一般规定

1. 各类建筑结构的地震作用，应按下列原则考虑：

（1）一般情况下，可在建筑结构的两个主轴方向分别考虑水平地震作用，并进行抗震

258

验算。各方向的水平地震作用应全部由该方向抗侧力构件承担；

（2）有斜交的抗侧力构件的结构，宜分别考虑各抗侧力构件方向的水平地震作用；

（3）质量和刚度明显不均匀、不对称的结构，应考虑水平地震作用的扭转影响；

（4）8度和9度时的大跨度结构、长悬臂结构、烟囱和类似高耸结构、9度时的高层建筑，应考虑竖向地震作用。

2. 各类建筑结构的抗震计算应用下列计算方法：

（1）高度不超过40m，以剪切变形为主且质量和刚度沿高度分布比较均匀的结构，以及近似单质点体系的结构，可采用底部剪力法简化方法；

（2）除上述以外的结构，宜采用振型分解反应谱法❶；

（3）特别不规则的建筑、甲类建筑和表23-8所列高度范围的高层建筑，宜采用时程分析法进行补充计算。

采用时程分析法的房屋高度范围

表23-8

7度和8度Ⅰ、Ⅱ类场地 ·	>80m
8度Ⅲ、Ⅳ类场地和9度	>60m

采用时程分析法时，按烈度、近震、远震和场地类别选用适当数量的实际记录或人工模拟的加速度时程曲线，得到的底部剪力不应小于按底部剪力法或振型分解反应谱法计算结果的80%。

<h2>第七节　结 构 抗 震 验 算</h2>

如前所述，在进行建筑结构抗震设计时，《建筑抗震设计规范》规定，应采用两阶段设计法，即

第一阶段设计：按多遇地震作用效应和其它荷载效应的基本组合验算构件截面抗震承载力，以及在多遇地震作用下（标准值）验算结构的弹性变形；

第二阶段设计：在罕遇地震作用下（标准值），验算结构的弹塑性变形。

一、截面抗震验算

结构构件的地震作用效应和其他荷载效应基本组合，应按下式计算：

$$S = \gamma_G C_G G_E + \gamma_{Eh} C_{Eh} E_{hk} + \gamma_{Ev} C_{Ev} E_{vk} + \psi_w \gamma_w w_k \tag{23-34}$$

式中　S——结构构件内力组合的设计值，包括组合的弯矩、轴向力和剪力设计值；

　　　γ_G——重力荷载分项系数，一般情况采用1.2，当重力荷载效应对构件承载能力有利时，可采用1.0；

γ_{Eh}、γ_{Ev}——分别为水平、竖向地震作用分项系数，应按表23-9采用；

　　　γ_w——风荷载分项系数，应采用1.4；

　　　G_E——重力荷载代表值，但有吊车时，尚应包括悬吊物重力标准值；

---

❶ 振型分解反应谱法是计算地震作用一种精确法，计算比较复杂，其内容已超出教学大纲要求，故本书未予介绍。

E_{hk}——水平地震作用标准值；

E_{vk}——竖向地震作用标准值；

w_k——风荷载标准值；

ψ_w——风荷载组合值系数，一般结构可不考虑，烟囱和较高的水塔、高层建筑可采用 0.2；

C_G——重力荷载效应系数；

C_{Eh}、C_{Ev}——分别为水平、竖向地震作用效应系数；

C_w——风荷载效应系数。

地 震 作 用 分 项 系 数　　　　　　表 23—9

地 震 作 用	γ_{Eh}	γ_{Ev}
仅考虑水平地震作用	1.3	不考虑
仅考虑竖向地震作用	不考虑	1.3
同时考虑水平与竖向地震作用	1.3	0.5

结构构件的截面抗震验算，应采用下列设计表达式：

$$S \leqslant R_E = \frac{R}{\gamma_{RE}} \tag{23—35}$$

式中　R_E——结构构件抗震承载力设计值；

　　　R——结构构件承载力设计值，应按现行有关国家标准规定计算；

　　　γ_{RE}——承载力抗震调整系数，除本书另有规定说明外，应按表 23—10 采用。当仅考虑竖向地震作用时，取 $\gamma_{RE}=1.0$。

承 载 力 抗 震 调 整 系 数　　　　　　表 23—10

材　料	结　构　构　件	受力状态	γ_{RE}
钢	柱	偏压	0.7
	钢结构厂房柱间支撑		0.8
	钢筋混凝土厂房柱间支撑		0.9
	构件焊缝		1.0
砌　体	两端均有构造柱、芯柱的抗震墙	受剪	0.9
	其它抗震墙	受剪	1.0
钢筋混凝土	梁	受弯	0.75
	轴压比小于 0.15 的柱	偏压	0.75
	轴压比不小于 0.15 的柱	偏压	0.80
	抗震墙	偏压	0.85
	各类构件	受剪、受拉	0.85

对于 6 度时的建筑（建造于Ⅳ类场地上较高的高层建筑与高耸结构除外）和《抗震规范》各章规定不验算的结构，可不进行截面抗震验算，但应符合有关的抗震措施要求。

二、抗震变形验算

（一）多遇地震作用下结构的弹性位移

框架（包括填充墙框架）和框架—抗震墙结构（包括框支层）[❶]宜进行低于本地区设防烈度的多遇地震作用下结构的抗震变形验算，其层间弹性位移应符合下式要求：

$$\Delta u_e \leqslant [\theta_e] h \tag{23-36}$$

式中　Δu_e—— 多遇地震作用标准值产生的层间弹性位移，计算时，水平地震影响系数最大值 α_{max} 应按表 23-5 采用，各作用分项系数均应采用 1.0，钢筋混凝土构件可取弹性刚度；

　　　$[\theta_e]$ —— 层间弹性位移角限值，可按表 23-11 采用；

　　　h—— 层高。

层 间 弹 性 位 移 角 限 值　　　　　　　　　　　表 23-11

结 构 类 型	条 件	$[\theta_e]$
框　　架	考虑砖填墙抗侧力作用	1/550
	其　　他	1/450
框架-抗震墙	装修要求高的公共建筑	1/800
	其　　他	1/650

（二）罕遇地震作用下结构的弹塑性位移

1. 计算范围

下列结构宜进行高于本地区设防烈度预估的罕遇地震作用下薄弱层（部位）的抗震变形验算：

(1) 8 度Ⅲ、Ⅳ类场地和 9 度时，高大的单层钢筋混凝土柱厂房；

(2) 7～9 度时楼层屈服强度系数 $\xi_y < 0.5$ 的框架结构、底层框架砖房；

(3) 甲类建筑的钢筋混凝土结构。

2. 计算方法

(1) 简化方法。不超过 12 层且刚度无突变的框架结构、填充墙框架结构及单层钢筋混凝土柱厂房，可采用简化方法计算结构弹塑性位移；

按简化方法计算时，需确定结构薄弱层（部位）的位置。所谓结构薄弱层，是指在强烈地震作用下，结构首先发生屈服并产生较大弹塑性位移的部位。对于多层和高层房屋，《建筑抗震设计规范》是用楼层屈服强度系数大小及其沿房屋高度分布情况来判断结构薄弱层位置的。楼层屈服强度系数按下式计算：

$$\xi_y = \frac{V_y}{V_e} \tag{23-37}$$

[❶] 剪力墙结构首层有时为了使用上的需要，须做成大房间，为此将一部分剪力墙不落地，而做成框架，这时首层就称为框支层。

式中　ξ_y——楼层屈服强度系数;

　　　V_y——按构件实际配筋和材料强度标准值计算的楼层受剪承载力;

　　　V_e——在罕遇地震作用下楼层弹性地震剪力,计算时,水平地震影响系数最大值 α_{max},应按表 23-5 采用。

　　《建筑抗震设计规范》同时规定,当薄弱层(部位)的屈服强度系数不小于相邻层(部位)该系数平均值的 0.8 时,可认为该房屋楼层屈服强度系数沿高度分布均匀,即

$$\xi_y(i) > 0.8\left[\xi_y(i+1) + \xi_y(i-1)\right]\frac{1}{2}\ (标准层) \tag{23-38}$$

$$\xi_y(n) > 0.8\xi_y(n-1)\quad (顶层) \tag{23-39}$$

$$\xi_y(1) > 0.8\xi_y(2)\quad (首层) \tag{23-40}$$

否则认为不均匀。

　　结构薄弱层(部位)的位置按下列情况确定:

　　1) 楼层屈服强度系数沿高度分布均匀的结构,可取首层;

　　2) 楼层屈服强度系数沿高度分布不均匀的结构,可取该系数最小的楼层(部位)和相对较小的楼层,一般不超过 2~3 处;

　　3) 单层厂房,可取上柱。

　　层间弹塑性位移可按下式计算:

$$\Delta u_p = \eta_p \Delta u_e \tag{23-41}$$

式中　Δu_p——层间弹塑性位移;

　　　Δu_e——罕遇地震作用下按弹性分析的层间位移。计算时,水平地震影响系数最大值 α_{max},应按表 23-5 采用;

　　　η_p——弹塑性位移增大系数,当薄弱层(部位)的屈服强度系数不小于相邻层(部位)该系数平均值的 0.8 时,可按表 23-12 采用;当不大于该平均值的 0.5 时,可按表内相应数值的 1.5 倍采用;其它情况可采用内插法取值。

弹塑性位移增大系数 η_p　　　　　　　　　　表 23-12

结构类别	总层数 n 或部位	ξ_y			
		0.5	0.4	0.3	0.2
多　层	2~4	1.30	1.40	1.60	2.10
均　匀	4~7	1.50	1.65	1.80	2.40
结　构	8~12	1.80	2.00	2.00	2.80
单层厂房	上柱	1.30	1.60	2.00	2.60

　　结构薄弱层(部位)层间弹塑性位移应符合下式要求:

$$u_p \leqslant \left[\theta_p\right]h \tag{23-42}$$

式中　h——薄弱层(部位)的层高或单层厂房上柱高度;

　　　$\left[\theta_p\right]$——层间弹塑性位移角限值,按表 23-13 采用,对框架结构,当轴压比❶ 小于

_____

❶ 轴压比指柱组合的轴压力与柱的全截面面积和混凝土抗压强度乘积之比。

0.40 时，可提高 10%，当柱子全高的箍筋构造采用《建筑抗震设计规范》表 6.3.10 中上限值时，可提高 20%，但累计不超过 25%。

层间弹塑性位移角限值   表 23—13

结 构 类 型	(θ_p)
单层钢筋混凝土柱排架	1 / 30
框架和填充墙框架	1 / 50
底层框架砖房中的框架	1 / 70

(2) 时程分析法。超过 12 层的建筑和甲类建筑，可采用时程分析法。

小　　结

(1) 单质点弹性体系水平地震作用的计算步骤是：

1) 确定集中于屋盖标高处的重力荷载代表值。

2) 确定结构的自振周期：

$$T = 2\pi\sqrt{\frac{G\delta}{g}}$$

3) 根据设防烈度、地震类别、查表 23—5 确定 α_{max}，根据场地类别和近、远震情况，查表 23—3 确定 T_g。

4) 按式（23—25），确定地震影响系数：

$$\alpha = \begin{cases} (0.45 + 5.5T)\alpha_{max} & (0 \leqslant T < 0.1\text{s}) \\ \alpha_{max} & (0.1)\text{s} \leqslant T \leqslant T_g \\ (T_g \diagup T)^{0.9}\alpha_{max} & (T_g < T \leqslant 6T_g \text{和3s中较小者}) \\ 0.2\alpha_{max} & (T \geqslant 6T_g \text{或3s}) \end{cases}$$

5) 按式（23—23）确定水平地震作用标准值：

$$F_{Ek} = \alpha G$$

(2) 按底部剪力法确定多质点弹性体系水平地震作用的步骤是：

1) 确定集中于楼盖、屋盖标高处的重力荷载代表值。

2) 确定结构的基本周期：

$$T_1 = 2\sqrt{\frac{\sum\limits_{i=1}^{n} G_i \Delta_i^2}{\sum\limits_{\xi=1}^{n} G_i \Delta_i}}$$

式中

$$\Delta_k = \sum_{i=1}^{n} G_i \delta_{ki} \qquad (k = 1, 2, \cdots\cdots, n)$$

3) 确定地震影响系数最大值 α_{max} 和特征周期 T_g。

4) 按下式确定地震影响系数：

$$\alpha_1 = \begin{cases} (0.45 + 5.5T_1)\alpha_{max} & (0 \leqslant T_1 0.1s) \\ \alpha_{max} & (0.1s \leqslant T_1 \leqslant T_g) \\ (T_g / T)^{0.9}\alpha_{max} & (T_g < T_1 \leqslant 6T_g \text{和} 3s \text{中较小者}) \\ 0.2\alpha_{max} & (T_1 \geqslant 6T_g \text{或} 3s) \end{cases}$$

5) 求结构底部剪力标准值和各质点上的地震作用标准值：

$$F_{Ek} = \alpha_1 G_{eq} = 0.85\alpha_1 \sum_{i=1}^{n} G_i$$

$$F_i = \frac{G_i H_i}{\sum\limits_{j=1}^{n} G_j H_j} F_{Ek}(1 - \delta_n)$$

(3) 《建筑抗震设计规范》规定，8 度和 9 度时的大跨结构、长悬臂结构、烟囱和类似高耸结构，9 度时的高层建筑，应考虑竖向地震作用。

竖向地震作用，根据建筑类别不同，可分别采用竖向反应谱法和静力法计算。

(4) 结构抗震验算包括：截面抗震验算和抗震变形验算。

结构构件的截面抗震验算应符合下列设计表达式：

$$S \leqslant \frac{R}{\gamma_{RE}}$$

结构抗震变形验算应符合下列设计表达式：

第一阶段设计：$\Delta u_e \leqslant [\theta_e] h$

第二阶段设计：$\Delta u_p \leqslant [\theta_p] h$

思 考 题

1. 什么是地震作用？

2. 什么是建筑的重力荷载代表值？怎样确定它们的数值？

3. 什么是地震系数和地震影响系数？它们有何关系？

4. 什么是地震影响系数曲线？并说明该曲线的特征。

5. 什么是等效重力荷载？怎样确定？

6. 简述确定地载作用的底部剪力法的基本原理，并说明它的应用范围。

7. 哪些结构只需进行截面抗震验算？哪些结构除进行截面抗震验算外，尚需进行抗震变形验算？

8. 怎样进行结构截面抗震验算？

9. 什么是楼层屈服强度系数？怎样判断结构薄弱层和部位？

10. 哪些结构需考虑竖向地震作用？怎样确定结构的竖向地震作用？

11. 什么是地震作用效应？什么是重力荷载分项系数、地震作用分项系数？什么是承载力抗震调整系数？

习　题

1. 单层钢筋混凝土排架计算简图，如图 23-14a 所示。集中在屋盖标高处的重力荷载代表值 $G = 600\text{kN}$（图 23-14b），柱的截面尺寸 400m × 400m，混凝土采用 C20，Ⅱ类场地，设防烈度为 8 度（近震）。试确定小震时横向水平地震作用标准值，并绘出相应地震内力图（V 和 M 图）。

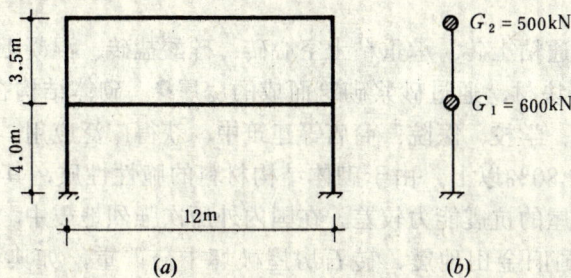

图 23-14　习题 1 附图

2. 某二层钢筋混凝土框架（图 23-15a），集中于楼盖、屋盖标高处的重力荷载代表值分别为 $G_1 = 600\text{kN}$ 和 $G_2 = 500\text{kN}$（图 23-15b），柱的截面尺寸 $bh = 400\text{mm} \times 400\text{mm}$，采用 C20 的混凝土，梁的抗弯刚度 $EI = \infty$，设防烈度为 7 度（近震），Ⅱ类场地。

试确定小震作用下横向水平地震作用标准值，并绘出地震剪力图和弯矩图。

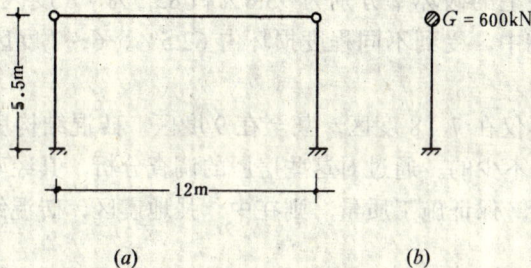

图 23-15　习题 2 附图

第二十四章 多层砌体房屋

第一节 概　　述

砌体房屋是指用普通粘土砖、承重粘土空心砖、硅酸盐砖、混凝土中小型砖块、粉煤灰中小型砌块和毛石等块材，通过砂浆砌筑而成的房屋❶。砌体结构在我国建筑工程中，特别是在住宅、办公楼、学校、医院、商店等建筑中，获得广泛应用。据统计，砌体结构在整个建筑工程中，占80%以上。由于砌体结构材料的脆性性质，其抗剪、抗拉和抗弯强度很低，所以砌体房屋的抗震能力较差。在国内外历次强烈地震中，砌体结构破坏率是相当高的。1906年美国旧金山地震，砖石房屋破坏十分严重，如典型砖结构的市府大楼，全部倒塌，震后成为一片废墟。1923年日本关东大地震，东京约有7000幢砖石房屋，大部分遭到严重破坏，其中仅有1000余幢平房可修复使用。又如，1948年前苏联阿什哈巴地震，砖石房屋破坏率达70%～80%。我国近年来发生的一些破坏性地震，特别是1976年的唐山大地震，砖石结构的破坏率也是相当高的。据对唐山烈度为10度及11度区123幢2～8层的砖混结构房屋的调查，倒塌率为63.2%；严重破坏的为23.6%，尚可修复使用的为4.2%，实际破坏率，高达91.0%。另外，根据调查，该次唐山地震，9度区的汉沽和宁河，住宅的破坏率分别为93.8%和83.5%，8度区的天津市区及塘沽区，仅市房管局管理的住宅中，受到不同程度损坏占62.5%；6～7度区的北京市，砖混结构也遭到不同程度的破坏。

震害调查表明，不仅在7、8度区，甚至在9度区，砖混结构房屋受到轻微损坏，或者基本完好的例子也是不少的。通过对这些房屋的调查分析，其经验表明，只要经过合理的抗震设防，构造得当，保证施工质量，则在中、强地震区，砖混结构房屋是具有一定抗震能力的。

从我国国情出发，在今后一定时间内，砌体结构仍将是城乡建筑中的主要结构形式之一。因此，如何提高砌体结构房屋的抗震能力，将是建筑抗震设计中的一个重要课题。

第二节　震害及其分析

在强烈地震作用下，多层砌体房屋的破坏部位，主要是墙身和构件间的连接处。楼盖、屋盖结构本身的破坏较少。

下面根据历次地震宏观调查结果，对多层砌体房屋的破坏规律及其原因作一简要说明。

一、墙体的破坏

在砌体房屋中，与水平地震作用方向平行的墙体是主要承担地震作用的构件。这类墙

---

❶　本章有关抗震规定，不适于用硅酸盐砖、毛石块材料砌筑的砌体房屋。

体往往因为主拉应力强度不足而引起斜裂缝破坏。由于水平地震反复作用，两个方向的斜裂缝组成交叉型裂缝，这种裂缝在多层砌体房屋中一般规律是下重上轻。这是因多层房屋墙体下部地震剪力大的缘故，见图24-1。

二、墙体转角处的破坏

由于墙角位于房屋尽端，房屋对它的约束作用减弱，使该处抗震能力相对降低，因此比较容易破坏。此外，在地震过程中当房屋发生扭转时，墙角处位移反应较房屋其它部位大（图24-2）。这也是造成墙角破坏的一个原因。

图 24-1

图 24-2

图 24-3

图 24-4

三、楼梯间墙体的破坏

楼梯间除顶层外，一般层墙体计算高度较房屋其它部位小，其刚度较大，因而该处分配的地震剪力大，故容易造成震害；而且顶层墙体的计算高度又较其它部位大，稳定性差，所以也易发生破坏。

四、内外墙连接处的破坏

内外墙连接处是房屋的薄弱部位，特别是有些建筑内外墙分别砌筑，以直槎或马牙槎连接，这些部位在地震中极易拉开，造成外纵墙和山墙外闪、倒塌等现象（图 24-3）。

五、楼盖预制板的破坏

由于预制板整体性差，当板的搭接长度不足或无可靠拉结时，在强烈地震过程中极易塌落，并常造成墙体倒塌（图 24-4）。

六、突出屋面的屋顶间等附属结构的破坏

在房屋中，突出屋面的屋顶间（电梯机房、水箱间等）、小烟囱、女儿墙等附属结构，由于地震"鞭端效应"的影响，所以一般较下部主体结构破坏严重，几乎在 6 度区就发现有所破坏。特别是较高的女儿墙，出屋面的烟囱，在 7 度区普遍破坏，8~9 度区几乎全部损坏或倒塌。图 24-5 为出屋面屋顶间的破坏情形。

图 24-5

第三节 抗震设计一般规定

一、房屋高度的限制

国内外历次地震表明，在一般场地下，砌体房屋层数愈多，高度愈高，它的破坏率也就愈大。因此，国内外建筑抗震设计规范都对砌体房屋的层数和总高度加以限制。实践证明，限制砌体房屋层数和总高度是一项既经济又有效的抗震措施。

《建筑抗震设计规范》规定，多层砌体房屋的总高度和层数，不应超过表 24-1 的限值。对医院、教学楼等横墙较少的房屋总高度，应比表 24-1 的规定相应降低 3m，层数相应减少一层；各层横墙很少的房屋，应根据具体情况，再适当降低总高度和减少层数。

砖房的层高，不宜超过 4m；砌块房屋的层高，不宜超过 3.6m。

砌体房屋总高度(m)和层数限值   表 24-1

砌体类别	最小墙厚(m)	烈				度			
		6		7		8		9	
		高度	层数	高度	层数	高度	层数	高度	层数
粘土砖	0.24	24	8	21	7	18	6	12	4
混凝土小砌块	0.19	21	7	18	6	15	5	不宜采用	
混凝土中砌块	0.20	18	6	15	5	9	3		
粉煤灰中砌块	0.24	18	6	15	5	9	3		

注：房屋总高度指室外地面到檐口的高度，半地下室可从地下室室内地面起算，全地下室可从室外地面起算。

该指出，按表 24-1 采用砌体房屋总高度和层数限值时，应按表 24-9 或表 24-12、表 24-13 的要求在房屋中设置构造柱或芯柱。

二、房屋最大高宽比的限制

为了保证砌体房屋整体弯曲承载力，房屋总高度与总宽度的最大比值，应符合表 24-2 的要求。

房 屋 最 大 高 宽 比　　　　　　　　　表 24-2

烈　　　度	6	7	8	9
最大高宽比	2.5	2.5	2.0	1.5

注：单面走廊房屋的总宽度不包括走廊宽度。

三、抗震横墙间距的限制

对横向水平地震作用多层砌体房屋主要由横墙来承受。横墙除应具有足够抗震承载能力外，其间距还应能满足楼盖传递水平地震作用所需的刚度要求。前者可通过抗震承载力验算来解决，而横墙间距则必须根据楼盖的水平刚度要求给予一定的限制。

《建筑抗震设计规范》规定，多层砌体房屋抗震横墙的最大间距，不应超过表 24-3 的要求：

抗震横墙最大间距(m)　　　　　　　　　表 24-3

楼、屋盖类型	粘土砖房屋				中砌块房屋			小砌块房屋		
	6 度	7 度	8 度	9 度	6 度	7 度	8 度	6 度	7 度	8 度
现浇和装配整体式钢筋混凝土	18	18	15	11	13	13	10	15	15	11
装配式钢筋混凝土	15	15	11	7	10	10	7	11	11	7
木	11	11	7	4	不宜采用					

四、房屋局部尺寸的限制

在强烈地震作用下，房屋首先在薄弱部位破坏。这些薄弱部位一般是，窗间墙、尽端墙段、突出屋顶的女儿墙等。因此，对窗间墙、尽端墙段、女儿墙的尺寸应加以限制。

《建筑抗震设计规范》规定，多层砌体房屋的局部尺寸限值，应符合表 24-4 的要求：

房屋的局部尺寸限值(m)　　　　　　　　　表 24-4

部　　　位	烈　　　度			
	6	7	8	9
承重窗间墙最小宽度	1.0	1.0	1.2	1.5
承重外墙尽端至门窗洞边的最小距离	1.0	1.0	1.5	2.0
非承重外墙尽端至门窗洞边的最小距离	1.0	1.0	1.0	1.0
内墙阳角至门窗洞边的最小距离	1.0	1.0	1.5	2.0
无锚固女儿墙(非出入口处)的最大高度	0.5	0.5	0.5	0.0

五、多层砌体房屋的结构体系

多层房屋的结构体系，应符合下列要求：

(1) 应优先采用横墙承重或纵、横墙共同承重的结构体系。

(2) 纵、横墙的布置宜均匀对称，沿水平面内宜对齐，沿竖向应上下连续；同一轴线上的窗间墙宜均匀。

(3) 8 度和 9 度且有下列情况之一时宜设置防震缝，缝两侧均应设置墙体，缝宽可采用 50～100mm。

1) 房屋高差在 6m 以上；

2) 房屋有错层，且楼板高差较大；

3) 各部分结构刚度、质量截然不同。

(4) 楼梯间不宜设置在房屋的尽端和转角处。

(5) 烟道、风道、垃圾道等不应削弱墙体，当墙体被削弱时，应对墙体采取加强措施，不宜采用无竖向配筋的附墙烟囱及出屋面的烟囱。

(6) 不宜采用无锚固的钢筋混凝土预制挑檐。

第四节　多层砌体房屋抗震验算❶

一、水平地震作用的计算

多层砌体房屋的水平地震作用可按底部剪力法公式 (23-27) 和 (23-29) 计算。由于这种房屋刚度较大，基本周期较短，$T_1 = 0.2 \sim 0.3s$，故式 (23-27) 中 $\alpha_1 = \alpha_{max}$；同时，《建筑抗震设计规范》规定，对多层砌体房屋，式 (23-29) 中 $\delta_n = 0$，于是，砌体房屋总水平地震作用标准值为：

$$F_{Ek} = \alpha_{max} G_{eq} \qquad (24-1)$$

而第 i 点的水平地震作用标准值

$$F_i = \frac{G_i H_i}{\sum_{j=1}^{n} G_j H_j} F_{Ek} \qquad (24-2)$$

二、楼层地震剪力及其在各墙体上的分配

(一) 楼层地震剪力

作用在第 j 楼层（自底层算起）平行于地震作用方向的层间地震剪力，等于该楼层以上各楼层质点的水平地震作用之和（图 24-6）

$$V_j = \sum_{i=j}^{n} F_i \qquad (24-3)$$

式中　V_j——第 j 楼层的层间地震剪力；

F_i——作用在质点 i 的地震作用，按式 (24-2) 计算；

n——质点数目。

(二) 楼层地震剪力在各墙体上的分配

---

❶ 由于目前对砌体房屋变形验算还缺乏数据，因此《建筑抗震设计规范》规定，仅进行截面抗震承载力验算。至于为了防止在罕遇地震下房屋倒塌，则需采取抗震构造措施予以保证。

1. 横向地震剪力的分配

沿着房屋短的方向的水平地震作用称为横向地震作用。由其而引起的地震剪力就是横向地震剪力。由于多层砌体房屋横墙在其平面内的刚度较纵墙在平面外的刚度大得多，所以《建筑抗震设计规范》规定，在符合表 24-3 所规定的横墙间距限值条件下，多层砌体房屋的横向地震剪力，全部由横墙承受❶。至于层间地震剪力在各墙体上的分配原则，应视楼盖的刚度而定。

(1) 刚性楼盖。刚性楼盖是指现浇或装配整体式钢筋混凝土等楼盖。当横墙间距符合表 24-3 的规定时，则刚性楼盖在其平面内可视作支承在弹性支座（即各横墙）上的刚性连续梁，并假定房屋的刚度中心与质量中心重合，而不发生扭转。于是，各横墙的水平位移 Δ_j 相等，见图 24-7。

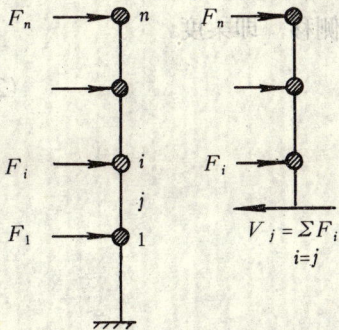

图 24-6 楼层地震剪力　　　　　图 24-7 刚性楼盖下的横墙变形

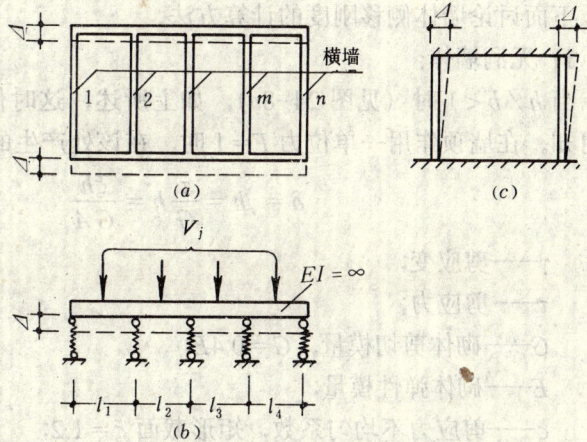

显然，第 j 楼层各横墙所分配的地震剪力之和应等于该层的总地震剪力，即

$$\sum_{m=1}^{n} V_{jm} = V_j \tag{24-4a}$$

令

$$V_{jm} = \Delta_j k_{jm} \tag{24-4b}$$

式中　V_{jm}——第 j 层第 m 道墙所分配的地震剪力；

　　　Δ_j——第 j 层各横墙顶部的侧移；

　　　k_{jm}——第 j 层第 m 道墙的侧移刚度，即在墙顶发生单位侧移时,在墙顶所施加的力

将式 (24-4b) 代入 (24-4a)，得：

$$\sum_{m=1}^{n} \Delta_j k_{jm} = V_j$$

或

$$\Delta_j = \frac{1}{\sum\limits_{m=1}^{n} k_{jm}} V_j \tag{24-4c}$$

将式 (24-4c) 代入式 (24-4b)，便得到各横墙所分配的地震剪力表达式：

---

❶　指能承担地震剪力的横墙，其厚度：粘土砖、粉煤灰中砌块应大于240mm，混凝土中、小砌块应分别大于190mm 和200mm。

$$V_{jm} = \frac{k_{jm}}{\sum\limits_{m=1}^{n} k_{jm}} V_j \tag{24-5}$$

由上式可见，要确定刚性楼盖条件下横墙所分配的地震剪力，必须求出各横墙的侧移刚度。在计算墙体侧移刚度时，应根据墙体的高宽比 h/b 来确定其计算方法。分析表明，当墙体的高宽比 $h/b<1$ 时，则墙体以剪切变形为主，弯曲变形影响很小，可忽略不计；当 $1\leqslant h/b\leqslant 4$ 时，弯曲变形已占相当比例，应同时考虑剪切变形和弯曲变形；当 $h/b>4$ 时，剪切变形影响很小，可忽略不计，只需计算弯曲变形。但由于 $h/b>4$ 的墙体的侧移刚度比 $h/b\leqslant 4$ 的墙体小得多，故在分配地震剪力时，可不考虑其承担地震剪力。

下面讨论墙体侧移刚度的计算方法。

1) 无洞墙体：

当 $h/b<1$ 时（见图 24-8a），如上所述，这时仅需考虑剪切变形的影响。由材料力学可知。在墙顶作用一单位力 $F=1$ 时，在该处产生的侧移，即柔度

$$\delta = \gamma h = \frac{\tau}{G} h = \frac{\xi h}{GA} \tag{24-6}$$

式中　γ——剪应变；

　　　τ——剪应力；

　　　G——砌体剪切模量，$G=0.4E$；

　　　E——砌体弹性模量；

　　　ξ——剪应力不均匀系数，矩形截面 $\xi=1.2$；

　　　A——墙体横截面面积，$A=bt$；

　　b、t——分别为墙宽和墙厚。

将上列关系代入式 (24-6)，并令 $\rho = \dfrac{h}{b}$，得：

$$\delta = \frac{3\rho}{Et} \tag{24-7}$$

于是，墙的侧移刚度

$$k = \frac{Et}{3\rho} \tag{24-8}$$

当 $1\leqslant h/b\leqslant 4$ 时（图 24-8b）

这时，需同时考虑剪切变形和弯曲变形的影响，由材料力学知、在墙顶作用 $F=1$ 时，在该处的侧移

$$\delta = \frac{\xi h}{GA} + \frac{h^3}{12EI} \tag{24-9}$$

式中　I——墙的惯性矩，$I = \dfrac{1}{12} b^3 t$。

将式 (24-9) 经过简单变换后，得：

$$\delta = (3\rho + \rho^3) \frac{1}{Et} \tag{24-10}$$

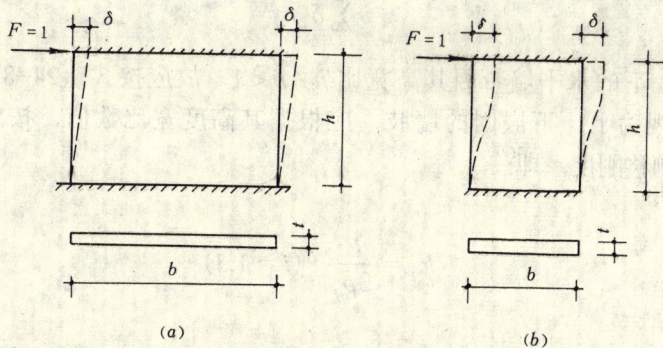

图 24-8　无洞墙体

于是，墙的侧移刚度

$$k = \frac{Et}{3\rho + \rho^3} \tag{24-11}$$

2) 有洞墙体：当一片墙上开有规则洞口时（图 24-9a），墙顶在 $F = 1$ 作用下，该处的侧移，等于沿墙高各墙段的侧移之和，即

$$\delta = \sum_{i=1}^{n} \delta_i \tag{24-12a}$$

式中

$$\delta_i = \frac{1}{k_i} \tag{24-12b}$$

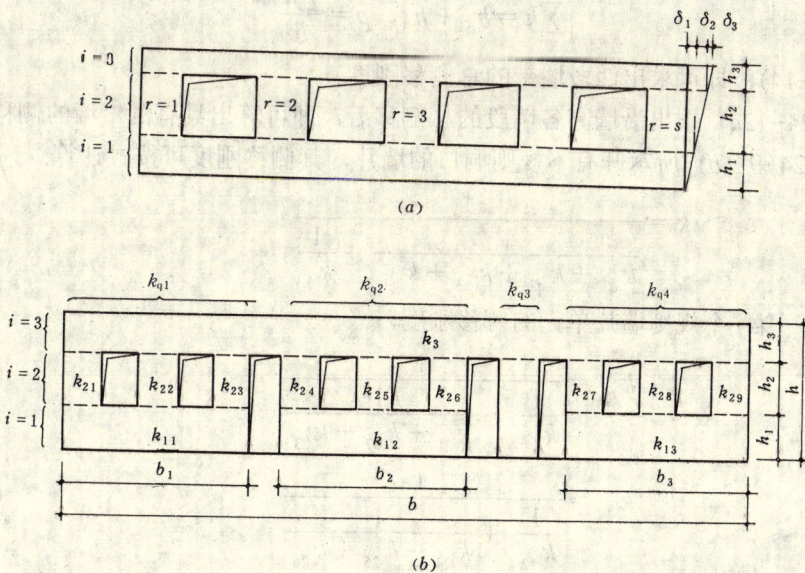

(a)

(b)

图 24-9　有洞墙体

(a) 开有规则洞口时；(b) 开有不规则洞口时

而其侧移刚度

273

$$k = \cfrac{1}{\sum\limits_{i=1}^{n} \delta_i} \qquad (24\text{-}13)$$

由于窗洞上、下的水平墙带因其高宽比 $h/b < 1$，故应按式（24-8）计算其侧移刚度，而窗间墙可视为上、下嵌固的墙肢，应根据其高度宽比数值，按式（24-8）或式（24-11）计算其侧移刚度，即：

对水平实心墙带

$$k_i = \frac{Et}{3\rho_i} \quad (i = 1,3) \qquad (24\text{-}14)$$

对窗间墙

$$k_i = \sum_{r=1}^{n} k_r \quad (i = 2) \qquad (24\text{-}15)$$

其中

当 $\rho_{ir} = \dfrac{h_{ir}}{b_{ir}} < 1$ 时， $\qquad\qquad k_{ir} = \dfrac{Et}{3\rho_{ir}}$

当 $1 < \rho_{ir} < 4$ 时， $\qquad\qquad k_{ir} = \dfrac{Et}{3\rho_{ir} + \rho_{ir}^3}$

对于具有多道水平实心墙带的墙，由于其高宽比 $\rho < 1$，不考虑弯曲变形的影响，故可将各水平实心墙带的高度加在一起，一次算出它们的侧移刚度及其侧移数值。例如，对图 24-9a 所示墙体，

$$\sum h = h_1 + h_3, \quad \rho = \frac{\sum h}{b}$$

代入式（26-14），即可求出两段墙带的总侧移刚度。

按式（24-12a）求出沿墙高各墙段的总侧移后，即可算出具有洞口墙的侧移刚度。

对于图 24-9（b）所示开有不规则洞口的墙片，其侧移刚度可按式计算：

$$k = \cfrac{1}{\cfrac{1}{k_{q1} + k_{q2} + k_{q3} + k_{q4}} + \cfrac{1}{k_3}} \qquad (24\text{-}16)$$

式中 k_{qj} ——第 j 个规则墙片单元的侧移刚度；

$$k_{q1} = \cfrac{1}{\cfrac{1}{k_{11}} + \cfrac{1}{k_{21} + k_{22} + k_{23}}} \qquad (24\text{-}17a)$$

$$k_{q2} = \cfrac{1}{\cfrac{1}{k_{12}} + \cfrac{1}{k_{24} + k_{25} + k_{26}}} \qquad (24\text{-}17b)$$

$$k_{q4} = \cfrac{1}{\cfrac{1}{k_{13}} + \cfrac{1}{k_{27} + k_{28} + k_{29}}} \qquad (24\text{-}17c)$$

式中 k_{1j} ——第 j 个规则墙片单元下段的侧移刚度；

k_{2r}——墙片中段第 r 个墙肢的侧移刚度;

k_{q3}——无洞墙肢的侧移刚度;

k_3——墙片上段的侧移刚度。

(2) 柔性楼盖。对于木结构等柔性楼盖房屋,由于它刚度小,在进行楼层地震剪力分配时,可将楼盖视作支承在横墙上的简支梁(图 24-10)。这样,第 m 道横墙所分配的地震剪力,可按第 m 道横墙的从属建筑面积上重力荷载代表值的比例分配。即按式(24-18)来确定:

$$V_{jm} = \frac{G_{jm}}{G_j} V_j \qquad (24\text{-}18)$$

式中 G_{jm}——第 j 楼层第 m 道横墙从属面积上重力荷载代表值;

G_j——第 j 楼层结构总重力荷载代表值。

当楼层单位面积上的重力荷载代表值相等时,式(24-18)可进一步写成

$$V_{jm} = \frac{F_{jm}}{F_j} V_j \qquad (24\text{-}19)$$

式中 F_{jm}——第 j 楼层第 m 道横墙的从属建筑面积,参见图 24-11 中阴影面积;

F_j——第 j 楼层的建筑面积。

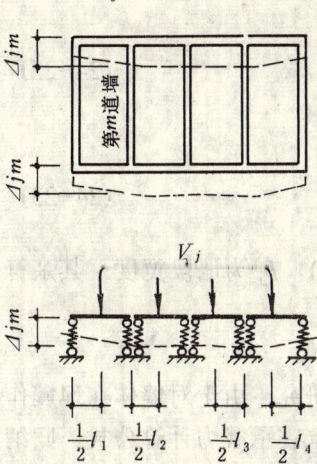

图 24-10 柔性楼盖下的横墙变形　　　　图 24-11 横墙的从属建筑面积

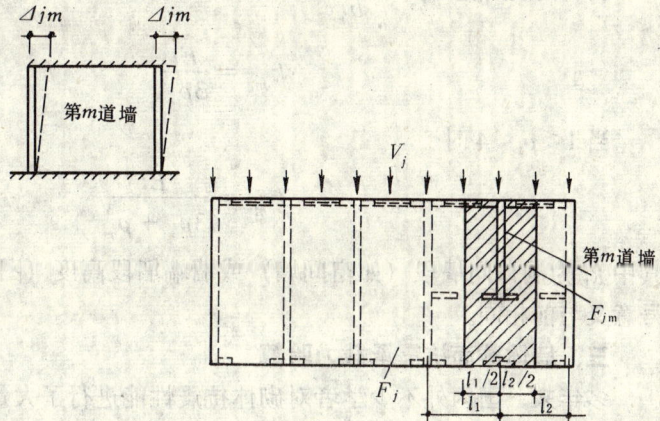

(3) 中等刚度楼盖。对于装配式钢筋混凝土等中等刚度楼盖房屋,它的横墙所分配的地震剪力,可近似地按刚性楼盖和柔性楼盖房屋分配结果的平均值采用:

$$V_{jm} = \frac{1}{2}\left(\frac{k_{jm}}{\sum_{m=1}^{n} k_{jm}} + \frac{F_{jm}}{F_j} \right) V_j \qquad (24\text{-}20a)$$

或

$$V_{jm} = \frac{1}{2}\left(\frac{k_{jm}}{k_j} + \frac{F_{jm}}{F_j} \right) V_j \qquad (24\text{-}20b)$$

式中 K_j——第 j 层各横墙侧移刚度之和 $k_j = \sum_{m=1}^{n} k_{jm}$。

2. 纵向地震剪力的分配

由于房屋纵向楼盖的水平刚度比横向大得多，因此，纵向地震剪力在各纵墙上的分配，可按纵墙的侧移刚度比例来确定。也就是无论柔性的木楼盖或中等刚度的装配式钢筋混凝土楼盖，均按刚性楼盖公式(24-5)计算。

（三）同一道墙各墙段间地震剪力的分配

求得某一道墙的地震剪力后，对于具有开洞的墙片，还要把地震剪力分配给该墙片洞口间和墙端的墙段，以便进一步验算各截面的抗震承载力。

各墙段所分配的地震剪力数值，视墙段间侧移刚度比例而定。第 m 道墙第 r 墙段所分配的地震剪力为：

$$V_{mr} = \frac{k_{mr}}{\sum\limits_{r=1}^{n} k_{mr}} V_{jm} \qquad (24-21)$$

式中　V_{mr}——第 m 道墙第 r 墙段所分配的地震剪力；

　　　V_{jm}——第 j 层第 m 道墙所分配的地震剪力；

　　　k_{mr}——第 m 道墙第 r 墙段侧移刚度，其值按下式计算：

当 r 墙段高宽比 $\rho_r = \dfrac{h_r}{b_r} < 1$ 时

$$k_{mr} = \frac{Et}{3\rho_r} \qquad (24-22)$$

当 $1 < \rho_r \leqslant 4$ 时

$$k_{mr} = \frac{Et}{3\rho_r + \rho_r^3} \qquad (24-23)$$

其中 k_r 为洞口间墙段（如窗间墙）或墙端墙段高度（图 24-12）；b_r 为墙段宽度、其余符号意义与前相同。

三、墙体截面抗震承载力验算

多年来，国内外不少学者对砌体抗震性能进行了大量试验研究，由于对墙体在地震作用下破坏机理存在着不同的看法，因而提出了各种不同的截面抗震承载力计算公式，归纳起来不外乎两类：一类为主拉应力强度理论；另一类为剪切—摩擦强度理论（简称剪—摩强度理论）。

我国《建筑抗震设计规范》认为，对于砖砌体、宜采用主拉应力强度理论；而对砌块墙体，宜采用剪—摩强度理论。

（一）主拉应力强度理论

这一理论认为，在地震中，多层房屋墙体产生交叉裂缝，是因为墙体中的主拉应力超过了砌体的主拉应力强度而引起的。见图 24-13。

《建筑抗震设计规范》根据主拉应力强度理论，将粘土砖墙体截面抗震承载力条件写成下面形式：

$$V \leqslant \frac{f_{vE} A}{\gamma_{RE}} \qquad (24-24)$$

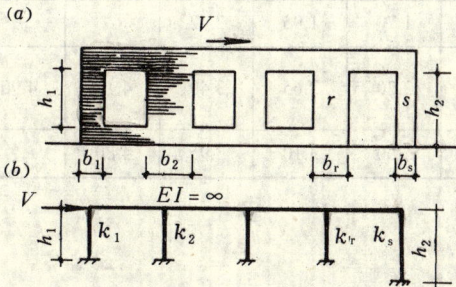

图 24-12 墙段的地震剪力分配附图

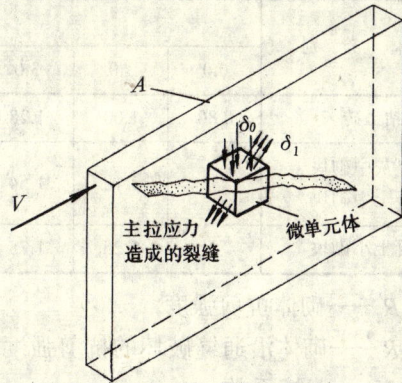

图 24-13 墙体在主拉应力下产生的斜裂缝

式中　V——墙体地震剪力设计值；

γ_{RE}——承载力抗震调整系数，按表 24-10 采用，对于自承重墙，取 $\gamma_{RE} = 0.75$；

A——墙体横截面面积；

f_{vE}——各类砌体沿阶梯形截面破坏的抗震抗剪强度设计值，按下式确定；

$$f_{vE} = \zeta_N f_v \tag{24-25}$$

f_v——非抗震设计的砌体抗剪强度设计值，按国家标准《砌体结构设计规范》GBJ3—88 采用，参见表 24-5；

沿砌体灰缝截面破坏时抗剪强度设计值 $f_v (MPa)$　　　　　表 24-5

砌体种类	砂浆强度等级			
	M10	M7.5	M5	M2.5
粘 土 砖	0.18	0.15	0.12	0.09
粉煤灰中砌块	0.05	0.04	0.03	0.02
混凝土中砌块	0.08	0.06	0.05	0.04
混凝土小砌块	0.10	0.08	0.07	0.05

ζ_N——砌体强度正应力影响系数，对于粘土砖砌体，按下式计算，或者按表 24-6 确定；

$$\zeta_N = \frac{1}{1.2} \sqrt{1 + 0.45 \frac{\sigma_0}{f_v}} \tag{24-26}$$

σ_0——对应于重力荷载代表值在墙体 1／2 高度处的横截面上产生的平均压应力。

（二）剪—摩强度理论

剪—摩强度理论认为：砌体剪应力达到其抗剪强度时，砌体将沿剪切面发生剪切破坏，并且认为砌体抗剪强度与正应力 σ_0 呈线性关系，若采用《TJ11—78 规范》强度指标，则剪—摩强度理论公式可写成：

$$R_\tau = R_j + \sigma_0 f \tag{24-27}$$

砌 体 类 别	σ_0/f_v								
	0.0	1.0	3.0	5.0	7.0	10.0	15.0	20.0	25.0
粘土砖	0.80	1.00	1.28	1.50	1.70	1.95	2.32		
粉煤灰中砌块 混凝土中砌块		1.18	1.54	1.90	2.20	2.65	3.40	4.15	4.90
混凝土小砌块		1.25	1.75	2.25	2.60	3.10	3.95	4.80	

式中 R_τ——砌体抗剪强度;

       R_j——砌体沿通缝破坏的抗剪强度;

       f——摩擦系数。

    抗震规范规定,粉煤灰中砌块、混凝土中砌块墙体采用剪—摩强度理论验算砌体抗震承载力时,仍可采用式(24-24)和(24-25)计算。其中砌体强度正应力系数,按下列公式计算:

$$\zeta_N = 1 + 0.18\frac{\sigma_0}{f_v} \quad \left(1 \leqslant \frac{\sigma_0}{f_v} \leqslant 5\right) \tag{24-28a}$$

$$\zeta_N = 1.15 + 0.15\frac{\sigma_0}{f_v} \quad \left(5 \leqslant \frac{\sigma_0}{f_v} \leqslant 25\right) \tag{24-28b}$$

式(24-28a)和式(24-28b)是根据大量试验,经数理统计后得到的。它的数值也可由表 24-6 查得。

    横向配筋粘土砖墙的截面抗震承载力,应按下式验算:

$$V \leqslant \frac{1}{\gamma_{RE}}(f_{vE}A + 0.15f_y A_s) \tag{24-29}$$

式中 f_y——钢筋抗拉强度设计值;

       A_s——层间竖向截面中钢筋总截面面积。

    混凝土小砌块墙体的截面抗震承载力,应按下列式验算:

$$V \leqslant \frac{1}{\gamma_{RE}}[f_{vE}A + (0.03f_c A_c + 0.05f_y A_s)\,\zeta_c] \tag{24-30}$$

式中 f_c——芯柱混凝土轴心抗压强度设计值;

       A_c——芯柱截面总面积;

       A_s——芯柱钢筋截面总面积;

       ζ_c——芯柱影响系数,可按表 24-7 采用;

   f_{vE}——砌体抗震强度设计值,按式(24-25)计算,其中砌体强度正应力影响系数,
         由表 24-6 查得,或由下列公式计算:

芯 柱 影 响 系 数   表 24-7

填孔率 ρ	$\rho < 0.15$	$0.15 < \rho < 0.25$	$0.25 < \rho < 0.5$	$\rho > 0.5$
ζ_c	0	1.0	1.10	1.15

注: 填孔率指芯柱根数与孔洞总数之比。

$$\zeta_N = 1 + 0.25 \frac{\sigma_0}{f_v} \qquad \left(1 \leqslant \frac{\sigma_0}{f_v} \leqslant 5\right) \tag{24-31a}$$

$$\zeta_N = 1.4 + 0.17 \frac{\sigma_0}{f_v} \qquad \left(5 \leqslant \frac{\sigma_0}{f_v} \leqslant 20\right) \tag{24-31b}$$

在验算纵、横墙截面抗震承载力时，应选择以下不利墙段进行：

(1) 承受地震作用较大的墙体；

(2) 竖向正应力较小的墙段；

(3) 局部截面较小的墙垛。

【例题 24-1】 某四层砖混结构办公楼，平面、立面如图 24-14 所示。楼盖与屋盖采用预制钢筋混凝土空心板，横墙承重。窗洞尺寸为 1.5m×1.8m，房间门洞尺寸为 1.0m×2.5m，走道门洞尺寸为 1.5m×2.5m，墙的厚度均为 240mm。窗下墙高度 1.00m，窗上墙高度为 0.80m。楼面恒载 3.10kN/m²，活载 1.5kN/m²；屋面恒载 5.35kN/m²，雪载 0.3kN/m²。外纵墙与隔开间横墙交接处设钢筋混凝土构造柱，砖的强度等级为 MU7.5，混合砂浆强度等级：首层、二层 M5，三、四层为 M2.5。设防烈度 8 度（近震），Ⅱ类场地。

试求楼层地震剪力及验算首层纵、横墙不利墙段截面抗震承载力。

【解】

1. 计算集中于屋面及楼面处重力荷载代表值

按前述集中质量法（参见第四节）及表 23-1 关于楼、屋面可变荷载组合系数的规定，即楼面活荷载和屋面雪荷载取 50%，恒载取 100%，算出包括楼层墙重在内，集中于屋面及楼面处的重力荷载代表值（图 24-15）为：

四层顶	$G_4 = 2360$kN
三层顶	$G_3 = 2882$kN
二层顶	$G_2 = 2882$kN
首层顶	$G_1 = 3160$kN

房屋总重力代表值 $\qquad\qquad \Sigma G = 11284$kN

于是，结构总重力荷载代表值

$$G_{eq} = 0.85\Sigma G = 0.85 \times 11284 = 9591\text{kN}$$

2. 计算各楼层水平地震作用标准值及地震剪力

按式 (24-1) 计算总水平地震作用（即底部剪力）标准值：

由表 23-4，查得 $\alpha_{max} = 0.16$，于是

$$F_{Ek} = \alpha_{max} G_{eq} = 0.16 \times 9591 = 1535\text{kN}$$

各楼层水平地震作用和地震剪力标准值见表 24-8，F_i 和 V_j 图见图 24-15b、c。

3. 截面抗震承载力验算

(1)首层横墙（取②轴Ⓒ-Ⓓ 墙片）

1) 计算各横墙的侧移刚度及总侧移刚度

本例题横墙按其是否开洞和洞口位置及大小，分为下面三种类型。现分别计算它们的侧移刚度。

立面图

平面图

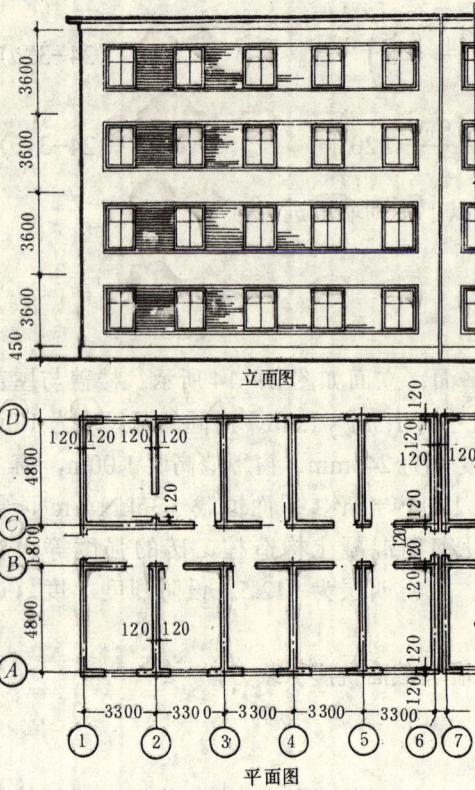

图 24-14 例题 24-1 附图之一

a. 无洞横墙 (图 24-16a)

$$\rho = \frac{h}{b} = \frac{4.15}{5.04} = 0.823 < 1$$

$$k = \frac{1}{3\rho} Et = \frac{1}{3 \times 0.823} Et = 0.405 Et$$

b. 有洞横墙 (图 24-16b)

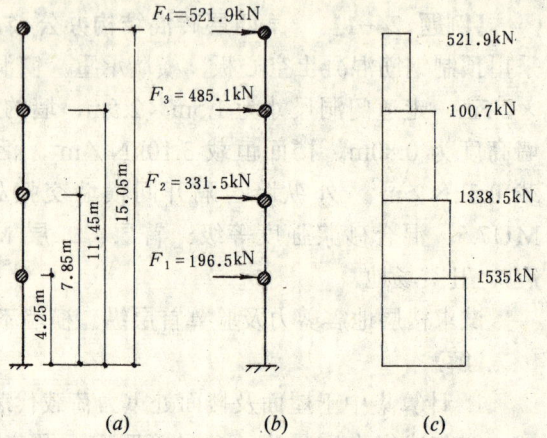

(a)　　　(b)　　　(c)

图 24-15 〔例题 24-1〕附图之二

(a) 计算简图；(b) 地震作用分布图；(c) 地震剪力分布图

例题 24-1 附表　　　　　　　　　　　　　　　　　　　　表 24-8

分项 层位	G_i (kN)	H_i (m)	$G_i H_i$	$\dfrac{G_i H_i}{\sum\limits_{j=1}^{n} G_j H_j}$	$F_i = \dfrac{G_i H_i}{\sum\limits_{j=1}^{n} G_j H_j} F_{EK}$ (kN)	$V_i = \sum\limits_{j=i}^{n} F_i$ (kN)
4	2360	15.05	35518	0.340	521.9	521.9
3	2882	11.45	32999	0.316	485.1	1007.0
2	2882	7.85	22624	0.216	331.5	1338.5
1	3160	4.25	13430	0.128	196.5	1535
Σ	11284		104571	1.000	1535	

$i = 1$, 3 段

$$\rho_{(1+3)} = \frac{h_1 + h_3}{b} = \frac{0.75 + 0.9}{5.04} = 0.327 < 1$$

$$\delta_{(1+3)} = \frac{3\rho_{(1+3)}}{Et} = \frac{3 \times 0.327}{Et} = 0.981 \frac{1}{Et}$$

$i = 2$ 段

$$\rho_{21} = \frac{h_{21}}{b_{21}} = \frac{2.50}{0.36} = 6.94 > 4，\text{不考虑承受地震剪力。}$$

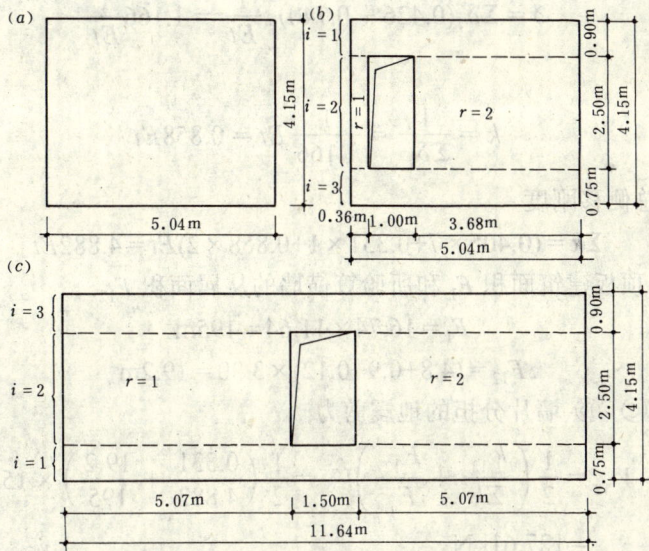

图 24-16 〔例题 24-1〕附图之三

$$\rho_{22} = \frac{h_{22}}{b_{22}} = \frac{2.50}{3.68} = 0.679 < 1$$

$$\delta_{22} = \frac{3\rho_{22}}{Et} = \frac{3 \times 0.679}{Et} = 2.038\frac{1}{Et}$$

单位力作用下总侧移

$$\delta - \Sigma\delta_i - (0.981 + 2.038)\frac{1}{Et} - 3.019\frac{1}{Et}$$

侧移刚度

$$k = \frac{1}{\Sigma\delta_i} = \frac{1}{3.019}Et = 0.331Et$$

c. 有洞山墙（图 24-16c）

$i=1$，3 段：

$$\rho_{(1+3)} = \frac{h_1 + h_3}{b} = \frac{0.75 + 0.90}{11.64} = 0.142 < 1$$

$$\delta_{(1+3)} = \frac{3\rho_{(1+3)}}{Et} = \frac{3 \times 0.142}{Et} = 0.426\frac{1}{Et}$$

$i=2$ 段：

$$\rho_{21} = \frac{h_{21}}{b_{21}} = \frac{2.50}{5.07} = 0.493 < 1, \quad \rho_{22} = \rho_{21}$$

$$k_{21} = k_{22} = \frac{1}{3\rho}Et = \frac{1}{3 \times 0.493}Et = 0.676Et$$

$$\delta_2 = \frac{1}{\Sigma k_{2r}} = \frac{1}{2 \times 0.676Et} = 0.740\frac{1}{Et}$$

单位力作用下总侧移

$$\delta = \Sigma\delta_i(0.426 + 0.740)\frac{1}{Et} = 1.166\frac{1}{Et}$$

侧移刚度

$$k = \frac{1}{\Sigma\delta_i} = \frac{1}{1.166}Et = 0.858Et$$

于是，首层横墙总侧移刚度

$$\Sigma k = (0.405 \times 7 + 0.331 \times 1 + 0.858 \times 2)Et = 4.882Et$$

2) 计算首层顶板建筑面积 F_1 和所验算横墙的从属面积 F_{12}：

$$F_1 = 16.74 \times 11.64 = 195m^2$$

$$F_{12} = (4.8 + 0.9 + 0.12) \times 3.30 = 19.2m^2$$

3) 计算②轴ⓒ–ⓓ 墙片分担的地震剪力：

$$V_{12} = \frac{1}{2}\left(\frac{k_{12}}{\Sigma k} + \frac{F_{12}}{F_1}\right)V_1 = \frac{1}{2}\left(\frac{0.331}{4.882} + \frac{19.2}{195}\right) \times 1535$$

$$= 127.61kN$$

4) 计算②轴ⓒ–ⓓ 墙各墙段分配的地震剪力

②轴ⓒ–ⓓ 墙片虽被门洞分割成两个墙段，但靠近走道的墙段 $\rho > 4$，故地震剪力 V_{12} 应完全由另一墙段承受。

5) 砌体截面平均压应力 σ_0 的计算

取 1m 宽墙段计算：

楼板传来重力荷载代表值

$$\left[\left(5.35 + \frac{1}{2} \times 0.30\right) + \left(3.10 + \frac{1}{2} \times 1.50\right) \times 3\right] \times 3.3 \times 1 = 56.26kN$$

墙自重$\left(算至首层\frac{1}{2}高度处\right)$

$$\left[(3.60 - 0.20) \times 3 + (4.25 - 0.20)\frac{1}{2}\right] \times 5.33❶ \times 1 = 65.16kN$$

$\frac{1}{2}$首层计算高度处的平均压应力

$$\sigma_0 = \frac{56.26 + 65.16}{1 \times 0.24} = 505.9kN/m^2 = 0.51N/mm^2$$

6) 验算砌体截面抗震承载力

由表 24-5 查得，当砂浆为 M5 和粘土砖时 $f_v = 0.12N/mm^2$；由表 23-10 查得，$\gamma_{ER} = 1.0$。

按式 (24-26) 计算砌体强度正应力影响系数

$$\zeta_N = \frac{1}{1.2}\sqrt{1 + 0.45\frac{\sigma_0}{f_v}} = \frac{1}{1.2}\sqrt{1 + 0.45 \times \frac{0.51}{0.12}} = 1.422$$

---

❶ 5.33kN/m²为双面抹灰240mm厚的砖墙沿墙面每平方米的重力载荷载标准值。

按式 (24–25) 算出 f_{vE}:

$$f_{vE} = \zeta_N f_v = 1.422 \times 0.12 = 0.171 \text{N} / \text{mm}^2$$

按式 (24–24) 验算截面抗震承载力

$$\frac{f_{vE} A}{\gamma_{RE}} = \frac{0.171 \times 3680 \times 240}{1.0} = 151027\text{N} < V$$

$$= \gamma_{Eh} C_{Eh} E_{h1} = 1.3 \times 127610 = 165893\text{N}$$

不符合要求。我们在②轴Ⓒ–Ⓓ 墙片与内、外纵墙交接处增设钢筋混凝土构造柱。这样，由表 23–10 查得 $\gamma_{RE} = 0.9$，于是，

$$\frac{f_{vE} A}{\gamma_{RE}} = \frac{151027}{0.9} = 167808\text{N} = 167.8\text{kN} > V = 165.9\text{kN}$$

符合要求。

(2) 首层外纵墙窗间墙验算（取Ⓐ 轴）

1) 计算内、外纵墙侧移刚度

a. 外纵墙侧移刚度（一片）（图 24–17*a*）

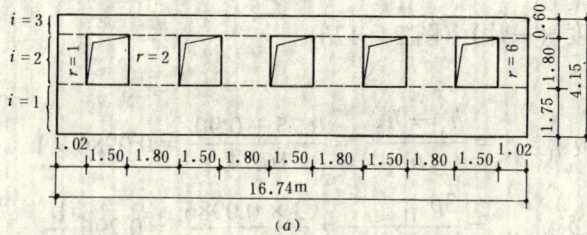

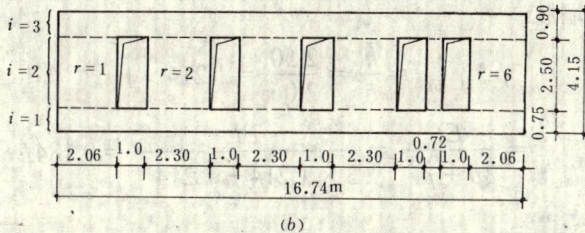

图 24–17 〔例题 24–1〕附图之四

$i = 1$，3 段:

$$\rho_{(1+3)} = \frac{h_1 + h_3}{b} = \frac{1.75 + 0.6}{1674} = 0.140 < 1$$

$$\delta_{(1+3)} = \frac{3\rho_{(1+3)}}{Et} = \frac{3 \times 0.140}{Et} = 0.420 \frac{1}{Et}$$

$i = 2$ 段，$r = 1$，6 墙肢

$$\rho_{2(1,6)} = \frac{h}{b} = \frac{1.80}{1.02} = 1.76 > 1$$

$$k_{2(1,6)} = \frac{Et}{3\rho + \rho^3} = \frac{Et}{3 \times 1.76 + 1.76^3} = 0.093Et$$

$r = 2 \sim 5$ 墙肢:

283

$$\rho_{2\,(2\sim5)} = \frac{h}{b} = \frac{1.80}{1.80} = 1$$

$$k_{2\,(2\sim5)} = \frac{Et}{3 \times 1 + 1^3} = 0.25Et$$

$i=2$ 段墙肢总侧移刚度

$$\Sigma k_{2r} = (0.093 \times 2 + 0.25 \times 4)\ Et = 1.186Et$$

$i=2$ 段墙肢侧移

$$\delta_2 = \frac{1}{\Sigma k_{2r}} = \frac{1}{1.186Et} = 0.843\frac{1}{Et}$$

外纵墙侧移

$$\delta = \Sigma\delta_i = (0.420 + 0.843)\ \frac{1}{Et} = 1.263\frac{1}{Et}$$

外纵墙侧移刚度:

$$k = \frac{1}{\Sigma\delta_i} = \frac{Et}{1.263} = 0.792Et$$

b. 内纵墙侧移刚度 (一片) (图 24-17b)

$i=1$, 3 段

$$\rho_{(1+3)} = \frac{h_1 + h_2}{b} = \frac{0.75 + 0.90}{16.74} = 0.0986 < 1$$

$$\delta_{(1+3)} = \frac{3\rho_{(1+3)}}{Et} = \frac{3 \times 0.0986}{Et} = 0.296\frac{1}{Et}$$

$i=2$ 段, $r=1$, 6 墙肢:

$$\rho_{2\,(1,\,6)} = \frac{h}{b} = \frac{2.50}{2.06} = 1.214 > 1$$

$$k_{2\,(1,\,6)} = \frac{Et}{3\rho + \rho^3} = \frac{Et}{3 \times 1.214 + 1.214^3} = 0.184Et$$

$r=2$, 3, 4 墙段:

$$\rho_{2\,(2,\,3,\,4)} = \frac{2.50}{2.30} = 1.087 > 1$$

$$k_{2\,(2,\,3,\,4)} = \frac{Et}{3\rho + \rho^3} = \frac{Et}{3 \times 1.087 + 1.087^3} = 0.220Et$$

$r=5$ 墙肢:

$$\rho_{2,\,5} = \frac{2.5}{0.72} = 3.472 > 1$$

$$k_{2,\,5} = \frac{Et}{3\rho + \rho^3} = \frac{Et}{3 \times 3.472 + 3.472^3} = 0.019Et$$

$i=2$ 段墙肢总侧移刚度:

$$\Sigma k_{2r} = (0.184 \times 2 + 0.220 \times 3 + 0.019 \times 1)\ Et = 1.047Et$$

$i=2$ 段墙肢侧移:

$$\delta_2 = \frac{1}{\Sigma k_{2r}} = \frac{1}{1.047Et} = 0.955\frac{1}{Et}$$

内纵墙总侧移:

$$\delta = \Sigma \delta_i = (0.296 + 0.955) \frac{1}{Et} = 1.251\frac{1}{Et}$$

内纵墙侧移刚度:

$$k = \frac{1}{\Sigma \delta_i} = \frac{Et}{1.251} = 0.799Et$$

首层纵墙总侧移刚度:

$$\Sigma k = 2 (0.792+0.799) Et = 3.182Et$$

2) 计算Ⓐ轴外纵墙片分配的地震剪力

$$V_{1A} = \frac{k_{1A}}{\Sigma k} / V_1^{❶} = \frac{0.792}{3.182} \times 1535 = 382.1\text{kN}$$

3) 计算外纵墙窗间墙分配的地震剪力

$$V_{2r} = \frac{k_{2r}}{\Sigma k_{2r}} V_{1A} = \frac{0.25}{1.186} \times 382.1 = 80.54\text{kN}$$

4) 窗间墙截面平均压应力 σ_0 的计算

作用在首层半高截面上墙的重力荷载

$$N = \left[(3.60 \times 3 + 0.80)3.3 - (1.5 \times 1.8) \times 3 + \left(\frac{4.15}{2} - 0.60\right) \times 1.8 \right]$$
$$\times 5.33 = 175.01\text{kN}$$

平均压应力

$$\sigma_0 = \frac{N}{A} = \frac{175010}{1800 \times 240} = 0.405\text{N}/\text{mm}^2$$

由表 24-5 查得 $f_v = 0.12\text{N}/\text{mm}^2$。

按式 (24-26) 计算:

$$\zeta_N = \frac{1}{1.2}\sqrt{1 + 0.45\frac{\sigma_0}{f_v}} = \frac{1}{1.2}\sqrt{1 + 0.45 \times \frac{0.405}{0.12}} = 1.322$$

按式 (24-25) 计算:

$$f_{vE} = \zeta_N f_v = 1.322 \times 0.12 = 0.159\text{N}/\text{mm}^2$$

因为外纵墙为自承重墙,且墙两端有构造柱,故 $\gamma_{RE} = 0.75 \times 0.9 = 0.675$

按式 (24-24) 验算窗间墙截面抗震承载力

$$\frac{f_{vE}A}{\gamma_{RE}} = \frac{0.159 \times 1800 \times 240}{0.675} = 101760\text{N} \approx 1.3 \times 80540$$
$$= 104702\text{N}$$

符合要求。

---

❶ 多层砌体结构房屋因纵、横方向基本周期接近 ($T_1 = 0.2\sim0.3\text{s}$),两个方向的地震影响系数均为 α_{max},故纵向地震作用标准值与横向相同。

第五节 抗震构造措施

一、多层砖房抗震构造措施

(一) 设置钢筋混凝土构造柱

震害分析和试验表明,在多层砖房中的适当部位设置钢筋混凝土构造柱(以下简称构造柱)并与圈梁连接使之共同工作、可以增加房屋的延性❶,提高房屋的抗侧力能力,防止或延缓房屋在地震作用下发生突然倒塌,或者减轻房屋的损坏程度。因此,设置构造柱是防止房屋倒塌的一种有效措施。构造柱在构造上应符合下列一些规定:

1. 构造柱设置部位和要求(图24-18)

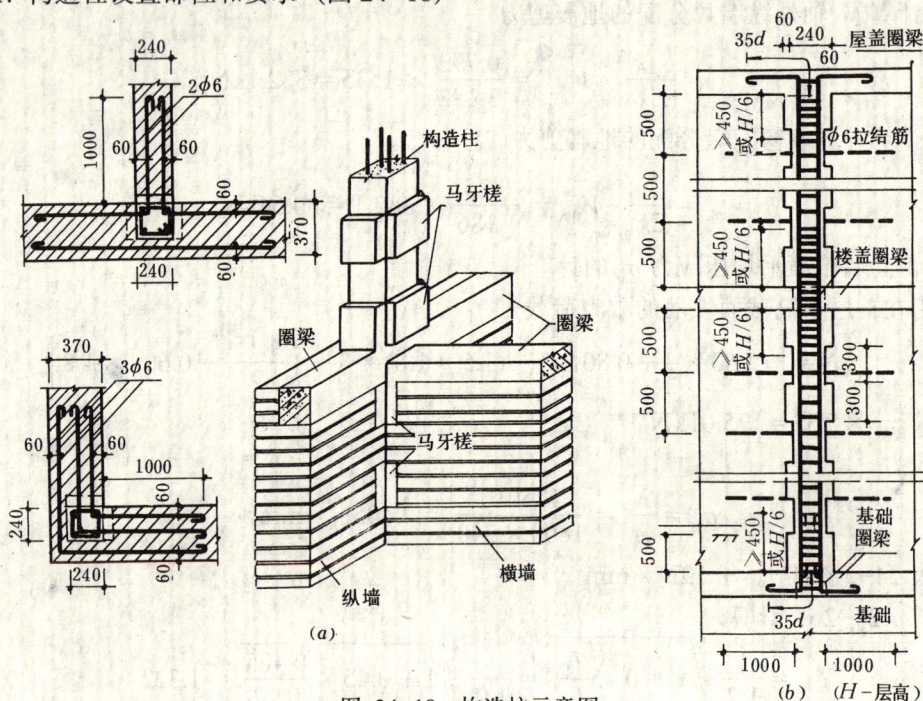

图 24-18 构造柱示意图

(1) 构造柱设置部位,一般情况下应符合表24-9的要求;

(2) 外廊式或单面走廊式的多层砖房,应根据房屋增加一层后的层数,按表24-9要求设置构造柱,且单面走廊两侧的纵墙均应按外墙处理;

(3) 教学楼、医院等横墙较少的房屋,应根据房屋增加一层后的层数,按上述 (1)、(2) 项要求设置构造柱。

2. 构造柱截面尺寸、配筋和连接

(1) 构造柱最小截面可采用 240mm×180mm,纵向钢筋宜采用 $4\phi12$,箍筋间距不宜大于 250mm,且在柱上下端宜适当加密;7 度时超过六层、8 度时超过五层和 9 度时,构造柱纵向钢筋宜采用 $4\phi14$,箍筋间距不应大于 200mm;房屋四角的构造柱可适当加大截面及配筋。

---

❶ 房屋允许变形的能力。

(2) 构造柱与墙连接处宜砌成马牙槎,并应沿墙高每隔 500mm 设 2ϕ6 拉结钢筋,每边伸入墙内不宜小于 1m。

(3) 构造柱应与圈梁连接,隔层设置圈梁的房屋,应在无圈梁的楼层增设配筋砖带,仅在外墙四角设置构造柱时,在外墙上应伸过一个开间,其它情况在外纵墙和相应横墙上拉通,其截面高度不应小于四皮砖,砂浆强度等级不应小于 M5;

砖房构造柱设置要求 表 24-9

房 屋 层 数				设置的部位	
6 度	7 度	8 度	9 度		
四、五	三、四	二、三		外墙四角,错层部位横墙与外纵墙交接处,较大洞口两侧,大房间内外墙交接处	7、8 度时,楼、电梯间四角
六~八	五、六	四	二		隔开间横墙(轴线)与外墙交接处,山墙与内纵墙交接处,7~9 度时,楼、电梯间四角
	七	五、六	三、四		内墙(轴线)与外墙交接处,内墙局部较小墙垛处,7~9 度时,楼、电梯间四角,9 度时内纵墙与横墙(轴线)交接处

(4) 构造柱可不单设基础,但应伸入室外地面下 500mm,或锚入浅于 500mm 的基础圈梁内(图 24-19)。

(二)墙体之间要有可靠的连接

墙体之间的连接要符合下列要求:

(1) 7 度时层高超过 3.6m 或长度大于 7.2m 的大房间,及 8 度和 9 度时,外墙转角及内、外墙交接处,当未设构造柱时,应沿墙高每隔 500mm 配置 2ϕ6 拉结钢筋,并每边伸入墙内不应小于 1m,见图 24-20。

(2) 后砌的非承重砌体隔墙应沿墙高每隔 500mm 配置 2ϕ6 钢筋与承重墙或柱拉结,并每边伸入墙内不应小于 500mm(图 24-21);8 度和 9 度时长度大于 5.1mm 的后砌非承重砌体隔墙的墙顶,尚应与楼板或梁拉接。

(三)设置钢筋混凝土圈梁

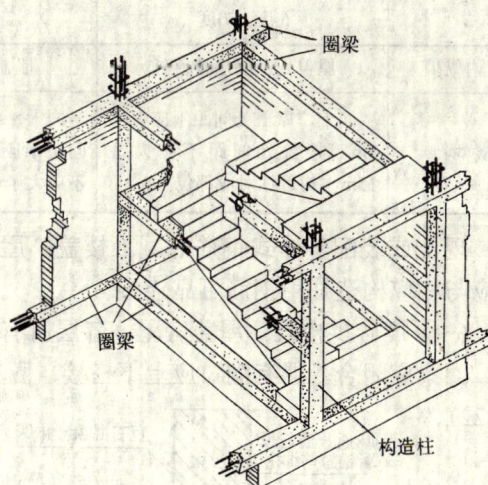

图 24-19 构造柱与圈梁和地梁的连接

钢筋混凝土圈梁是增加墙体的连接,提高楼盖、屋盖刚度,抵抗地基不均匀沉降,限制墙体裂缝开展,保证房屋整体性,提高房屋抗震能力的有效构造措施,而且是减小构造柱计算长度,充分发挥抗震作用不可缺少的连接构件。因此,钢筋混凝土圈梁在砌体房屋中获得了广泛的应用。

钢筋混凝土圈梁应符合下列要求:

1. 设置部位及构造要求

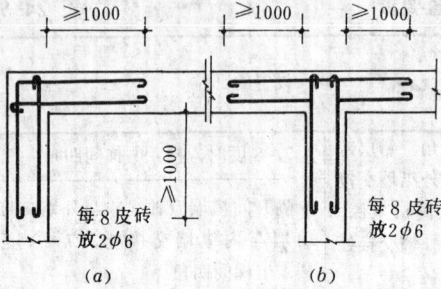

图 24-20 墙体的拉结筋

(a)外墙转角处配筋; (b)内外墙交接处配筋

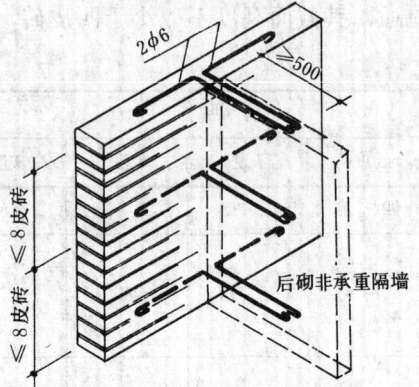

图 24-21 后砌非承重与承重墙的拉结

(1) 装配式钢筋混凝土楼盖、屋盖或木楼盖、屋盖的砖房, 横墙承重时应按表 24-10 的要求设置圈梁, 纵墙承重时每层均应设置圈梁, 且抗震横墙上的圈梁间距应比表内要求适当加密。

砖房现浇钢筋混凝土圈梁设置要求   表 24-10

墙 类	烈 度		
	6 度、7 度	8 度	9 度
外墙及内纵墙	屋盖处及隔层楼盖处	屋盖处及每层楼盖处	屋盖处及每层楼盖处
内横墙	同上; 屋盖处间距不应大于 7m; 楼盖处间距不应大于 15m; 构造柱对应部位	同上; 屋盖处沿所有横墙, 且间距不应大于 7m; 楼盖处间距不应大于 7m; 构造柱对应部位	同上, 各层所有横墙

(2) 现浇或装配整体式钢筋混凝土楼盖、屋盖与墙体可靠连接的房屋可不另设圈梁, 但楼板应与相应构造柱用钢筋可靠连接。

(3) 6~8 度砖拱楼盖、屋盖房屋、各层所有墙体均应设置圈梁。

(4) 圈梁应闭合, 遇有洞口应上下搭接, 圈梁宜与预制板设在同一标高处或紧靠板底 (图 24-22)。

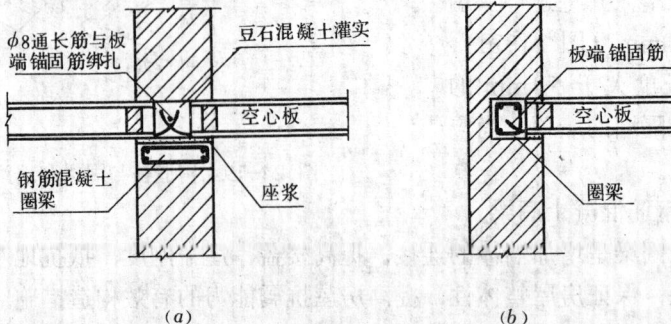

图 24-22 楼盖处的圈梁设置

(5) 圈梁在表 24-9 要求的间距内无横墙时，应利用梁或板缝中配筋替代圈梁（图 24-23）。

2. 圈梁截面尺寸及配筋

圈梁的截面高度一般不应小于 120mm，配筋应符合表 24-11 的要求，但在软弱粘性土、液化土、新近填土或严重不均匀土层上砌体房屋的基础圈梁，截面高度不应小于 180mm，配筋不应小于 $4\phi12$，砖拱楼盖、屋盖房屋的圈梁应按计算确定，但不应少于 $4\phi10$。

（四）楼盖（屋盖）构件应具有足够的搭接长度和可靠的连接

(1) 现浇钢筋混凝土楼板或屋面板伸进纵、横墙内的长度，均不宜小于 120mm。

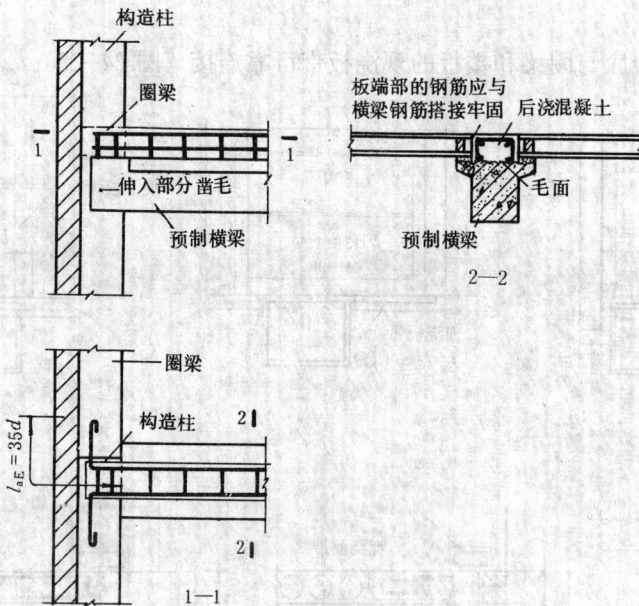

图 24-23 梁上板缝配筋

圈 梁 配 筋 要 求　　　　　　　　　　　　　表 24-11

配　　　筋	烈　　　　　　度			
	6	7	8	9
最小纵筋 最大箍筋间距	$4\phi3$ 250mm		$4\phi10$ 200mm	$4\phi12$ 150mm

(2) 装配式钢筋混凝土楼板或屋面板，当圈梁未设在板的同一标高时，板端伸进外墙的长度不应小于 120mm，伸进内墙的长度不宜小于 100mm，而且不应小于 80mm，在梁上不应小于 80mm。

(3) 当板的跨度大于 4.8m 并与外墙平行时，靠外墙的预制板侧边应与墙或圈梁拉结（图 24-24）。

(4) 房屋端部大房间的楼盖，8 度时房屋的屋盖和 9 度时房屋的楼（屋）盖，当圈梁设在板底时，钢筋混凝土预制板应相互拉结，并且应与梁、墙或圈梁拉结。

(5) 楼（屋）盖的钢筋混凝土梁或屋架，应与墙、柱（包括构造柱）或圈梁可靠连接，梁与砖柱的连接不应削弱柱截面，各层独立砖柱顶部应在两个方向均有可靠连接。

(6) 坡屋顶房屋的屋架应与顶层圈梁可靠连接，檩条或屋面板应与墙及屋架可靠连接，房屋出

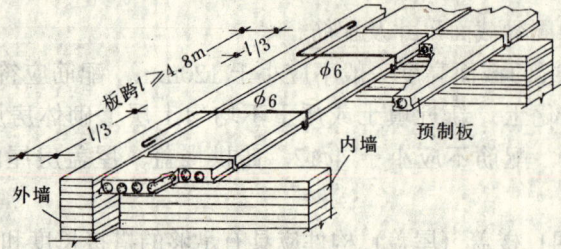

图 24-24　墙与预制板的拉结

入口的檐口瓦应与屋面构件锚固；8 度和 9 度时，顶层内纵墙顶宜增砌支撑端山墙的踏步式墙垛。

(7) 预制阳台应与圈梁和楼板的现浇板带可靠连接（图 24-25）。

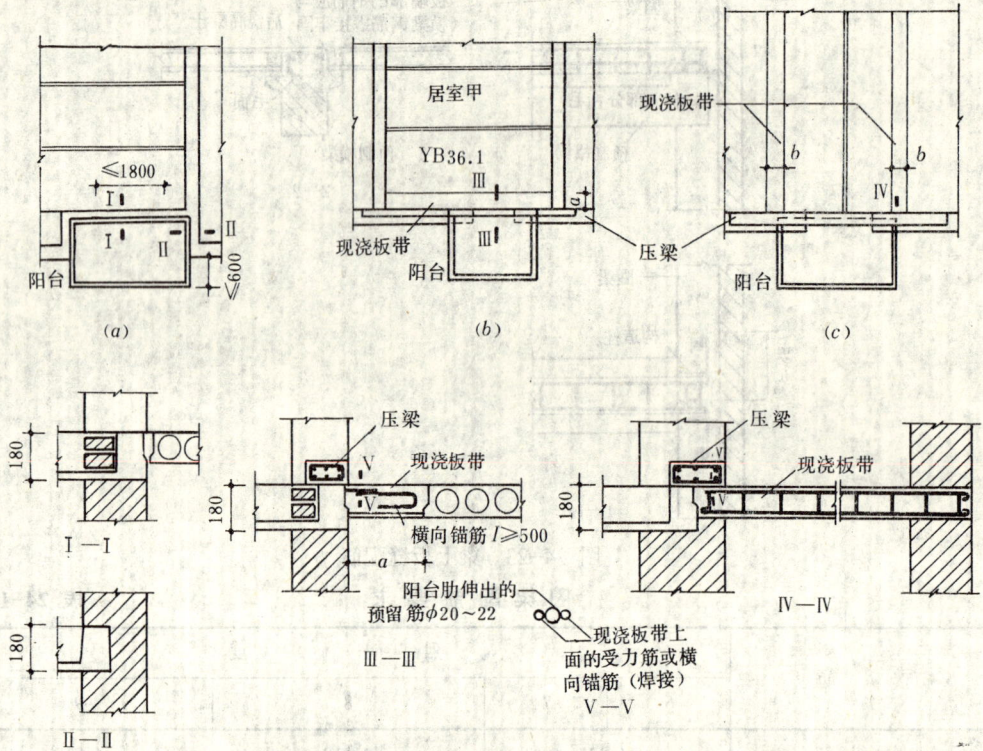

图 24-25　阳台的锚固

(8) 门窗洞处不应采用无筋砖过梁；过梁支承长度，6～8 度时不应小于 240mm，9 度时不应小于 360mm。

(五) 加强楼梯间的整体性

楼梯间应符合下列要求：

(1) 8 度和 9 度时，顶层楼梯间横墙和外墙宜沿墙高每隔 500mm 设 2φ6 通长钢筋，9 度时其它各层楼梯间可在休息板平台或楼层半高处设置 60mm 厚的配筋砂浆带，砂浆强度等级不宜低于 M5，钢筋不宜少于 2φ10。

(2) 8 度和 9 度时，楼梯间及门厅内墙阳角处的大梁支承长度不应小于 500mm，并

应与圈梁连接。

(3) 装配式楼梯段应与平台板的梁可靠连接，不应采用墙中悬挑式踏步或踏步竖肋插入墙体的楼梯，不应采用无筋砖砌栏板。

(4) 突出屋顶的楼、电梯间，构造柱应伸入顶部，并与顶部圈梁连接，内外墙交接处应沿墙高每隔 500mm 设 2ϕ6 拉结钢筋，且每边伸入墙内不应小于 1m。

(六) 采用同一类型的基础

同一结构单元的基础（或桩承台），宜采用同一类型的基础，底面宜埋在同一标高上，否则增设基础圈梁并应按 1:2 的台阶逐步放坡。

二、多层砌块房屋构造措施

(一) 设置钢筋混凝土芯柱

为了增加混凝土中、小砌块砌体房屋的整体性和延性，提高其抗震能力，可结合空心砌块的特点，在墙体的适当部位将砌块竖孔浇筑成钢筋混凝土芯柱。

1. 芯柱设置部位及数量

混凝土小砌块房屋应按表 24-12 要求设置钢筋混凝土芯柱；对医院、教学楼等横墙较少的房屋，应根据房屋增加一层后的层数按表 24-12 要求设置芯柱；混凝土中砌块房屋，应按表 24-13 规定的部位设置钢筋混凝土芯柱。

混凝土小砌块房屋芯柱设置要求　　　　　　　　　表 24-12

房屋层数			设　置　部　位	设　置　数　量
6 度	7 度	8 度		
四、五	三、四	二、三	外墙四角，楼梯间四角，大房间内外墙交接处	外墙四角，填实 3 个孔；内外墙交接处填实 4 个孔
六	五	四	外墙四角，楼梯间四角，大房间内外墙交接处，山墙与内纵墙交接处，隔开间横墙（轴线）与外纵墙交接处	
七	六	五	外墙四角，楼梯间四角；大房间内外墙交接处，各内墙（轴线）与外纵墙交接处；8 度时，内纵墙与横墙（轴线）交接处和门窗洞两侧	外墙转角，填实 5 个孔，内外墙交接处填实 4 个孔，内墙交接处，填实 4~5 个孔，洞口两侧，各填实 1 个孔

混凝土中砌块房屋芯柱设置部位　　　　　　　　　表 24-13

烈　度	设　置　部　位
6，7	外墙四角，楼梯间四角，山墙与内纵墙交接处，隔开间横墙（轴线）与外纵墙交接处，大房间内外墙交接处
8	外墙四角，楼梯间四角，横墙（轴线）与纵墙交接处，横墙门洞两侧，大房间内外墙交接处

2. 芯柱、构造柱截面、混凝土强度等级和配筋的构造要求

混凝土小砌块房屋芯柱截面，不应小于 130mm×130mm；芯柱混凝土强度等级，混凝土小砌块房屋可采用 C15；混凝土中砌块房屋可采用 C20；芯柱的竖向插筋应贯通墙身，且与每层圈梁连接。插筋的数量，混凝土小砌块房屋不应少于 1ϕ12，混凝土中砌块房屋，6 度和 7 度时不少于 1ϕ14 或 2ϕ10，8 度时不应少于 1ϕ16 或 2ϕ12；芯柱应伸入室外

地面下 500mm 或插入浅于 500mm 的基础圈梁内。

粉煤灰中砌块房屋应根据增加一层后的层数，按表 24-9 的要求设置钢筋混凝土构造柱；构造柱截面、配筋和连接应符合多层砖房构造柱的相应要求。但是最小截面可采用 240mm×240mm，并应设置拉结网片与墙体连接。

6～8 度时的粉煤灰中砌块房屋和 8 度时的混凝土小砌块房屋，在表 24-14 所列部位未设置构造柱或芯柱时，应设置拉结钢筋网片。

砌块房屋拉结钢筋网片的设置部位 表 24-14

烈　度	设　置　部　位
6、7	外墙四角，楼梯间四角，山墙与内纵墙交接处
8	内外墙交接处，楼梯间四角

砌块房屋墙体交接处或芯柱、构造柱与墙体连接处的拉结钢筋网片，每边伸入墙内不宜小于 1m，而且应该符合下列要求：

(1) 混凝土小砌块房屋可采用 $\phi4$ 点焊钢筋网片，沿墙高每隔 600mm 设置。

(2) 混凝土中砌块房屋可采用 $\phi6$ 钢筋网片，并隔皮设置。

(3) 粉煤灰中砌块房屋可采用 $\phi6$ 钢筋网片，6 度和 7 度时可隔皮设置，8 度时每皮要设置。

混凝土中砌块的上下皮竖缝距离，不应小于块高的 1／3 且不应小于 150mm；不足时应在水平缝内设置 $\phi6$ 钢筋网片，而且应伸过竖缝处 300mm。

(二) 设置现浇钢筋混凝土圈梁

砌块房屋的现浇钢筋混凝土圈梁，应根据设防烈度提高一度后按多层砖房圈梁相应要求设置；但是，采用装配式钢筋混凝土楼盖时，每层均应设置圈梁。

(三) 其他构造要求措施

砌块房屋的其他构造要求措施，如后砌非承重墙与承重墙或柱的拉结、圈梁的截面积和配筋以及基础圈梁的设置等与多层砖砌房屋相应要求相同。

小　结

(1) 在进行多层砌体房屋抗震设计时，应遵守以下规定，这些规定是我国二十多年来抗震设计经验的总结，是提高砌体房屋抗震能力的有效措施。这些规定包括：1) 房屋高度的限制；2) 房屋最大高宽比的限制；3) 抗震横墙间距的限制；4) 房屋局部尺寸的限制；5) 房屋结构体系的要求。

(2) 多层砌体房屋抗震验算的步骤可归纳为

1) 按式 (24-1) 和式 (24-2) 分别计算房屋底部剪力和各质点上的水平地震作用标准值：

$$F_{Ek} = \alpha_{max} G_{eq}$$

$$F_i = \frac{G_i H_i}{\sum\limits_{j=1}^{n} G_j H_j} F_{Ek}$$

2) 按式(24-3)计算楼层地震剪力

$$V_j = \sum_{i=j}^{n} F_i$$

3) 计算楼层地震剪力在各墙体上的分配

a. 横向地震剪力的分配

刚性楼盖：

$$V_{jm} = \frac{k_{jm}}{\sum_{m=1}^{n} k_{jm}} V_j$$

柔性楼盖：

$$V_{jm} = \frac{F_{jm}}{F_j} V_j$$

中等刚度楼盖：

$$V_{jm} = \frac{1}{2} \left(\frac{k_{jm}}{k_j} + \frac{F_{jm}}{F_j} \right) V_j$$

b. 纵向地震剪力的分配

$$V_{jm} = \frac{k_{jm}}{\sum_{m=1}^{n} k_{jm}} V_j$$

c. 计算同一道墙各墙段间地震剪力

$$V_{mr} = \frac{k_{mr}}{\sum_{r=1}^{s} k_{mr}} V_{jm}$$

4) 验算墙体截面抗震承载力

$$V \leqslant \frac{f_{vE} A}{\gamma_{RE}}$$

(3) 抗震构造措施是房屋抗震设计的重要组成部分。因此，在抗震设计中必须予以重视。多层砖砌体房屋的抗震构造措施包括：1) 设置钢筋混凝土构造柱；2) 墙体之间要有可靠连接；3) 设置钢筋混凝土圈梁；4) 构件要具有足够的搭接长度和可靠连接；5) 加强楼梯间的整体性；6) 采用同一类型的基础。

思 考 题

1. 为什么要限制多层砌体房屋的总高度和层数?为什么要控制房屋最大高宽比的数值?

2. 多层砌体房屋的结构体系应符合哪些要求?

3. 为什么要限制多层砌体房屋抗震墙的间距?

4. 对多层砌体房屋的局部尺寸有哪些限制?

5. 怎样进行多层砌体房屋的抗震验算?

6. 多层粘土砖房的现浇钢筋混凝土构造柱和圈梁应符合哪些要求?

7. 在建筑抗震设计中为什么要重视构造措施?

附录一　热轧普通型

1. 热轧等边角钢的

(按 GB9787

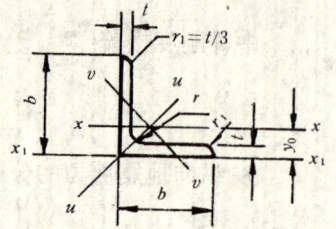

型　号	尺　　寸 (mm)			截面面积 A (cm²)	每米质量 (kg／m)		x-x 轴				截　面
	b	t	r			y_0 (cm)	I_x (cm⁴)	$W_{x_{max}}$ (cm³)	$W_{x_{min}}$ (cm³)	i_x (cm)	
$20 \times \begin{matrix}3\\4\end{matrix}$	20	3 4	3.5	1.13 1.46	0.89 1.15	0.60 0.64	0.40 0.50	0.66 0.78	0.29 0.36	0.59 0.58	
$25 \times \begin{matrix}3\\4\end{matrix}$	25	3 4	3.5	1.43 1.86	1.12 1.46	0.73 0.76	0.82 1.03	1.12 1.34	0.46 0.59	0.76 0.74	
$30 \times \begin{matrix}3\\4\end{matrix}$	30	3 4	4.5	1.75 2.28	1.37 1.79	0.85 0.89	1.46 1.84	1.72 2.08	0.68 0.87	0.91 0.90	
$36 \times \begin{matrix}3\\4\\5\end{matrix}$	36	3 4 5	4.5	2.11 2.76 3.38	1.66 2.16 2.65	1.00 1.04 1.07	2.58 3.29 3.95	2.59 3.18 3.68	0.99 1.28 1.56	1.11 1.09 1.08	
$40 \times \begin{matrix}3\\4\\5\end{matrix}$	40	3 4 5	5	2.36 3.09 3.79	1.85 2.42 2.98	1.09 1.13 1.17	3.59 4.60 5.53	3.28 4.05 4.72	1.23 1.60 1.96	1.23 1.22 1.21	
$45 \times \begin{matrix}3\\4\\5\\6\end{matrix}$	45	3 4 5 6	5	2.66 3.49 4.29 5.08	2.09 2.74 3.37 3.99	1.22 1.26 1.30 1.33	5.17 6.65 8.04 9.33	4.25 5.29 6.20 6.99	1.58 2.05 2.51 2.95	1.39 1.38 1.37 1.36	

录

钢规格及截面特性

规格及截面特性

−88 计算)

I——截面惯性矩;

W——截面抵抗矩;

i——截面回转半径。

特 性

	$u-u$ 轴			$v-v$ 轴			x_1-x_1 轴
I_u (cm^4)	W_u (cm^3)	i_u (cm)	I_v (cm^4)	$W_{v_{max}}$ (cm^3)	$W_{v_{min}}$ (cm^3)	i_v (cm)	I_{x_1} (cm^4)
0.63	0.45	0.75	0.17	0.23	0.20	0.39	0.81
0.78	0.55	0.73	0.22	0.29	0.24	0.38	1.09
1.29	0.73	0.95	0.34	0.37	0.33	0.49	1.57
1.62	0.92	0.93	0.43	0.47	0.40	0.48	2.11
2.31	1.09	1.15	0.61	0.56	0.51	0.59	2.71
2.92	1.37	1.13	0.77	0.71	0.62	0.58	3.63
4.09	1.61	1.39	1.07	0.82	0.76	0.71	4.67
5.22	2.05	1.38	1.37	1.05	0.93	0.70	6.25
6.24	2.45	1.36	1.65	1.26	1.09	0.70	7.84
5.69	2.01	1.55	1.49	1.03	0.96	0.79	6.41
7.29	2.58	1.54	1.91	1.31	1.19	0.79	8.56
8.76	3.10	1.52	2.30	1.58	1.39	0.78	10.74
8.20	2.58	1.76	2.14	1.31	1.24	0.90	9.12
10.56	3.32	1.74	2.75	1.69	1.54	0.89	12.18
12.74	4.01	1.72	3.33	2.04	1.81	0.88	15.25
14.76	4.64	1.71	3.89	2.38	2.06	0.88	18.36

型 号	尺 寸 (mm)			截面面积 A (cm²)	每米质量 (kg／m)	y₀ (cm)	截 面 x−x 轴			
	b	t	r				I_x (cm⁴)	$W_{x_{max}}$ (cm³)	$W_{x_{min}}$ (cm³)	i_x (cm)
L50× 3 4 5 6	50	3 4 5 6	5.5	2.97 3.90 4.80 5.69	2.33 3.06 3.77 4.46	1.34 1.38 1.42 1.46	7.18 9.26 11.21 13.05	5.36 6.70 7.90 8.95	1.96 2.56 3.13 3.68	1.55 1.54 1.53 1.51
L56× 3 4 5 8	56	3 4 5 8	6	3.34 4.39 5.42 8.37	2.62 3.45 4.25 6.57	1.48 1.53 1.57 1.68	10.19 13.18 16.02 23.63	6.86 8.63 10.22 14.06	2.48 3.24 3.97 6.03	1.75 1.73 1.72 1.68
L63×6 4 5 6 8 10	63	4 5 6 8 10	7	4.98 6.14 7.29 9.51 11.66	3.91 4.82 5.72 7.47 9.15	1.70 1.74 1.78 1.85 1.93	19.03 23.17 27.12 34.45 41.09	11.22 13.33 15.26 18.59 21.34	4.13 5.08 6.00 7.75 9.39	1.96 1.94 1.93 1.90 1.88
L70×6 4 5 6 7 8	70	4 5 6 7 8	8	5.57 6.88 8.16 9.42 10.67	4.37 5.40 6.41 7.40 8.37	1.86 1.91 1.95 1.99 2.03	26.39 32.21 37.77 43.09 48.17	14.16 16.89 19.39 21.68 23.79	5.14 6.32 7.48 8.59 9.68	2.18 2.16 2.15 2.14 2.13
L75×7 5 6 7 8 10	75	5 6 7 8 10	9	7.41 8.80 10.16 11.50 14.13	5.82 6.91 7.98 9.03 11.09	2.03 2.07 2.11 2.15 2.22	39.96 46.91 53.57 59.96 71.98	19.73 22.69 25.42 27.93 32.40	7.30 8.63 9.93 11.20 13.64	2.32 2.31 2.30 2.28 2.26
L80×7 5 6 7 8 10	80	5 6 7 8 10	9	7.91 9.40 10.86 12.30 15.13	6.21 7.38 8.53 9.66 11.87	2.15 2.19 2.23 2.27 2.35	48.79 57.35 65.58 73.50 88.43	22.70 26.16 29.38 32.36 37.68	8.34 9.87 11.37 12.83 15.64	2.48 2.47 2.46 2.44 2.42
L90×8 6 7 8 10 12	90	6 7 8 10 12	10	10.64 12.30 13.94 17.17 20.31	8.35 9.66 10.95 13.48 15.94	2.44 2.48 2.52 2.59 2.67	82.77 94.83 106.47 128.58 149.22	33.99 38.28 42.30 49.57 55.93	12.61 14.54 16.42 20.07 23.57	2.79 2.78 2.76 2.74 2.71

续表

特　性

u−u 轴			v−v 轴				x₁−x₁ 轴
I_u (cm⁴)	W_u (cm³)	i_u (cm)	I_y (cm⁴)	$W_{v_{max}}$ (cm³)	$W_{v_{min}}$ (cm³)	i_v (cm)	I_{x1} (cm⁴)
11.37	3.22	1.96	2.98	1.64	1.57	1.00	12.50
14.69	4.16	1.94	3.82	2.11	1.96	0.99	16.69
17.79	5.03	1.92	4.63	2.56	2.31	0.98	20.90
20.68	5.85	1.91	5.42	2.98	2.63	0.98	25.14
16.14	4.08	2.20	4.24	2.09	2.02	1.13	17.56
20.92	5.28	2.18	5.45	2.69	2.52	1.11	23.43
25.42	6.42	2.17	6.61	3.26	2.98	1.10	29.33
37.37	9.44	2.11	9.89	4.85	4.16	1.09	47.24
30.17	6.77	2.46	7.89	3.45	3.29	1.26	33.35
36.77	8.25	2.45	9.57	4.20	3.90	1.25	41.73
43.03	9.66	2.43	11.20	4.91	4.46	1.24	50.14
54.56	12.25	2.39	14.33	6.26	5.47	1.23	67.11
64.85	14.56	2.36	17.33	7.53	6.37	1.22	84.31
41.80	8.44	2.74	10.99	4.32	4.17	1.40	45.74
51.08	10.32	2.73	13.34	5.26	4.95	1.39	57.21
59.93	12.11	2.71	15.61	6.16	5.67	1.38	68.73
68.35	13.81	2.69	17.82	7.02	6.34	1.38	80.29
76.37	15.43	2.68	19.98	7.86	6.98	1.37	91.92
63.30	11.94	2.92	16.61	6.10	5.80	1.50	70.36
74.38	14.02	2.91	19.43	7.14	6.65	1.49	84.51
84.96	16.02	2.89	22.18	8.15	7.44	1.48	98.71
95.07	17.93	2.87	24.86	9.13	8.19	1.47	112.97
113.92	21.48	2.84	30.05	11.01	9.56	1.46	141.71
77.33	13.67	3.13	20.25	6.98	6.66	1.60	85.36
90.98	16.08	3.11	23.72	8.18	7.65	1.59	102.50
104.07	18.40	3.10	27.10	9.35	8.58	1.58	119.70
116.60	20.61	3.08	30.39	10.48	9.46	1.57	136.97
140.09	24.76	3.04	36.77	12.65	11.08	1.56	171.74
131.26	20.63	3.51	34.28	10.51	9.95	1.80	145.87
150.47	23.64	3.50	39.18	12.02	11.19	1.78	170.30
168.97	26.55	3.48	43.97	13.49	12.35	1.78	194.80
203.90	32.04	3.45	53.26	16.31	14.52	1.76	244.08
236.21	37.12	3.41	62.22	19.01	16.49	1.75	293.77

297

型号	尺 寸 (mm)			截面面积 A (cm²)	每米质量 (kg／m)	截 面				
						y_0 (cm)	$x-x$ 轴			
	b	t	r				I_x (cm⁴)	$W_{x_{max}}$ (cm³)	$W_{x_{min}}$ (cm³)	i_x (cm)
∟100×10	100	6	12	11.93	9.37	2.67	114.95	43.04	15.68	3.10
		7		13.80	10.83	2.71	131.86	48.57	18.10	3.09
		8		15.64	12.28	2.76	148.24	53.78	20.47	3.08
		10		19.26	15.12	2.84	179.51	63.29	25.06	3.05
		12		22.80	17.90	2.91	208.90	71.72	29.47	3.03
		14		26.26	20.61	2.99	236.53	79.19	33.73	3.00
		16		29.63	23.26	3.06	262.53	85.81	37.82	2.98
∟110×10	110	7	12	15.20	11.93	2.96	177.16	59.78	22.05	3.41
		8		17.24	13.53	3.01	199.46	66.36	24.95	3.40
		10		21.26	16.69	3.09	242.19	78.48	30.60	3.38
		12		25.20	19.78	3.16	282.55	89.34	36.05	3.35
		14		29.06	22.81	3.24	320.71	99.07	41.31	3.32
∟125×10	125	8	14	19.75	15.50	3.37	297.03	88.20	32.52	3.88
		10		24.37	19.13	3.45	361.67	104.81	39.97	3.85
		12		28.91	22.70	3.53	423.16	119.88	47.17	3.83
		14		33.37	26.19	3.61	481.65	133.56	54.16	3.80
∟140×10	140	10	14	27.37	21.49	3.82	514.65	134.55	50.58	4.34
		12		32.51	25.52	3.90	603.68	154.62	59.80	4.31
		14		37.57	29.49	3.98	688.81	173.02	68.75	4.28
		16		42.54	33.39	4.06	770.24	189.90	77.46	4.26
∟160×10	160	10	16	31.50	24.73	4.31	779.53	180.77	66.70	4.97
		12		37.44	29.39	4.39	916.58	208.58	78.98	4.95
		14		43.30	33.99	4.47	1048.36	234.37	90.95	4.92
		16		49.07	38.52	4.55	1175.08	258.27	102.63	4.89
∟180×12	180	12	16	42.24	33.16	4.89	1321.35	270.03	100.82	5.59
		14		48.90	38.38	4.97	1514.48	304.57	116.25	5.57
		16		55.47	43.54	5.05	1700.99	336.86	131.35	5.54
		18		61.95	48.63	5.13	1881.12	367.05	146.11	5.51
∟200×18	200	14	18	54.64	42.89	5.46	2103.55	385.08	144.70	6.20
		16		62.01	48.68	5.54	2366.15	426.99	163.65	6.18
		18		69.30	54.40	5.62	2620.64	466.45	182.22	6.15
		20		76.50	60.06	5.69	2867.30	503.58	200.42	6.12
		24		90.66	71.17	5.84	3338.20	571.45	235.78	6.07

注: 等边角钢的通常长度: ∟20～∟40,为4～12m; ∟45～∟90,为4～12m; ∟100～∟140,为4～19m; ∟160～∟200,

特　性

u-u 轴			v-v 轴				x₁-x₁ 轴
I_u (cm⁴)	W_u (cm³)	i_u (cm)	I_v (cm⁴)	$W_{v_{max}}$ (cm³)	$W_{v_{min}}$ (cm³)	i_v (cm)	I_{x_1} (cm⁴)
181.98	25.74	3.91	47.92	13.18	12.69	2.00	200.07
208.97	29.55	3.89	54.74	15.08	14.26	1.99	233.54
235.07	33.24	3.88	61.41	16.93	15.75	1.98	267.09
284.68	40.26	3.84	74.35	20.49	18.54	1.96	334.48
330.95	46.80	3.81	86.84	23.89	21.08	1.95	402.34
374.06	52.90	3.77	98.99	27.17	23.44	1.94	470.75
414.16	58.57	3.74	110.89	30.34	25.63	1.93	539.80
280.94	36.12	4.30	73.38	18.41	17.51	2.20	310.64
316.49	40.69	4.28	82.42	20.70	19.39	2.19	355.21
384.39	49.42	4.25	99.98	25.10	22.91	2.17	444.65
448.17	57.62	4.22	116.93	29.32	26.15	2.15	534.60
508.01	65.31	4.18	133.40	33.38	29.14	2.14	625.16
470.89	53.28	4.88	123.16	27.18	25.86	2.50	521.01
573.89	64.93	4.85	149.46	33.01	30.62	2.48	651.93
671.44	75.96	4.82	174.88	38.61	35.03	2.46	783.42
763.73	86.41	4.78	199.57	44.00	39.13	2.45	915.61
817.27	82.56	5.46	212.04	41.91	39.20	2.78	915.11
958.79	96.85	5.43	248.57	49.12	45.02	2.77	1099.28
1093.56	110.47	5.40	284.06	56.07	50.45	2.75	1284.22
1221.81	123.42	5.36	318.67	62.81	55.55	2.74	1470.07
1237.30	109.36	6.27	321.76	55.63	52.76	3.20	1365.33
1455.68	128.67	6.24	377.49	65.29	60.74	3.18	1639.57
1665.02	147.17	6.20	431.70	74.63	68.24	3.16	1914.68
1865.57	164.89	6.17	484.59	83.70	75.31	3.14	2190.82
2100.10	165.00	7.05	542.61	83.60	78.41	3.58	2332.80
2407.42	189.15	7.02	621.53	95.73	88.38	3.57	2723.48
2703.37	212.40	6.98	698.60	107.52	97.83	3.55	3115.29
2988.24	234.78	6.94	774.01	119.00	106.79	3.53	3508.42
3343.26	236.40	7.82	863.83	119.75	111.82	3.98	3734.10
3760.88	265.93	7.79	971.41	134.62	123.96	3.96	4270.39
4164.54	294.48	7.75	1076.74	149.11	135.52	3.94	4808.13
4554.55	322.06	7.72	1180.04	163.26	146.55	3.93	5347.51
5294.97	374.41	7.64	1381.43	190.63	167.22	3.90	6431.99

为 6～19m。

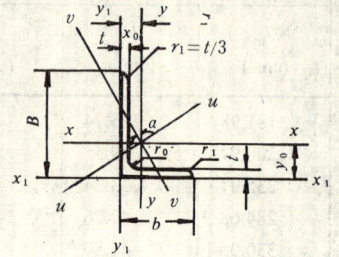

型 号	尺 寸 (mm)				截面面积 A (cm²)	每米质量 (kg / m)	x_0 (cm)	y_0 (cm)	截 面 $x-x$ 轴			
	B	b	t	r					I_x (cm⁴)	$W_{x_{max}}$ (cm³)	$W_{x_{min}}$ (cm³)	i_x (cm)
$\llcorner 25 \times 16 \times \frac{3}{4}$	25	16	3 4	3.5	1.16 1.50	0.91 1.18	0.42 0.46	0.86 0.90	0.70 0.88	0.82 0.98	0.43 0.55	0.78 0.77
$\llcorner 32 \times 20 \times \frac{3}{4}$	32	20	3 4	3.5	1.49 1.94	1.17 1.52	0.49 0.53	1.08 1.12	1.53 1.93	1.41 1.72	0.72 0.93	1.01 1.00
$\llcorner 40 \times 25 \times \frac{3}{4}$	40	25	3 4	4	1.89 2.47	1.48 1.94	0.59 0.63	1.32 1.37	3.08 3.93	2.32 2.88	1.15 1.49	1.28 1.26
$\llcorner 45 \times 28 \times \frac{3}{4}$	45	28	3 4	5	2.15 2.81	1.69 2.20	0.64 0.68	1.47 1.51	4.45 5.70	3.02 3.76	1.47 1.91	1.44 1.43
$\llcorner 50 \times 32 \times \frac{3}{4}$	50	32	3 4	5.5	2.43 3.18	1.91 2.49	0.73 0.77	1.60 1.65	6.24 8.02	3.89 4.86	1.84 2.39	1.60 1.59
$\llcorner 56 \times 36 \times \frac{3}{4}{5}$	56	36	3 4 5	6	2.74 3.59 4.42	2.15 2.82 3.47	0.80 0.85 0.88	1.78 1.82 1.87	8.88 11.45 13.86	5.00 6.28 7.43	2.32 3.03 3.71	1.80 1.79 1.77
$\llcorner 63 \times 40 \times \frac{4}{5}{6}{7}$	63	40	4 5 6 7	7	4.06 4.99 5.91 6.80	3.19 3.92 4.64 5.34	0.92 0.95 0.99 1.03	2.04 2.08 2.12 2.16	16.49 20.02 23.36 26.53	8.10 9.62 11.01 12.27	3.87 4.74 5.59 6.41	2.02 2.00 1.99 1.97
$\llcorner 70 \times 45 \times \frac{4}{5}{6}{7}$	70	45	4 5 6 7	7.5	4.55 5.61 6.64 7.66	3.57 4.40 5.22 6.01	1.02 1.06 1.10 1.13	2.23 2.28 2.32 2.36	22.97 27.95 32.70 37.22	10.28 12.26 14.08 15.75	4.82 5.92 6.99 8.03	2.25 2.23 2.22 2.20
$\llcorner 75 \times 50 \times \frac{5}{6}{8}{10}$	75	50	5 6 8 10	8	6.13 7.26 9.47 11.59	4.81 5.70 7.43 9.10	1.17 1.21 1.29 1.36	2.40 2.44 2.52 2.60	35.09 41.12 52.39 62.71	14.65 16.86 20.79 24.15	6.87 8.12 10.52 12.79	2.39 2.38 2.35 2.33
$\llcorner 80 \times 50 \times \frac{5}{6}{7}{8}$	80	50	5 6 7 8	8	6.38 7.56 8.72 9.87	5.00 5.93 6.85 7.75	1.14 1.18 1.21 1.25	2.60 2.65 2.69 2.73	41.96 49.21 56.16 62.83	16.11 18.58 20.87 23.00	7.78 9.20 10.58 11.92	2.57 2.55 2.54 2.52

规格及截面特性

−88 计算)

I——截面惯性矩;

W——截面抵抗矩;

i——截面回转半径。

特　性

$y-y$ 轴				x_1-x_1 轴	y_1-y_1 轴	$v-v$ 轴			
I_y (cm^4)	$W_{y_{max}}$ (cm^3)	$W_{y_{min}}$ (cm^3)	i_y (cm)	I_{x1} (cm^4)	I_{y1} (cm^4)	I_v (cm^4)	W_v (cm^3)	i_v (cm)	tgα
0.22	0.53	0.19	0.44	1.56	0.43	0.13	0.16	0.34	0.392
0.27	0.60	0.24	0.43	2.09	0.59	0.17	0.20	0.34	0.381
0.46	0.93	0.30	0.55	3.27	0.82	0.28	0.25	0.43	0.382
0.57	1.08	0.39	0.54	4.37	1.12	0.35	0.32	0.43	0.374
0.93	1.59	0.49	0.70	6.39	1.59	0.56	0.40	0.54	0.386
1.18	1.88	0.63	0.69	8.53	2.14	0.71	0.52	0.54	0.381
1.34	2.08	0.62	0.79	9.10	2.23	0.80	0.51	0.61	0.383
1.70	2.49	0.80	0.78	12.14	3.00	1.02	0.66	0.60	0.380
2.02	2.78	0.82	0.91	12.49	3.31	1.20	0.68	0.70	0.404
2.58	3.36	1.06	0.90	16.65	4.45	1.53	0.87	0.69	0.402
2.92	3.63	1.05	1.03	17.54	4.70	1.73	0.87	0.79	0.408
3.74	4.43	1.36	1.02	23.39	6.31	2.21	1.12	0.78	0.407
4.49	5.09	1.65	1.01	29.24	7.94	2.67	1.36	0.78	0.404
5.23	5.72	1.70	1.14	33.30	8.63	3.12	1.40	0.88	0.398
6.31	6.61	2.07	1.12	41.63	10.86	3.76	1.71	0.87	0.396
7.31	7.36	2.43	1.11	49.98	13.14	4.38	2.01	0.86	0.393
8.24	8.00	2.78	1.10	58.34	15.47	4.97	2.29	0.86	0.389
7.55	7.43	2.17	1.29	45.68	12.26	4.47	1.79	0.99	0.408
9.13	8.64	2.65	1.28	57.10	15.39	5.40	2.19	0.98	0.407
10.62	9.69	3.12	1.26	68.54	18.59	6.29	2.57	0.97	0.405
12.01	10.60	3.57	1.25	79.99	21.84	7.16	2.94	0.97	0.402
12.61	10.75	3.30	1.43	70.23	21.04	7.32	2.72	1.09	0.436
14.70	12.12	3.88	1.42	84.30	25.37	8.54	3.19	1.08	0.435
18.53	14.39	4.99	1.40	112.50	34.23	10.87	4.10	1.07	0.429
21.96	16.14	6.04	1.38	140.82	43.43	13.10	4.99	1.06	0.423
12.82	11.28	3.32	1.42	85.21	21.06	7.66	2.74	1.10	0.388
14.95	12.71	3.91	1.41	102.26	25.41	8.94	3.23	1.09	0.386
16.96	13.96	4.48	1.39	119.32	29.82	10.18	3.70	1.08	0.384
18.85	15.06	5.03	1.38	136.41	34.32	11.38	4.16	1.07	0.381

型　号	尺　寸 (mm)				截面面积 A (cm²)	每米质量 (kg/m)	x_0 (cm)	y_0 (cm)	截　面			
									$x-x$ 轴			
	B	b	t	r					I_x (cm⁴)	$W_{x_{max}}$ (cm³)	$W_{x_{min}}$ (cm³)	i_x (cm)
∟90×56× 5 6 7 8	90	56	5 6 7 8	9	7.21 8.56 9.88 11.18	5.66 6.72 7.76 8.78	1.25 1.29 1.33 1.36	2.91 2.95 3.00 3.04	60.45 71.03 81.22 91.03	20.81 24.06 27.12 29.98	9.92 11.74 13.53 15.27	2.90 2.88 2.87 2.85
∟100×63× 6 7 8 10	100	63	6 7 8 10	10	9.62 11.11 12.58 15.47	7.55 8.72 9.88 12.14	1.43 1.47 1.50 1.58	3.24 3.28 3.32 3.40	99.06 113.45 127.37 153.81	30.62 34.59 38.33 45.18	14.64 16.88 19.08 23.32	3.21 3.20 3.18 3.15
∟100×80× 6 7 8 10	100	80	6 7 8 10	10	10.64 12.30 13.94 17.17	8.35 9.66 10.95 13.48	1.97 2.01 2.05 2.13	2.95 3.00 3.04 3.12	107.04 122.73 137.92 166.87	36.24 40.96 45.40 53.54	15.19 17.52 19.81 24.24	3.17 3.16 3.15 3.12
∟110×70× 6 7 8 10	110	70	6 7 8 10	10	10.64 12.30 13.94 17.17	8.35 9.66 10.95 13.48	1.57 1.61 1.65 1.72	3.53 3.57 3.62 3.70	133.37 153.00 172.04 208.39	37.80 42.82 47.57 56.36	17.85 20.60 23.30 28.54	3.54 3.53 3.51 3.48
∟125×80× 7 8 10 12	125	80	7 8 10 12	11	14.10 15.99 19.71 23.35	11.07 12.55 15.47 18.33	1.80 1.84 1.92 2.00	4.01 4.06 4.14 4.22	227.98 256.77 312.04 364.41	56.81 63.28 75.35 86.34	26.86 30.41 37.3 44.01	4.02 4.01 3.98 3.95
∟140×90× 8 10 12 14	140	90	8 10 12 14	12	18.04 22.26 26.40 30.46	14.16 17.48 20.72 23.91	2.04 2.12 2.19 2.27	4.50 4.58 4.66 4.74	365.64 445.50 521.59 594.10	81.30 97.19 111.81 125.26	38.48 47.31 55.87 64.18	4.50 4.47 4.44 4.42
∟160×100× 10 12 14 16	160	100	10 12 14 16	13	25.31 30.05 34.71 39.28	19.87 23.59 27.25 30.84	2.28 2.36 2.43 2.51	5.24 5.32 5.40 5.48	668.69 784.91 896.30 1003.05	127.69 147.54 165.97 183.11	62.13 73.49 84.56 95.33	5.14 5.11 5.08 5.05
∟180×110× 10 12 14 16	180	110	10 12 14 16	14	28.37 33.71 38.97 44.14	22.27 26.46 30.59 34.65	2.44 2.52 2.59 2.67	5.89 5.98 6.06 6.14	956.25 1124.72 1286.91 1443.06	162.37 188.23 212.46 235.16	78.96 93.53 107.76 121.64	5.81 5.78 5.75 5.72
∟200×125× 12 14 16 18	200	125	12 14 16 18	14	37.91 43.87 49.74 55.53	29.76 34.44 39.04 43.59	2.83 2.91 2.99 3.06	6.54 6.62 6.70 6.78	1570.90 1800.97 2023.35 2238.30	240.10 271.86 301.81 330.05	116.73 134.65 152.18 169.33	6.44 6.41 6.38 6.35

注: 不等边角钢的通常长度: ∟25×16～ ∟56×36，为4～12m; ∟63×40～ ∟90×56，为4～12m; ∟100×63～∟

特　性

y−y 轴				x_1-x_1 轴	y_1-y_1 轴	v−v 轴			
I_y (cm^4)	$W_{y_{max}}$ (cm^3)	$W_{y_{min}}$ (cm^3)	i_y (cm)	I_{x1} (cm^4)	I_{y1} (cm^4)	I_v (cm^4)	W_v (cm^3)	i_y (cm)	tgα
18.33	14.70	4.21	1.59	121.32	29.53	10.98	3.49	1.23	0.385
21.42	16.65	4.97	1.58	145.59	35.58	12.82	4.10	1.22	0.384
24.36	18.38	5.70	1.57	169.87	41.71	14.60	4.70	1.22	0.383
27.15	19.91	6.41	1.56	194.17	47.93	16.34	5.29	1.21	0.380
30.94	21.69	6.35	1.79	199.71	50.50	18.42	5.25	1.38	0.394
35.26	24.06	7.29	1.78	233.00	59.14	21.00	6.02	1.37	0.393
39.39	26.18	8.21	1.77	266.32	67.88	23.50	6.78	1.37	0.391
47.12	29.83	9.98	1.75	333.06	85.73	28.33	8.24	1.35	0.387
61.24	31.03	10.16	2.40	199.83	102.68	31.65	8.37	1.73	0.627
70.08	34.79	11.17	2.39	233.20	119.98	36.17	9.60	1.71	0.626
78.58	38.27	13.21	2.37	266.61	137.37	40.58	10.80	1.71	0.625
94.65	44.45	16.12	2.35	333.63	172.48	49.10	13.12	1.69	0.622
42.92	27.36	7.90	2.01	265.78	69.08	25.36	6.53	1.54	0.403
49.02	30.48	9.09	2.00	310.07	80.83	28.96	7.50	1.53	0.402
54.87	33.31	10.25	1.98	354.39	92.70	32.45	8.45	1.53	0.401
65.88	38.24	12.48	1.96	443.13	116.83	39.20	10.29	1.51	0.397
74.42	41.24	12.01	2.30	454.99	120.32	43.81	9.92	1.76	0.408
83.49	45.28	13.56	2.29	519.99	137.85	49.15	11.18	1.75	0.407
100.67	52.41	16.56	2.26	650.09	173.40	59.45	13.64	1.74	0.404
116.67	58.46	19.43	2.24	780.39	209.67	69.35	16.01	1.72	0.400
120.69	59.15	17.34	2.59	730.53	195.79	70.83	14.31	1.98	0.411
146.03	68.94	21.22	2.56	913.20	245.93	85.82	17.48	1.96	0.409
169.79	77.38	24.95	2.54	1096.09	296.89	100.21	20.54	1.95	0.406
192.10	84.68	28.54	2.51	1279.26	348.82	114.13	23.52	1.94	0.403
205.03	89.94	26.56	2.85	1362.89	336.59	121.74	21.92	2.19	0.390
239.06	101.45	31.28	2.82	1635.56	405.94	142.33	25.79	2.18	0.388
271.20	111.53	35.83	2.80	1908.50	476.42	162.23	29.56	2.16	0.385
301.60	120.37	40.24	2.77	2181.79	548.22	181.57	33.25	2.15	0.382
278.11	113.91	32.49	3.13	1940.40	447.22	166.50	26.88	2.42	0.376
325.03	129.03	38.32	3.11	2328.38	538.94	194.87	31.66	2.40	0.374
369.55	142.41	43.97	3.08	2716.60	631.95	222.30	36.32	2.39	0.372
411.85	154.26	49.44	3.05	3105.15	726.46	248.94	40.87	2.37	0.369
483.16	170.46	49.99	3.57	3193.85	787.74	285.79	41.23	2.75	0.392
550.83	189.24	57.44	3.54	3726.17	922.47	326.58	47.34	2.73	0.390
615.44	206.12	64.69	3.52	4258.85	1058.86	366.21	53.32	2.71	0.388
677.19	221.30	71.74	3.49	4792.00	1197.13	404.83	59.18	2.70	0.385

140×90,为 4～19m;　160×100～　200×125,为 6～19m。

3. 热轧普通工字钢的规格及截面特性

(按 GB706—88 计算)

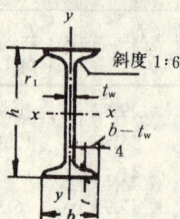

I—截面惯性矩；

W—截面抵抗矩；

S—半截面面积矩；

i—截面回转半径。

附表 3

型号	尺 寸 (mm)						截面面积 A (cm²)	每米重量 (kg/m)	截面特性						
									x–x 轴				y–y 轴		
	h	b	t_w	t	r	r_1			I_x (cm⁴)	W_x (cm³)	S_x (cm³)	i_x (cm)	I_y (cm⁴)	W_y (cm³)	t_y (cm)
I 10	100	68	4.5	7.6	6.5	3.3	14.33	11.25	245	49.0	28.2	4.14	32.8	9.6	1.51
I 12.6	126	74	5.0	8.4	7.0	3.5	18.10	14.21	488	77.4	44.2	5.19	46.9	12.7	1.61
I 14	140	80	5.5	9.1	7.5	3.8	21.50	16.88	712	101.7	58.4	5.75	64.3	16.1	1.73
I 16	160	88	6.0	9.9	8.0	4.0	26.11	20.50	1127	140.9	80.8	6.57	93.1	21.1	1.89
I 18	180	94	6.5	10.7	8.5	4.3	30.74	24.13	1699	185.4	106.5	7.37	122.9	26.2	2.00
I 20a	200	100	7.0	11.4	9.0	4.5	35.55	27.91	2369	236.9	136.1	8.16	157.9	31.6	2.11
I 20b	200	102	9.0	11.4	9.0	4.5	39.55	31.05	2502	250.2	146.1	7.95	169.0	33.1	2.07
I 22a	220	110	7.5	12.3	9.5	4.8	42.10	33.05	3406	309.6	177.7	8.99	225.9	41.1	2.32
I 22b	220	112	9.5	12.3	9.5	4.8	46.50	36.50	3583	325.8	189.8	8.78	240.2	42.9	2.27
I 25a	250	116	8.0	13.0	10.0	5.0	48.51	38.08	5017	401.4	230.7	10.17	280.4	48.4	2.40
I 25b	250	118	10.0	13.0	10.0	5.0	53.51	42.01	5278	422.2	246.3	9.93	297.3	50.4	2.36
I 28a	280	122	8.5	13.7	10.5	5.3	55.37	43.47	7115	508.2	292.7	11.34	344.1	56.4	2.49
I 28b	280	124	10.5	13.7	10.5	5.3	60.97	47.86	7481	534.4	312.3	11.08	363.8	58.7	2.44
I 32a	320	130	9.5	15.0	11.5	5.8	67.12	52.69	11080	692.5	400.5	12.85	459.0	70.6	2.62
I 32b	320	132	11.5	15.0	11.5	5.8	73.52	57.71	11626	726.7	426.1	12.58	483.8	73.3	2.57
I 32c	320	134	13.5	15.0	11.5	5.8	79.92	62.74	12173	760.8	451.7	12.34	510.1	76.1	2.53
I 36a	360	136	10.0	15.8	12.0	6.0	76.44	60.00	15796	877.6	508.8	12.38	554.9	81.6	2.69
I 36b	360	138	12.0	15.8	12.0	6.0	83.64	65.66	16574	920.8	541.2	14.08	583.6	84.6	2.64
I 36c	360	140	14.0	15.8	12.0	6.0	90.84	71.31	17351	964.0	573.6	13.82	614.0	87.7	2.60
I 40a	400	142	10.5	16.5	12.5	6.3	86.07	67.56	21714	1085.7	631.2	15.88	659.9	92.9	2.77
I 40b	400	144	12.5	16.5	12.5	6.3	94.07	73.84	22781	1139.0	671.2	15.56	692.8	96.2	2.71
I 40c	400	146	14.5	16.5	12.5	6.3	102.07	80.12	23847	1192.4	711.2	15.29	727.5	99.7	2.67
I 45a	450	150	11.5	18.0	13.5	6.8	102.40	80.38	32241	1432.9	836.4	17.74	855.0	114.0	2.89
I 45b	450	152	13.5	18.0	13.5	6.8	111.40	87.45	33759	1500.4	887.1	17.41	895.4	117.8	2.84
I 45c	450	154	15.5	18.0	13.5	6.8	120.40	94.51	35278	1567.9	937.7	17.12	938.0	121.8	2.79
I 50a	500	158	12.0	20.0	14.0	7.0	119.25	93.61	46472	1858.9	1084.1	19.74	1121.5	142.0	3.07
I 50b	500	160	14.0	20.0	14.0	7.0	129.25	101.46	48556	1942.2	1146.6	19.38	1171.4	146.4	3.01
I 50c	500	162	16.0	20.0	14.0	7.0	139.25	109.31	50639	2025.6	1209.1	19.07	1223.9	151.1	2.96
I 56a	560	166	12.5	21.0	14.5	7.3	135.38	106.27	65576	2342.0	1368.8	22.01	1365.8	164.6	3.18
I 56b	560	168	14.5	21.0	14.5	7.3	146.58	115.06	68503	2446.5	1447.2	21.62	1423.8	169.5	3.12
I 56c	560	170	16.5	21.0	14.5	7.3	157.78	123.85	71430	2551.1	1525.6	21.28	1484.8	174.7	3.07
I 63a	630	176	13.0	22.0	15.0	7.5	154.59	121.36	94004	2984.3	1747.4	24.66	1702.4	193.5	3.32
I 63b	630	178	15.0	22.0	15.0	7.5	167.19	131.35	98171	3116.6	1846.6	24.23	1770.7	199.0	3.25
I 63c	630	180	17.0	22.0	15.0	7.5	179.79	141.14	102339	3248.9	1945.9	23.86	1842.4	204.7	3.20

注: 普通工字钢的通常长度: I10～I18 为 5～19m; I20～I63 为 6～19m。

304

4. 热轧轻型工字钢的规格及截面特性

(按 YB163-63 计算)

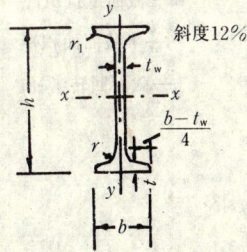

I—截面惯性矩；

W—截面抵抗矩；

S—半截面面积矩；

i—截面回转半径。

型号	尺 寸 (mm)						截面面积 A (cm²)	每米重量 (kg/m)	截 面 特 性						
									x-x 轴				y-y 轴		
	h	b	t_w	t	r	r_1			I_x (cm⁴)	W_x (cm³)	S_x (cm³)	i_x (cm)	I_y (cm⁴)	W_y (cm³)	i_y (cm)
I 10	100	55	4.5	7.2	7.0	2.5	12.05	9.46	198	39.7	23.0	4.06	17.9	6.5	1.22
I 12	120	64	4.8	7.3	7.5	3.0	14.71	11.55	351	58.4	33.7	4.88	27.9	8.7	1.38
I 14	140	73	4.9	7.5	8.0	3.0	17.43	13.68	572	81.7	46.8	5.73	41.9	11.5	1.55
I 16	160	81	5.0	7.8	8.5	3.5	20.24	15.89	873	109.2	62.3	6.57	58.6	14.5	1.70
I 18	180	90	5.1	8.1	9.0	3.5	23.38	18.35	1288	143.1	81.4	7.42	82.6	18.4	1.88
I 18a	180	100	5.1	8.3	9.0	3.5	25.38	19.92	1431	159.0	89.8	7.51	114.2	22.8	2.12
I 20	200	100	5.2	8.4	9.5	4.0	26.81	21.04	1840	184.0	104.2	8.28	115.4	23.1	2.08
I 20a	200	110	5.2	8.6	9.5	4.0	28.91	22.69	2027	202.7	114.1	8.37	154.9	28.2	2.32
I 22	220	110	5.4	8.7	10.0	4.0	30.62	24.04	2554	232.1	131.2	9.13	157.4	28.6	2.27
I 22a	220	120	5.4	8.9	10.0	4.0	32.82	25.76	2792	253.8	142.7	9.22	205.9	34.3	2.50
I 24	240	115	5.6	9.5	10.5	4.0	34.83	27.35	3465	288.7	163.1	9.97	198.5	34.5	2.39
I 24a	240	125	5.6	9.8	10.5	4.0	37.45	29.40	3801	316.7	177.9	10.07	260.0	41.6	2.63
I 27	270	125	6.0	9.8	11.0	4.5	40.17	31.54	5011	371.2	210.0	11.17	259.6	41.5	2.54
I 27a	270	135	6.0	10.2	11.0	4.5	43.17	33.89	5500	407.4	229.1	11.29	337.5	50.0	2.80
I 30	300	135	6.5	10.2	12.0	5.0	46.48	36.49	7084	472.3	267.8	12.35	337.0	49.9	2.69
I 30a	300	145	6.5	10.7	12.0	5.0	49.91	39.18	7776	518.4	292.1	12.48	435.8	60.1	2.95
I 33	330	140	7.0	11.2	13.0	5.0	53.82	42.25	9845	596.6	339.2	13.52	419.4	59.9	2.79
I 36	360	145	7.5	12.3	14.0	6.0	61.86	48.56	13377	743.2	423.3	14.71	515.8	71.2	2.89
I 40	400	155	8.0	13.0	15.0	6.0	71.44	56.08	18932	946.6	540.1	16.28	666.3	86.0	3.05
I 45	450	160	8.6	14.2	16.0	7.0	83.03	65.18	27446	1219.8	699.0	18.18	806.9	100.9	3.12
I 50	500	170	9.5	15.2	17.0	7.0	97.84	76.81	39295	1571.8	905.0	20.04	1041.8	122.6	3.26
I 55	550	180	10.3	16.5	18.0	7.0	114.43	89.83	55155	2005.6	1157.7	21.95	1353.0	150.3	3.44
I 60	600	190	11.1	17.8	20.0	8.0	132.46	103.98	75456	2515.2	1455.0	23.07	1720.1	181.1	3.60
I 65	650	200	12.0	19.2	22.0	9.0	152.80	119.94	101412	3120.4	1809.4	25.76	2170.1	217.0	3.77
I 70	700	210	13.0	20.8	24.0	10.0	176.03	138.18	134609	3846.0	2235.1	27.65	2733.3	260.3	3.94
I 70a	700	210	15.0	24.0	24.0	10.0	201.67	158.31	152706	4363.0	2547.5	27.52	3243.5	308.9	4.01
I 70b	700	210	17.5	28.2	24.0	10.0	234.14	183.80	175374	5010.7	2941.6	27.37	3914.7	372.8	4.09

注：轻型工字钢的通常长度：I10～I18 为 5～19m；I20～I70 为 6～19m。

5. 热轧普通槽钢的规格及截面特性

(按 GB707—88 计算)

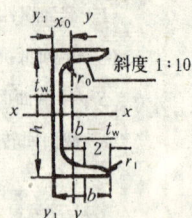

I—截面惯性矩；
W—截面抵抗矩；
S—半截面面积矩；
i—截面回转半径。

型号	尺寸 (mm)						截面面积 A (cm²)	每米质量 (kg/m)	截面特性									
									x_0 (cm)	x-x 轴				y-y 轴				y₁-y₁ 轴
	h	b	t_w	t	r	r_1				I_x (cm⁴)	W_x (cm³)	S_x (cm³)	i_x (cm)	I_y (cm⁴)	$W_{y_{max}}$ (cm³)	$W_{y_{min}}$ (cm³)	i_y (cm)	I_{y1} (cm⁴)
[5	50	37	4.5	7.0	7.0	3.50	6.92	5.44	1.35	26.0	10.4	6.4	1.94	8.3	6.2	3.5	1.10	20.9
[6.3	63	40	4.8	7.5	7.5	3.80	8.45	6.63	1.39	51.2	16.3	9.8	2.46	11.9	8.5	4.6	1.19	28.3
[8	80	43	5.0	8.0	8.0	4.00	10.24	8.04	1.42	101.3	25.3	15.1	3.14	16.6	11.7	5.8	1.27	37.4
[10	100	48	5.3	8.5	8.5	4.20	12.74	10.00	1.52	198.3	39.7	23.5	3.94	25.6	16.9	7.8	1.42	54.9
[12.6	126	53	5.5	9.0	9.0	4.50	15.69	12.31	1.59	388.5	61.7	36.4	4.98	38.0	23.9	10.3	1.56	77.8
[14a	140	58	6.0	9.5	9.5	4.80	18.51	14.53	1.71	563.7	80.5	47.5	5.52	53.2	31.2	13.0	1.70	107.2
[14b	140	60	8.0	9.5	9.5	4.80	21.31	16.73	1.67	609.4	87.1	52.4	5.35	61.2	36.6	14.1	1.69	120.6
[16a	160	63	6.5	10.0	10.0	5.00	21.95	17.23	1.79	866.2	108.3	63.9	6.28	73.4	40.9	16.3	1.83	144.1
[16b	160	65	8.5	10.0	10.0	5.00	25.15	19.75	1.75	934.5	116.8	70.3	6.10	83.4	47.6	17.6	1.82	160.8
[18a	180	68	7.0	10.5	10.5	5.20	25.69	20.17	1.88	1272.7	141.4	83.5	7.04	98.6	52.3	20.0	1.96	189.7
[18b	180	70	9.0	10.5	10.5	5.20	29.29	22.99	1.84	1369.9	152.2	91.6	6.84	111.0	60.4	21.5	1.95	210.1
[20a	200	73	7.0	11.0	11.0	5.50	28.83	22.63	2.01	1780.4	178.0	104.7	7.86	128.0	63.8	24.2	2.11	244.0
[20b	200	75	9.0	11.0	11.0	5.50	32.83	25.77	1.95	1913.7	191.4	114.7	7.64	143.6	73.7	25.9	2.09	268.4
[22a	220	77	7.0	11.5	11.5	5.80	31.84	24.99	2.10	2393.9	217.6	127.6	8.67	157.8	75.1	28.2	2.23	298.2
[22b	220	79	9.0	11.5	11.5	5.80	36.24	28.45	2.03	2571.3	233.8	139.7	8.42	176.5	86.8	30.1	2.21	326.3
[25a	250	78	7.0	12.0	12.0	6.00	34.91	27.40	2.07	3359.1	268.7	157.8	9.81	175.9	85.1	30.7	2.24	324.8
[25b	250	80	9.0	12.0	12.0	6.00	39.91	31.33	1.99	3619.5	289.6	173.5	9.52	196.4	98.5	32.7	2.22	355.1
[25c	250	82	11.0	12.0	12.0	6.00	44.91	35.25	1.96	3880.0	310.4	189.1	9.30	215.9	110.1	34.6	2.19	388.6
[28a	280	82	7.5	12.5	12.5	6.20	40.02	31.42	2.09	4752.5	339.5	200.2	10.90	217.9	104.1	35.7	2.33	393.3
[28b	280	84	9.5	12.5	12.5	6.20	45.62	35.81	2.02	5118.4	365.6	219.8	10.59	241.5	119.3	37.9	2.30	428.5
[28c	280	86	11.5	12.5	12.5	6.20	51.22	40.21	1.99	5484.3	391.7	239.4	10.35	264.1	132.6	40.0	2.27	467.3
[32a	320	88	8.0	14.0	14.0	7.00	48.50	38.07	2.24	7510.6	469.4	276.9	12.44	304.7	136.2	46.4	2.51	547.5
[32b	320	90	10.0	14.0	14.0	7.00	54.90	43.10	2.16	8056.8	503.5	302.5	12.11	335.6	155.0	49.1	2.47	592.9
[32c	320	92	12.0	14.0	14.0	7.00	61.30	48.12	2.13	8602.9	537.7	328.1	11.85	365.0	171.5	51.6	2.44	642.7
[36a	360	96	9.0	16.0	16.0	8.00	60.89	47.80	2.44	11874.1	659.7	389.9	13.96	455.0	186.2	63.6	2.73	818.5
[36b	360	98	11.0	16.0	16.0	8.00	68.09	53.45	2.37	12651.7	702.9	422.3	13.63	496.7	209.2	66.9	2.70	880.5
[36c	360	100	13.0	16.0	16.0	8.00	75.29	59.10	2.34	13429.3	746.1	454.7	13.36	536.6	229.5	70.0	2.67	948.0
[40a	400	100	10.5	18.0	18.0	9.00	75.04	58.91	2.49	17577.7	878.9	524.4	15.30	592.0	237.6	78.8	2.81	1057.9
[40b	400	102	12.5	18.0	18.0	9.00	83.04	65.19	2.44	18644.4	932.2	564.4	14.98	640.6	262.4	82.6	2.78	1135.8
[40c	400	104	14.5	18.0	18.0	9.00	91.04	71.47	2.42	19711.0	985.6	604.4	14.71	687.8	284.4	86.2	2.75	122.03

注：普通槽钢的通常长度：[5～[8 为 5～12m [10～[18 为 5～19m [20～[40 为 6～19m。

6. 热轧轻型槽钢的规格及截面特性

(按 YB164-63 计算)

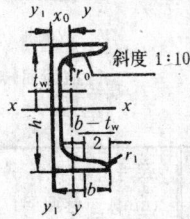

I—截面惯性矩；

W—截面抵抗矩；

S—半截面面积矩；

i—截面回转半径。

附表6

型号	尺 寸 (mm)						截面面积 A (cm²)	每米质量 (kg/m)	截 面 特 性									
									x_0 (cm)	x-x 轴				y-y 轴				y_1-y_1 轴
	h	b	t_w	t	r	r_1				I_x (cm⁴)	W_x (cm³)	S_x (cm³)	i_x (cm)	I_y (cm⁴)	$W_{y_{max}}$ (cm³)	$W_{y_{min}}$ (cm³)	i_y (cm)	I_{y1} (cm⁴)
[5	50	32	4.4	7.0	6.0	2.5	6.16	4.84	1.16	22.8	9.1	5.6	1.92	5.6	4.8	2.8	0.95	13.9
[6.5	65	36	4.4	7.2	6.0	2.5	7.51	5.70	1.24	48.6	15.0	9.0	2.54	8.7	7.0	3.7	1.08	20.2
[8	80	40	4.5	7.4	6.5	2.5	8.98	7.05	1.31	89.4	22.4	13.3	3.16	12.8	9.8	4.8	1.19	28.2
[10	100	46	4.5	7.6	7.0	3.0	10.94	8.59	1.44	173.9	34.8	20.4	3.99	20.4	14.2	6.5	1.37	43.0
[12	120	52	4.8	7.8	7.5	3.0	13.28	10.43	1.54	303.9	50.6	29.6	4.78	31.2	20.2	8.5	1.53	62.8
[14	140	58	4.9	8.1	8.0	3.0	15.56	12.28	1.67	491.1	70.2	40.8	5.60	45.4	27.1	11.0	1.70	89.2
[14a	140	62	4.9	8.7	8.0	3.0	16.98	13.33	1.87	544.8	77.8	45.1	5.66	57.5	30.7	13.3	1.84	116.9
[16	160	64	5.0	8.4	8.5	3.5	18.12	14.22	1.80	747.0	93.4	54.1	6.42	63.3	35.1	13.8	1.87	122.2
[16a	160	68	5.0	9.0	8.5	3.5	19.54	15.34	2.00	823.3	102.9	59.4	6.49	78.8	39.4	16.4	2.01	157.1
[18	180	70	5.1	8.7	9.0	3.5	20.71	16.25	1.94	1086.3	120.7	69.8	7.24	86.0	44.4	17.0	2.04	163.6
[18a	180	74	5.1	9.3	9.0	3.5	22.23	17.45	2.14	1190.7	132.3	76.1	7.32	105.4	49.4	20.0	2.18	206.7
[20	200	76	5.2	9.0	9.5	4.0	23.40	18.37	2.07	1522.0	152.2	87.8	8.07	113.4	54.9	20.5	2.20	213.3
[20a	200	80	5.2	9.7	9.5	4.0	25.16	19.75	2.28	1672.4	167.2	95.9	8.15	138.6	60.8	24.2	2.35	269.3
[22	220	82	5.4	9.5	10.0	4.0	26.72	20.97	2.21	2109.5	191.8	110.4	8.89	150.6	68.0	25.1	2.37	281.4
[22a	220	87	5.4	10.2	10.0	4.0	28.81	22.62	2.46	2327.3	211.6	121.1	8.99	187.1	76.1	30.0	2.55	361.3
[[24	240	90	5.6	10.0	10.5	4.0	30.64	24.05	2.42	2901.1	241.8	138.8	9.73	207.6	85.7	31.6	2.60	387.4
[24a	240	95	5.6	10.7	10.5	4.0	32.89	28.82	2.67	3181.2	265.1	151.3	9.83	253.6	95.0	37.2	2.78	488.5
[27	270	95	6.0	10.5	11.0	4.5	35.23	27.66	2.47	4163.3	308.4	177.6	10.87	261.8	105.8	37.3	2.73	477.5
[30	300	100	6.5	11.0	12.0	5.0	40.47	31.77	2.52	5808.3	387.2	224.0	11.98	326.6	129.8	43.6	2.84	582.9
[33	330	105	7.0	11.7	13.0	5.0	46.52	36.52	2.59	7984.1	483.9	280.9	13.10	410.1	158.3	51.8	2.97	722.2
[36	360	110	7.5	12.6	14.0	6.0	53.37	41.90	2.68	10815.5	600.9	349.6	14.24	513.5	191.3	61.8	3.10	898.2
[40	400	115	8.0	13.5	15.0	6.0	61.53	48.30	2.75	15219.6	761.0	444.3	15.73	642.3	233.1	73.4	3.23	1109.2

注：轻型槽钢的通常长度：[5～[8 为 5～12m，[10～[18 为 5～19m，[20～[40 为 6～19m。

7. 热轧无缝钢管的规格及截面特性

(按 YB231-70 计算)

I—截面惯性矩；

W—截面抵抗矩；

i—截面回转半径。

附表7

尺寸(mm) d	t	截面面积 A (cm²)	每米质量 (kg/m)	I (cm⁴)	W (cm³)	i (cm)	尺寸(mm) d	t	截面面积 A (cm²)	每米质量 (kg/m)	I (cm⁴)	W (cm³)	i (cm)
32	2.5	2.32	1.82	2.54	1.59	1.05	60	3.0	5.37	4.22	21.88	7.29	2.02
	3.0	2.73	2.15	2.90	1.82	1.03		3.5	6.21	4.88	24.88	8.29	2.00
	3.5	3.13	2.46	3.23	2.02	1.02		4.0	7.04	5.52	27.73	9.24	1.98
	4.0	3.52	2.76	3.52	2.20	1.00		4.5	7.85	6.16	30.41	10.14	1.97
38	2.50	2.79	2.19	4.41	2.32	1.26		5.0	8.64	6.78	32.94	10.98	1.95
	3.0	3.30	2.59	5.09	2.68	1.24		5.5	9.42	7.39	35.32	11.77	1.94
	3.5	3.79	2.98	5.70	3.00	1.23		6.0	10.18	7.99	37.56	12.52	1.92
	4.0	4.27	3.35	6.26	3.29	1.21	63.5	3.0	5.70	4.48	26.15	8.24	2.14
42	2.5	3.10	2.44	6.07	2.89	1.40		3.5	6.60	5.18	29.79	9.38	2.12
	3.0	3.68	2.89	7.03	3.35	1.38		4.0	7.48	5.87	33.24	10.47	2.11
	3.5	4.23	3.32	7.91	3.77	1.37		4.5	8.34	6.55	36.50	11.50	2.09
	4.0	4.78	3.75	8.71	4.15	1.35		5.0	9.19	7.21	39.60	12.47	2.08
45	2.5	3.34	2.62	7.56	3.36	1.51		5.5	10.02	7.87	42.52	13.39	2.06
	3.0	3.96	3.11	8.77	3.90	1.49		6.0	10.84	8.51	45.28	14.26	2.04
	3.5	4.56	3.58	9.89	4.40	1.47	68	3.0	6.13	4.81	32.42	9.54	2.30
	4.0	5.15	4.04	10.93	4.86	1.46		3.5	7.09	5.57	36.99	10.88	2.28
50	2.5	3.73	2.93	10.55	4.22	1.68		4.0	8.04	6.31	41.34	12.16	2.27
	3.0	4.43	3.48	12.28	4.91	1.67		4.5	8.98	7.05	45.47	13.37	2.25
	3.5	5.11	4.01	13.90	5.56	1.65		5.0	9.90	7.77	49.41	14.53	2.23
	4.0	5.78	4.54	15.41	6.16	1.63		5.5	10.80	8.48	53.14	15.63	2.22
	4.5	6.43	5.05	16.81	6.72	1.62		6.0	11.69	9.17	56.68	16.67	2.20
	5.0	7.07	5.55	18.11	7.25	1.60	70	3.0	6.31	4.96	35.50	10.14	2.37
54	3.0	4.81	3.77	15.68	5.81	1.81		3.5	7.31	5.74	40.53	11.58	2.35
	3.5	5.55	4.36	17.79	6.59	1.79		4.0	8.29	6.51	45.33	12.95	2.34
	4.0	6.28	4.93	19.76	7.32	1.77		4.5	9.26	7.27	49.89	14.26	2.32
	4.5	7.00	5.49	21.61	8.00	1.76		5.0	10.21	8.01	54.24	15.50	2.30
	5.0	7.70	6.04	23.34	8.64	1.74		5.5	11.14	8.75	58.38	16.68	2.29
	5.5	8.38	6.58	24.96	9.24	1.73		6.0	12.06	9.47	62.31	17.80	2.27
	6.0	9.05	7.10	26.46	9.80	1.71	73	3.0	6.60	5.18	40.48	11.09	2.48
57	3.0	5.09	4.00	18.61	6.53	1.91		3.5	7.64	6.00	46.26	12.67	2.46
	3.5	5.88	4.62	21.14	7.42	1.90		4.0	8.67	6.81	51.78	14.19	2.44
	4.0	6.66	5.23	23.52	8.25	1.88		4.5	9.68	7.60	57.04	15.63	2.43
	4.5	7.42	5.83	25.76	9.04	1.86		5.0	10.68	8.38	62.07	17.01	2.41
	5.0	8.17	6.41	27.86	9.78	1.85		5.5	11.66	9.16	66.87	18.32	2.39
	5.5	8.90	6.99	29.84	10.47	1.83		6.0	12.63	9.91	71.43	19.57	2.38
	6.0	9.61	7.55	31.69	11.12	1.82	76	3.0	6.88	5.40	45.91	12.08	2.58
								3.5	7.97	6.26	52.50	13.82	2.57
								4.0	9.05	7.10	58.81	15.48	2.55
								4.5	10.11	7.93	64.85	17.07	2.53
								5.0	11.15	8.75	70.62	18.59	2.52
								5.5	12.18	9.56	76.14	20.04	2.50
								6.0	13.19	10.36	81.41	21.42	2.48

尺寸(mm) d	t	截面面积 A (cm²)	每米质量 (kg/m)	I (cm⁴)	W (cm³)	i (cm)	尺寸(mm) d	t	截面面积 A (cm²)	每米质量 (kg/m)	I (cm⁴)	W (cm³)	i (cm)
83	3.5	8.74	6.86	69.19	16.67	2.81	127	4.0	15.46	12.13	292.61	46.08	4.35
	4.0	9.93	7.79	77.64	18.71	2.80		4.5	17.32	13.59	325.29	51.23	4.33
	4.5	11.10	8.71	85.76	20.67	2.78		5.0	19.16	15.04	357.14	56.24	4.32
	5.0	12.25	9.62	93.56	22.54	2.76		5.5	20.99	16.48	388.19	61.13	4.30
	5.5	13.39	10.51	101.04	24.35	2.75		6.0	22.81	17.90	418.44	65.90	4.28
	6.0	14.51	11.39	108.22	26.08	2.73		6.5	24.61	19.32	447.92	70.54	4.27
	6.5	15.62	12.26	115.10	27.74	2.71		7.0	26.39	20.72	476.63	75.06	4.25
	7.0	16.71	13.12	121.69	29.32	2.70		7.5	28.16	22.10	504.58	79.46	4.23
89	3.5	9.40	7.38	86.05	19.34	3.03		8.0	29.91	23.48	531.80	83.75	4.22
	4.0	10.68	8.38	96.68	21.73	3.01	133	4.0	16.21	12.73	337.53	50.76	4.56
	4.5	11.95	9.38	106.92	24.03	2.99		4.5	18.17	14.26	375.42	56.45	4.55
	5.0	13.19	10.36	116.79	26.24	2.98		5.0	20.11	15.78	412.40	62.02	4.53
	5.5	14.43	11.33	126.29	28.38	2.96		5.5	22.03	17.29	448.50	67.44	4.51
	6.0	15.65	12.28	135.43	30.43	2.94		6.0	23.94	18.79	483.72	72.74	4.50
	6.5	16.85	13.22	144.22	32.41	2.93		6.5	25.83	20.28	518.07	77.91	4.48
	7.0	18.03	14.16	152.67	34.31	2.91		7.0	27.71	21.75	551.58	82.94	4.46
95	3.5	10.06	7.90	105.45	22.20	3.24		7.5	29.57	23.21	584.25	87.86	4.45
	4.0	11.44	8.98	118.60	24.97	3.22		8.0	31.42	24.66	616.11	92.65	4.43
	4.5	12.79	10.04	131.31	27.64	3.20	140	4.5	19.16	15.04	440.12	62.87	4.79
	5.0	14.14	11.10	143.58	30.23	3.19		5.0	21.21	16.65	483.76	69.11	4.78
	5.5	15.46	12.14	155.43	32.72	3.17		5.5	23.24	18.24	526.40	75.20	4.76
	6.0	16.78	13.17	166.86	35.13	3.15		6.0	25.26	19.83	568.06	81.15	4.74
	6.5	18.07	14.19	177.89	37.45	3.14		6.5	27.26	21.40	608.76	86.97	4.73
	7.0	19.35	15.19	188.51	39.69	3.12		7.0	29.25	22.96	648.51	92.64	4.71
102	3.5	10.83	8.50	131.52	25.79	3.48		7.5	31.22	24.51	687.32	98.19	4.69
	4.0	12.32	9.67	148.09	29.04	3.47		8.0	33.18	26.04	725.21	103.60	4.68
	4.5	13.78	10.82	164.14	32.18	3.45		9.0	37.04	29.08	798.29	114.04	4.64
	5.0	15.24	11.96	179.68	35.23	3.43		10	40.84	32.06	867.86	123.98	4.61
	5.5	16.67	13.09	194.72	38.18	3.42	146	4.5	20.00	15.70	501.16	68.65	5.01
	6.0	18.10	14.21	209.28	41.03	3.40		5.0	22.15	17.39	551.10	75.49	4.99
	6.5	19.50	15.31	223.35	43.79	3.38		5.5	24.28	19.06	599.95	82.19	4.97
	7.0	20.89	16.40	236.96	46.46	3.37		6.0	26.39	20.72	647.73	88.73	4.95
114	4.0	13.82	10.85	209.35	36.73	3.89		6.5	28.49	22.36	694.44	95.13	4.94
	4.5	15.48	12.15	232.41	40.77	3.87		7.0	30.57	24.00	740.12	101.39	4.92
	5.0	17.12	13.44	254.81	44.70	3.86		7.5	32.63	25.62	784.77	107.50	4.90
	5.5	18.75	14.72	276.58	48.52	3.84		8.0	34.68	27.23	828.41	113.48	4.89
	6.0	20.36	15.98	297.73	52.23	3.82		9.0	38.74	30.41	912.71	125.03	4.85
	6.5	21.95	17.23	318.26	55.84	3.81		10	42.73	33.54	993.16	136.05	4.82
	7.0	23.53	18.47	338.19	59.33	3.79	152	4.5	20.85	16.37	567.61	74.69	5.22
	7.5	25.09	19.70	357.53	62.73	3.77		5.0	23.09	18.13	624.43	82.16	5.20
	8.0	26.64	20.91	376.30	66.02	3.76		5.5	25.31	19.87	680.06	89.48	5.18
121	4.0	14.70	11.54	251.87	41.63	4.14		6.0	27.52	21.60	734.52	96.65	5.17
	4.5	16.47	12.93	279.83	46.25	4.12		6.5	29.71	23.32	787.82	103.66	5.15
	5.0	18.22	14.30	307.05	50.75	4.11		7.0	31.89	25.03	839.99	110.52	5.13
	5.5	19.96	15.67	333.54	55.13	4.09		7.5	34.05	26.73	891.03	117.24	5.12
	6.0	21.68	17.02	359.32	59.39	4.07		8.0	36.19	28.41	940.97	123.81	5.10
	6.5	23.38	18.35	384.40	63.54	4.05		9.0	40.43	31.74	1037.59	136.53	5.07
	7.0	25.07	19.68	408.80	67.57	4.04		10	44.61	35.02	1129.99	148.68	5.03
	7.5	26.74	20.99	432.51	71.49	4.02							
	8.0	28.40	22.29	455.57	75.30	4.01							

续表

尺寸(mm) d	t	截面面积 A (cm²)	每米质量 (kg/m)	I (cm⁴)	W (cm³)	i (cm)
159	4.5	21.84	17.15	652.27	82.05	5.46
	5.0	24.19	18.99	717.88	90.30	5.45
	5.5	26.52	20.82	782.18	98.39	5.43
	6.0	28.84	22.64	845.19	106.31	5.41
	6.5	31.14	24.45	906.92	114.08	5.40
	7.0	33.43	26.24	967.41	121.69	5.38
	7.5	35.70	28.02	1026.65	129.14	5.36
	8.0	37.95	29.79	1084.67	136.44	5.35
	9.0	42.41	33.29	1197.12	150.58	5.31
	10	46.81	36.75	1304.88	164.14	5.28
168	4.5	23.11	18.14	772.96	92.02	5.78
	5.0	25.60	20.10	851.14	101.33	5.77
	5.5	28.08	22.04	927.85	110.46	5.75
	6.0	30.54	23.97	1003.12	119.42	5.73
	6.5	32.98	25.89	1076.95	128.21	5.71
	7.0	35.41	27.79	1149.36	136.83	5.70
	7.5	37.82	29.69	1220.38	145.28	5.68
	8.0	40.21	31.57	1290.01	153.57	5.66
	9.0	44.96	35.29	1425.22	169.67	5.63
	10	49.64	38.97	1555.13	185.13	5.60
180	5.0	27.49	21.58	1053.17	117.02	6.19
	5.5	30.15	23.67	1148.79	127.64	6.17
	6.0	32.80	25.75	1242.72	138.08	6.16
	6.5	35.43	27.81	1335.00	148.33	6.14
	7.0	38.04	29.87	1425.63	158.40	6.12
	7.5	40.64	31.91	1514.64	168.29	6.10
	8.0	43.23	33.93	1602.04	178.00	6.09
	9.0	48.25	37.95	1772.12	196.90	6.05
	10	53.41	41.92	1936.01	215.11	6.02
	12	63.33	49.72	2245.84	249.54	5.95
194	5.0	29.69	23.31	1326.54	136.76	6.68
	5.5	32.57	25.57	1447.86	149.26	6.67
	6.0	35.44	27.82	1567.21	161.57	6.65
	6.5	38.29	30.06	1684.61	173.67	6.63
	7.0	41.12	32.28	1800.08	185.57	6.62
	7.5	43.94	34.50	1913.64	197.28	6.60
	8.0	46.75	36.70	2025.31	208.79	6.58
	9.0	52.31	41.06	2243.08	231.25	6.55
	10	57.81	45.38	2453.55	252.94	6.51
	12	68.61	53.86	2853.25	294.15	6.45
203	6.0	37.13	29.15	1803.07	177.64	6.97
	6.5	40.13	31.50	1938.81	191.02	6.95
	7.0	43.10	33.84	2072.43	204.18	6.93
	7.5	46.06	36.16	2203.94	217.14	6.92
	8.0	49.01	38.47	2333.37	229.89	6.90
	9.0	54.85	43.06	2586.08	254.79	6.87
	10	60.63	47.60	2830.72	278.89	6.83
	12	72.01	56.52	3296.49	324.78	6.77
	14	83.13	65.25	3732.07	367.69	6.70
	16	94.00	73.79	4138.78	407.76	6.64

尺寸(mm) d	t	截面面积 A (cm²)	每米质量 (kg/m)	I (cm⁴)	W (cm³)	i (cm)
219	6.0	40.15	31.52	2278.74	208.10	7.53
	6.5	43.39	34.06	2451.64	223.89	7.52
	7.0	46.62	36.60	2622.04	239.46	7.50
	7.5	49.83	39.12	2789.96	254.79	7.48
	8.0	53.03	41.63	2955.43	269.90	7.47
	9.0	59.38	46.61	3279.12	299.46	7.43
	10	65.66	51.54	3593.29	328.15	7.40
	12	78.04	61.26	4193.81	383.00	7.33
	14	90.16	70.78	4758.50	434.57	7.26
	16	102.04	80.10	5288.81	483.00	7.20
245	6.5	48.70	38.23	3465.46	282.89	8.44
	7.0	52.34	41.08	3709.06	302.78	8.42
	7.5	55.96	43.93	3949.52	322.41	8.40
	8.0	59.56	46.76	4186.87	341.79	8.38
	9.0	66.73	52.38	4652.32	379.78	8.35
	10	73.83	57.95	5105.63	416.79	8.32
	12	87.84	68.95	5976.67	487.89	8.25
	14	101.60	79.76	6801.68	555.24	8.18
	16	115.11	90.36	7582.30	618.96	8.12
273	6.5	54.42	42.72	4834.18	354.15	9.42
	7.0	58.50	45.92	5177.30	379.29	9.41
	7.5	62.56	49.11	5516.47	404.14	9.39
	8.0	66.60	52.28	5851.71	428.70	9.37
	9.0	74.64	58.60	6510.56	476.96	9.34
	10	82.62	64.86	7154.09	524.11	9.31
	12	98.39	77.24	8396.14	615.10	9.24
	14	113.91	89.42	9579.75	701.81	9.17
	16	129.18	101.41	10706.79	784.38	9.10
299	7.5	68.68	53.92	7300.02	488.30	10.31
	8.0	73.14	57.41	7747.42	518.22	10.29
	9.0	82.00	64.37	8628.09	577.13	10.26
	10	90.79	71.27	9490.15	634.79	10.22
	12	108.20	84.93	11159.52	746.46	10.16
	14	125.35	98.40	12757.61	853.35	10.09
	16	142.25	111.67	14286.48	955.62	10.02
325	7.5	74.81	58.73	9431.80	580.42	11.23
	8.0	79.67	62.54	10013.92	616.24	11.21
	9.0	89.35	70.14	11161.33	686.85	11.18
	10	98.96	77.68	12286.52	756.09	11.14
	12	118.00	92.63	14471.45	890.55	11.07
	14	136.78	107.38	16570.98	1019.75	11.01
	16	155.32	121.93	18587.38	1143.84	10.94
351	8.0	86.21	67.67	12684.36	722.76	12.13
	9.0	96.70	75.91	14147.55	806.13	12.10
	10	107.13	84.10	15584.62	888.01	12.06
	12	127.80	100.32	18381.63	1047.39	11.99
	14	148.22	116.35	21077.86	1201.02	11.93
	16	168.39	132.19	23675.75	1349.05	11.86

注：热轧无缝钢管的通常长度为3～12m。

8. 电焊钢管的规格及截面特性

(按 YB242-63 计算)

I—截面惯性矩;

W—截面抵抗矩;

i—截面回转半径。

附表8

尺寸 (mm) d	t	截面面积 A (cm²)	每米质量 (kg/m)	I (cm⁴)	W (cm³)	i (cm)
32	2.0	1.88	1.48	2.13	1.33	1.06
	2.5	2.32	1.82	2.54	1.59	1.05
38	2.0	2.26	1.78	3.68	1.93	1.27
	2.5	2.79	2.19	4.41	2.32	1.26
40	2.0	2.39	1.87	4.32	2.16	1.35
	2.5	2.95	2.31	5.20	2.60	1.33
42	2.0	2.51	1.97	5.04	2.40	1.42
	2.5	3.10	2.44	6.07	2.89	1.40
45	2.0	2.70	2.12	6.26	2.78	1.52
	2.5	3.34	2.62	7.56	3.36	1.51
	3.0	3.96	3.11	8.77	3.90	1.49
51	2.0	3.08	2.42	9.26	3.63	1.73
	2.5	3.81	2.99	11.23	4.40	1.72
	3.0	4.52	3.55	13.08	5.13	1.70
	3.5	5.22	4.10	14.81	5.81	1.68
53	2.0	3.20	2.52	10.43	3.94	1.80
	2.5	3.97	3.11	12.67	4.78	1.79
	3.0	4.71	3.70	14.78	5.58	1.77
	3.5	5.44	4.27	16.75	6.32	1.75
57	2.0	3.46	2.71	13.08	4.59	1.95
	2.3	4.28	3.36	15.93	5.59	1.93
	3.0	5.09	4.00	18.61	6.53	1.91
	3.5	5.88	4.62	21.14	7.42	1.90
60	2.0	3.64	2.86	15.34	5.11	2.05
	2.5	4.52	3.55	18.70	6.23	2.03
	3.0	5.37	4.22	21.88	7.29	2.02
	3.5	6.21	4.88	24.88	8.29	2.00
63.5	2.0	3.86	3.03	18.29	5.76	2.18
	2.5	4.79	3.76	22.32	7.03	2.16
	3.0	5.70	4.48	26.15	8.24	2.14
	3.5	6.60	5.18	29.79	9.38	2.12
70	2.0	4.27	3.35	24.72	7.06	2.41
	2.5	5.30	4.16	30.23	8.64	2.39
	3.0	6.31	4.96	35.50	10.14	2.37
	3.5	7.31	5.74	40.53	11.58	2.35
	4.5	9.26	7.27	49.89	14.26	2.32
76	2.0	4.65	3.65	31.85	9.38	2.62
	2.5	5.77	4.53	39.03	10.27	2.60
	3.0	6.88	5.40	45.91	12.08	2.58
	3.5	7.97	6.26	52.50	13.82	2.57
	4.0	9.05	7.10	58.81	15.48	2.55
	4.5	10.11	7.93	64.85	17.07	2.53
83	2.0	5.09	4.00	41.76	10.06	2.86
	2.5	6.32	4.96	51.26	12.35	2.85
	3.0	7.54	5.92	60.40	14.56	2.83
	3.5	8.74	6.86	69.19	16.67	2.81
	4.0	9.93	7.79	77.64	18.71	2.80
	4.5	11.10	8.71	85.76	20.67	2.78

尺寸 (mm) d	t	截面面积 A (cm²)	每米质量 (kg/m)	I (cm⁴)	W (cm³)	i (cm)
89	2.0	5.47	4.29	51.75	11.63	3.08
	2.5	6.79	5.33	63.59	14.29	3.06
	3.0	8.11	6.36	75.02	16.86	3.04
	3.5	9.40	7.38	86.05	19.34	3.03
	4.0	10.68	8.38	96.68	21.73	3.01
	4.5	11.95	9.38	106.92	24.03	2.99
95	2.0	5.84	4.59	63.20	13.31	3.29
	2.5	7.26	5.70	77.76	16.37	3.27
	3.0	8.67	6.81	91.83	19.33	3.25
	3.5	10.06	7.90	105.45	22.20	3.24
102	2.0	6.28	4.03	78.57	15.41	3.54
	2.5	7.81	6.13	96.77	18.97	3.52
	3.0	9.33	7.32	114.42	22.43	3.50
	3.5	10.83	8.50	131.52	25.79	3.48
	4.0	12.32	9.67	148.09	29.04	3.47
	4.5	13.78	10.82	164.14	32.18	3.45
	5.0	15.24	11.96	179.68	35.23	3.43
108	3.0	9.90	7.77	136.49	25.28	3.71
	3.5	11.49	9.02	157.02	29.08	3.70
	4.0	13.07	10.26	176.95	32.77	3.68
114	3.0	10.46	8.21	161.24	28.29	3.93
	3.5	12.15	9.54	185.63	32.57	3.91
	4.0	13.82	10.85	209.35	36.73	3.89
	4.5	15.48	12.15	232.41	40.77	3.87
	5.0	17.12	13.44	254.81	44.70	3.86
121	3.0	11.12	8.73	193.69	32.01	4.17
	3.5	12.92	10.14	223.17	36.89	4.16
	4.0	14.70	11.54	251.87	41.63	4.14
127	3.0	11.69	9.17	224.75	35.39	4.39
	3.5	13.58	10.66	259.11	40.80	4.37
	4.0	15.46	12.13	292.61	46.08	4.35
	4.5	17.32	13.59	325.29	51.23	4.33
	5.0	19.16	15.04	357.14	56.24	4.32
133	3.5	14.24	11.18	298.71	44.92	4.58
	4.0	16.21	12.73	337.53	50.76	4.56
	4.5	18.17	14.26	375.42	56.45	4.55
	5.0	20.11	15.78	412.40	62.02	4.53
140	3.5	15.01	11.78	349.79	49.97	4.83
	4.0	17.09	13.42	395.47	56.50	4.81
	4.5	19.16	15.04	440.12	62.87	4.79
	5.0	21.21	16.65	483.76	69.11	4.78
	5.5	23.24	18.24	526.40	75.20	4.76
152	3.5	16.33	12.82	450.35	59.26	5.25
	4.0	18.60	14.60	509.59	67.05	5.23
	4.5	20.85	16.37	567.61	74.69	5.22
	5.0	23.09	18.13	624.43	82.16	5.20
	5.5	25.31	19.87	680.06	89.48	5.18

注：电焊钢管的通常长度：d=32～70mm 时，为 3～10m；d=76～152mm 时，为 4～10m。

1. 两个热轧等边角钢

(按 GB9787

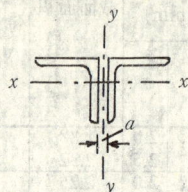

角钢型号	截面面积 A (cm²)	每米质量 (kg/m)	x−x 轴				0		4		6	
			I_x (cm⁴)	$W_{x_{max}}$ (cm³)	$W_{x_{min}}$ (cm³)	i_x (cm)	W_y (cm³)	i_y (cm)	W_y (cm³)	i_y (cm)	W_y (cm³)	i_y (cm)
2∟20× 3	2.26	1.78	0.80	1.33	0.57	0.59	0.81	0.85	1.03	1.00	1.15	1.08
4	2.92	2.29	0.99	1.55	0.73	0.58	1.09	0.87	1.38	1.02	1.55	1.11
2∟25× 3	2.86	2.25	1.63	2.25	0.92	0.76	1.26	1.05	1.52	1.20	1.66	1.27
4	3.72	2.92	2.05	2.69	1.18	0.74	1.69	1.07	2.04	1.22	2.21	1.30
2∟30× 3	3.50	2.75	2.91	3.44	1.35	0.91	1.81	1.25	2.11	1.39	2.28	1.47
4	4.55	3.57	3.69	4.16	1.75	0.90	2.42	1.26	2.83	1.41	3.06	1.49
3	4.22	3.31	5.16	5.18	1.98	1.11	2.60	1.49	2.95	1.63	3.14	1.70
2∟36×4	5.51	4.33	6.59	6.36	2.57	1.09	3.47	1.51	3.95	1.65	4.21	1.73
5	6.76	5.31	7.90	7.36	3.13	1.08	4.36	1.52	4.96	1.67	5.30	1.75
3	4.72	3.70	7.18	6.56	2.47	1.23	3.20	1.65	3.59	1.79	3.80	1.86
2∟40×4	6.17	4.85	9.19	8.11	3.21	1.22	4.28	1.67	4.80	1.81	5.09	1.88
5	7.58	5.95	11.06	9.44	3.91	1.21	5.37	1.68	6.03	1.83	6.39	1.90
3	5.32	4.18	10.35	8.50	3.15	1.39	4.05	1.85	4.48	1.99	4.71	2.06
2∟45× 4	6.97	5.47	13.31	10.58	4.11	1.38	5.41	1.87	5.99	2.01	6.30	2.08
5	8.58	6.74	16.07	12.39	5.02	1.37	6.78	1.89	7.51	2.03	7.91	2.10
6	10.15	7.97	18.65	13.98	5.89	1.36	8.16	1.90	9.05	2.05	9.53	2.12

截面特性

的组合截面特性

（−88 计算）

I——截面惯性矩；

W——截面抵抗矩；

i——截面回转半径。

附表 9

特	性												

$y-y$ 轴

当 a(mm)为

8		10		12		14		16		18		20	
W_y (cm³)	i_y (cm)	W_y (cm³)	i_y (cm)	W_y (cm³)	i_y (cm)	W_y (cm³)	i_y (cm)	W_y (cm³)	i_y (cm)	W_y (cm³)	i_y (cm)	W_y (cm³)	i_y (cm)
1.28	1.17	1.42	1.25	1.57	1.34	1.72	1.43	1.88	1.52	2.04	1.62	2.20	1.71
1.73	1.19	1.91	1.28	2.10	1.37	2.30	1.46	2.51	1.55	2.72	1.65	2.94	1.74
1.82	1.36	1.98	1.44	2.15	1.53	2.33	1.61	2.52	1.70	2.71	1.79	2.91	1.88
2.44	1.38	2.66	1.47	2.89	1.55	3.13	1.64	3.38	1.73	3.63	1.82	3.89	1.91
2.46	1.55	2.65	1.63	2.84	1.71	3.05	1.80	3.26	1.88	3.49	1.97	3.71	2.06
3.30	1.57	3.55	1.65	3.82	1.74	4.09	1.82	4.38	1.91	4.67	2.00	4.97	2.09
3.35	1.78	3.56	1.86	3.79	1.94	4.02	2.03	4.27	2.11	4.52	2.20	4.78	2.28
4.49	1.80	4.78	1.89	5.08	1.97	5.39	2.05	5.72	2.14	6.05	2.22	6.40	2.31
5.64	1.83	6.01	1.91	6.39	1.99	6.78	2.08	7.19	2.16	7.61	2.25	8.04	2.34
4.02	1.94	4.26	2.01	4.50	2.09	4.76	2.18	5.02	2.26	5.29	2.34	5.57	2.43
5.39	1.96	5.70	2.04	6.03	2.12	6.37	2.20	6.72	2.29	7.09	2.37	7.46	2.46
6.77	1.98	7.17	2.06	7.58	2.14	8.01	2.23	8.45	2.31	8.90	2.40	9.37	2.49
4.95	2.14	5.21	2.21	5.47	2.29	5.75	2.37	6.04	2.45	6.33	2.54	6.64	2.62
6.63	2.16	6.97	2.24	7.33	2.32	7.70	2.40	8.09	2.48	8.48	2.56	8.89	2.65
8.32	2.18	8.76	2.26	9.21	2.34	9.67	2.42	10.15	2.50	10.65	2.59	11.16	2.67
10.04	2.20	10.56	2.28	11.10	2.36	11.66	2.44	12.24	2.53	12.84	2.61	13.45	2.70

313

角钢型号	截面面积 A (cm²)	每米质量 (kg/m)	x-x 轴				0		4		6	
			I_x (cm⁴)	$W_{x_{max}}$ (cm³)	$W_{x_{min}}$ (cm³)	i_x (cm)	W_y (cm³)	i_y (cm)	W_y (cm³)	i_y (cm)	W_y (cm³)	i_y (cm)
2∟50× 3	5.94	4.66	14.35	10.72	3.92	1.55	5.00	2.05	5.47	2.19	5.72	2.26
4	7.79	6.12	18.51	13.41	5.12	1.54	6.68	2.07	7.31	2.21	7.65	2.28
5	9.61	7.54	22.43	15.79	6.26	1.53	8.36	2.09	9.16	2.23	9.59	2.30
6	11.38	8.93	26.10	17.90	7.37	1.51	10.06	2.10	11.03	2.25	11.56	2.32
2∟56× 3	6.69	5.25	20.38	13.72	4.95	1.75	6.27	2.29	6.79	2.43	7.06	2.50
4	8.78	6.89	26.37	17.26	6.48	1.73	8.37	2.31	9.07	2.45	9.44	2.52
5	10.83	8.50	32.03	20.43	7.94	1.72	10.47	2.33	11.36	2.47	11.83	2.54
8	16.73	13.14	47.25	28.13	12.05	1.68	16.87	2.38	18.34	2.52	19.13	2.60
2∟63×6 4	9.96	7.81	38.06	22.43	8.27	1.96	10.59	2.59	11.36	2.72	11.78	2.79
5	12.29	9.64	46.35	26.67	10.16	1.94	13.25	2.61	14.23	2.74	14.75	2.82
6	14.58	11.44	54.24	30.51	11.99	1.93	15.92	2.62	17.11	2.76	17.75	2.83
8	19.03	14.94	68.89	37.18	15.49	1.90	21.31	2.66	22.94	2.80	23.80	2.87
10	23.31	18.30	82.19	42.68	18.79	1.88	26.77	2.69	28.85	2.84	29.95	2.91
2∟70×6 4	11.14	8.74	52.79	28.33	10.28	2.18	13.07	2.87	13.92	3.00	14.37	3.07
5	13.75	10.79	64.42	33.78	12.65	2.16	16.35	2.88	17.43	3.02	18.00	3.09
6	16.32	12.81	75.54	38.78	14.95	2.15	19.64	2.90	20.95	3.04	21.64	3.11
7	18.85	14.80	86.17	43.37	17.19	2.14	22.94	2.92	24.49	3.06	25.31	3.13
8	21.33	16.75	96.34	47.58	19.37	2.13	26.26	2.94	28.05	3.08	29.00	3.15
2∟75×7 5	14.82	11.64	79.91	39.45	14.60	2.32	18.76	3.08	19.91	3.22	20.52	3.29
6	17.59	13.81	93.81	45.37	17.27	2.31	22.54	3.10	23.93	3.24	24.67	3.31
7	20.32	15.95	107.14	50.83	19.87	2.30	26.32	3.12	27.97	3.26	28.84	3.33
8	23.01	18.06	119.93	55.87	22.40	2.28	30.13	3.13	32.03	3.27	33.03	3.35
10	28.25	22.18	143.97	64.80	27.28	2.26	37.79	3.17	40.22	3.31	41.49	3.38
2∟80×7 5	15.82	12.42	97.58	45.39	16.68	2.48	21.34	3.28	22.56	3.42	23.20	3.49
6	18.79	14.75	114.70	52.33	19.75	2.47	25.63	3.30	27.10	3.44	27.88	3.51
7	21.72	17.05	131.16	58.75	22.74	2.46	29.93	3.32	31.67	3.46	32.59	3.53
8	24.61	19.32	146.99	64.71	25.66	2.44	34.24	3.34	36.25	3.48	37.31	3.55
10	30.25	23.75	176.86	75.36	31.29	2.42	42.93	3.37	45.50	3.51	46.84	3.58
2∟90×8 6	21.27	16.70	165.54	67.97	25.22	2.79	32.41	3.70	34.06	3.84	34.92	3.91
7	24.60	19.31	189.66	76.57	29.07	2.78	37.84	3.72	39.78	3.86	40.79	3.93
8	27.89	21.89	212.94	84.60	32.85	2.76	43.29	3.74	45.32	3.88	46.69	3.95
10	34.33	26.95	257.16	99.14	40.14	2.74	54.24	3.77	57.08	3.91	58.57	3.98
12	40.61	31.88	298.44	111.86	47.13	2.71	65.28	3.80	68.75	3.95	70.56	4.02

特　性

		y–y 轴												
						当 a(mm)为								
8		10		12		14		16		18		20	
W_y (cm³)	i_y (cm)	W_y (cm³)	i_y (cm)	W_y (cm³)	i_y (cm)	W_y (cm³)	i_y (cm)	W_y (cm³)	i_y (cm)	W_y (cm³)	i_y (cm)	W_y (cm³)	i_y (cm)
5.98	2.33	6.26	2.41	6.55	2.48	6.85	2.56	7.16	2.64	7.48	2.73	7.81	2.81
8.01	2.36	8.38	2.43	8.77	2.51	9.17	2.59	9.58	2.67	10.01	2.75	10.45	2.84
10.05	2.38	10.52	2.45	11.00	2.53	11.51	2.61	12.03	2.70	12.56	2.78	13.11	2.86
12.10	2.40	12.67	2.48	13.26	2.56	13.87	2.64	14.50	2.72	15.14	2.80	15.80	2.89
7.35	2.57	7.66	2.64	7.97	2.72	8.30	2.80	8.64	2.88	8.98	2.96	9.34	3.04
9.83	2.59	10.24	2.67	10.66	2.74	11.10	2.82	11.55	2.90	12.02	2.98	12.49	3.06
12.33	2.61	12.84	2.69	13.38	2.77	13.93	2.85	14.49	2.93	15.08	3.01	15.67	3.09
19.94	2.67	20.78	2.75	21.65	2.83	22.55	2.91	23.46	3.00	24.41	3.08	25.37	3.16
12.21	2.87	12.66	2.94	13.12	3.02	13.60	3.09	14.10	3.17	14.61	3.25	15.13	3.33
15.30	2.89	15.86	2.96	16.45	3.04	17.05	3.12	17.67	3.20	18.31	3.28	18.97	3.36
18.41	2.91	19.09	2.98	19.80	3.06	20.53	3.14	21.28	3.22	22.05	3.30	22.83	3.38
24.70	2.95	25.62	3.03	26.58	3.10	27.56	3.18	28.57	3.26	29.60	3.35	30.65	3.43
31.09	2.99	32.26	3.07	33.46	3.15	34.70	3.23	35.97	3.31	37.27	3.39	38.59	3.48
14.85	3.14	15.34	3.21	15.84	3.29	16.36	3.36	16.90	3.44	17.45	3.52	18.02	3.60
18.60	3.16	19.21	3.24	19.85	3.31	20.50	3.39	21.18	3.47	21.87	3.54	22.58	3.62
22.36	3.18	23.11	3.26	23.88	3.33	24.67	3.41	25.48	3.49	26.32	3.57	27.17	3.65
26.16	3.20	27.03	3.28	27.94	3.36	28.86	3.43	29.82	3.51	30.79	3.59	31.79	3.67
29.97	3.22	30.98	3.30	32.02	3.38	33.09	3.46	34.18	3.54	35.30	3.62	36.45	3.70
21.15	3.36	21.81	3.43	22.48	3.50	23.17	3.58	23.89	3.66	24.62	3.73	25.36	3.81
25.43	3.38	26.22	3.45	27.04	3.53	27.87	3.60	28.73	3.68	29.61	3.76	30.51	3.84
29.74	3.40	30.67	3.47	31.62	3.55	32.60	3.63	33.61	3.71	34.64	3.78	35.69	3.86
34.07	3.42	35.13	3.50	36.23	3.57	37.36	3.65	38.52	3.73	39.70	3.81	40.91	3.89
42.81	3.46	44.16	3.54	45.55	3.61	46.97	3.69	48.43	3.77	49.92	3.85	51.44	3.93
23.86	3.56	24.55	3.63	25.26	3.71	25.99	3.78	26.74	3.86	27.50	3.93	28.29	4.01
28.69	3.58	29.52	3.65	30.37	3.73	31.25	3.80	32.15	3.88	33.08	3.96	34.02	4.04
33.53	3.60	34.51	3.67	35.51	3.75	36.54	3.83	37.60	3.90	38.68	3.98	39.79	4.06
38.40	3.62	39.53	3.70	40.68	3.77	41.87	3.85	43.08	3.93	44.32	4.00	45.59	4.08
48.23	3.66	49.65	3.74	51.11	3.81	52.61	3.89	54.14	3.97	55.70	4.05	57.30	4.13
35.81	3.98	36.72	4.05	37.66	4.12	38.63	4.20	39.62	4.27	40.63	4.35	41.66	4.43
41.84	4.00	42.91	4.07	44.02	4.14	45.15	4.22	46.31	4.30	47.50	4.37	48.71	4.45
47.90	4.02	49.13	4.09	50.40	4.17	51.71	4.24	53.04	4.32	54.40	4.39	55.79	4.47
60.09	4.06	61.66	4.13	63.27	4.21	64.91	4.28	66.59	4.36	68.31	4.44	70.06	4.52
72.42	4.09	74.32	4.17	76.27	4.25	78.26	4.32	80.30	4.40	82.37	4.48	84.49	4.56

角钢型号		截面面积 A (cm²)	每米质量 (kg／m)	$x-x$ 轴				0		4		6	
				I_x (cm⁴)	$W_{x_{max}}$ (cm³)	$W_{x_{min}}$ (cm³)	i_x (cm)	W_y (cm³)	i_y (cm)	W_y (cm³)	i_y (cm)	W_y (cm³)	i_y (cm)
2∟100×	6	23.86	18.73	229.89	86.07	31.37	3.10	40.01	4.09	41.82	4.23	42.77	4.30
	7	27.59	21.66	263.71	97.14	36.20	3.09	46.71	4.11	48.84	4.25	49.95	4.32
	8	31.28	24.55	296.49	107.55	40.93	3.08	53.42	4.13	55.87	4.27	57.16	4.34
	10	38.52	30.24	359.03	126.58	50.12	3.05	66.90	4.17	70.02	4.31	71.65	4.38
	12	45.60	35.80	417.70	143.44	58.95	3.03	80.47	4.20	84.28	4.34	86.26	4.41
	14	52.51	41.22	473.05	158.38	67.45	3.00	94.15	4.23	98.66	4.38	101.00	4.45
	16	59.25	46.51	525.05	171.63	75.65	2.98	107.96	4.27	113.16	4.41	115.89	4.49
2∟110×10	7	30.39	23.86	354.32	119.55	44.09	3.41	56.48	4.52	58.80	4.65	60.01	4.72
	8	34.48	27.06	398.92	132.71	49.90	3.40	64.58	4.54	67.25	4.67	68.65	4.74
	10	42.52	33.38	484.37	156.97	61.20	3.38	80.84	4.57	84.24	4.71	86.00	4.78
	12	50.40	39.56	565.10	178.69	72.10	3.35	97.20	4.61	101.34	4.75	103.48	4.82
	14	58.11	45.62	641.42	198.15	82.62	3.32	113.67	4.64	118.56	4.78	121.10	4.85
2∟125×	8	39.50	31.01	594.05	176.40	65.05	3.88	83.36	5.14	86.36	5.27	87.92	5.34
	10	48.75	38.27	723.35	209.61	79.94	3.85	104.31	5.17	108.12	5.31	110.09	5.38
	12	57.82	45.39	846.32	239.75	94.35	3.83	125.35	5.21	129.98	5.34	132.38	5.41
	14	66.73	52.39	963.30	267.11	108.31	3.80	146.50	5.24	151.98	5.38	154.82	5.45
2∟140×	10	54.75	42.98	1029.30	269.11	101.16	4.34	130.73	5.78	134.94	5.92	137.12	5.98
	12	65.02	51.04	1207.36	309.24	119.59	4.31	157.04	5.81	162.16	5.95	164.81	6.02
	14	75.13	58.98	1377.62	346.04	137.50	4.28	183.46	5.85	189.51	5.98	192.63	6.06
	16	85.08	66.79	1540.48	379.80	154.92	4.26	210.01	5.88	217.01	6.02	220.62	6.09
2∟160×	10	63.00	49.46	1559.06	361.54	133.39	4.97	170.67	6.58	175.42	6.72	177.87	6.78
	12	74.88	58.78	1833.17	417.17	157.95	4.95	204.95	6.62	210.73	6.75	213.70	6.82
	14	86.59	67.97	2096.72	468.73	181.90	4.92	239.33	6.65	246.10	6.79	249.67	6.86
	16	98.13	77.04	2350.16	516.54	205.25	4.89	273.85	6.68	281.74	6.82	285.79	6.89
2∟180×	12	84.48	66.32	2642.71	540.06	201.63	5.59	259.20	7.43	265.62	7.56	268.92	7.63
	14	97.79	76.77	3028.96	609.14	232.51	5.57	302.61	7.46	310.19	7.60	314.07	7.67
	16	110.93	87.08	3401.97	673.72	262.69	5.54	346.14	7.49	354.90	7.63	359.38	7.70
	18	123.91	97.27	3762.25	734.09	292.21	5.51	389.82	7.53	399.77	7.66	404.86	7.73
2∟200×18	14	109.28	85.79	4207.09	770.15	289.40	6.20	373.41	8.27	381.75	8.40	386.02	8.47
	16	124.03	97.36	4732.29	853.99	327.30	6.18	427.04	8.30	436.67	8.43	441.59	8.50
	18	138.60	108.80	5241.27	932.90	364.44	6.15	480.81	8.33	491.75	8.47	497.34	8.53
	20	153.01	120.11	5734.59	1007.17	400.85	6.12	534.75	8.36	547.01	8.50	553.28	8.5
	24	181.32	142.34	6676.40	1142.89	471.55	6.07	643.20	8.42	658.16	8.56	665.80	8.63

特 性

y-y 轴

当 a(mm)为

8		10		12		14		16		18		20	
W_y (cm³)	i_y (cm)	W_y (cm³)	i_y (cm)	W_y (cm³)	i_y (cm)	W_y (cm³)	i_y (cm)	W_y (cm³)	i_y (cm)	W_y (cm³)	i_y (cm)	W_y (cm³)	i_y (cm)
43.75	4.37	44.75	4.44	45.78	4.51	46.83	4.58	47.91	4.66	49.01	4.73	50.14	4.81
51.10	4.39	52.27	4.46	53.48	4.53	54.72	4.61	55.98	4.68	57.27	4.76	58.59	4.83
58.48	4.41	59.83	4.48	61.22	4.55	62.64	4.63	64.09	4.70	65.57	4.78	67.08	4.86
73.32	4.45	75.03	4.52	76.79	4.60	78.58	4.67	80.41	4.75	82.28	4.83	84.18	4.90
88.29	4.49	90.37	4.56	92.50	4.64	94.67	4.71	96.89	4.79	99.15	4.87	101.45	4.95
103.40	4.53	105.85	4.60	108.36	4.68	110.92	4.75	113.52	4.83	116.18	4.91	118.88	4.99
118.66	4.56	121.49	4.64	124.38	4.72	127.33	4.80	130.33	4.87	133.38	4.95	136.49	5.03
61.25	4.79	62.52	4.86	63.82	4.94	65.15	5.01	66.51	5.08	67.90	5.16	69.32	5.23
70.07	4.81	71.54	4.88	73.03	4.96	74.56	5.03	76.13	5.10	77.72	5.18	79.35	5.26
87.81	4.85	89.66	4.92	91.56	5.00	93.49	5.07	95.46	5.15	97.47	5.22	99.52	5.30
105.68	4.89	107.93	4.96	110.22	5.04	112.57	5.11	114.96	5.19	117.39	5.26	119.87	5.34
123.69	4.93	126.34	5.00	129.05	5.08	131.81	5.15	134.62	5.23	137.48	5.31	140.39	5.38
89.52	5.41	91.15	5.48	92.81	5.55	94.52	5.62	96.25	5.69	98.02	5.77	99.82	5.84
112.11	5.45	114.17	5.52	116.28	5.59	118.43	5.66	120.62	5.74	122.85	5.81	125.11	5.89
134.84	5.48	137.34	5.56	139.89	5.63	142.49	5.70	145.15	5.78	147.84	5.85	150.58	5.93
157.71	5.52	160.66	5.59	163.67	5.67	166.73	5.74	169.85	5.82	173.02	5.89	176.24	5.97
139.34	6.05	141.61	6.12	143.92	6.20	146.27	6.27	148.67	6.34	151.11	6.41	153.58	6.49
167.50	6.09	170.25	6.16	173.06	6.23	175.91	6.31	178.81	6.38	181.76	6.45	184.75	6.53
195.82	6.13	199.06	6.20	202.36	6.27	205.72	6.34	209.13	6.42	212.60	6.49	216.12	6.57
224.29	6.16	228.03	6.23	231.84	6.31	235.71	6.38	239.64	6.46	243.64	6.53	247.69	6.61
180.37	6.85	182.91	6.92	185.50	6.99	188.14	7.06	190.81	7.13	193.53	7.21	196.30	7.28
216.73	6.89	219.81	6.96	222.95	7.03	226.14	7.10	229.38	7.17	232.67	7.25	236.01	7.32
253.24	6.93	256.87	7.00	260.56	7.07	264.32	7.14	268.13	7.21	271.99	7.29	275.92	7.36
289.91	6.96	294.10	7.03	298.36	7.10	302.68	7.18	307.07	7.25	311.53	7.32	316.04	7.40
272.27	7.70	275.68	7.77	279.14	7.84	282.66	7.91	286.23	7.98	289.85	8.05	293.52	8.12
318.02	7.74	322.04	7.81	326.11	7.88	330.25	7.95	334.45	8.02	338.70	8.09	343.02	8.16
363.94	7.77	368.57	7.84	373.27	7.91	378.03	7.98	382.86	8.06	387.76	8.13	392.73	8.20
410.04	7.80	415.29	7.87	420.62	7.95	426.02	8.02	431.50	8.09	437.05	8.16	442.68	8.24
390.36	8.54	394.76	8.61	399.22	8.67	403.75	8.75	408.33	8.82	412.98	8.89	417.69	8.96
446.59	8.57	451.66	8.64	456.80	8.71	462.02	8.78	467.30	8.85	472.65	8.92	478.07	9.00
503.01	8.60	508.76	8.67	514.59	8.75	520.50	8.82	526.48	8.89	532.54	8.96	538.68	9.03
559.63	8.64	566.07	8.71	572.60	8.78	579.21	8.85	585.91	8.92	592.64	9.00	599.54	9.07
673.55	8.71	681.39	8.78	689.34	8.85	697.38	8.92	705.52	9.00	713.75	9.07	722.08	9.14

2. 两个热轧不等边角钢(两长

(按 GB9788

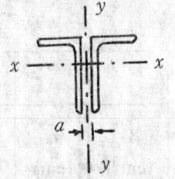

截　面

角钢型号	截面面积 A (cm²)	每米质量 (kg/m)	$x-x$ 轴				0		4		6	
			I_x (cm⁴)	$W_{x_{max}}$ (cm³)	$W_{x_{min}}$ (cm³)	i_x (cm)	W_y (cm³)	i_y (cm)	W_y (cm³)	i_y (cm)	W_y (cm³)	i_y (cm)
2∟25×16× 3	2.32	1.82	1.41	1.64	0.86	0.78	0.53	0.61	0.74	0.76	0.87	0.84
4	3.00	2.35	1.76	1.96	1.10	0.77	0.73	0.63	1.02	0.78	1.19	0.87
2∟32×20× 3	2.98	2.34	3.05	2.82	1.44	1.01	0.82	0.74	1.07	0.89	1.21	0.97
4	3.88	3.04	3.86	3.44	1.86	1.00	1.12	0.76	1.46	0.91	1.66	0.99
2∟40×25× 3	3.78	2.97	6.15	4.64	2.30	1.28	1.27	0.92	1.56	1.06	1.73	1.13
4	4.93	3.87	7.85	5.75	2.98	1.26	1.72	0.93	2.12	1.08	2.35	1.16
2∟45×28× 3	4.30	3.37	8.90	6.05	2.94	1.44	1.59	1.02	1.91	1.15	2.10	1.23
4	5.61	4.41	11.40	7.52	3.82	1.43	2.14	1.03	2.58	1.18	2.84	1.25
2∟50×32× 3	4.86	3.82	12.48	7.78	3.67	1.60	2.07	1.17	2.42	1.30	2.62	1.37
4	6.35	4.99	16.03	9.73	4.78	1.59	2.78	1.18	3.26	1.32	3.54	1.40
3	5.49	4.31	17.76	10.00	4.65	1.80	2.61	1.31	3.00	1.44	3.22	1.51
2∟56×36× 4	7.18	5.64	22.90	12.55	6.06	1.79	3.50	1.33	4.03	1.46	4.33	1.53
5	8.83	6.93	27.73	14.86	7.43	1.77	4.41	1.34	5.10	1.48	5.48	1.56
4	8.12	6.37	32.98	16.20	7.73	2.02	4.32	1.46	4.90	1.59	5.22	1.66
5	9.99	7.84	40.03	19.24	9.49	2.00	5.43	1.47	6.17	1.61	6.59	1.68
2∟63×40× 6	11.82	9.28	46.72	22.01	11.18	1.99	6.57	1.49	7.48	1.63	7.99	1.71
7	13.60	10.68	53.06	24.53	12.82	1.97	7.73	1.51	8.83	1.65	9.43	1.73
4	9.11	7.15	45.93	20.57	9.64	2.25	5.45	1.64	6.08	1.77	6.43	1.84
5	11.22	8.81	55.90	24.52	11.84	2.23	6.84	1.66	7.66	1.79	8.11	1.86
2∟70×45× 6	13.29	10.43	65.40	28.16	13.98	2.22	8.26	1.67	9.26	1.81	9.81	1.88
7	15.31	12.02	74.45	31.50	16.06	2.20	9.71	1.69	10.90	1.83	11.56	1.90
5	12.25	9.62	70.19	29.31	13.75	2.39	8.42	1.85	9.29	1.99	9.78	2.06
6	14.52	11.40	82.24	33.72	16.25	2.38	10.15	1.87	11.22	2.00	11.81	2.08
2∟75×50× 8	18.93	14.86	104.79	41.59	21.04	2.35	13.69	1.90	15.19	2.04	16.00	2.12
10	23.18	18.20	125.41	48.31	25.57	2.33	17.37	1.94	19.31	2.08	20.35	2.16

边相连)的组合截面特性

–88 计算)

I——截面惯性矩;

W——截面抵抗矩;

i——截面回转半径。

附表 10

特 性

$y-y$ 轴

当 a(mm)为

8		10		12		14		16		18		20	
W_y (cm³)	i_y (cm)	W_y (cm³)	i_y (cm)	W_y (cm³)	i_y (cm)	W_y (cm³)	i_y (cm)	W_y (cm³)	i_y (cm)	W_y (cm³)	i_y (cm)	W_y (cm³)	i_y (cm)
1.00	0.93	1.15	1.02	1.30	1.11	1.46	1.20	1.63	1.30	1.80	1.39	1.98	1.49
1.38	0.96	1.57	1.05	1.77	1.14	1.98	1.23	2.20	1.33	2.43	1.42	2.66	1.52
1.37	1.05	1.54	1.14	1.72	1.23	1.91	1.32	2.11	1.41	2.31	1.50	2.52	1.59
1.87	1.08	2.10	1.16	2.34	1.25	2.60	1.34	2.86	1.44	3.13	1.53	3.41	1.62
1.92	1.21	2.11	1.30	2.32	1.38	2.54	1.47	2.77	1.56	3.01	1.65	3.26	1.74
2.60	1.24	2.87	1.32	3.15	1.41	3.45	1.50	3.75	1.58	4.07	1.68	4.40	1.77
2.30	1.31	2.51	1.39	2.74	1.47	2.98	1.56	3.23	1.64	3.49	1.73	3.76	1.82
3.11	1.33	3.40	1.41	3.71	1.50	4.03	1.59	4.36	1.67	4.71	1.76	5.07	1.85
2.84	1.45	3.07	1.53	3.32	1.61	3.58	1.69	3.85	1.78	4.13	1.87	4.42	1.95
3.84	1.47	4.15	1.55	4.48	1.64	4.83	1.72	5.19	1.81	5.56	1.89	5.95	1.98
3.45	1.59	3.70	1.66	3.97	1.74	4.25	1.83	4.54	1.91	4.84	1.99	5.16	2.08
4.65	1.61	4.99	1.69	5.35	1.77	5.74	1.85	6.12	1.94	6.52	2.02	6.94	2.11
5.89	1.63	6.32	1.71	6.77	1.79	7.24	1.88	7.73	1.96	8.24	2.05	8.77	2.14
5.57	1.74	5.94	1.81	6.33	1.89	6.73	1.97	7.16	2.06	7.59	2.14	8.05	2.23
7.03	1.76	7.50	1.84	7.99	1.92	8.50	2.00	9.04	2.08	9.59	2.17	10.16	2.25
8.53	1.78	9.10	1.86	9.70	1.94	10.32	2.03	10.96	2.11	11.62	2.20	12.31	2.28
10.07	1.81	10.74	1.89	11.45	1.97	12.17	2.05	12.93	2.14	13.71	2.22	14.51	2.31
6.81	1.91	7.21	1.99	7.63	2.07	8.06	2.15	8.52	2.23	8.99	2.31	9.48	2.39
8.58	1.94	9.09	2.01	9.62	2.09	10.17	2.17	10.74	2.25	11.34	2.34	11.95	2.42
10.40	1.96	11.01	2.04	11.65	2.11	12.32	2.20	13.01	2.28	13.73	2.36	14.47	2.45
12.25	1.98	12.97	2.06	13.73	2.14	14.51	2.22	15.33	2.30	16.17	2.39	17.04	2.47
10.29	2.13	10.82	2.20	11.38	2.28	11.97	2.36	12.57	2.44	13.20	2.52	13.85	2.60
12.43	2.15	13.09	2.23	13.77	2.30	14.47	2.38	15.21	2.46	15.96	2.55	16.74	2.63
16.85	2.19	17.74	2.27	18.67	2.35	19.63	2.43	20.62	2.51	21.64	2.60	22.69	2.68
21.44	2.24	22.58	2.31	23.76	2.40	24.98	2.48	26.23	2.56	27.53	2.65	28.85	2.73

角钢型号	截面面积 A (cm²)	每米质量 (kg/m)	$x-x$轴				0		4		6	
			I_x (cm⁴)	$W_{x_{max}}$ (cm³)	$W_{x_{min}}$ (cm³)	i_x (cm)	W_y (cm³)	i_y (cm)	W_y (cm³)	i_y (cm)	W_y (cm³)	i_y (cm)
2∟80×50× 5	12.75	10.01	83.91	32.22	15.55	2.57	8.43	1.82	9.31	1.95	9.81	2.02
6	15.12	11.87	98.42	37.16	18.39	2.55	10.16	1.83	11.26	1.97	11.86	2.04
7	17.45	13.70	112.33	41.75	21.16	2.54	11.93	1.85	13.23	1.99	13.95	2.06
8	19.73	15.49	125.65	46.01	23.85	2.52	13.73	1.86	15.25	2.00	16.08	2.08
2∟90×56× 5	14.42	11.32	120.89	41.61	19.84	2.90	10.55	2.02	11.52	2.15	12.06	2.22
6	17.11	13.43	142.06	48.13	23.49	2.88	12.71	2.04	13.90	2.17	14.56	2.24
7	19.76	15.51	162.44	54.23	27.05	2.87	14.90	2.05	16.32	2.19	17.10	2.26
8	22.37	17.56	182.06	59.95	30.53	2.85	17.12	2.07	18.79	2.21	19.69	2.28
2∟100×63× 6	19.23	15.10	198.12	61.24	29.29	3.21	16.03	2.29	17.35	2.42	18.06	2.49
7	22.22	17.44	226.91	69.18	33.77	3.20	18.77	2.31	20.34	2.44	21.18	2.51
8	25.17	19.76	254.73	76.66	38.15	3.18	21.55	2.32	23.37	2.46	24.35	2.53
10	30.93	24.28	307.62	90.36	46.64	3.15	27.22	2.35	29.58	2.49	30.84	2.57
2∟100×80× 6	21.27	16.70	214.07	72.48	30.38	3.17	25.67	3.11	27.20	3.24	28.01	3.31
7	24.60	19.31	245.46	81.91	35.05	3.16	29.99	3.12	31.80	3.26	32.76	3.32
8	27.89	21.89	275.85	90.80	39.62	3.15	34.34	3.14	36.43	3.27	37.54	3.34
10	34.33	26.95	333.74	107.08	48.49	3.12	43.12	3.17	45.80	3.31	47.22	3.38
2∟110×70× 6	21.27	16.70	266.84	75.61	35.70	3.54	19.74	2.55	21.16	2.68	21.93	2.74
7	24.60	19.31	306.01	85.64	41.20	3.53	23.10	2.56	24.79	2.69	25.70	2.76
8	27.89	21.89	344.08	95.15	46.60	3.51	26.48	2.58	28.46	2.71	29.52	2.78
10	34.33	26.95	416.78	112.71	57.08	3.48	33.38	2.61	35.93	2.74	37.29	2.82
2∟125×80× 7	28.19	22.13	455.96	113.62	53.72	4.02	30.08	2.92	31.96	3.05	32.98	3.13
8	31.98	25.10	513.53	126.57	60.83	4.01	34.46	2.94	36.66	3.07	37.83	3.13
10	39.42	30.95	624.09	150.70	74.66	3.98	43.35	2.97	46.18	3.10	47.68	3.17
12	46.70	36.66	728.82	172.68	88.03	3.95	52.42	3.00	55.91	3.13	57.77	3.20
2∟140×90× 8	36.08	28.32	731.27	162.59	76.96	4.50	43.51	3.29	45.92	3.42	47.20	3.49
10	44.52	34.95	891.00	194.39	94.62	4.47	54.65	3.32	57.76	3.45	59.40	3.52
12	52.80	41.45	1043.18	223.63	111.75	4.44	65.97	3.35	69.81	3.49	71.83	3.56
14	60.91	47.82	1188.20	250.51	128.36	4.42	77.52	3.38	82.10	3.52	84.52	3.59
2∟160×100× 10	50.63	39.74	1337.37	255.39	124.25	5.14	67.32	3.65	70.72	3.77	72.52	3.84
12	60.11	47.18	1569.82	295.07	146.99	5.11	81.19	3.68	85.39	3.81	87.60	3.87
14	69.42	54.49	1792.59	331.95	169.12	5.08	95.28	3.70	100.31	3.84	102.95	3.91
16	78.56	61.67	2006.11	366.21	190.66	5.05	109.64	3.74	115.52	3.87	118.60	3.94
2∟180×110× 10	56.75	44.55	1912.50	324.73	157.92	5.81	81.31	3.97	85.01	4.10	86.96	4.16
12	67.42	52.93	2249.44	376.46	187.07	5.78	97.99	4.00	102.55	4.13	104.94	4.19
14	77.93	61.18	2573.82	424.92	215.51	5.75	114.90	4.03	120.35	4.16	123.21	4.23
16	88.28	69.30	2886.12	470.32	243.28	5.72	132.08	4.06	138.46	4.19	141.79	4.26
2∟200×125× 12	75.82	59.52	3141.80	480.19	233.47	6.44	126.04	4.56	131.06	4.69	133.69	4.75
14	87.73	68.87	3601.94	543.71	269.30	6.41	147.60	4.59	153.59	4.72	156.72	4.78
16	99.48	78.09	4046.70	603.62	304.36	6.38	169.42	4.61	176.42	4.75	180.07	4.81
18	111.05	87.18	4476.61	660.11	338.67	6.35	191.54	4.64	199.58	4.78	203.76	4.85

特 性

y-y 轴

当 a(mm)为

8		10		12		14		16		18		20	
W_y (cm³)	i_y (cm)	W_y (cm³)	i_y (cm)	W_y (cm³)	i_y (cm)	W_y (cm³)	i_y (cm)	W_y (cm³)	i_y (cm)	W_y (cm³)	i_y (cm)	W_y (cm³)	i_y (cm)
10.33	2.09	10.88	2.17	11.45	2.24	12.05	2.32	12.67	2.40	13.31	2.48	13.98	2.56
12.49	2.11	13.16	2.19	13.86	2.27	14.58	2.34	15.33	2.43	16.11	2.51	16.92	2.59
14.70	2.13	15.49	2.21	16.31	2.29	17.17	2.37	18.05	2.45	18.97	2.53	19.91	2.62
16.95	2.15	17.87	2.23	18.82	2.31	19.80	2.39	20.83	2.47	21.88	2.56	22.96	2.64
12.62	2.29	13.22	2.36	13.84	2.44	14.49	2.52	15.16	2.59	15.86	2.67	16.58	2.75
15.25	2.31	15.97	2.39	16.73	2.46	17.52	2.54	18.33	2.62	19.18	2.70	20.04	2.78
17.92	2.33	18.78	2.41	19.67	2.48	20.60	2.56	21.56	2.64	22.55	2.72	23.57	2.81
20.64	2.35	21.63	2.43	22.66	2.51	23.73	2.59	24.84	2.67	25.98	2.75	27.15	2.83
18.81	2.56	19.59	2.63	20.41	2.71	21.26	2.78	22.14	2.86	23.05	2.94	23.99	3.02
22.07	2.58	23.00	2.65	23.97	2.73	24.97	2.80	26.00	2.88	27.07	2.96	28.17	3.04
25.38	2.60	26.46	2.67	27.57	2.75	28.73	2.83	29.92	2.91	31.15	2.99	32.42	3.07
32.17	2.64	33.54	2.72	34.96	2.79	36.44	2.87	37.95	2.95	39.51	3.03	41.12	3.11
28.85	3.38	29.73	3.45	30.63	3.52	31.56	3.59	32.52	3.67	33.50	3.74	34.51	3.82
33.75	3.39	34.78	3.47	35.85	3.54	36.94	3.61	38.07	3.69	39.22	3.77	40.41	3.84
38.69	3.41	39.88	3.49	41.10	3.56	42.36	3.64	43.66	3.71	44.99	3.79	46.35	3.87
48.68	3.45	50.19	3.53	51.75	3.60	53.35	3.68	54.99	3.75	56.67	3.83	58.39	3.91
22.74	2.81	23.58	2.88	24.46	2.96	25.36	3.03	26.30	3.11	27.27	3.18	28.27	3.26
26.66	2.83	27.65	2.80	28.68	2.98	29.75	3.05	30.86	3.13	32.00	3.21	33.17	3.28
30.62	2.85	31.77	2.92	32.97	3.00	34.20	3.07	35.48	3.15	36.79	3.23	38.14	3.31
38.71	2.89	40.19	2.96	41.71	3.04	43.29	3.12	44.91	3.19	46.58	3.27	48.29	3.35
34.03	3.18	35.12	3.25	36.26	3.33	37.43	3.40	38.64	3.47	39.89	3.55	41.17	3.63
39.05	3.20	40.31	3.27	41.63	3.35	42.98	3.42	44.38	3.49	45.81	3.57	47.29	3.65
49.25	3.24	50.87	3.31	52.54	3.39	54.27	3.46	56.04	3.54	57.87	3.61	59.74	3.69
59.69	3.28	61.67	3.35	63.72	3.43	65.83	3.50	68.00	3.58	70.22	3.66	72.49	3.74
48.54	3.56	49.92	3.63	51.34	3.70	52.82	3.77	54.33	3.84	55.89	3.92	57.49	3.99
61.11	3.59	62.87	3.66	64.69	3.73	66.57	3.81	68.49	3.88	70.47	3.96	72.50	4.04
73.93	3.63	76.09	3.70	78.31	3.77	80.60	3.85	82.95	3.92	85.36	4.00	87.83	4.08
87.01	3.66	89.58	3.74	92.23	3.81	94.94	3.89	97.73	3.97	100.58	4.04	103.49	4.12
74.39	3.91	76.31	3.98	78.29	4.05	80.33	4.12	82.43	4.19	84.58	4.27	86.79	4.34
89.88	3.94	92.24	4.01	94.07	4.09	97.16	4.16	99.72	4.23	102.34	4.31	105.02	4.38
105.67	3.98	108.48	4.05	111.36	4.12	114.32	4.20	117.35	4.27	120.45	4.35	123.62	4.43
121.78	4.02	125.04	4.09	128.39	4.16	131.82	4.24	135.34	4.31	138.94	4.39	142.61	4.47
88.98	4.23	91.06	4.30	93.20	4.36	95.40	4.44	97.66	4.51	99.98	4.58	102.36	4.65
107.42	4.26	109.96	4.33	112.58	4.40	115.27	4.47	118.03	4.54	120.86	4.62	123.75	4.69
126.15	4.30	129.18	4.37	132.30	4.44	135.49	4.51	138.76	4.58	142.11	4.66	145.53	4.73
145.23	4.33	148.75	4.40	152.37	4.47	156.08	4.55	159.87	4.62	163.75	4.70	167.71	4.77
136.40	4.82	139.18	4.88	142.04	4.95	144.96	5.02	147.96	5.09	151.03	5.17	154.16	5.24
159.94	4.85	163.25	4.92	166.64	4.99	170.11	5.06	173.66	5.13	177.29	5.20	180.99	5.28
183.82	4.88	187.66	4.95	191.60	5.02	195.63	5.09	199.75	5.17	203.95	5.24	208.24	5.32
208.05	4.92	212.45	4.99	216.95	5.06	221.55	5.13	226.25	5.21	231.04	5.28	235.92	5.36

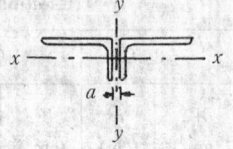

角钢型号	截面面积 A (cm²)	每米质量 (kg/m)	$x-x$ 轴				0		4		6	
			I_x (cm⁴)	$W_{x_{max}}$ (cm³)	$W_{x_{min}}$ (cm³)	i_x (cm)	W_y (cm³)	i_y (cm)	W_y (cm³)	i_y (cm)	W_y (cm³)	i_y (cm)
2∟25×16× 3	2.32	1.82	0.44	1.06	0.38	0.44	1.25	1.16	1.49	1.32	1.62	1.40
4	3.00	2.35	0.55	1.20	0.48	0.43	1.67	1.18	1.99	1.34	2.17	1.42
2∟32×20× 3	2.98	2.34	0.92	1.86	0.61	0.55	2.05	1.48	2.34	1.63	2.50	1.71
4	3.88	3.04	1.14	2.16	0.78	0.54	2.73	1.50	3.13	1.66	3.34	1.74
2∟40×25× 3	3.78	2.97	1.87	3.18	0.98	0.70	3.20	1.84	3.56	1.99	3.75	2.07
4	4.93	3.87	2.36	3.77	1.26	0.69	4.26	1.86	4.75	2.01	5.01	2.09
2∟45×28× 3	4.30	3.37	2.68	4.17	1.24	0.79	4.05	2.06	4.45	2.21	4.66	2.28
4	5.61	4.41	3.39	4.98	1.60	0.78	5.40	2.08	5.94	2.23	6.23	2.31
2∟50×32× 3	4.86	3.82	4.05	5.57	1.64	0.91	4.99	2.27	5.44	2.41	5.68	2.49
4	6.35	4.99	5.16	6.75	2.12	0.90	6.66	2.29	7.26	2.44	7.58	2.51
3	5.49	4.31	5.85	7.27	2.09	1.03	6.26	2.53	6.76	2.67	7.02	2.75
2∟56×36×4	7.18	5.64	7.48	8.85	2.72	1.02	8.35	2.55	9.02	2.70	9.37	2.77
5	8.83	6.93	8.99	10.17	3.31	1.01	10.44	2.57	11.28	2.72	11.72	2.80
4	8.12	6.37	10.47	11.44	3.39	1.14	10.57	2.86	11.31	3.01	11.70	3.09
2∟63×40× 5	9.99	7.84	12.62	13.21	4.14	1.12	13.22	2.89	14.15	3.03	14.64	3.11
6	11.82	9.28	14.62	14.72	4.86	1.11	15.87	2.91	16.99	3.06	17.59	3.13
7	13.60	10.68	16.49	16.00	5.55	1.10	18.52	2.93	19.84	3.08	20.54	3.16
4	9.11	7.15	15.10	14.86	4.34	1.29	13.05	3.17	13.87	3.31	14.30	3.39
2∟70×45× 5	11.22	8.81	18.27	17.29	5.30	1.28	16.31	3.19	17.34	3.34	17.88	3.41
6	13.29	10.43	21.23	19.39	6.24	1.26	19.58	3.21	20.83	3.36	21.48	3.44
7	15.31	12.02	24.02	21.20	7.13	1.25	22.85	3.23	24.32	3.38	25.08	3.46
5	12.25	9.62	25.23	21.50	6.59	1.43	18.73	3.39	19.83	3.53	20.41	3.60
2∟75×50× 6	14.52	11.40	29.40	24.25	7.76	1.42	22.48	3.41	23.81	3.55	24.51	3.63
8	18.93	14.86	37.06	28.78	9.98	1.40	30.00	3.45	31.80	3.60	32.73	3.67
10	23.18	18.20	43.93	32.28	12.07	1.38	37.55	3.49	39.82	3.64	41.00	3.71

边相连)的组合截面特性

−88 计算)

I——截面惯性矩;

W——截面抵抗矩;

i——截面回转半径。

特 性

y−y 轴

当 a(mm)为

8		10		12		14		16		18		20	
W_y (cm³)	i_y (cm)	W_y (cm³)	i_y (cm)	W_y (cm³)	i_y (cm)	W_y (cm³)	i_y (cm)	W_y (cm³)	i_y (cm)	W_y (cm³)	i_y (cm)	W_y (cm³)	i_y (cm)
1.76	1.48	1.90	1.57	2.05	1.66	2.21	1.74	2.37	1.83	2.53	1.93	2.70	2.02
2.35	1.51	2.54	1.60	2.74	1.68	2.95	1.77	3.16	1.86	3.37	1.96	3.59	2.05
2.67	1.79	2.84	1.88	3.03	1.96	3.21	2.05	3.41	2.14	3.60	2.23	3.81	2.32
3.57	1.82	3.80	1.90	4.04	1.99	4.29	2.08	4.55	2.17	4.81	2.26	5.08	2.34
3.95	2.14	4.16	2.23	4.38	2.31	4.60	2.39	4.84	2.48	5.07	2.56	5.32	2.65
5.28	2.17	5.56	2.25	5.85	2.34	6.15	2.42	6.46	2.51	6.77	2.59	7.09	2.68
4.89	2.36	5.12	2.44	5.36	2.52	5.61	2.60	5.86	2.69	6.12	2.77	6.39	2.86
6.53	2.39	6.84	2.47	7.16	2.55	7.49	2.63	7.83	2.72	8.17	2.80	8.53	2.89
5.92	2.56	6.18	2.64	6.44	2.72	6.71	2.81	6.99	2.89	7.28	2.97	7.57	3.06
7.91	2.59	8.25	2.67	8.60	2.75	8.96	2.84	9.33	2.92	9.71	3.00	10.10	3.09
7.29	2.82	7.57	2.90	7.86	2.98	8.16	3.06	8.47	3.14	8.78	3.23	9.10	3.31
9.73	2.85	10.11	2.93	10.50	3.01	10.89	3.09	11.30	3.17	11.72	3.26	12.14	3.34
12.18	2.88	12.65	2.96	13.14	3.04	13.63	3.12	14.14	3.20	14.66	3.29	15.19	3.37
12.11	3.16	12.52	3.24	12.95	3.32	13.39	3.40	13.83	3.48	14.29	3.56	14.76	3.64
15.15	3.19	15.67	3.27	16.20	3.35	16.75	3.43	17.31	3.51	17.88	3.59	18.47	3.67
18.20	3.21	18.82	3.29	19.46	3.37	20.12	3.45	20.80	3.53	21.48	3.62	22.18	3.70
21.25	3.24	21.99	3.32	22.74	3.40	23.50	3.48	24.29	3.56	25.09	3.64	25.91	3.73
14.74	3.46	15.20	3.54	15.66	3.62	16.14	3.69	16.63	3.77	17.13	3.86	17.64	3.94
18.41	3.49	19.01	3.57	19.60	3.64	20.19	3.72	20.81	3.80	21.43	3.89	22.07	3.97
22.15	3.51	22.83	3.59	23.54	3.67	24.26	3.75	24.99	3.83	25.74	3.91	26.51	4.00
25.86	3.54	26.67	3.61	27.49	3.69	28.33	3.77	29.19	3.86	30.07	3.94	30.96	4.02
21.00	3.68	21.61	3.76	22.23	3.83	22.87	3.91	23.52	3.99	24.19	4.07	24.87	4.15
25.22	3.70	25.95	3.78	26.71	3.86	27.47	3.94	28.26	4.02	29.06	4.10	29.88	4.18
33.70	3.75	34.68	3.83	35.69	3.91	36.72	3.99	37.76	7.07	38.83	4.15	39.92	4.23
42.21	3.79	43.45	3.87	44.71	3.95	46.00	4.03	47.32	4.12	48.66	4.20	50.02	4.28

角钢型号	截面面积 A (cm²)	每米质量 (kg/m)	I_x (cm⁴)	$W_{x_{max}}$ (cm³)	$W_{x_{min}}$ (cm³)	i_x (cm)	0		4		6	
							W_y (cm³)	i_y (cm)	W_y (cm³)	i_y (cm)	W_y (cm³)	i_y (cm)
2∟80×50× 5	12.75	10.01	25.65	22.56	6.64	1.42	21.30	3.66	22.46	3.80	23.07	3.88
6	15.12	11.87	29.90	25.42	7.82	1.41	25.56	3.68	26.97	3.82	27.70	3.90
7	17.45	13.70	33.91	27.92	8.96	1.39	29.83	3.70	31.48	3.85	32.34	3.92
8	19.73	15.49	37.71	30.12	10.06	1.38	34.10	3.72	36.00	3.87	36.98	3.94
2∟90×56× 5	14.42	11.32	36.65	29.41	8.42	1.59	26.96	4.10	28.26	4.25	28.93	4.32
6	17.11	13.43	42.84	33.30	9.93	1.58	32.35	4.12	33.92	4.27	34.73	4.34
7	19.76	15.51	48.71	36.76	11.39	1.57	37.75	4.15	39.59	4.29	40.54	4.37
8	22.37	17.56	54.30	39.83	12.82	1.56	43.15	4.17	45.26	4.31	46.36	4.39
2∟100×63× 6	19.23	15.10	61.87	43.38	12.70	1.79	39.94	4.56	41.67	4.70	42.57	4.77
7	22.22	17.44	70.52	48.11	14.59	1.78	46.60	4.58	48.63	4.72	49.68	4.80
8	25.17	19.76	78.79	52.37	16.43	1.77	53.26	4.60	55.60	4.75	56.80	4.82
10	30.93	24.28	94.25	59.65	19.97	1.75	66.61	4.64	69.56	4.79	71.08	4.86
2∟100×80× 6	21.27	16.70	122.49	62.06	20.33	2.40	39.97	4.33	41.73	4.47	42.65	4.54
7	24.60	19.31	140.15	69.58	23.41	2.39	46.64	4.35	48.71	4.49	49.79	4.57
8	27.89	21.89	157.15	76.54	26.43	2.37	53.32	4.37	55.71	4.51	56.95	4.59
10	34.33	26.95	189.30	88.91	32.24	2.35	66.73	4.41	69.75	4.55	71.32	4.63
2∟110×70× 6	21.27	16.70	85.83	54.72	15.80	2.01	48.32	5.00	50.22	5.14	51.20	5.21
7	24.60	19.31	98.04	60.96	18.18	2.00	56.38	5.02	58.60	5.16	59.74	5.24
8	27.89	21.89	109.74	66.63	20.50	1.98	64.43	5.04	66.99	5.19	68.30	5.26
10	34.33	26.95	131.76	76.48	24.97	1.96	80.57	5.08	83.79	5.23	85.44	5.30
2∟125×80× 7	28.19	22.13	148.84	82.48	24.02	2.30	72.80	5.68	75.30	5.82	76.59	5.90
8	31.98	25.10	166.98	90.56	27.12	2.29	83.20	5.70	86.07	5.85	87.55	5.92
10	39.42	30.95	201.34	104.82	33.12	2.26	104.01	5.74	107.64	5.89	109.51	5.96
12	46.70	36.66	233.34	116.92	38.16	2.24	124.86	5.78	129.25	5.93	131.50	6.00
2∟140×90× 8	36.08	28.32	241.38	118.30	34.68	2.59	104.36	6.36	107.56	6.51	109.21	6.58
10	44.52	34.95	292.06	137.87	42.44	2.56	130.46	6.40	134.49	6.55	136.56	6.62
12	52.80	41.45	339.58	154.77	49.90	2.54	156.58	6.44	161.47	6.59	163.97	6.66
14	60.91	47.82	384.20	169.37	57.07	~2.51	182.75	6.48	188.49	6.63	191.42	6.70
2∟160×100× 10	50.63	39.74	410.06	179.88	53.11	2.85	170.36	7.34	174.93	7.48	177.26	7.55
12	60.11	47.18	478.13	202.91	62.55	2.82	204.45	7.38	209.97	7.52	212.79	7.60
14	69.42	54.49	542.41	223.07	71.67	2.80	238.56	7.42	245.05	7.56	248.35	7.64
16	78.56	61.67	603.20	240.73	80.49	2.77	272.72	7.45	280.18	7.60	283.98	7.68
2∟180×110× 10	56.75	44.55	556.21	227.83	64.99	3.13	215.60	8.27	220.70	8.41	223.30	8.49
12	67.42	52.93	650.06	258.06	76.65	3.11	258.71	8.31	264.87	8.46	268.01	8.53
14	77.93	61.18	739.10	284.82	87.94	3.08	301.84	8.35	309.07	8.50	312.76	8.57
16	88.28	69.30	823.69	308.52	98.88	3.05	345.02	8.39	353.32	8.53	357.56	8.61
2∟200×125× 12	75.82	59.52	966.32	340.92	99.98	3.57	319.38	9.18	326.20	9.32	329.66	9.39
14	87.73	68.87	1101.65	378.49	114.88	3.54	372.62	9.22	380.61	9.36	384.66	9.43
16	99.48	78.09	1230.88	412.24	129.37	3.52	425.89	9.25	435.07	9.40	439.74	9.47
18	111.05	87.18	1354.37	442.59	143.47	3.49	479.20	9.29	489.59	9.44	494.87	9.51

特　性

y-y 轴

当 a(mm)为

8		10		12		14		16		18		20	
W_y (cm³)	i_y (cm)	W_y (cm³)	i_y (cm)	W_y (cm³)	i_y (cm)	W_y (cm³)	i_y (cm)	W_y (cm³)	i_y (cm)	W_y (cm³)	i_y (cm)	W_y (cm³)	i_y (cm)
23.69	3.95	24.33	4.03	24.98	4.10	25.65	4.18	26.33	4.26	27.03	4.34	27.73	4.42
28.45	3.98	29.22	4.05	30.00	4.13	30.80	4.21	31.62	4.29	32.46	4.37	33.30	4.45
33.21	4.00	34.11	4.08	35.03	4.16	35.97	4.23	36.92	4.32	37.90	4.40	38.89	4.48
37.99	4.02	39.02	4.10	40.07	4.18	41.14	4.26	42.24	4.34	43.35	4.42	44.48	4.50
29.63	4.39	30.33	4.47	31.05	4.55	31.79	4.62	32.54	4.70	33.31	4.78	34.09	4.86
35.57	4.42	36.42	4.50	37.29	4.57	38.17	4.65	39.08	4.73	40.00	4.81	40.93	4.89
41.52	4.44	42.51	4.52	43.53	4.60	44.57	4.68	45.62	4.76	46.69	4.84	47.79	4.92
47.47	4.47	48.62	4.54	49.78	4.62	50.97	4.70	52.18	4.78	53.41	4.86	54.66	4.94
43.49	4.85	44.42	4.92	45.38	5.00	46.35	5.08	47.34	5.16	48.35	5.23	49.37	5.31
50.76	4.87	51.85	4.95	52.97	5.03	54.11	5.10	55.26	5.18	56.44	5.26	57.64	5.34
58.04	4.90	59.29	4.97	60.57	5.05	61.87	5.13	63.20	5.21	64.55	5.29	65.92	5.37
72.63	4.94	74.21	5.02	75.81	5.10	77.45	5.18	79.11	5.26	80.80	5.34	82.52	5.42
43.59	4.62	44.55	4.69	45.54	4.76	46.55	4.84	47.58	4.91	48.62	4.99	49.69	5.07
50.90	4.64	52.03	4.71	53.18	4.79	54.36	4.86	55.56	4.94	56.79	5.02	58.04	5.09
58.22	4.66	59.52	4.73	60.84	4.81	62.20	4.88	63.58	4.96	64.98	5.04	66.41	5.12
72.92	4.70	74.56	4.78	76.23	4.85	77.93	4.93	79.67	5.01	81.44	5.08	83.24	5.16
52.19	5.29	53.21	5.36	54.25	5.44	55.31	5.51	56.38	5.59	57.47	5.67	58.58	5.75
60.91	5.31	62.10	5.39	63.32	5.46	64.55	5.54	65.81	5.62	67.09	5.70	68.38	5.78
69.64	5.34	71.01	5.41	72.40	5.49	73.81	5.56	75.25	5.64	76.71	5.72	78.20	5.80
87.13	5.38	88.85	5.46	90.60	5.53	92.38	5.61	94.18	5.69	96.02	5.77	97.88	5.85
77.91	5.97	79.24	6.04	80.60	6.12	81.98	6.20	83.39	6.27	84.81	6.35	86.26	6.43
89.06	5.99	90.59	6.07	92.15	6.14	93.73	6.22	95.34	6.30	96.97	6.37	98.63	6.45
111.40	6.04	113.33	6.11	115.29	6.19	117.28	6.27	119.29	6.34	121.34	6.42	123.42	6.50
133.79	6.08	136.12	6.16	138.48	6.23	140.88	6.31	143.31	6.39	145.78	6.47	148.27	6.55
110.88	6.65	112.57	6.73	114.30	6.80	116.05	6.88	117.82	6.95	119.62	7.03	121.44	7.11
138.67	6.70	140.80	6.77	142.97	6.85	145.16	6.92	147.39	7.00	149.65	7.08	151.94	7.15
166.50	6.74	169.08	6.81	171.70	6.89	174.35	6.97	177.03	7.04	179.75	7.12	182.51	7.20
194.40	6.78	197.42	6.86	200.49	6.93	203.59	7.01	206.74	7.09	209.93	7.17	213.15	7.25
179.63	7.63	182.03	7.70	184.47	7.78	186.93	7.85	189.43	7.93	191.95	8.00	194.51	8.08
215.64	7.67	218.54	7.75	221.48	7.82	224.45	7.90	227.46	7.97	230.50	8.05	233.58	8.13
251.71	7.71	255.11	7.79	258.54	7.86	262.03	7.94	265.55	8.02	269.11	8.09	272.72	8.17
287.83	7.75	291.73	7.83	295.68	7.90	299.67	7.98	303.72	8.06	307.80	8.14	311.93	8.22
225.94	8.56	228.61	8.63	231.31	8.71	234.01	8.78	236.80	8.36	239.59	8.93	242.42	9.01
271.19	8.60	274.40	8.68	277.66	8.75	280.95	8.83	284.28	8.90	287.65	8.98	291.05	9.06
316.48	8.64	320.26	8.72	324.07	8.79	327.93	8.87	331.83	8.95	335.77	9.02	339.75	9.10
361.84	8.68	366.17	8.76	370.54	8.84	374.97	8.91	379.44	8.99	383.96	9.07	388.53	9.14
333.17	9.47	336.72	9.54	340.31	9.62	343.93	9.69	347.60	9.76	351.30	9.84	355.03	9.92
388.79	9.51	392.95	9.58	397.15	9.66	401.40	9.73	405.69	9.81	410.03	9.88	414.41	9.96
444.47	9.55	449.24	9.62	454.07	9.70	458.94	9.77	463.87	9.85	468.84	9.92	473.86	10.00
500.21	9.59	505.60	9.66	511.05	9.74	516.56	9.81	522.12	9.89	527.73	9.97	533.39	10.04

4. 两个热轧普通槽

(按 GB707—

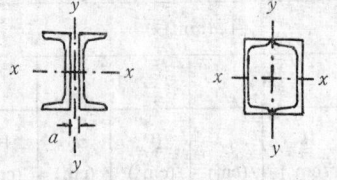

槽钢型号	截面面积 A (cm²)	每米质量 (kg/m)	$x-x$ 轴										
			I_x (cm⁴)	W_x (cm³)	i_x (cm)	0		4		6		8	
						W_y (cm³)	i_y (cm)	W_y (cm³)	i_y (cm)	W_y (cm³)	i_y (cm)	W_y (cm³)	i_y (cm)
2⌷5	13.85	10.87	52.0	20.81	1.94	11.29	1.74	12.77	1.90	13.55	1.98	14.37	2.06
2⌷6.3	16.89	13.26	102.5	32.53	2.46	14.13	1.83	15.86	1.99	16.78	2.07	17.74	2.15
2⌷8	20.49	16.08	202.6	50.65	3.14	17.40	1.91	19.40	2.06	20.47	2.14	21.59	2.23
2⌷10	25.49	20.01	396.6	79.32	3.94	22.89	2.08	25.27	2.23	26.54	2.30	27.86	2.38
2⌷12.6	31.37	24.63	777.1	123.34	4.98	29.35	2.23	32.14	2.37	33.63	2.45	35.18	2.53
2⌷14a	37.02	29.06	1127.4	161.06	5.52	36.95	2.41	40.18	2.55	41.90	2.63	43.68	2.70
2⌷14b	42.62	33.46	1218.9	174.13	5.35	40.19	2.38	43.76	2.52	45.66	2.60	47.64	2.67
2⌷16a	43.91	34.47	1732.4	216.56	6.28	45.74	2.56	49.45	2.71	51.43	2.78	53.47	2.86
2⌷16b	50.31	39.49	1869.0	233.62	6.10	49.47	2.53	53.56	2.67	55.74	2.74	58.00	2.82
2⌷18a	51.38	40.33	2545.5	282.83	7.04	55.79	2.72	60.02	2.86	62.26	2.93	64.58	3.01
2⌷18b	58.58	45.99	2739.9	304.43	6.84	60.03	2.68	64.68	2.82	67.14	2.89	69.70	2.97
2⌷20a	57.66	45.26	3560.8	356.08	7.86	66.86	2.91	71.56	3.05	74.04	3.12	76.60	3.20
2⌷20b	65.66	51.54	3827.4	382.74	7.64	71.57	2.86	76.70	3.00	79.42	3.07	82.24	3.15
2⌷22a	63.67	49.98	4787.7	435.25	8.67	77.46	3.06	82.59	3.20	85.30	3.27	88.10	3.35
2⌷22b	72.47	56.89	5142.7	467.52	8.40	82.60	3.00	88.20	3.14	91.16	3.21	94.24	3.28
2⌷25a	69.81	54.80	6718.2	537.46	9.81	83.28	3.05	98.75	3.19	91.65	3.26	94.65	3.33
2⌷25b	79.81	62.65	7239.1	579.13	9.52	88.77	2.98	94.76	3.12	97.93	3.19	101.22	3.26
2⌷25c	89.81	70.50	7759.9	620.79	9.30	94.78	2.94	101.33	3.08	104.81	3.15	108.42	3.22
2⌷28a	80.04	62.83	9505.1	678.93	10.90	95.93	3.13	102.01	3.27	105.22	3.34	108.55	3.41
2⌷28b	91.24	71.63	10236.8	731.20	10.59	102.02	3.06	108.67	3.20	112.19	3.27	115.84	3.34
2⌷28c	102.44	80.42	10968.5	783.47	10.35	108.68	3.02	115.96	3.16	119.81	3.23	123.82	3.30
2⌷32a	97.00	76.14	15021.3	938.83	12.44	124.43	3.36	131.74	3.50	135.59	3.57	139.57	3.64
2⌷32b	109.80	86.19	16113.5	1007.10	12.11	131.76	3.29	139.70	3.42	143.90	3.49	148.25	3.56
2⌷32c	122.60	96.24	17205.8	1075.36	11.85	139.72	3.24	148.37	3.37	152.95	3.44	157.69	3.51
2⌷36a	121.78	95.60	23748.2	1319.35	13.96	170.52	3.67	179.68	3.80	184.49	3.87	189.45	3.94
2⌷36b	136.18	106.90	25303.4	1405.75	13.63	179.70	3.60	189.59	3.73	194.79	3.80	200.15	3.87
2⌷36c	150.58	118.21	26858.6	1492.15	13.36	189.61	3.55	200.28	3.68	205.90	3.75	211.71	3.82
2⌷40a	150.09	117.82	35155.4	1757.77	15.30	211.57	3.75	222.68	3.89	228.50	3.96	234.51	4.03
2⌷40b	166.09	130.38	37288.7	1864.44	14.98	222.70	3.70	234.65	3.83	240.93	3.90	247.41	3.97
2⌷40c	182.09	142.94	39422.1	1971.10	14.71	234.67	3.66	247.55	3.80	254.32	3.87	261.30	3.94

截面

钢的组合截面特性

−88 计算)

I——截面惯性矩;

W——截面抵抗矩;

i——截面回转半径。

特 性														
$y-y$ 轴												y_1-y_1 轴		
当 a(mm)为														
10		12		14		16		18		20		I_{y1} (cm⁴)	W_{y1} (cm³)	i_{y1} (cm)
W_y (cm³)	i_y (cm)	W_y (cm³)	i_y (cm)	W_y (cm³)	i_y (cm)	W_y (cm³)	i_y (cm)	W_y (cm³)	i_y (cm)	W_y (cm³)	i_y (cm)			
15.21	2.15	16.08	2.23	16.97	2.32	17.88	2.41	18.82	2.50	19.77	2.59	93	25.2	2.60
18.73	2.23	19.75	2.32	20.79	2.41	21.87	2.49	22.97	2.58	24.00	2.67	139	34.7	2.87
22.74	2.31	23.92	2.39	25.14	2.48	26.40	2.56	27.68	2.65	29.00	2.74	203	47.1	3.15
29.23	2.47	30.64	2.55	32.09	2.63	33.58	2.72	35.11	2.80	36.67	2.89	326	67.9	3.58
36.78	2.61	38.43	2.69	40.14	2.77	41.89	2.85	43.68	2.94	45.52	3.02	507	95.7	4.02
45.52	2.78	47.42	2.86	49.37	2.94	51.38	3.03	53.44	3.11	55.55	3.19	727	125.3	4.43
49.69	2.75	51.80	2.83	53.98	2.91	56.22	2.99	58.51	3.08	60.87	3.16	922	153.6	4.65
55.58	2.93	57.76	3.01	60.00	3.09	62.31	3.17	64.67	3.26	67.08	3.34	1038	164.7	4.86
60.34	2.90	62.75	2.98	65.24	3.06	67.80	3.14	70.42	3.22	73.11	3.30	1300	200.0	5.08
66.98	3.08	69.46	3.16	72.00	3.24	74.61	3.32	77.29	3.40	80.03	3.49	1439	211.7	5.29
72.35	3.04	75.08	3.12	77.89	3.20	80.78	3.28	83.75	3.36	86.79	3.44	1782	254.6	5.52
79.25	3.27	81.98	3.35	84.78	3.43	87.66	3.51	90.61	3.59	93.62	3.67	1872	256.4	5.70
85.15	3.22	88.15	3.30	91.23	3.38	94.41	3.45	97.66	3.53	100.99	3.62	2310	308.0	5.93
90.98	3.42	93.95	3.50	97.00	3.58	100.13	3.66	103.33	3.74	106.61	3.82	2312	300.3	6.03
97.38	3.36	100.64	3.44	103.99	3.51	107.43	3.59	110.96	3.67	114.57	3.75	2848	360.5	6.27
97.74	3.41	100.92	3.48	104.19	3.56	107.55	3.64	111.00	3.72	114.52	3.80	2647	339.4	6.16
104.62	3.34	108.13	3.41	111.74	3.49	115.44	3.57	119.25	3.65	123.15	3.73	3272	408.9	6.40
112.15	3.30	116.01	3.37	119.97	3.45	124.05	3.53	128.23	3.60	132.52	3.68	3928	479.0	6.61
111.98	3.49	115.51	3.56	119.15	3.64	122.89	3.72	126.71	3.80	130.63	3.87	3420	417.1	6.54
119.61	3.42	123.50	3.49	127.51	3.57	131.62	3.64	135.85	3.72	140.18	3.80	4192	499.1	6.78
127.95	3.37	132.22	3.45	136.62	3.52	141.15	3.60	145.79	3.68	150.55	3.76	5001	581.5	6.99
143.68	3.71	147.90	3.79	152.24	3.86	156.69	3.94	161.25	4.02	165.91	4.09	4787	544.0	7.03
152.73	3.64	157.35	3.71	162.10	3.78	166.98	3.86	171.98	3.94	177.10	4.02	5801	644.5	7.27
162.58	3.59	167.62	3.66	172.81	3.74	178.14	3.81	183.61	3.89	189.20	3.97	6861	745.8	7.48
194.55	4.02	199.79	4.09	205.17	4.17	210.67	4.24	216.31	4.32	222.06	4.40	7147	744.5	7.66
205.68	3.94	211.36	4.02	217.19	4.09	223.17	4.17	229.29	4.24	235.55	4.32	8502	867.6	7.90
217.69	3.90	223.84	3.97	230.16	4.04	236.63	4.12	243.27	4.20	250.06	4.27	9914	991.4	8.11
240.68	4.40	247.03	4.18	253.53	4.25	260.19	4.33	267.01	4.40	273.97	4.48	9646	964.6	8.02
254.07	4.05	260.92	4.12	267.95	4.19	275.15	4.27	282.53	4.35	290.06	4.42	11278	1105.7	8.24
268.48	4.01	275.87	4.08	283.45	4.16	291.22	4.23	299.18	4.31	307.32	4.39	12975	1247.6	8.44

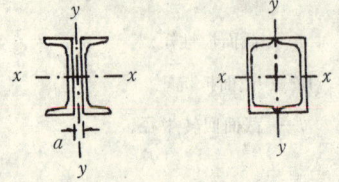

槽钢型号	截面面积 A (cm²)	每米质量 (kg/m)	x−x 轴										
			I_x (cm⁴)	W_x (cm³)	i_x (cm)	0		4		6		8	
						W_y (cm³)	i_y (cm)	W_y (cm³)	i_y (cm)	W_y (cm³)	i_y (cm)	W_y (cm³)	i_y (cm)
2[5	12.33	9.68	45.5	18.20	1.92	8.72	1.50	10.04	1.66	10.74	1.75	11.48	1.83
2[6.5	15.02	11.79	97.2	29.91	2.54	11.21	1.64	12.74	1.80	13.56	1.88	14.41	1.96
2[8	17.95	14.09	178.9	44.72	3.16	14.09	1.77	15.83	1.92	16.76	2.00	17.73	2.08
2[10	21.89	17.18	347.7	69.54	3.99	18.69	1.98	20.71	2.13	21.80	2.21	22.92	2.29
2[12	26.57	20.85	607.7	101.29	4.78	24.16	2.17	26.50	2.32	27.75	2.40	29.05	2.47
2[14	31.30	24.57	982.2	140.31	5.60	30.77	2.39	33.45	2.53	34.88	2.61	36.36	2.68
2[14a	33.96	26.66	1089.5	155.64	5.66	37.71	2.62	40.71	2.77	42.30	2.85	43.95	2.92
2[16	36.23	28.44	1494.0	186.75	6.42	38.20	2.60	41.22	2.74	42.83	2.81	44.49	2.89
2[16a	39.09	30.68	1646.7	205.83	6.49	46.20	2.83	49.57	2.98	51.35	3.05	53.19	3.13
2[18	41.41	32.51	2172.6	241.40	7.24	46.74	2.81	50.13	2.95	51.92	3.03	53.78	3.10
2[18a	44.46	34.90	2381.3	264.59	7.32	55.88	3.05	59.64	3.19	61.61	3.27	63.66	3.34
2[20	46.79	36.73	3044.0	304.40	8.07	56.13	3.02	59.89	3.16	61.88	3.23	63.93	3.31
2[20a	50.33	39.51	3344.9	334.49	8.15	67.32	3.27	71.52	3.41	73.72	3.49	75.99	3.56
2[22	53.44	41.95	4219.0	383.54	8.89	68.64	3.25	72.89	3.38	75.13	3.46	77.44	3.53
2[22a	57.62	45.23	4654.6	423.15	8.99	83.06	3.54	87.82	3.68	90.32	3.76	92.88	3.83
2[24	61.28	48.10	5802.1	483.51	9.73	86.09	3.56	90.94	3.70	93.49	3.77	96.11	3.84
2[24a	65.78	51.64	6362.4	530.20	9.83	102.84	3.85	108.24	4.00	111.06	4.07	113.95	4.41
2[27	70.46	55.31	8326.7	616.79	10.87	100.53	3.68	105.94	3.82	108.77	3.89	111.69	3.96
2[30	80.95	63.54	11616.5	774.44	11.98	116.58	3.80	122.60	3.93	125.76	4.00	129.01	4.07
2[33	93.04	73.04	15968.1	967.76	13.10	137.56	3.94	144.34	4.07	147.90	4.14	151.56	4.21
2[36	106.74	83.79	21631.1	1201.73	14.24	163.30	4.10	171.00	4.24	175.03	4.30	179.18	4.37
2[40	123.06	96.60	30439.2	1521.96	15.73	192.91	4.25	201.62	4.38	206.18	4.45	210.87	4.52

钢的组合截面特性

(−63 计算)

I——截面惯性矩;

W——截面抵抗矩;

i——截面回转半径。

附表 13

特性												y_1-y_1 轴		
$y-y$ 轴 当 a(mm)为														
10		12		14		16		18		20		I_{y_1} (cm⁴)	W_{y_1} (cm³)	i_{y_1} (cm)
W_y (cm³)	i_y (cm)	W_y (cm³)	i_y (cm)	W_y (cm³)	i_y (cm)	W_y (cm³)	i_y (cm)	W_y (cm³)	i_y (cm)	W_y (cm³)	i_y (cm)			
12.25	1.92	13.04	2.00	13.85	2.09	14.68	2.18	15.53	2.27	16.40	2.36	62	19.5	2.25
15.29	2.04	16.21	2.13	17.15	2.22	18.12	2.30	19.11	2.39	20.12	2.48	101	28.1	2.60
18.74	2.17	19.79	2.25	20.86	2.34	21.97	2.42	23.10	2.51	24.26	2.60	156	38.9	2.94
24.09	2.37	25.30	2.45	26.55	2.54	27.83	2.62	29.14	2.71	30.48	2.79	260	56.5	3.45
30.40	2.55	31.80	2.63	33.23	2.72	34.71	2.80	36.23	2.88	37.78	2.97	418	80.3	3.96
37.89	2.76	39.48	2.84	41.11	2.92	42.78	3.00	44.50	3.09	46.26	3.17	623	107.5	4.46
45.65	3.00	47.39	3.08	49.19	3.16	51.03	3.24	52.91	3.33	54.84	3.41	752	121.2	4.70
46.21	2.97	47.99	3.04	49.82	3.12	51.70	3.21	53.62	3.29	55.59	3.37	892	139.4	4.96
55.08	3.21	57.04	3.29	59.04	3.37	61.09	3.45	63.19	3.53	65.34	3.61	1058	155.6	5.20
55.69	3.18	57.67	3.25	59.70	3.33	61.79	3.41	63.93	3.49	66.12	3.57	1234	176.3	5.46
65.76	3.42	67.92	3.50	70.14	3.57	72.42	3.65	74.74	3.74	77.12	3.82	1443	195.0	5.70
66.05	3.38	68.23	3.46	70.47	3.54	72.77	3.61	75.12	3.69	77.53	3.77	1660	218.4	5.96
78.33	3.64	80.73	3.71	83.19	3.79	85.71	3.87	88.28	3.95	90.91	4.03	1925	240.6	6.18
79.82	3.60	82.27	3.68	84.78	3.76	87.36	3.84	90.00	3.91	92.69	3.99	2217	270.3	6.44
95.52	3.91	98.22	3.98	100.98	4.06	103.81	4.14	106.70	4.22	109.65	4.30	2619	301.0	6.74
98.80	3.91	101.57	3.99	104.40	4.07	107.31	4.14	110.27	4.22	113.30	4.30	3066	340.7	7.07
116.92	4.22	119.96	4.29	123.06	4.37	126.24	4.45	129.48	4.52	132.78	4.60	3575	376.3	7.37
114.70	4.03	117.78	4.11	120.95	4.18	124.18	4.26	127.50	4.34	130.88	4.42	4001	421.2	7.54
132.35	4.14	135.79	4.22	139.31	4.29	142.92	4.37	146.61	4.44	150.37	4.52	5187	518.7	8.00
155.32	4.29	159.19	4.36	163.15	4.43	167.21	4.51	171.35	4.58	175.59	4.66	6642	632.5	8.45
183.44	4.45	187.81	4.52	192.29	4.59	196.88	4.67	201.57	4.74	206.35	4.82	8408	764.4	8.88
215.68	4.59	220.62	4.66	225.68	4.73	230.86	4.80	236.15	4.88	241.56	4.95	10696	930.1	9.32

附录三　碳钢焊条的药皮类型和焊接电源

(按 GB5117-85)

焊条系列	焊条型号	药皮类型	焊接位置	焊接电源
E43	E4300	特殊型	——	——
	E4301	钛铁矿型	全位置焊接	交流或直流正、反接
	E4303	钛钙型	全位置焊接	交流或直流正、反接
	E4310	高纤维素钠型	全位置焊接	直流反接
	E4311	高纤维素钾型	全位置焊接	交流或直流反接
	E4312	高钛钠型	全位置焊接	交流或直流正接
	E4313	高钛钾型	全位置焊接	交流或直流正、反接
	E4315	低氢钠型	全位置焊接	直流反接
	E4316	低氢钾型	全位置焊接	交流或直流反接
	E4320	氧化铁型	水平角焊	交流或直流正接
	E4322	氧化铁型	平焊	交流或直流正、反接
	E4323	铁粉钛钙型	平焊、水平角焊	交流或直流正、反接
	E4324	铁粉钛型	平焊、水平角焊	交流或直流正、反接
	E4327	铁粉氧化铁型	平焊、水平角焊	交流或直流正接
	E4328	铁粉低氢型	平焊、水平角焊	交流或直流反接
E50	E5001	钛铁矿型	全位置焊接	交流或直流正、反接
	E5003	钛钙型	全位置焊接	交流或直流正、反接
	E5011	高纤维素钾型	全位置焊接	交流或直流反接
	E5014	铁粉钛型	全位置焊接	交流或直流正、反接
	E5015	低氢钠型	全位置焊接	直流反接
	E5016	低氢钾型	全位置焊接	交流或直流反接
	E5018	铁粉低氢型	全位置焊接	交流或直流反接
	E5024	铁粉钛型	平焊、水平角焊	交流或直流正、反接
	E5027	铁粉氧化铁型	平焊、水平角焊	交流或直流正接
	E5028	铁粉低氢型	平焊、水平角焊	交流或直流反接
	E5048	铁粉低氢型	全位置焊接	交流或直流反接

注：1.直径不大于4.0mm的E5014、E5015、E5016、E5018及直径不大于5.0mm的其他型号的焊条可适用于立焊和仰焊。

2.E4322型焊条适宜单道焊。

参 考 文 献

1 建筑结构设计统一标准(GBJ68-84).北京: 中国建筑工业出版社,1986

2 砌体结构设计规范(GBJ3-88).北京:中国建筑工业出版社,1988

3 钢结构设计规范(GBJ17-88). 北京:中国计划出版社, 1989

4 建筑抗震设计规范(GBJ11-89). 北京:中国建筑工业出版社, 1989

5 建筑结构制图标准(GBJ105-87).北京:中国计划出版社,1988

6 建筑结构荷载规范(GBJ9-87).北京:中国计划出版社,1989

7 东南大学、郑州工学院.砌体结构.北京:中国建筑工业出版社,1990

8 天津大学同济大学东南大学.混凝土结构(上、下册).北京:中国建筑工业出版社,1994

9 钱义良 施楚贤.砌体结构研究论文集.长沙:湖南大学出版社,1989

10 郭继武.混凝土结构与砌体结构.北京:高等教育出版社,1990

11 欧阳可庆.钢结构. 北京:中国建筑工业出版社,1991

12 刘声扬.钢结构.武汉:武汉工业大学出版社,1988

13 钟善桐.钢结构.北京:中国建筑工业出版社,1988

15 郭继武 黎钟.建筑结构(下册).北京:中国建筑工业出版社,1988

16 龚伟 李希钧 刘励诚.钢结构与木结构.北京:中国建筑工业出版社,1980

17 龚伟.建筑结构(下册).北京:中国环境科学出版社,1990

18 黎钟 高云虹.钢结构.北京:高等教育出版社,1990

19 龚思礼.建筑结构的抗震设计总则和基本要求.建筑结构,1989.5

20 戴国莹 钟益村.建筑抗震设计新方法及例题.建筑科学,1990

21 巴荣光.砌体结构地震剪力的简化计算.建筑结构学报,1989.6

22 多层与高层编写组.多层及高层房屋结构设计.上海:上海科学技术出版社,1979

23 高小旺 鲍霭斌.用概率方法确定抗震设防标准.建筑科学研究报告,1988

24 郭继武 倪吉昌.钢筋混凝土框架结构抗震设计.北京:中国建筑工业出版社,1984

25 郭继武.建筑抗震设计.北京:高等教育出版社,1990